KB261092

과학을
성찰하다

현대 과학의 새로운 지평

과학을 성찰하다

임경순

사이언스북스
SCIENCE BOOKS

미래를 준비하는 젊은이들에게

책을 시작하며

　우리가 세상을 바라보는 관점이 시대에 따라 변화하듯이 과학 기술을 바라보는 사람들의 태도 역시 역사적으로 계속 달라져 왔다. 오늘날 우리는 과학과 기술을 서로 긴밀하게 연결된 형태로 간주하지만, 고대 그리스 인은 과학과 기술을 분명하게 구분해 바라보았다. 근대 역학을 탄생시킨 갈릴레오의 과학관은 고대 그리스 학문의 기초를 마련한 아리스토텔레스가 바라본 자연에 대한 태도와는 엄청나게 다른 것이었다. 근대 과학은 아리스토텔레스의 자연관과는 분명하게 다른 새로운 패러다임의 형성을 통해 이루어졌고, 20세기 초 상대성 이론과 양자 역학의 성립을 통해서 우리는 이러한 패러다임의 변화를 다시 분명히 느끼게 되었다.

　장기적인 변화가 진행되는 동안에는 자신들이 커다란 변화 속에서 살고 있다는 것을 인식하기란 무척 어렵다. 사람들은 대부분 매일매일 정해진 방식에 따라 각자 삶을 살아나가기 때문에 혁명적인 변화는 자신도 모르는 사이에 나타나는 것이 보통이다. 우리 시대에도 과학 기술을 바라보는 태도에 엄청난 변화가 있었지만, 필자를 포함한 우리가 그 변화를 분명하게 인식하고 있었던 것은 아니었다.

　30년 전 필자가 대학에서 과학 기술을 본격적으로 공부하기 시작했던 때와 비교해 현대 과학 기술을 바라보는 태도에는 엄청난 변화가 나타났다. 이런 변화 과정 속에서 필자는 현대 과학 기술의 주요 흐름을 살피는 많은 글을 집필했다. 역사 속 많은 사람이 그랬듯이 필자의 글들도 당연히 그 시대 사람들이 지니고 있었던 생각들을 상당 부분 반영하고 있었다.

　필자가 사회를 바라보는 태도는 1970년대 말과 1980년대를 통해 우리나라에서 나타난 일련의 격변을 겪으면서 주로 형성되었다. 하지만 필자가 과학 기술을 바라보는 태도는 1990년대 초 베를린 장벽이 무너지던 때부터 엄청난 변화를 겪었다. 당시 필자는 독일 함부르크 대학교에서 학위 논문을 끝내고 갓 박사 학위를 받은 상태였다. 한국과 독일에서 공부하던 시절 과학 기술은 모더니즘의 전형적 모습을 지니며 상당히 합리적인 성격을 띠고 있었다. 하지만 (구)소련이 붕괴한 뒤 미국에서 박사 후 연구원으로 지내면서 그곳의 학생들과 만나서 읽었던 글들은 대부분 포스트모더니즘의 영향을 받은 새로운 경향에 속하는 것이었다.

　지난 20여 년 동안 필자가 집필한 글들을 종합 정리하면서 필자 자신도 역사의 큰 흐름 속에서 그 시대 사상적 흐름의 영향을 받으며 변화했다는 것을 느꼈다. 초창기에는 상대성 이론, 양자 역학, 현대 우주론, 분자 생물학과 같이 현대 과학의 내용과 그 역사적 흐름을 소개하는 글들이 많았다. 여기에 독일과 미국 과학의 성격, 산업체 연구 개발의 흐름, 연구 중심 대학의 성장, 정보 통신 혁명과 인터넷의 발전 등 과학과 관련된 제도적 변화에 관한 글들이 그다음으로 선호하는 주제였다. 하지만 후반기로 들어오면서 점차로 지식의 정치 경제, 비선형 연구 개발, 생명 과학과 연구 윤리, 혁신 클러스터와 산업 기술, 거대 규모의 과학 기술, 과학 기술과 환경 문제와 같이 과학의 사회적 성격을 다루는 글들이 많아졌다. 최근에 와서는 융합 시대를 반영하듯 과학의 역사뿐만이 아니라 과학과 예술이 서로 연결된 새로운 융합 지식을 다루는 글까지 집필했다.

이 책은 1994년 이래로 포항 공과 대학교에서 학생들을 상대로 과학사 관련 과목을 가르치면서 집필한 글들이 바탕이 되어 만들어졌다. 이 책의 전반부에 나오는 내용은 이미 필자가 출판한 『20세기 과학의 쟁점』(민음사, 1995년), 『21세기 과학의 쟁점』(사이언스북스, 2001년), 『현대물리학의 선구자』(다산출판사, 2001년)에 수록된 내용을 근간으로 하여 이를 대폭 수정하여 집필한 것이다. 이 책들은 모두 포항 공과 대학교 인문사회학부와 물리학과에서 '현대 과학사'와 '물리학의 선구자'라는 과목을 학생들에게 가르치기 위해 집필한 것이었다. 또한, 이 책에 수록된 몇몇 글은 필자가 과학사를 가르치기 위해 은사이신 김영식 교수님과 공동 집필한 『과학사 신론』(다산출판사, 2007년)의 현대 부분에 간략하게 소개한 내용을 학술적으로 확대한 것이다.

이 책 가운데 일부는 이미 학술회의 연구 논문이나 전문 학술지, 혹은 단행본의 형태로 여러 곳에서 출판된 내용이다. 우선 몇몇 글은 전국역사학대회, 한국과학사학회, 한국물리학회, 과학문화연구센터 등에서 주최하는 각종 학술 발표회, 세미나, 포럼, 심포지엄 등에서 발표되었다. '과학 기술과 예술의 만남'은 「한국과학사학회지」(2011년)에 출판된 논문이며, '새로운 과학관'과 '양자 역학적 세계관', '과학 기술 연구 개발의 새로운 변화' 등은 다른 관련 논문들과 함께 단행본의 형태로 일부 출판되기도 했다.

이렇듯 필자가 여기저기서 다양한 형태로 집필한 글들이 바탕이 되어 이 책이 만들어졌지만, 책을 새롭게 재구성하면서 과학의 흐름을 큰 틀에서 분명히 보여 주기 위해 세부적인 내용을 새롭게 보완하고 동시에 기존의 글도 대폭 수정했다. 개론서에서는 세부적인 주석과 참고 문헌에 대한 정보가 빠져 있었으나, 이 책에서는 이런 학술적인 부분을 더욱 세밀하게 보완해 일반 독자뿐만 아니라 이 분야를 전공하는 학자들에게도 연구에 도움을 주려고 노력했다.

이 책이 나오기까지 정부, 출연 기관, 대학 등 여러 기관으로부터 연구지원을 받았다. '현대 우주론의 발전', '첨단 과학 산업 단지의 성장'과 관련된 연구는 한국학술진흥재단의 지원을 받았다. 노벨상 관련 내용은 한국의 노벨 과학상 수상 가능성 제고에 많은 관심을 보여 준 국가과학기술자문회의, 교육과학기술부, 포항 공과 대학교의 지원을 받아 연구되었다. 특히 제1부와 제4부에 나오는 내용은 주로 한국과학재단, 한국과학문화재단/한국과학창의재단의 지원을 받아서 이루어졌다. 특히 이들 재단에서는 지난 10여 년 동안 과학문화연구센터 지원 사업의 하나로 필자가 이끌고 있는 연구소를 지속적으로 지원해 주어 본 책이 만들어지는 데 결정적인 도움을 주었다. 과학문화연구센터 지원 사업에 많은 관심을 보이며 물심양면으로 도움을 주신 많은 정부 관계자들께 이 책의 출판을 통해 감사드린다.

이 책에 나오는 몇몇 글들은 공동 연구 결과물이 바탕이 되어 만들어졌다. 숙명 여자 대학교 이상원 교수, 부산 외국어 대학교 최자영 교수, 서울 대학교 이준호 교수, 이화 여자 대학교 안창림 교수, 성공회 대학교 신정완 교수, 포항 공과 대학교 김승환 교수, 김춘식 교수, 한지연

과장, 전북 대학교 이은경 교수, 부산 대학교 송성수 교수, 한양 대학교 정혜경 교수, 한국과학창의재단 조숙경 단장 등 그동안 함께 연구했던 분들께 감사드린다.

지난 30년 동안 우리나라에서는 과학 기술을 바라보는 관점뿐만 아니라 한글 맞춤법 표기법, 외래어 표기법 등도 많이 바뀌었다. 이런 표기법의 변화에 대응하기 위해 필자는 물론이고 ㈜사이언스북스의 편집자들도 책에 사용된 많은 과학 기술 관련 용어들을 수정하기 위해 많은 노력을 해야만 했다. 이 책의 편집자들은 필자가 주로 사용한 옛날식 표현을 요즈음에 사용하는 새로운 표현으로 바꾸어 가독성을 높이는 데 많은 도움을 주었다. 이 외에도 편집자들은 이 책에 나오는 사진 및 도판의 사용 허가를 확보하기 위해 많은 시간과 노력을 아끼지 않았다. 이분들의 노고에 다시 한번 감사하는 마음을 표하고 싶다.

2012년 정월에

임 경 순

차례

서론 | 과학을 성찰할 시간

　근대 과학이 형성된 이후, 계몽 사조기를 거치면서 과학적 지식은 종교나 인문 사회 분야의 지식과는 달리 객관적이고 실증적이라는 인식이 강하게 자리를 잡았다. 특히 산업 혁명을 거치면서 과학 기술이 지닌 도구적 위력은 문화 예술 분야를 압도하는 듯이 보였다. 과학 기술로 무장된 기술 문명의 힘이 맹위를 떨치는 동안 과학은 진보적이고 미래 지향적이며 기계적인 객관성이 보장된 지식 체계로 자리매김을 했다. 하지만 20세기에 들어오면서 과학이 가치 중립적이고 실증적이라는 신념은 서서히 붕괴되기 시작했다. 즉 과학이 독점했던 객관성이라는 신화적 가치가 끊임없이 도전을 받고 있으며, 과학은 이제 더 이상 가치 중립성과 객관성이라는 난공불락의 성 안에서 안주할 수 없게 되었다.

20세기 과학 기술의 빛과 그림자

　19세기에서 20세기 초에 이르기까지 많은 학자는 과학은 다른 형이상학적 논의와는 달리 실증적이고 객관적인 지식이라는 생각을 품고 있었다. 하지만 20세기 중반 이후 과학이 지니는 객관성과 합리성에 대한 회의적 견해가 서서히 등장하기 시작했고, 때에 따라서는 과학의 내용이나 방향에도 사회·문화적인 측면이 개입할 수 있다는 인식이 학자들 사이에서 확산되기 시작했다.[1] 더구나 과학의 사회적 영향력이 증대되면서 과학 활동에 정부, 산업체, 일반 대중 등 다양한 사회적 이해 관계를 지닌 집단들이 개입하게 되었고, 이에 따라 과학은 단지 합리적이고 실증적이며 논리적인 정합성을 통해서만 발전하는 것이 아니라 과학 이외의 다양한 요소들이 발전에 개입한다는 생각이 널리 받아들여졌다.[2] 결국 20세기를 거치는 동안 과학의 사회·문화적 성격이 부각되면서, 과학의 객관성·합리성에 대한 기반도 약화되기 시작했다. 이런 분위기가 바탕이 되어 급기야 다원주의적이고 상대주의적인 포스트모더니즘 과학관도 등장하게 되었던 것이다.[3]

현대 사회에서 과학 기술이 사회에 미치는 영향은 그 어느 때보다도 막강해졌다. 특히 1945년에 투하된 원자 폭탄은 사회에 엄청난 충격을 주면서 과학 기술의 힘을 유감없이 발휘했다. 현대 과학 기술의 놀라운 성과를 대변하면서 발전했던 원자력은 빛과 그늘의 양극단을 인류에게 보여 줬다. 20세기 초 퀴리 부부가 방사성 원소와 원자핵 에너지에 대해서 연구할 때 사람들은 자신의 몸을 돌보지 않으면서 헌신적으로 인류 복지를 위해 일하는 과학자의 모습을 존경의 눈으로 바라봤다. 하지만 원자력 에너지가 원자 폭탄으로 악용되고, 체르노빌 원자력 발전 사고와 같은 대형 사고의 상존 가능성과 방사성 폐기물 문제로 대변되는 환경 문제가 새롭게 떠오르면서 원자력과 핵 과학자들을 바라보는 시선은 이제 곱지만은 않다.

두 차례의 세계 대전을 통해 과학 활동에서 중앙 정부가 차지하는 비중은 엄청나게 증가했으며, 국방 과학의 연구는 이전까지의 보편·국제주의적 과학관에 변화를 가져왔을 뿐만 아니라 과학자들의 윤리성에도 타격을 입혔다. 전후에 나타난 냉전 시기의 군비 경쟁에는 미국 유수의 대학교와 산업체 들이 밀접하게 연관되어 있었다. 즉 매사추세츠 공과 대학(Massachusetts Institute of Technology, MIT)에서는 방공망 체계의 건설을 비롯한 많은 국방 연구가 진행되었으며, 스탠퍼드 대학교와 그 주변의 실리콘 밸리는 우주 개발과 미사일 개발의 긴밀한 연관 아래 성장했고, 버클리·시카고·프린스턴 등의 대학교와 듀폰(Du Pont) 사를 비롯한 여러 산업체는 핵무기 개발에 활발하게 참여했다. 원자력 잠수함 계획, 원자력 발전소 계획, 원자핵 융합 발전 계획 등도 이런 군·산·학 복합체가 주도한 것이었다.

1960년대 후반 베트남 전쟁의 수렁에 빠지면서 미국에서는 펜타곤과 대학 간의 연결을 비롯한 군·산·학 복합체에 대한 비판이 고조되었다. 『일차원적 인간(One-Dimensional Man)』(1964년)의 저자인 허버트 마르쿠제(Herbert Marcuse, 1898~1979년)는 거대한 기술 관리 체계가 인간을 소외시키고 있다고 주장하면서, 문명 비판적인 차원에서 이것을 비판했다. 이후 선 세계적으로 거대 규모의 과학 기술에 대한 반발이 거세어졌으며, 이에 따라 거대 규모의 과학 기술 체계를 거부하고 소위 적정 기술(appropriate technology)을 추구하는 움직임도 새로이 나타났다.

개인에서 집단의 시대로

20세기는 과거 그 어느 때보다도 과학 기술이 사회에 미치는 영향이 지대했던 시대였다. 비행기, 무선 통신, 상대성 이론, 양자 역학, 컴퓨터, 분자 생물학 등 수많은 업적들이 이 시기에 출현했으며, 수많은 위대한 과학자들이 등장해 새로운 과학 기술 분야가 형성되는 데 커다란 공헌을 했다.

우선 새로운 시공간 개념과 우주론을 창시한 알베르트 아인슈타인(Albert Einstein, 1879~1955년)은 20세기 최고의 과학자로서 높은 대중적인 인기를 누리며 한 시대를 살다가 떠나갔다. 대폭발 이론(bigbang theory)의 창시자이며 만년에는 대중 과학 저술에도 많은 공헌을 한 러시아 과학자 조지 가모브(George Gamow, 1904~1968년)는 막스 플랑크(Max Planck, 1858~1947년)에서 베르너 카를 하이젠베르크(Werner Karl Heisenberg, 1901~1976년)와 닐스 보어(Niels Bohr, 1885~1962년)를 거쳐 양자 역학이 완성되는 과정을 '물리학을 뒤흔든 30년'이라 표현하면서 수많은 천재 과학자들의 이야기를 마치 무협지를 쓰듯이 적었다. 적어도 20세기의 첫 30년 동안 물리학 분야에 우수한 인재들이 몰려들었던 것은 사실이며, 그들 가운데 아주 탁월했던 과학자들은 당대의 영웅으로 높은 평가를 받았다.

과학사 학자인 토머스 새뮤얼 쿤(Thomas Samuel Kuhn, 1922~1996년)은 영웅들이 할거하던 20세기 초반을 소위 '과학 혁명(Scientific Revolution)' 기로 묘사하고 있다. 즉 자체적 해결이 힘든 문제들이 고전 물리학을 심각하게 위협하던 이 시기에, 아인슈타인이나 하이젠베르크, 보어 등 천재적인 과학자들이 문제점을 성공적으로 해결해서 위기가 극복되었고 이에 따라 새로운 패러다임을 지닌 현대 물리학 체계가 출현했다는 것이다.

학계를 그야말로 좌지우지했던 아인슈타인과 같이 대중에게 널리 알려진 과학자들이 요즈음에는 좀처럼 우리 앞에 나타나지 않는 이유는 무엇일까? 과학 분야에서 혁명적인 변혁이 나타나지 않고, 대 스타 과학자들도 눈에 잘 띄지 않는 원인은 여러 측면에서 생각해 볼 수가 있다. 우선 과학의 발전 양상이 20세기를 거치면서 크게 달라졌다는 것을 지적해야만 한다. 즉 20세기 초반의 과학에서는 자연에 대한 통일적인 이해를 줄 수 있는 근본 법칙을 찾는 모습이 많이 나타났다. 이에 반해서 20세기 후반에 이르러서는 자연에 대한 통일적인 해석보다는 자연의 다양성과 복합성을 나타내는 생명 현상, 융·복합 현상 등과 같은 분야가 과학자들의 주된 관심 분야로 떠올랐다. 이에 따라 과학 이론 내에서 혁명적인 변화보다는 주어진 범위 내에서 이를 보완하고 수정하는 점진적인 개혁이 자주 나타나게 되었다.

20세기 후반에 들어오면서 과학 연구는 과학자 개인에 의한 개별 연구보다는 수많은 과학자들이 함께 협동으로 연구하는 집단 연구 형태로 변화되었다.[4] 입자 물리학 분야의 톱 쿼크(top quark) 발견 과정에서 보는 것처럼, 몇몇 천재 과학자가 전체적인 일을 수행했다기보다는 어느 정도 자격을 갖춘 수많은 과학자들이 서로 협력해서 발견을 했던 것이다. 이런 집단 연구가 보편화되면서 연구 결과가 공동으로 출판되는 경우가 많아졌으며, 이에 따라 저작권과 지적 재산권의 개념도 크게 변화했다.[5] 이렇게 개별 연구보다는 수많은 과학자들이 함께 협동으로 연구하는 집단 연구 형태로 변화되었다는 것도 과학 분야에서 전설적인 인물이 강하게 부각되기 힘들게 하는 요인으로 작용했다.

과학 연구의 집단화는 과학을 바라보는 태도와 관점에도 영향을 미쳤다. 몇몇 학자들은 쿤이 말한 과학 혁명 개념이 20세기 후반에 들어와서는 과학의 변화하는 모습을 이해하는 데 약간 부적합한 면이 있다고 말하기도 한다. 쿤은 그의 대표적인 저서인 『과학 혁명의 구조

(*The Structure of Scientific Revolution*)』(1962년)에서 과학 이론 발전의 유형을 정상 과학, 위기 과학, 혁명기의 과학, 다시 정상 과학으로의 복귀라는 식으로 설명했다. 이런 일련의 변화 과정이 20세기 초반에는 어느 정도 적용되지만, 20세기 후반의 과학에 계속 적용하기에는 무리라는 것이 쿤 이론의 한계를 지적하는 사람들의 논리이다. 물론 지금은 단지 정상 과학적 과학 활동이 진행되는 시기일 뿐이며 언젠가는 다시 이런 구조에 위기가 와서 위기의 과학이 출현할 것이라는 식의 주장도 여전히 가능하지만, 아무튼 그런 변화는 현재로서는 요원하다는 것이 많은 사람들의 공통적인 견해다.

과학적 활동 유형의 변화로 말미암아 오늘날에는 아인슈타인과 같은 스타 과학자가 나타나기란 무척 힘든 것이 사실이다. 요즈음의 과학에서는 순수 수학과 같은 몇몇 특별한 분야를 제외하고는 소수의 천재 과학자보다는 평범한 다수의 과학자들이 역사의 전면에서 더욱 중요한 역할을 하고 있다.

과학관의 백가쟁명

20세기 동안 과학의 여러 분야 사이에 위계적으로 존재했던 위상에도 커다란 변화가 찾아왔다. 20세기 전반기에 과학계를 지배했던 원자 물리학과 기본 입자 물리학은 그 주도적인 지위를 상실해 가는 반면에, 복합적인 현상을 다루며 국소적 자율성을 강조하는 생명 현상, 나노 세계, 복잡계 등을 다루는 과학 기술이 점차로 부상하기 시작했다. 원자 물리학은 은연중 우주의 모든 물질을 지배하는 근본 법칙과 근본적인 구성 요소를 이해하면 우주 만물을 이해할 수 있다는 입장에 동조하고 있었다. 하지만 20세기 후반에 오면서 원자 물리학이 내세웠던 통일 과학의 이념은 그 강한 추진력을 상당 부분 상실해 버렸다. 즉 나노 기술, 나노-바이오 기술, 생물 정보학(bioinformatics) 등 복잡하고 융·복합적인 현상을 다루는 분야가 각광을 받게 되면서, 원자 물리학이 바탕으로 했던 전통적 과학관은 더는 확고부동한 지위를 유지하기가 힘들게 되었던 것이다.

모든 지식을 경험이라는 기반 아래 재정립하려고 했던 전통적 과학 철학도 관찰의 이론 의존성, 과학 이론의 혁명적인 변화, 인식론적 다원성으로 무장한 새로운 세대의 철학자들로부터 끊임없는 비판에 직면해야 했다. 이런 움직임은 과학의 사회적 성격을 강조하는 경향과 함께 발전했으며, 세기말에 와서는 포스트모더니즘 과학관이 등장해 전통적 과학관이 지녔던 학문적 질서에 대한 희망마저 흔들어 놓았다.

우선 쿤은 과학적 지식이 단순히 객관적 지식의 축적으로만 발전하는 것이 아니라 과학의 내용이나 방향에 사회적이고 문화적인 측면과 같은 비합리적 요소도 개입할 수 있으며, 과학은 '패러다임 이동(paradigm shift)'을 통해 혁명적으로 변화한다고 주장함으로써 전통적인 누적적 과학 발전 모형에 일침을 가했다. 쿤의 새로운 과학관에는 다양한 형태의 진리를 인정하는 상대주의적 측면이 잠재되어 있었는데, 이런 요소는 사회 구성주의자들에 의해 더욱 급진적인 모습으로 탈바꿈되었다.

사회 구성주의는 영국 에든버러 대학교의 데이비드 블루어(David Bloor), 배리 반스(Barry Barnes), 스티븐 셰이핀(Steven Shapin), 그리고 바스 대학교의 해리 콜린스(Harry Collins), 트레버 핀치(Trevor Pinch) 등 일군의 학자들이 추진한 연구 프로그램을 통해 발전했다. 특히 블루어는 『지식과 사회의 상(*Knowledge and Social Imagery*)』(1976년)에서 이른바 '지식 사회학의 강한 프로그램'을 제창하고, 여러 방법론적 원칙들을 제시해 사회 구성주의의 흐름에 커다란 영향을 미쳤다. 사회 구성추의는 과학 기술의 발전을 지나치게 사회적인 각도에서만 파악한다는 비판을 받기도 했지만, 과학의 사회적 성격에 대한 논의를 크게 확대시켜 전통적 과학관에 엄청난 충격을 줬다.

노벨 물리학상 수상자이며 고체 물리학계의 대부인 필립 워런 앤더슨(Philip Warren Anderson, 1923년~)은 원자 물리학의 인식론적·존재론적 권위에 정면으로 도전한 반환원주의 과학관의 대표적인 전도사였다. 앤더슨은 1972년《사이언스(*Science*)》에 실린 「많은 것은 다르다(More is different)」라는 글에서 입자 물리학의 통일 이론이 완성되면 자연 과학의 모든 부분을 통일적으로 이해할 수 있다는 환원주의적 입장을 정면으로 공격하고 나섰다. 그는 근본 물질과 힘을 연구하는 입자 물리학 이외에 고체 물리학과 같은 과학들도 각 수준별로 자기 자신의 '근본적인' 법칙과 존재론을 지니고 있다고 주장했다. 앤더슨의 이 짤막한 글은 20세기가 원자 물리학의 시대였다면 21세기는 생명 과학, 나노 과학, 복잡계 과학의 시대라는 것을 예고한 반란의 시작이었다. 이들은 고에너지 물리학에 비해 우리 생활과 밀접한 연결을 맺고 있는 분야였는데, 이런 실용적인 응용 가능성을 무기로 자신들도 나름대로의 근본적인 지위를 차지하고 있다고 주장하기에 이른 것이다.

벨기에의 화학자인 일리야 프리고진(Ilya Prigogine, 1917~2003년) 역시 반환원주의 과학 사상을 전파하는 데 일조했다. 그는 비평형과 비가역성이야말로 모든 수준에서 질서의 근원이며, 혼돈으로부터 질서를 가져다 주는 기구라고 주장했다. 프리고진의 주장은 포스트모더니즘,

카오스 이론, 생태 페미니즘과도 밀접한 연관이 있다. 예를 들어 생태 페미니즘 과학사가인 캐롤린 머챈트(Carolyn Merchant, 1936년~)는 비결정론적인 세계관을 제시하고 있는 카오스 이론의 부상이 기계적인 세계관을 거부하는 새로운 생태주의적 사고방식의 도래를 의미한다고 주장했다.

반환원주의의 신봉자라면 현재 하버드 대학교의 과학사학과를 이끌고 있는 피터 루이스 갤리슨(Peter Louis Galison, 1955년~)도 빼놓을 수 없다. 갤리슨은 지금까지 진행된 과학 논의들이 거의 대부분 경험, 이론, 사회적 이해 관계 등 어느 한 가지만으로 모든 것을 설명하려는 오류를 범하고 있다고 지적했다. 이런 문제점을 극복하기 위해 그는 실험, 이론, 실험 기구 등이 서로 부분적으로 자율적 구조를 지니며 꽈배기처럼 상호 영향을 미치는 유연한 과학 모형을 제안했다. 논리 실증주의, 탈경험주의, 사회 구성주의 등에 부분적으로 내포된 환원주의적 요소를 거부하고 각 수준별로 부분적인 자율성을 강조한다는 의미에서 갤리슨은 자신의 과학관을 '비판적' 포스트모더니즘 과학 모형이라고 부르기도 한다.

융합과 통합의 시대

요즈음 여러 학문 분야에서 연구가 진행되는 모습을 살펴보면 전통적으로 구별되어 있던 다양한 분야의 내용들이 서로 연결되어 발전하는 것을 흔하게 볼 수 있다. 이제 학문의 발전은 각 분야들이 단순히 결합·통합·협력하는 차원을 넘어서 아예 과거에는 존재하지 않았던 새로운 형태를 만들어 내고 있다. 기존의 지식들이 서로 결합해 완전히 새로운 창의적인 내용이나 생각들이 만들어지는 것을 목격하면서 이제 많은 사람들은 '융합(convergence)'이 미래 과학 기술을 구성하는 핵심 키워드가 되리라고 전망한다.

과학이 분화, 전문화를 거쳐 융합과 통합을 다시 경험한 것은 비단 오늘날의 일만은 아니다. 오늘날 많은 사람들은 과학과 인문학이 서로 다른 유형의 학문 분야라고 생각하고 있지만, 이 둘은 본래 인간의 지적 활동의 다양한 형태로서 기원이 동일하다. 합리적 철학이 등장하기 이전 신화가 지배하던 시기에는 철학, 예언, 시는 종종 같은 범주의 지적 활동으로 인식되었다. 이런 공유의 시대가 지나면서 여기에 속했던 지식들은 서로 분화, 발전했고, 이 세 가지 유형의 사회적 역할은 분리되었다.[6]

소크라테스(Socrates, 기원전 470~기원전 399년) 이전의 자연 철학자들은 변화하는 우리 주변에 변화하지 않는 그 무엇이 존재한다고 생각하고 이를 파악하기 위해 노력했다. 이런 노력은 인류 지성사상 그야말로 획기적인 지적 모험으로 이어졌다. 그들은 물질의 본성과 변화의 문제에 관심을 보이기 시작했고, 구체적인 사물로부터 일반적인 성질을 추출해 냈다. 또한 문자의 발명과 발전을 통해서 구체적인 사물에 대한 추상적인 개념화가 가능하게 되었고, 무엇보다도 학문을 수행함에 있어 자유로운 토론과 비판의 문화가 형성될 수 있었다. 이런 상호 비판과 토론의 전통 속에서 새로운 사고 활동인 '과학'이 형성될 수 있었던 것이다.

합리적이고 보편적인 '과학'이 만들어지는 데에는 문화적 교류와 융합이 커다란 역할을 했다. 기원전 6세기경까지 그리스에서는 새로운 정치적 조직이 형성되었으며, 경제적으로는 오리엔트와의 교류, 식민 도시의 개발, 해상 무역 등으로 다양한 형태의 문화적 융합이 이뤄졌다. 이러한 새로운 사회 구조에는 새로운 권위와 설득력을 지닌 보편적 유형의 지식이 필요했는데, 근대 과학의 기원이라 할 수 있는 합리적인 과학은 바로 이런 배경 속에서 배태되었다. 결국 이집트와 메소포타미아, 인도, 중국, 아랍 등 다양한 문화권에서 나타난 인류 문명의 산물들이 서로 융합되어 그리스적 세계관에 통합되면서 보편적 지식이라는 새로운 권위의 과학이 탄생했던 것이다.[7]

다양한 분야가 결합해 통합적인 형태로 나타난 예는 근대 이전에도 많았다. 예를 들어 르네상스 시대에는 고대의 지식이 재발견되었고, 상호 모순인 내용을 포함하고 있었던 이 지식들이 서로 충돌하면서 다양한 복합 지식이 나타났다. 르네상스식 인간형은 한마디로 박학다식한 천재라고 말할 수 있다. 르네상스 시대의 대표적인 학자 가운데 한 사람인 레오나르도 다 빈치(Leonardo da Vinci, 1452~1519년)는 기술자, 예술가, 의사, 발명가, 과학자 등 다양한 분야의 직업군을 한꺼번에 아우른 인물이었다.[8] 1970년대 이후에 학계에서 부상된 통합 학문 추세가 르네상스식 통합과 일견 유사한 점도 있기는 하지만, 이 두 경향의 사이에는 근대 과학과 근대 시민 사회의 출현이라는 거대한 역사적 변화가 놓여 있다. 르네상스식의 통합적 인간상은 새로운 근대 과학으로 무장된 전문 과학 기술 집단이 출현하면서 점차로 힘을 잃게 되었다.

오늘날 우리 초·중·고등학교 교과서에서 학과목 구분의 단위가 되고 대학교 내에서 학과 구성의 기본이 되고 있는 학문 분야들은 대개 18세기 말에서 19세기 초에 형성된 것들이다. 역학과 천문학 분야의 변혁에서 시작된 근대 과학 사상은 다양한 분야로 전파되었고, 이어 나타난 과학 기술의 성과가 당시 사회의 제반 여건과 서로 유기적으로 결합하면서 전문적인 지식으로서의 과학과 새로운 사회 집단으로서의 과학자 집단의 형성으로 이어졌다. 결국 물리학, 화학, 생물학, 지구과학 등으로 대변되는 이 과학 분야들은 오늘날 대단위 학문 분야를 구분하는 기본 유형으로 자리를 잡게 되었다.

대단위 학문 분야가 형성되는 동안 학문 분야 사이에 교류도 나타났다. 열이나 불에 관한 학문은 18세기 동안에는 화학에 속했는데, 19세기 초 열에 대한 수학적 이론이 발전하면서 물리학 분야에 속하게 되었다. 동식물 분류학, 암석학, 광물학 등은 모두 자연사 분야로 있다가 19세기 초에 생물학, 지구 과학 분야로 정착되었다.[9]

대단위 학문 분야가 정착되고 이 분야들을 전공하는 전문 과학 기술자들이 형성된 배경에는 계몽 운동, 산업 혁명, 프랑스 대혁명과 같은 거대한 역사적 사건들이 결부되어 있다. 사회적 권위를 부정하고 인간의 이성을 강조하는 계몽 사조는 근대 국가 형성에 기여했으며, 근대 국가 형성은 전문 과학자 집단의 형성과 밀접한 연관을 맺고 있다. 프랑스 혁명 이후 근대 의료 체계의 확립이나 근대적인 도량형 혁명의 확산은 근대 사회 출현과 더불어 나타난 과학의 대표적인 예이다.

융합이라는 말이 시대의 주요 화두가 된 것은 과학 기술 내용상의 발전뿐만이 아니라 20세기 후반에 나타난 여러 문화적 현상과도 밀접하게 연관되어 있다. 우선 20세기를 통해 과학관을 지배하던 통일 과학 내지 환원주의적인 세계관은 1960년대부터 심각한 도전을 받게 되었다. 이 시기에는 또한 베트남 전쟁, 민권 운동이 강하게 부상했고, 이에 따라 서구의 기술 관료 체계와 과학 기술 체계에 대한 근본적인 회의도 나타났다. 이 시기는 여러 측면에서 인류 문명사에 커다란 변화를 맞이하던 때였다. 20세기 후반을 풍미했던 생태주의의 포문을 연레이철 카슨(Rachel Carson, 1907~1964년)의 『침묵의 봄(*Silent Spring*)』(1962년)
과 마르쿠제의 『일차원적 인간』이 바로 이때를 즈음해서 출판되었다.
과학 철학 분야에서도 쿤의 『과학 혁명의 구조』가 출간되면서 탈경험
주의, 패러다임 변화, 공약 불가능성 등에 대한 내용이 과학관 내에서
새로운 변화를 이끌어 갔다.

한편 20세기의 두 차례 세계 대전을 통해 과학 기술에 대한 사회적
의존도가 커진 것도 과학 기술의 사회적 융합을 촉진했다. 전후 냉전
이 심화되면서 군부는 기초 과학을 지원하면서도 자신들의 군사적 목
적을 과학 기술에 반영하도록 노력했고, 과학 기술은 서서히 사회적
요구에 부응하는 형태로 체질이 변화되었다. 이 외에도 1980년대 이
후 미국이 개발한 기초 과학의 성과를 바탕으로 일본이 미국을 압박
하는 모습이 나타나면서 일본의 무임 승차론이 미국 내에서 커다란
문제가 되기도 했다. 이 당시 일본 기업의 도전은 미국의 과학 기술 연
구 전략에도 커다란 영향을 미쳤다. 이런 일련의 변화 속에서 사회는
새로운 지식 정보화 시대로 접어들었고, 과학 기술 분야에서는 초분
야적 융합 현상이 자주 나타나게 되었다.

과학 기술 발전의 원동력, 연구 윤리

근대 과학은 오랜 역사적 경험을 통해 정직성을 과학자들이 반드시
지켜야 할 중요한 덕목으로 삼아 왔다. 근대 이전의 전통 과학 기술 지
식은 저자 개념이 불확실해 많은 경우 익명성을 띠고 있었으며, 얻어
진 지식도 산출 과정을 투명하게 밝히기보다는 결과만으로 대중을 설
득하는 형태가 많았다. 하지만 근대 과학은 이런 중세적 관행을 타파

하고 지식의 산출 과정을 투명하게 공개해 과학을 객관적인 형태로 바꾸어 놓았다.

근대 초기에 과학자들은 자신이 사용한 실험 장치를 직접 가지고 과학자들이 참석하는 학회에 나와 자신이 발견한 과학적 사실을 인정받으려 했다. 객관적 지식으로 인정받기 위해서는 모든 사람들이 보는 현장에서 실제로 실험을 반복하는 것이 제일 확실했기 때문이다. 여기에는 여러 가지 문제점이 있었다. 우선 자료가 방대하거나 실험 장비가 엄청나게 클 때 입증 자료나 실험 도구를 학회가 열리는 장소로 옮기기란 거의 불가능했다. 또한 연구 인력과 생산된 지식이 많아지면서 연구 결과들을 하나하나 직접 확인하기 위해서는 연중무휴로 학회를 열어야 할 판이었다.

과학 연구가 활발해지면서 다양한 연구 결과를 발표할 학회지가 태어났고, 자신이 사용한 도구로 대중 앞에서 직접 실험을 시연하는 형태를 새로운 논문 발표 제도가 대체하게 되었다. 이제 과학자들은 대중 앞에서 자신이 발견한 과학적 사실을 직접 입증하는 대신, 과학 논문에 자신의 발견을 뒷받침할 수 있는 분명한 근거 자료를 제출하기만 하면 되었다. 또한 논문 제출도 익명이 아닌 철저한 실명으로 하여 저자에게 새로운 사실을 발견한 공적을 인정해 주되, 만일 논문 조작이나 중대한 과실이 발견될 경우에는 그에 따르는 응분의 책임을 지게 했다. 근대 과학이 채택한 이 새로운 연구 발표 제도는 과학자들에게 정직성을 핵심 덕목으로 삼게 함으로써 과학적 사실의 생산 능력을 획기적으로 높이는 데 결정적으로 기여했다.

과학계에서 정직성을 중요하게 생각하는 이유는 우선 과학자들이 자신이 생산하는 지식을 객관적 진리에 가깝다고 여기기 때문이다. 종교적 진리를 관장하는 성직자들에게 신에 대한 정직성이 핵심 덕목이 듯이, 자연에서 진리를 찾는 과학자에게 정직성은 그 무엇보다도 중요하다.

정직성의 원칙이 무너질 경우 근대 과학의 지식 생산 방식에는 심각한 위기가 오고, 과학은 객관적 진리로서의 근거를 상실한다. 객관적 진리를 다루는 과학자는 정직해야 한다는 윤리적인 이유뿐만이 아니라 객관적 지식을 효과적으로 생산하는 경제적인 이유에서도 정직성은 모든 사람들이 공유해야 하는 중요한 덕목인 것이다.

과학 기술과 환경 문제의 충돌

20세기 들어 과학 기술이 급속도로 성장하는 동안 전 지구적인 온난화, 내분비계 교란 물질의 확산, 원인 모를 기상 이변 등과 같이 전례 없는 현상들이 우리 주변에서 계속 발생해 지구촌의 환경 문제가 우리 인류가 당면한 글로벌 이슈로 떠오르게 되었다.

과학 기술과 환경이 충돌한 대표적인 사례로 살충제 남용의 문제를 들 수 있다. 인류는 농산물의 생산 증대를 위해 병충해 방제에 힘을 기울였고, 이에 따라 수많은 농약이 사용되기 시작했다. 이 시기에 나타난 수많은 화학 살충제 가운데 가장 광범위하게 사용된 것은 유기 염소 살충제인 DDT였다. 사용량이 나날이 늘어 가던 이 화학 물질이 대단히 안정해서 몇몇 동물의 체내에서 분해되지 않고 아주 위험한 수준까지 축적될지도 모른다는 추측이 퍼지면서, 이에 관련된 수많은 논쟁이 일어나게 되었다.

결국에는 대규모의 화학 공업 공장에서 생산된 살충제로 인해 동식물의 환경을 비롯한 생태계가 파괴되어 그것을 만든 인간에게 치명적인 영향을 미치리라는 경고가 시민 사회로부터 나타났다. 1962년 미국의 해양 생물학자 레이철 카슨은 『침묵의 봄』이라는 작은 책자를 출판했는데, 이 책은 환경 운동 역사상 가장 커다란 전환점을 만들었다.

카슨의 책은 대중으로부터 유래가 없는 커다란 반향을 받았고, 오늘날 미국에서 환경 운동으로 알려진 일련의 움직임이 시작되는 기폭제 역할을 했다. 1964년 의회는 「야생 보호법(Wilderness Act)」을 제정해서 무절제한 개발로부터 자연을 보호하는 정책을 펴 나갔다. 또한 이때를 전후해서 수질, 자동차 배기가스, 대기 등에 관한 수많은 환경 규제 법안이 생겨났다. 미국 의회는 1969년 「환경 정책법(National Environmental Policy Act)」을 제정했으며, 1971년에는 초음속 여객기를 위한 재원 지출을 환경 문제를 이유로 거부해서 초음속 여객기 운행을 불가능하게 했다. 또한 이 기간 동안에 기존의 자연 보전 단체 이외에 수많은 환경 단체들이 결성되었으며, 병충해 방제에 대해서도 천적 사용이나 수컷 불임 방법과 같이 카슨이 대안으로 제안한 생물학적 방제가 적극적으로 모색되었다. 1970년 4월 22일에는 제1회 지구의 날(Earth Day) 행사가 미국에서 열렸다. 2000여 지역 단체에서 모인 약 2000만 명의 시민들은 더 질 좋은 환경을 요구하며 거리로 나섰고, 이 날은 미국 환경 운동 역사상의 커다란 기점이 되었다.

위험 사회와 소통

환경 문제가 지구 전체로 퍼지고 근대에 대한 새로운 시각이 요구됨에 따라 우리 사회가 본질적으로 '위험 사회(Risikogesellschaft)'의 성격을 띠고 있다는 주장이 대두되었다. 광우병이나 신종 플루 확산 사태에서 봤듯이 위험을 둘러싼 사회적 소통은 이제 우리 사회가 떠안아야 할 핵심 문제가 되었다.

'위험 사회'를 체계적으로 분석하려 시도한 울리히 벡(Ulrich Beck, 1944년~)은 과학 기술과 시민 사회 상호 중재의 필요성에 대해서 다음과 같이 언급하고 있다.[10] 위험 사회가 발전함에 따라 위험 때문에 피해를 입은 사람과 그로부터 이윤을 얻은 사람들 사이에 적대감이 발생한다. 또한 위험과 관련된 지식의 사회적·경제적 중요성이 함께 증대되며, 위험을 설명하는 과학적 연구 내용을 구성하고 퍼뜨리는 대중 매체의 권력이 커 간다. 이런 점에서 위험 사회는 과학과 미디어를 바탕으로 한 정보화 사회이기도 하다.

수용 가능한 수준을 어떻게 정하느냐에 따라 환자나 희생자로 고통을 받는 사람들의 수가 늘거나 줄어든다. 원인을 무엇으로 보느냐에 따라 기업들은 비난의 포화를 맞게 되며, 기성 정치인들은 사고와 피해의 원인이 체제가 아니라 개인에게 있다고 책임을 떠넘김으로써 압력을 줄이려고 애쓴다. 어떤 사람들은 이런 상황을 시장에 대한 참여 확대 기회로 활용하는데, 이때 과학자들은 양쪽 편에 동시에 속하기도 하다.

현재 우리 사회가 점점 더 위험 사회로 접어드는 이유는 인간이 자연을 변형시킬 가능성이 과거보다 훨씬 더 커졌기 때문이다. 즉 과거에는 인류에게 미쳤던 위험이 대개 자연적인 위해(natural hazard)에 그쳤지만, 미래에는 내분비계 교란 물질의 범람, 백신의 부작용 등 인간 자신이 만들어 내는 위험이 더욱 많아질 것이다.

생태계와 건강에 미치는 다양한 영향들은 사람들이 바라는 만큼 정당화되고 최소화될 수 있으며, 반대로 엄청난 파문을 일으키는 형태로 극대화될 수도 있다. 이런 위험 요소들은 사회적, 경제적, 정치적, 법적인 차원에서 다양하게 영향을 미친다. 결국 벡은 근대화 과정에서 위해의 원인을 제거하는 것 자체가 정치 문제가 된다고 말하고 있다.

생산물 계획, 생산 과정, 에너지의 종류, 폐기물 처리와 같은 산업 관리의 영역에 속하는 문제들은 이제 더 이상 공장 관리의 문제로만 국한되지 않는다. 이 문제들은 정부의 정책 입안 과정에서 주요 쟁점으로 등장하며, 유권자들에게는 실업 문제와 같은 비중으로 다가갈 수도 있다. 위협이 커질수록 긴급 사태에 대한 개입주의적인 정책이 부상하고, 위험 상황을 해결하기 위한 정부의 개입 가능성과 권위가 확대된다. 마침내 위험은 권력이 부분적으로 재분배되는 방식으로 정상 상태가 되면서 제도적인 형식을 취하게 된다.

과학 기술 지식의 단순한 확대만으로는 위험 사회에서 나타나는 많은 위험을 합리적으로 해결할 수 없다. 위험은 이제 정치적인 문제가 되었고, 따라서 위험과 관련된 소통은 정당성을 회복하는 방향으로 전개되어야 한다. 이런 이유로 한스 페터 페터스(Hans Peter Peters)는 이제 위험 소통(risk communication) 문제는 합리성(rationality)의 문제에서 정당성(legitimacy)의 문제로 옮겨 가야 한다고 주장하고 있다.[11]

근대 사회 등장 이후 과학 기술이 사회에 미치는 영향이 커지면서 과학과 사회의 대화가 그 어느 때보다도 절실히 필요하게 되었다. 방사성 폐기물 처리장 선정 문제나 배아 줄기 세포 연구 개발 허용 심의 과정에서 보듯이, 최근 우리 사회에서는 과학 기술 기반 시설 건설이나 특정 연구 개발 추진 과정에서 건설 및 연구 개발 당사자들과 시민의 요구가 충돌하는 사례가 빈번해졌다. 즉 과학 기술 합의 회의(consensus conference)를 비롯한 다양한 통로를 통해 과학 기술 정책에 시민의 의견을 반영하는 통로를 마련할 필요성이 커지고 있다.

과학 기술의 새로운 변화는 과학의 대중화 면에서도 새로운 변화를 요구한다. 자연에 대한 인간의 지배력이 초보적인 수준이었던 시기에는 과학 대중화 활동에서 과학자가 우선적인 역할을 수행했다. 이런 시대에는 영국의 왕립 연구소(Royal Institution)에서 주로 활동했던 마이클 패러데이(Michael Faraday, 1791~1867년)의 과학 대중화 활동에서처럼 과학 기술자들이 과학의 내용을 대중에게 친숙하게 소개하는 것이 무엇보다도 중요했다.

하지만 과학 기술, 인문 사회, 예술 등이 서로 결합되어 새로운 창의적인 생각들이 수없이 창출되는 지금 대중에 대한 과학 이해 활동은 더 이상 과학 기술자들의 전유물이 아니다. 이제부터는 과학 기술자들은 물론 다양한 분야의 사람들이 서로 협력해 새로운 유형의 문제 해결 방식을 마련하고, 이것을 통해 과학 기술과 대중 사이 새로운 소통의 장을 마련해야 한다. 신종 질병, 자원 전쟁, 환경 파괴, 세계화, 금융 위기 등 지구촌 현안을 슬기롭게 극복하기 위해서는 이 문제들을 해결하기 위해 과학 기술이 무엇을 할 수 있는가를 정확하게 파악할 필요가 있으며, 과학 기술만으로 해결할 수 없는 사안에 대해서는 인문학, 사회 과학, 예술 등과 공동으로 노력해서 통합적인 형태의 해법을 제시해야 한다. 과학과 대중과의 소통은 바로 이 통합적인 해법을 매개로 새로운 방식으로 이뤄질 때 가능할 것이다.

과학 기술학의 태동

과학 기술학은 1980년대 이후 미국과 유럽에서 급속하게 성립된 학제 간 연구 분야이다. 이 분야는 과학 기술 및 의학의 형성 과정 및 그 성과를 역사, 철학, 사회학, 인류학 등을 결합한 다분야적인 연구 방법론으로 연구하고 있다.[12]

과학 기술학은 과학에 대한 철학적 이해를 바탕으로 성장한 분야이며, 과학사, 과학 철학, 과학 사회학 분야의 연구가 밑거름이 되었다. 1920년대 루돌프 카르납(Rudolf Carnap, 1891~1970년)을 비롯한 빈 학파의 논리 실증주의자들은 버트런드 아서 윌리엄 러셀(Bertrand Arthur William Russell, 1872~1970년), 앨프리드 노스 화이트헤드(Alfred North Whitehead, 1861~1947년) 등의 기호 논리학 체계를 바탕으로 한 논리주의 전통을 수용하여 의미의 검증 원리를 제시했다. 1940년대 말까지 빈 학파의 영향을 받은 과학 철학계에서는 과학은 관찰과 실험을 바탕으로 누적적이고 위계적으로 상위 이론으로 발전한다는 공통된 믿음을 가지고 있었다. 즉 관찰 용어로부터 이론 개념으로 의미가 상향 침투되고, 이에 따라 이론의 전체 구조가 의미를 가지게 되는 것이다. 이런 믿음에 따르면 결국 과학 이론이란 가능한 관찰들이 응집된 요약인 셈이다.

이에 대해서 카를 라이문트 포퍼(Karl Raimund Popper, 1902~1994년)는 제한된 관찰 진술로부터 보편 진술을 도출하려고 하는 귀납 원리를 비판하면서, 입증(verification) 개념을 반증(falsification) 개념으로 대체했다. 포퍼의 주장을 비판적으로 수용한 논리 실증주의자들은 초기의 엄격한 입증주의를 완화해 확률적인 확증주의를 도입한 논리 경험주의를 발전시켰다.

20세기 중반 이후에 새로이 등장한 탈경험주의자들은 논리 실증주의에 비판을 가했다. 우선 윌러드 반 오먼 콰인(Willard Van Orman Quine, 1908~2000년)은 실제적인 실험 상황에서는 모든 종류의 보조 가설을 포함한 이론 전체가 동원되므로 이론을 구성하는 모든 가설 가운데 어느 특정 가설이 실험으로 반증되는지를 알 수 없다고 주장했다.

루트비히 요제프 요한 비트겐슈타인(Ludwig Josef Johann Wittgenstein, 1889~1951년)은 규칙들은 자신의 적용 가능 범위에 대한 규칙을 포함하고 있지 않고 모든 행동 과정이 마치 주어진 규칙을 따르는 듯 만들어질 수 있기 때문에, 어떤 행동 과정도 하나의 규칙만으로 결정될 수는 없다고 주장했다. 비트겐슈타인의 주장은 귀납에 대한 데이비드 흄(David Hume, 1711~1776년)의 견해를 확장한 것이라 할 수 있다. 흄은 유한한 경험적 사례들을 바탕으로 점검되지 않은 그 다음의 경우를 제한할 수는 없다는 귀납의 문제(the problem of induction)를 제기했다. 예를 들어 해가 동쪽에서 뜬다는 오랜 경험에도 불구하고 그것이 내일 해가 동쪽에서 뜰지를 완전하게 보장할 수는 없다는 것이다.

노우드 러셀 핸슨(Norwood Russell Hanson, 1924~1967년)은 사실에 대한 서술이란 항상 '이론의 등에 업혀서(theory-laden)' 이뤄지기 때문에, 개념 틀이니 이론외 제약을 받지 않고 사실 그대로를 기록하는 관찰 문장이란 존재하지 않는다고 주장했다. 더 나아가 쿤은 과학 이론이 누적적으로 발전하지 않고 패러다임의 변화라는 혁명적인 형태로 발전해 나간다는 과학 혁명 모형을 제시했다. 쿤의 주장에 따르면 패러다임들 사이에서 한 이론 체계의 용어는 다른 이론 체계의 용어로 완전하게 번역할 수 없다.

기능주의 과학 사회학에서 행위자-네트워크 이론까지

미국의 사회학자 로버트 킹 머튼(Robert King Merton, 1910년~)은 과학의 사회적 구조에 관한 자신의 기능주의 이론에서 적절한 과학적 실천을 지도하는 행동 규범이 존재한다고 주장했다. 머튼이 제시한 과학의 규범들은 보편주의(Universalism), 공동체주의(Communalism), 공평무사성(Disinterestedness), 조직화된 회의(Organized skepticism) 등이었다. 규범을 따르는 구성원에게는 보상(reward)이 주어지고, 어기는 사람에게는 제재(sanction)가 가해진다는 점에서 머튼의 규범은 일종의 제도적 명령이었다. 하지만 머튼의 규범은 너무 유연하여 실제로 이 규범을 조금이라도 어기는 과학자에게 강한 제재가 가해졌다는 증거를 찾기란 무척 힘들다.

기능주의 사회학의 비판은 쿤의 과학관에 잠재해 있던 상대주의적 측면과 결합해 사회 구성주의자들로 인해 더욱 급진적인 모습으로 탈바꿈했다. 사회 구성주의(social constructivism)는 영국 에든버러 대학교의 데이비드 블루어, 배리 반스, 스티븐 셰이핀, 바스 대학교의 해리 콜린스, 트레버 핀치 등 일군의 학자들이 추진한 과학 사회학 분야의 새로운 연구 프로그램이었다.

핀치와 베이커는 사회 구성주의의 범위를 기술 분야까지 확대했다. 그들은 안전 자전거의 발전사를 예로 들어 안전 자전거의 개발 과정은 자연적 사실에 바탕을 둔 것이 아니라 경쟁하는 행위자들의 이해관계에 영향을 받아서 사회적으로 구성되었다고 주장했다. 이 외에도 사회 구성주의자들은 과학 지식의 국소성, 과학 실험 복제의 어려움, 실험자 회귀(experimenters' regress)의 문제, 암묵적 지식(tacit knowledge)의 존재와 장치 복제의 한계, 주관적인 암묵지와 인공 지능의 한계를 설명하는 데 그들의 입장을 적용했다.

이와는 별도로 프랑스의 피에르 부르디외(Pierre Bourdieu, 1930~2002년)는 경제 자본이나 사회 자본과 구별되는 문화 자본(cultural capital) 개념을 제기하여 과학의 사회적 성격을 부각시켰다. 그는 특정 분야가 문화 자본을 무한히 확대 재생산하는 과정에서 모든 행동은 적대적이라고 주장했다. 즉 모든 과학적 실천은 과학적 권위를 쟁취하려는 적대적인 측면을 지니고 있다는 것이다. 부르디외의 적대적 과학 개념은 사회 구성주의자들이 말하는 사회적 이해 관계와 부분적으로 연결된다.

사회 구성주의자들이 논쟁 종식을 지나치게 사회적 이해 관계와 결부하는 과정에서 비판도 나타났다. 즉 사회 구성주의는 사회에 너무 강한 정당성을 부여하여 일종의 사회 환원주의적 편향을 보이고 있다는 것이다. 또한 과학 논쟁을 몇몇 대립되는 진영 사이의 경쟁으로 단순화했으며, 이해 관계도 지나치게 고정된 것으로 간주했다는 비판도 나타났다. 논리 실증주의가 자연과 사회 사이에서 자연을 지나치게 강조했다면 사회 구성주의는 사회를 너무 강조했던 것이다. 이에 따라 성향을 다시 자연으로 돌려서 자연과 사회를 동등하게 설명해야 한다는 주장이 나타났다.

이런 주장 가운데 대표적인 견해가 프랑스 파리 광산 학교의 브뤼노 라두르(Bruno Latour, 1947년~), 미셸 칼롱(Michel Callon)과 영국 킬 대학교의 존 로(John Law) 등이 제기한 행위자 네트워크 이론(Actor Network Theory, ANT)이다. 그들은 '사회에 의한 과학의 구성'보다 '과학에 의한 사회의 구성' 혹은 '테크노 과학(Technoscience)과 사회의 공동 구성'에 초점을 맞추며 기존의 사회 구성주의 입장과는 차별화된 이론을 발전시켰다. 행위자 네트워크 이론에서 과학과 기술은 서로 결합되어 테크노 과학의 형태를 띠고 있다. 행위자 네트워크 이론이 말하는 행위자에는 인간적 실체와 비인간적 실체가 모두 포함된다. 이 인간적 행위자들과 비인간적 행위자들은 모두 이해 관계가 있으며, 서로 다른 행위자들과 동맹을 이루며 거대한 네트워크를 형성해 나간다. 결국 테크노 과학의 활동이란 다양한 행위자들의 이해 관계를 이해하고 번역해 가는 과정인 것이다.

과학 기술학, 과학 기술의 성찰자

과학 기술학의 등장은 과학과 대중을 다루는 방식에도 많은 변화를 불러일으켰다. 예전에는 과학과 대중 이해를 다룰 때 주로 확산 모형이나 결핍 모형(deficit model)을 많이 사용했다. 이 모형에서는 과학 지식은 매우 어렵기 때문에 대중화를 위해서는 대중 강연자와 같은 중재자(mediator)가 중요하며, 대중에게는 과학 지식이 결핍된 것으로 간주했다. 하지만 과학 기술학에서는 과학 대중화 과정을 맥락 모형(context model)으로 설명한다. 맥락 모형에서는 과학 지식이 진술들의 집단적 변형을 통해 구성되며, 과학 대중화는 이 과정의 연장이라 본다. 따라서 모든 과학 진술들은 어느 정도는 맥락에 맞춰져 있고, 맥락을 통해 변화한다.

과학 기술학은 방사성 폐기물 처리, 유전자 변형 식품 규제, 줄기 세포 연구, 화학 무기 처리 등 전문적인 지식이 요구되는 사안에 대중과 전문가들이 어떻게 참여하는지에 대해서도 다룬다. 예를 들어 하버드 대학교의 과학 기술학 교수 쉴라 자사노프(Sheila Jasanoff)는 2005년에 출판한 『자연의 디자인』이라는 책에서 전문 지식과 대중 참여 방식을 설명하기 위해 '시민 인식론(civic epistemology)'이라는 개념을 제안했다.[13]

'시민 인식론'에는 대중 영역에서 만들어지는 지식의 스타일, 연구의 책무성과 신뢰 수준, 지식 증명의 실천, 객관성 평가의 유형, 전문적 지식에 대한 기초 소양, 전문가 단체들에 대한 접근 가능성 등이 포함된다. 그녀의 주장에 따르면 미국과 유럽 각국에서 생명 공학의 연구 방식을 결정하는 모습이 다양하게 나타난 이유는 바로 이 시민 인식의 차이 때문이었다. 예를 들어 미국에서는 전문가들에 대한 신뢰의 수준이 낮으며 그들의 책무는 법정 과정에 근거를 두고 있고, 객관성의 기준은 형식적이다. 반면에 독일에서는 전문가들에 대한 신뢰의 수준이 높으며, 이해 단체 기구 사이의 협상이 객관적 결과의 기초가 된다.

현재 과학 기술학은 지식의 정치 경제, 과학의 대중 이해, 전문 지식과 대중 참여, 과학의 수사학, 실험실 연구, 행위자 네트워크 이론, 사회 구성주의, 페미니즘 과학, 생태주의 과학, 과학 기술과 위험 커뮤니케이션, 과학 커뮤니케이션, 연구 윤리, 과학 기술과 거버넌스(governance, 협치), 대학과 연구의 상업화, 환자 집단과 보건 의료 운동, 과학 기술의 군사회, 임상 연구와 제약 마케팅, 법과 과학 기술 등 다양한 주제를 다루고 있다. 과학 기술의 사회적 영향력이 커지면서 과학 기술학에 대한 사회적 관심은 계속 증대될 것이다.

1부 | 현대 과학의 여명

1장 | 현대 과학의 고향, 괴팅겐

보통 사람들이 이해하기 힘든 추상적인 수학이나 이론 물리학 등은 한동안 우리 사회 속에서 실제적인 응용 가능성이 거의 없는 순수 학문 취급을 받아 왔다. 하지만 역사적으로 이 순수 학문 분야들은 항상 우리의 생활과 밀접한 연결을 맺으면서 발전했다는 사실에 우리는 주목해야 한다. 추상 수학이나 이론 물리학이 오늘날처럼 현실과 유리된 것은 19세기와 20세기를 거치면서 나타난 특이한 현상이었다.

사회 수학과 도덕 과학

적어도 18세기 이전까지 수학은 우리의 실생활과 밀접한 연관을 맺으면서 발전했다. 우선 프랑스를 중심으로 발전한 18세기 수학은 소위 '사회 수학(social mathematics)'의 형태로 발전했으며, 보험, 증권, 통계 조사, 복권 사업, 도박을 다루는 사회 과학의 출현과 밀접한 연결을 맺고 있었다. 18세기에 발전한 확률에 대한 논의는 주로 보험, 도박과 연관되어 발전했고, 여론 조사와 같은 통계적 방법 역시 계몽 사조기를 풍미했던 도덕 과학(moral sciences)에 속해 있었다.

인간의 과학인 사회 과학은 이미 17세기에 시작되었으며, 근대 과학의 산물인 새로운 실험 철학의 출현과 밀접한 연결을 맺고 있었다. 볼테르(Voltaire, 1694~1778년)는 인간 과학의 기원을 로크의 『인간 오성론(*Essay concerning human understanding*)』(1960년)에서 찾았다. 계몽 사조기에 널리 퍼진 인간 과학은 인간의 본성에 관한 학문으로 몽테스키외, 루소, 디드로 등 많은 계몽 철학가에 의해 다양한 형태로 발전되어 나갔다.[1] 프랑수아 케네(François Quesnay, 1694~1774년)의 중농주의, 애덤 스미스(Adam Smith, 1723~1790년)의 경제학 등 사회 과학 관련 분야의 출현 역시 18세기 사회 수학 및 도덕 과학의 출현과 그 맥을 같이 한다.[2]

'혼성 수학(mixed mathematics)'의 전통은 19세기에도 지속적으로 이어졌다. 예를 들어 19세기 영국 케임브리지 대학교에서 수학은 혼성 수학의 형태로 전자기학, 유체 역학, 인구 통계학 등과 함께 존재하고 있었다. 제임스 클러크 맥스웰(James Clerk Maxwell, 1831~1879년)의 통계 역학과 전자기학은 바로 이런 배경의 산물이었다. 논리적 정합성을 강조하는 순수 수학의 관점에서 이런 혼성 수학의 만연은 오히려 낙후된 모습으로 보일 수 있다. 하지만 땅의 측량에 관한 이집트 인의 실용적인 관심에서 증명 위주의 학문인 기하학이 탄생한 것에서 보듯, 수학이 생활과 밀접한 연결을 맺으면서 발전한 것은 수학사 속에서는 흔한 일이었다.

18세기까지 이론적 과학과 독립해서 발전해 온 실험 과학은 19세기를 거치는 동안 수학화, 이론화되어 갔다. 이 과정을 통해 자연 현상을 이해하는 데 막강한 위력을 지닌 이론 물리학이 출현했으며, 자연 과학 분야에서 일반화, 추상화를 가속화시켰다.

괴팅겐의 수학 전통

수학을 물리학, 공학 등에 응용하여 수학의 사회적 위상을 높였던 가장 대표적인 예로는 19세기 후반 독일 괴팅겐 대학교의 수학 전통을 들 수 있다. 19세기 후반에서 20세기 초반 사이 괴팅겐 대학교에서는 수학자 펠릭스 크리스티안 클라인(Felix Christian Klein, 1849~1925년)의 주도 아래 응용 수학과 순수 수학이 왕성하게 결합하면서 순수 수학과 응용 수학의 중흥이 동시에 이뤄졌다.

북부 독일에 위치한 괴팅겐 대학교(1734년 설립)는 카를 프리드리히 가우스(Carl Friedrich Gauss, 1777~1855년) 이래로 1933년 나치가 권력을 잡기 전까지 독일 수학의 중심지 역할을 했다. 이 한적하고 작은 도시에서는 순수 수학과 응용 수학의 조화로운 만남이 이뤄졌는데, 이는 수학, 물리학, 공학의 통일이라는 펠릭스 클라인의 응용 수학 이념으로 대변된다. 19세기 초 이래로 괴팅겐 대학교에서는 가우스, 페터 구스타프 레조이네 디리클레(Peter Gustav Lejeune Dirichlet, 1805~1859년), 게오르크 프리드리히 베른하르트 리만(Georg Friedrich Bernhard Riemann, 1826~1866년), 펠릭스 클라인, 다비드 힐베르트(David Hilbert, 1862~1943년), 헤르만 민코프스키(Hermann Minkowski, 1864~1909년), 헤르만 클라우스 후고 바일(Hermann Klaus Hugo Weyl, 1885~1955년), 리하르트 쿠란트(Richard Courant, 1888~1972년), 에드문트 게오르크 헤르만 란다우(Edmund Georg Hermann Landau, 1877~1938년), 아말리에 에미 뇌터(Amalie Emmy Noether, 1882~1935년) 등과 같이 순수 수학, 응용 수학의 모든 분야에서 탁월한 업적을 내었던 당대의 수학자들을 비롯해서, 빌헬름 에두아르트 베버(Wilhelm Eduard Weber, 1804~1891년), 아르놀트 요하네스 빌헬름 조머펠

■1837년의 괴팅겐 대학교. 1734년 설립된 괴팅겐 대학교는 수학과 자연 과학, 공학의 통일이라는 이념의 근거지가 되었다. 1807년 가우스가 수학 교수 겸 천문대장으로 임용된 이래로 나치가 정권을 잡은 1933년까지 이곳은 독일 수학의 중심지였다. 디리클레, 리만, 클라인, 힐베르트, 민코프스키, 바일, 쿠란트, 란다우, 뇌터 등의 수학자들과 조머펠트, 보른, 프란틀, 카르만, 비헤르트, 슈바르츠실트 등의 과학자들이 괴팅겐에 있었다.

트(Arnold Johannes Wilhelm Sommerfeld, 1868~1951년), 막스 보른(Max Born, 1882~1970년), 루트비히 프란틀(Ludwig Prandtl, 1875~1953년), 시어도어 폰 카르만(Theodore von Kármán, 1881~1963년), 에밀 요한 비헤르트(Emil Johann Wiechert, 1861~1928년), 카를 슈바르츠실트(Karl Schwarzschild, 1873~1916년) 등과 같은 물리학자, 유체 역학자, 지구 물리학자, 천문학자 들이 서로 긴밀하게 협력해 독특한 응용 수학 전통을 만들어 냈다.[3]

가우스의 유산

괴팅겐 대학교의 찬란한 수학 전통은 1807년 가우스가 괴팅겐 대학교 수학 교수 겸 천문대장으로 임용되면서 시작되었다. 가우스는 정수론, 대수학, 복소수론, 무한급수, 타원 함수, 확률 통계를 비롯해서 수학의 광범위한 분야에 걸쳐 탁월한 업적을 낸 수학자였다. 특히 그는 정수론을 수학에서 가장 핵심적인 분야로 받들었는데, 나중에 괴팅겐 수학자들이 정수론을 상당히 중시한 것은 그의 영향과 무관하지 않다. 이 외에도 그는 자신의 생애 동안에는 출판하지 않았으나 오늘날의 비유클리드 기하학에 해당하는 선구자적인 생각도 했다.[4]

주목할 점은 가우스가 자신의 전문 분야인 수학뿐만이 아니라 물리학, 천문학, 굴절 광학, 전기 공학 등에도 많은 관심을 가지고 수준 높은 연구를 했다는 것이다. 가우스가 천문학에 관심을 가졌다는 것은 그가 1807년 괴팅겐 천문대장으로도 임용되었다는 사실에서 미루어 짐작할 수 있다. 무엇보다도 정확한 관측이 중요했던 천문대의 작업을 더 효과적으로 하기 위해서 가우스는 굴절 광학을 연구했고, 관측 오차를 처리하는 최소 제곱법도 개발했다.

가우스가 물리학에서 쌓은 업적은 주로 물리학자였던 빌헬름 베버와의 협동 작업을 통해서 이뤄졌다. 가우스는 1831년부터 '괴팅겐 7인 사건'이라는 정치적 사건 때문에 베버와의 공동 연구가 불가능해진 1837년까지 지구 자기학을 정력적으로 연구했다. 자장의 세기에 가우스의 이름이 붙게 된 것도 그의 이런 업적 때문이었다. 가우스는 과학적 발견을 실제에 응용하는 일에도 관심을 보였는데, 한 예로 1831년 패러데이가 전자기 유도 현상을 발견하자 이 원리를 이용해서 베버와 함께 전신 장치를 발명해 실제로 통화해 보기도 했다. 또한 가우스는 맥스웰의 전자기학이 나오기 훨씬 이전에 전자기력이 무한대의 속도가 아니라 빛과 같이 유한한 속도로 전달된다는 생각을 하고 있었다. 후일 괴팅겐 대학교가 수학, 자연 과학, 공학의 통일이라는 이념의 근거지가 되는 데에는 가우스의 이런 다양한 활동이 밑거름이 되었다.[5]

가우스가 죽은 뒤 그의 교수 자리는 수학, 물리학, 천문학으로 나뉘었는데, 수학 교수 자리의 후임은 1855년 디리클레가 승계했다. 디리클레는 원추 함수론을 발전시키고 경곗값 문제와 응용 수학에서 많이 사용되는 변분법과 관련된 소위 '디리클레 문제'를 제기했다. 또한 디리클레는 일반 역학, 유체 역학의 문제를 수학적으로 해결하는 데 기여함으로써 1858년 심장 발작으로 갑자기 쓰러지기까지 짧은 기간 동안 괴팅겐 대학교에서 수리 물리학 분야가 형성되는 데 괄목할 만한 기여를 했다.

1859년 디리클레의 교수 자리는 1851년 가우스 밑에서 복소 변수 함수론으로 박사 학위를 받고 1857년부터 괴팅겐에서 부교수로 재직하고 있었던 베른하르트 리만에게 계승되었다. 리만이 1853년에 교수 자격 과정(Habilitation)을 마치고 사강사(Privatdozent)로 취임하면서 행한 강연 내용은 나중에 아인슈타인 일반 상대성 이론의 수학적 표현인 리만 기하학이라는 이름으로 세상에 널리 알려지게 된다. 당시에 많은 사람들은 유클리드 기하학을 넘어선 리만 기하학에 냉담한 반응을 보였는데, 특히 당시 독일 과학의 대부였던 헤르만 루드비히 페르디난트 폰 헬름홀츠(Hermann Ludwig Feridnand von Helmholz, 1821~1894년)는 철학적인 근거를 들어 이 새로운 기하학의 존재를 부정했다.

리만의 강연 내용은 그의 사후인 1876년 출판되었으나 진가를 발휘하지 못하다가 아인슈타인의 일반 상대성 이론이 나온 뒤인 1919년 헤르만 바일에 의해 다시 출판되어 세상 사람들로부터 많은 조명을 받았다. 리만은 비유클리드 기하학 이외에도 디리클레 문제를 더욱 발전시켰으며, 리만 제타 함수와 같은 여러 특수 함수를 개발했다. 또한 그는 전자기학과 관련된 다양한 편미분 방정식을 발전시켜 수리 물리학의 출현에도 기여했다.

리만의 교수 자리는 1868년부터 1872년까지 불변 이론(Invarianten Theorie), 변분법, 편미분 방정식에 기여한 루돌프 프리드리히 앨프리드 클레브슈(Rudolf Friedrich Alfred Clebsch, 1833~1872년)에게 이어졌으며, 이 자리는 슈바르츠 부등식으로 유명한 카를 헤르만 아만더스 슈바르츠(Karl Hermann Amandus Schwarz, 1843~1921년)에게 이어졌다. 이 두 수학자는 탁월한 인물이었지만, 재임 기간이 상대적으로 짧았기 때문에 괴팅겐 수학의 역사에 기여한 바는 적었다. 하지만 이들이 이어 온 수학 교수 자리는 훗날 힐베르트에게 이어져 괴팅겐 수학은 그 전성기를 맞이하게 된다.

과학 조직가 펠릭스 클라인

괴팅겐의 수학 전통 형성에 가장 커다란 영향을 미친 사람은 펠릭스 클라인이었다.[6] 클라인은 1871년 괴팅겐에서 교수 자격 과정을 이수한 뒤 1872년 23세의 나이에 에를랑겐 대학교의 교수로 임용되었다. 이때 그는 그 뒤 전개될 현대 수학의 향방에 커다란 영향을 미치는 소위 '에를랑겐 계획'을 내놓았다. 이 계획에서 클라인은 프랑스의 가스파르 몽주(Gaspard Monge, 1746~1818년)가 체계화한 화법 기하학 (Descriptive geometry)의 기본 개념을 더욱 발전시킴으로써 기하학적인 문제를 불변 이론을 바탕으로 이해하고자 했다. 또한 이 계획을 수행하는 과정에서 그는 가우스와 리만이 발전시킨 비유클리드 기하학을 사영 기하학적 관점에서 파악했으며, 변환군을 바탕으로 하는 '군 (Gruppe)'의 개념을 확립했다.[7]

클라인은 빌헬름 시대의 대학교 및 중등 교육 개혁 과정에서 자신의 기하학적 선구자인 몽주를 본받아 프랑스식의 이상형, 즉 파리의 에콜 폴리테크니크를 모범으로 삼고 교육 개혁 운동을 진행시켰다. 프랑스 혁명 과정에서 생겨난 에콜 폴리테크니크 출신의 우수한 수학자들은 상당수가 유명한 공학자이기도 했는데, 클라인은 이것이 바로 독일의 대학이 본받아야 할 점이라고 생각했다. 그는 수학을 물리학이나 기술에 응용하는 데 지대한 관심이 있었으며, 빌헬름 시대의 교육 개혁 과정에서 수학, 자연 과학, 공학의 통합이라는 자신의 생각을 관철하려고 노력했다.

20~30대에 이미 수학 분야에서 탁월한 업적을 남긴 그는 괴팅겐 대학교 교수가 된 40대부터는 학문 활동보다는 과학 조직가로서 수완을 보였다.[8] 1875년부터 1880년까지 뮌헨 공과 대학 교수를 역임했던 클라인은 1880년 라이프치히 대학교 교수를 거쳐 1886년 마침내 괴팅겐 대학교 수학 교수로 오게 되었다. 클라인은 리만의 이상을 계승해 비유클리드 기하학을 변환 군론을 바탕으로 새롭게 전개했으며, 5차 방정식의 새로운 해법도 창안해 냈다. 1824년 노르웨이 수학자 닐스 헨리크 아벨(Niels Henrik Abel, 1802~1829년)은 5차 방정식은 대수적으로 풀 수 없음을 증명했다. 하지만 클라인은 정20면체의 변환군을 고

찰해 대수적으로는 풀 수 없는 이 5차 방정식의 해를 구하는 데 성공했다.

클라인은 19세기 말과 20세기 초에 걸쳐서 수많은 수학자, 물리학자가 참가했던 수리 과학 백과사전의 편집인이었으며, 이 외에도 각종 수학 저널의 편집인으로 활동하면서 19세기 수학계를 좌지우지했다. 한편 클라인의 과학 조직가로서의 활동은 그의 절친한 친구이며 프로이센 정부 관리였던 프리드리히 테오도어 알트호프(Friedrich Theodor Althoff, 1839~1908년)와의 협력을 통해서 이뤄졌다. 무엇보다도 클라인은 교육부 관리였던 알트호프의 도움을 받아 괴팅겐 대학교를 비롯한 프로이센 지역의 교수 임용에 막대한 영향을 미쳤다.

힐베르트와 민코프스키

클라인은 힐베르트와 민코프스키를 괴팅겐 대학교에 임용해 이곳을 세계 수학의 메카로 부상시켰다. 1895년부터 괴팅겐에 자리를 잡은 힐베르트는 대수적 정수론 분야에서 순수 수학적인 업적을 남겼을 뿐만이 아니라, 1902년에는 『기하학의 기초(*Die Grundlagen der Geometrie*)』라는 책을 출판해서 기하학의 공리적 기초를 마련했다.[9] 또한 그는 1900년 8월 8일 파리 국제 수학회에서 다가올 20세기에 수학계에서 해결해야 할 23개의 수학 문제들을 제시했는데, 이 '힐베르트 문제'들은 20세기 수학의 진행 방향에 커다란 영향을 미쳤다.

이런 순수 수학 분야에서의 작업 이외에도 힐베르트는 수학의 응용에 많은 관심을 보여, 디리클레 문제, 변분법, 선형 적분 방정식을 체계화했을 뿐만 아니라 민코프스키가 죽은 뒤에는 그가 했던 물리학 분야의 작업까지 떠맡았다. 한 예로 힐베르트는 아인슈타인이 자신의 최후의 장 방정식을 도출하기 5일 전인 1915년 11월 20일 변분법이라는 수학적 방법을 이용해서 아인슈타인과 동일한 중력장 방정식의 최종 식을 얻어 냈다. 물론 여기에는 그해 6월 말에서 7월 초 사이에 아인슈타인이 괴팅겐에서 일반 상대성 이론에 관한 강연을 했고, 이것에 자극을 받아 괴팅겐 수학자들이 아인슈타인도 그때까지는 풀지 못했던 일반 상대성 이론 문제에 관심을 갖게 되었다는 점을 빼놓아선 안 된다. 당시에 힐베르트가 우선권을 강하게 주장했더라면 오늘날 우리가 부르는 아인슈타인의 중력장 방정식은 힐베르트 중력장 방정식이 되었을 것이다. 오늘날 몇몇 책에서는 아인슈타인의 중력장 방정식을 힐베르트-아인슈타인 중력장 방정식이라고 부르면서 힐베르트의 업적을 평가해 주기도 한다.

힐베르트는 존 폰 노이만(John von Neumann, 1903~1957년), 로타어 볼프강 노르트하임(Lothar Wolfgang Nordheim, 1899~1985년) 등과 양자 역학의 수학적 공리화를 시도했으며, 1924년에는 수제자인 리하르트 쿠란트와 함께 『수리 물리학의 방법(*Die Methoden der mathematischen Physik*)』이라는 20세기 수리 물리학의 고전을 출판하기도 했다. 이 책은 에르빈 슈뢰딩거(Erwin Schrödinger, 1887~1961년)의 파동 역학이 나오기 직전에 출판되어 과학자들이 파동 역학에 나오는 난해한 수학적 방법을 쉽게 이해하게 해 현대 물리학의 보급에도 결정적인 역할을 했다.

1902년 『기하학의 기초』를 집필해서 자신의 학문적 능력을 과시한 힐베르트에게는 곧 베를린 대학교에서 임용 제안이 들어왔다. 이때 그는 자신이 괴팅겐을 떠나지 않는 대가로 수학과 내에 새로운 교수 자리를 만들 수 있었고, 쾨니히스베르크 대학교 재학 시절부터 자신의 막역

한 친구였던 민코프스키를 이 자리에 앉히는 데 성공했다.

1864년 리투아니아에서 태어난 민코프스키는 1872년 가족이 프로이센으로 이주했다. 그는 16세의 어린 나이에 쾨니히스베르크 대학교에 입학했으며, 여기서 힐베르트와 사귀었다. 민코프스키는 1883년 정수론으로 파리 과학 아카데미 경쟁 시험에서 그랑프리를 받은 사실에서 알 수 있듯 본래 정수론과 이차 형식의 대수학에 관심이 많았던 수학자였다. 괴팅겐으로 오기 전 민코프스키는 1896년부터 1902년까지 스위스 취리히의 연방 공과 대학에서 수학을 가르쳤다. 이 시기에 민코프스키는 훗날 위대한 물리학자로 성장하는 아인슈타인을 가르치기도 했지만, 아인슈타인에 대한 민코프스키의 평은 그리 좋지 않았다.

힐베르트의 노력으로 괴팅겐으로 오게 된 민코프스키는 당시의 괴팅겐 분위기에 맞춰 괴팅겐 학자들과 함께 로런츠의 전자 이론을 수학화하는 데 온 힘을 쏟았다. 1908년 민코프스키가 아인슈타인의 상대성 이론을 4차원 시공간 개념으로 재해석한 체계인 민코프스키 시공세계에 대해 강연할 수 있었던 것도 이런 활동의 결과였다.

독일 최초의 산학 협동 협의체를 만든 클라인

클라인의 교수 임용에 대한 영향력은 비단 수학에만 국한되지 않았으며, 자연 과학과 공학 분야에도 막강한 힘을 행사했다. 예를 들어 클라인의 지도 아래 교수 자격 과정을 이수하고 훗날 뮌헨 대학교 교수로서 양자론 분야에서 커다란 역할을 하게 되는 조머펠트는 클라인의 강력한 추천에 힘입어 1900년 아헨 공과 대학의 기술 역학(Technische

Mechanik) 교수로 임용될 수 있었다.

또한 클라인은 1898년 바이어 염료 회사의 소유주이며 경영자로 화학 분야의 기술 연구를 위한 교육 개혁을 추진하던 지방 의회 의원 헨리 테오도어 폰 뵈팅거(Henry Theodor von Böttinger, 1848~1920년)와 함께 알트호프의 도움을 받아 괴팅겐 응용 물리 진흥 협회(Göttinger Vereinigung zur Förderung der angewandten Physik)라는 단체를 결성했다. 1901년 이 단체의 활동은 수학 분야까지 확대되었는데, 이것이 바로 산업체와 대학교를 연결하는 독일 최초의 산학 협동 협의체였다. 산업체의 도움을 받아 괴팅겐 대학교는 다른 대학교에는 없던 지구 물리학 연구소(1902년), 응용 전기학 연구소(1905년), 응용 수학 및 역학 연구소(1905년) 등을 새롭게 설립할 수 있었다. 클라인은 이렇게 산업체의 재정적 지원 아래 설립된 대학 연구소에 프로이센 교육부의 도움과 허가를 받아 자신이 원하는 연구 방향의 정교수 자리(Lehrstuhl)를 만들어 냈다.

또한 클라인은 괴팅겐 대학교 내 유체 역학 및 항공 역학 분야의 육성에도 큰 역할을 했다. 일찍부터 독일 정부는 항공 역학의 군사적·산업적 중요성을 인식하고 있었다. 클라인과 독일 정부와의 협력으로 괴팅겐 대학교는 유체 역학 권위자인 프란틀을 임용할 수 있었고, 이런 노력의 결과로 1925년에는 '카이저 빌헬름 유체학 연구소'가 괴팅겐에 설립되게 된다. 유체 역학과 항공 역학에서 큰 이름을 남기게 되는 카르만은 1908년 프란틀 밑에서 박사 학위를 받은 뒤 1909년부터 1912년까지 괴팅겐에서 사강사를 지냈던 인물이었다. 그는 유럽을 떠나 미국 캘리포니아 공과 대학(California Institute of Technology, Caltech)으로 건너가 이곳을 항공 우주 공학의 중심지로 키우는 데 결정적인 역할을 했다. 이처럼 괴팅겐 대학교는 양자 물리학, 지구 물리학, 유체 역학, 결정 격자론 등의 수학화에 기여하면서 현대 이론 물리학의 형성에 커다란 역할을 하게 된다. 결국, 클라인의 집요한 임용 정책에 힘입어 괴팅겐은 수학·자연 과학·공학의 통일 이념의 중심지로 발전했던 것이다.

페르마의 마지막 정리와 괴팅겐 수학

괴팅겐 수학자들이 물리학을 비롯한 다양한 분야에 많은 관심이 있었다는 것은 페르마의 정리에 얽힌 괴팅겐의 수학 현상 응모 일화에서도 잘 드러난다. 1906년 수학을 좋아했던 부유한 사업가 파울 볼프스켈(Paul Wolfskehl, 1856~1906년)은 괴팅겐 과학 아카데미에 향후 100년 이내에 '페르마의 마지막 정리(Fermat's Last Theorem)'를 푸는 사람에게 상금으로 주라고 당시로서는 거액이었던 10만 마르크를 기부했다.[10] 이 현상 응모는 1907년부터 발효되었지만, 문제를 해결하는 사람은 좀처럼 나타나지 않았다. 괴팅겐 대학교의 수학자들은 이 기금에서 생기는 이자로 당대의 유명한 학자들을 초청해서 강연을 들을 수 있었다. 많은 사람들은 이 문제를 풀 수학자는 힐베르트밖에는 없다고 생각했는데, 힐베르트는 이 '페르마의 마지막 정리'를 위한 현상 응모를 황금알을 낳는 거위에 비유하면서 문제를 해결하려고 노력하는 일을 정중히 고사하기도 했다.

페르마의 마지막 정리가 제공하는 자금을 바탕으로 괴팅겐 대학교는 쥘 앙리 푸앵카레(Jules Henri Poincaré, 1854~1912년), 헨드릭 안톤 로런츠(Hendrik Antoon Lorentz, 1853~1928년), 아인슈타인 등 당대 최고의 학자들을 초청해서 자연 과학의 문제에 대해서 괴팅겐 수학자들을 상대로 강연을 하도록 했다. 전쟁 뒤인 1920년대에는 독일에서 발생한 극도의 인플레이션으로 이자의 의미가 없어졌지만, 1922년 6월 덴마크의 닐스 보어가 최후로 괴팅겐에 초청되어 양자 역학의 형성에 커다란 영향을 미친 역사적 강연을 하게 되면서 황금알을 낳는 거위는 과학사에 마지막으로 찬란한 기여를 했다. 후일 '보어 축제(Bohr-Festspiele)'라고 불리게 될 이 강연에는 보른, 조머펠트, 하이젠베르크, 제임스 프랑크 (James Franck, 1882~1964년), 볼프강 파울리(Wolfgang Pauli, 1900~1958년), 프리드리히 헤르만 훈트(Friedrich Herman Hund, 1896~1997년), 에른스트 파스쿠알 요르단(Ernst Pascual Jordan, 1902~1980년), 알프레트 란데(Alfred Landé, 1888~1976년), 발터 게를라흐(Walther Gerlach, 1889~1979년) 등 양자 역학의 형성에 결정적인 역할을 하게 될 대부분의 학자들이 괴팅겐에 함께 모여 약 열흘간 서로 진지한 토론을 벌였는데, 이때의 모임 역시 괴팅겐 아카데미가 주관했던 '페르마의 마지막 정리' 현상 응모 덕분에 가능했다.

괴팅겐 수학의 영광과 그 비극적 최후

괴팅겐 수학과의 '황제'인 클라인의 영도 아래 괴팅겐 대학교는 수학에 뛰어난 능력을 갖춘 수많은 물리학자를 배출해서 20세기 초 이론 물리학의 형성에 커다란 역할을 했다. 1920년대에 괴팅겐을 중심으로 양자 역학의 수학적 기초를 만드는 데 커다란 역할을 한 막스 보른은 처음에는 괴팅겐에서 수학을 공부했다가 나중에 물리학 분야로 진출한 과학자였다.

헤르만 바일도 괴팅겐에서 박사와 교수 자격 과정을 이수한 수학자였다. 바일 역시 괴팅겐 수학자답게『공간, 시간, 물질(*Raum, Zeit und Materie*)』(1918년),『군론과 양자 역학(*Gruppentheorie und Quantenmechanik*)』(1928년) 등의 저작을 집필한 것에서 알 수 있듯 게이지 변환, 군론의 양자 역학적 응용 등 20세기 이론 물리학의 여러 분야에서 커다란 업적을 남겼다.

응용 수학 분야에서 20세기를 대표하는 학자이며 훗날 미국으로 건너가 괴팅겐 대학교를 모방해서 뉴욕 대학교를 응용 수학의 메카로 육성한 쿠란트 역시 1910년 디리클레 원리에 관한 논문으로 힐베르트 밑에서 박사 학위를 받은 괴팅겐 수학자였다. 학위를 받은 뒤 그는 힐베르트의 조교와 사강사를 거쳐, 1921년부터는 사실상의 클라인 후임으로 괴팅겐의 수학 교수로 재직했다.[11]

'이데알 이론'을 비롯해서 현대 추상 대수학의 탄생에 큰 역할을 했던 뇌터 역시 괴팅겐에서 활동하던 여성 수학자였다. 1907년 에를랑겐 대학교에서 박사 학위를 받은 뇌터는 1915년부터 괴팅겐 대학교에서 연구를 했다. 여성이 대학에서 강의하는 것에 몇몇 보수적인 교수들이 반대했지만, 클라인과 힐베르트의 도움으로 그녀는 1919년부터 괴팅겐 대학교에서 강의할 수 있게 되었다. 1918년 뇌터는 대칭성이 존재하면 거기에 상응하는 물리적 보존 법칙이 존재한다는 소위 '뇌터 정리'를 발표했는데, 이 정리는 후일 고에너지 이론 물리학 분야에서 아주 근본적인 정리로 자리 잡았다.

100여 년에 걸친 괴팅겐의 면면한 수학 전통은 1933년 나치의 등장으로 순식간에 산산조각이 나게 된다.[12] 괴팅겐의 수학 관련 학과들이 다른 대학보다 유대 인에게 비교적 관대했기 때문에 유난히도 유내 인

교수와 조교들이 많았던 것이 화근이었다. 수학 분야에서는 쿠란트, 란다우, 바일, 오토 에두아르트 노이게바우어(Otto Eduard Neugebauer, 1899~1990년), 뇌터 등이 대학을 떠났으며, 물리학 분야에서는 보른, 프랑크, 노르트하임, 헤르타 스포너(Hertha Sponer, 1895~1968년), 에드워드 텔러(Edward Teller, 1908~2003년), 발터 하인리히 하이틀러(Walter Heinrich Heitler, 1904~1981년) 등이 괴팅겐 대학교를 그만두게 되었다. 1909년 민코프스키가 맹장 수술 뒤 갑자기 죽고, 1925년에는 괴팅겐의 황제였던 클라인도 죽은 상태에서 늙은 힐베르트만이 남아 힘없이 괴팅겐을 지키다가 그마저 1943년 쓸쓸히 죽게 되면서, 괴팅겐의 찬연했던 수학 전통은 거의 그 흔적을 찾아볼 수 없게 되고 말았다.

괴팅겐 응용 수학 전통의 부활

괴팅겐 수학의 전통은 나치의 탄압과 독일의 패전으로 단절되었지만, 클라인이 에를랑겐 계획에서 제기한 문제는 수많은 수학자들이 다룬 핵심적인 문제가 되었다. 특히 수학 분야에서는 불변 이론, 2차 형식, 군론, 변분법, 선형 대수, 적분 방정식, 사영 기하학, 비유클리드 기하학, 기하학의 공리화 등 다양한 형태로 발전해서 19세기 후반 이후 수학의 전반적인 방향을 제시했다. 이 외에도 괴팅겐 대학교에서 발전한 수학적 업적은 양자 물리학, 지구 물리학, 고체 물리학, 항공 역학 등의 발전에 기여함으로써 자연 과학, 공학의 수학화에도 커다란 영향을 미쳤다.

요즈음 은행, 증권, 보험 분야에서 위험 관리가 중요해지면서 금융계에서는 금융 수학이나 금융 물리학과 같이 새로운 융합 분야가 부상하고 있다. 하지만 역사적으로 살펴보면 과학과 사회 과학 분야의 결합은 이미 오래전부터 존재했던 생존 방식이었다. 학문 융합의 시대에 18세기 사회 수학과 괴팅겐의 응용 수학의 전통이 다시금 부활하고 있는 것이다.

1630년경 프랑스 수학자 피에르 드 페르마(Pierre de Fermat, 1601~1665년)는 n이 2보다 큰 경우 $a^n = b^n + c^n$을 만족하는 양의 정수해는 없다고 말했는데, 이것을 '페르마의 마지막 정리'라고 한다. 당시에 페르마는 디오판토스(Diophantos, 246~330년)의 『산학(*Arithmetica*)』 번역본 여백에 "나는 진실로 굉장한 증명을 했지만 증명을 쓸 공간이 없다."라고 기록했다. 그 뒤 수많은 대 수학자들이 이 문제를 풀기 위해 매달렸지만, 오일러가 n이 3인 경우를 해결하고 디리클레가 n이 5인 특별한 경우에만 이 문제를 해결하는 데 그쳤다. 결국 이 문제는 20세기 후반까지 난공불락의 요새처럼 군림하다가, 1993년 앤드루 존 와일스(Andrew John Wiles)가 다니야마-시무라 추론에 대한 연구를 통해 결정적인 실마리를 발견해 해결의 돌파구를 열었다. 와일스가 처음 제시한 증명에는 약간 문제가 있었지만, 1995년 와일스와 그의 제자 리처드 테일러(Richard Taylor)는 《수학 연보(*Annals of Mathematics*)》에 이 문제에 대한 증명을 발표함으로써 '페르마의 마지막 정리'는 마침내 학계에서 증명된 것으로 공인을 받았다.

1955년 도쿄 대학교의 다니야마 유타카(谷山豊, 1927~1958년)는 모든 타원 곡선 혹은 타원 방정식은 모듈 형태라는 것을 처음으로 생각해 냈다. 다니야마는 모든 경우에 이 관계가 존재한다는 것을 증명할 수는 없었지만, 그의 추론은 '페르마의 마지막 정리'와 같은 문제를 수학의 한 분야에서 다른 분야의 문제로 바꾸는 데 아주 중요한 의미를 지니고 있었다. 이 추론이 나왔을 때 대부분의 수학자들이 무척 회의적이었지만, 1958년 다니야마가 자살한 뒤 그의 친구인 시무라 고로(志

村伍郎)가 일반적인 경우에 대해 계속 연구해 이 추론은 다니야마-시무라 추론이라는 이름으로 세상에 알려지게 되었다.

n이 2보다 큰 페르마 방정식 $a^n = b^n + c^n$의 해는 어떤 타원 동반 곡선 위의 유리수 점들에 해당한다. 1985년 독일 자를란트 대학교의 게르하르트 프라이(Gerhard Frey)에 이어 1986년 여름 미국 캘리포니아 주립 대학교(버클리)의 케니스 리벳(Kenneth Ribet)은 페르마 방정식으로 표현되는 동반 곡선들은 모듈 곡선이 될 수 없다는 것을 보였다. 그런데 와일스는 1995년 논문에서 갈루아 표현(Galois representation)을 이용한 타원 곡선에 관한 연구를 통해 모든 준안정 타원 곡선이 모듈 곡선임을 증명했던 것이다. 만약 '페르마의 마지막 정리'가 거짓이면 페르마 방정식으로 표현되는 동반 타원 곡선들이 존재하고, 프라이와 리벳의 추론에 따라 이 타원 곡선들은 모듈 곡선이 될 수 없다. 하지만 이것은 와일스가 증명한 준안정 타원 곡선들이 모듈 곡선이라는 것과 모순이 되고, 결과적으로 와일스는 페르마의 마지막 정리가 사실임을 증명할 수 있었다.

1999년 하버드 대학교의 브라이언 콘래드(Brian Conrad)와 리처드 테일러, 파리 대학교의 크리스토프 브뢰유(Christophe Breuil), 뉴저지 주 러트거스 대학교의 프레드 다이아몬드(Fred Diamond) 등 와일스의 제자 및 공동 연구원들은 다니야마-시무라 추론에 대한 완전한 증명도 해냈다.

2장 | 핵 과학의 출현

　　20세기 과학을 시대별로 구분할 때 과학사 학자들은 대부분 1895년을 기점으로 잡는다. 1895년은 독일의 과학자 빌헬름 콘라트 뢴트겐(Wilhelm Conrad Röntgen, 1845~1923년)이 엑스선이라는 새로운 종류의 광선을 발견한 해였다. 이 새로운 발견에 자극을 받아 이듬해 프랑스의 앙투안 앙리 베크렐(Antoine Henri Becquerel, 1852~1908년)은 우라늄에서 최초로 방사선을 발견했으며, 1897년에는 영국의 조지프 존 톰슨(Joseph John Thomson, 1856~1940년)이 음극선의 전하량과 질량의 비를 측정하는 데 성공해서 1899년경에는 음극선의 입자성이 강력하게 부각되게 된다. 톰슨에 의한 음극선의 입자성 발견은 20세기에 상대성 이론이 출현하는 계기를 마련해 줬으며, 엑스선의 본성에 대한 논쟁 과정에서 파동-입자 이중성이라는 빛에 대한 새로운 인식이 나타나게 된다. 또한 방사선의 발견은 원자핵 변환의 발견으로 이어졌고, 급기야 원자핵 분열이 발견되어 우리는 원자력 시대로 진입하게 되었다. 결국 20세기 과학은 엑스선의 발견을 계기로 해서 그 새로운 모습을 드러냈다고 해도 과언이 아니다.[1]

음극선 연구의 시작

1858년 독일의 수학자 율리우스 플뤼커(Julius Plücker, 1801~1868년)는 자력이 기체 방전에 미치는 영향에 대해서 실험을 하던 중 자석 근처에서 기체 방전이 어느 정도 휘는 것을 관찰했다. 더 나아가 그는 이듬해 방전관의 음극 근처에서 밝은 초록색의 발광 현상이 나타나는 것을 관찰했다. 그러나 당시 그가 사용했던 '진공관'의 진공도는 그다지 높지 않아서 더 이상의 정밀한 실험은 할 수가 없었다.

한편 1855년에 독일 본의 유리 기구 제작자인 요한 하인리히 빌헬름 가이슬러(Johann Heinrich Wilhelm Geißler, 1814~1879년)는 개스킷이 필요 없는 수은 진공 펌프를 발명했는데, 이것으로 기체 방전관 내의 진공도를 대기압의 1만 분의 1 정도로 낮추는 것이 가능하게 되었다. 이와 아울러 1864년에는 독일 태생의 기구 제작자인 하인리히 다니엘 룀코르프(Heinrich Daniel Rühmkorff, 1803~1877년)가 1피트(약 30센티미터) 이상의 거리에서 불꽃을 일으킬 수 있는 고전압을 만들어 내는 불꽃 유도 코일을 개발했다.

가이슬러의 수은 진공 펌프와 룀코르프의 고전압 발생 장치를 이용해서 플뤼커의 제자였던 요한 빌헬름 히토르프(Johann Wilhelm Hittorf, 1824~1914년)는 1869년 고진공 방전관 속에서 '글로우 광선(Strahlen des Glimmens)'을 발견할 수 있었다. 그는 이 광선이 고체 뒤편에 그림자가 생기게 하는 등 음극에서 직선으로 전파된다는 것과, 자장에 의해서 휘어지고 유리에 닿으면 발광을 한다는 것을 관찰했다. 그 뒤 플뤼커와 히토르프의 실험을 확인한 독일의 물리학자 오이겐 골트슈타인(Eugen Goldstein, 1850~1930년)은 이 광선을 '음극선(Kathodenstrahlen)'이라고 불렀다.

1878년 영국의 윌리엄 크룩스(William Crookes, 1832~1919년)는 고진공
관(Crookes tube) 속에서 나타나는 전기 방전 현상을 연구해 방전관 내
암부(暗部, Crookes dark space)의 두께가 방전관 속 분자의 압력이 감소함
에 따라 넓어지는 것을 발견했다. 그리고 이듬해 그는 음극선이 고체
를 통과할 때 그림자가 생기는 것과 자장으로 인해 휘어지는 것을 명
확하게 보여 줬다. 이런 일련의 연구를 종합해서 크룩스는 음극선이
음으로 하전된 분자의 흐름으로 이뤄져 있다고 주장하고, 이것을 보통
의 기체, 액체, 고체 상태와는 다른 물질의 '제4 상태'라고 불렀다.

음극선을 에테르적인 파동으로 해석했던 독일의 과학자들은 음극
선이 하전된 분자의 흐름으로서 물질의 제4 상태에 해당한다는 크룩
스의 주장에 강하게 반발했다. 우선 1883년 킬 대학교에 있던 하인리
히 루돌프 헤르츠(Heinrich Rudolf Hertz, 1857~1894년)는 글로우 방전에 관
한 자신의 실험을 바탕으로 음극선이 정전기장으로는 휘지 않는다고
주장했다. 헤르츠는 음극선이 빛과 유사한 것이라고 생각했으며, 음극
선이 자장에 의해서 휘는 것도 빛의 편광면이 자장에 의해서 회전되
는 광자기 회전 효과와 유사한 것으로 해석했다. 헤르츠의 이런 생각
은 구스타프 하인리히 비데만(Gustav Heinrich Wiedemann, 1826~1899년), 골
트슈타인 등과 같은 독일의 다른 중견 과학자들도 받아들였던 생각이
었다.

한편 카를스루에 고등 공업 학교에서 행한 전자파 확인 실험으로
유명해진 뒤 본 대학교로 자리를 옮긴 헤르츠는 1892년에는 음극선
이 얇은 금박을 통과할 수 있다는 것을 발견했다. 헤르츠는 그의 제자
인 필리프 에두아르트 안톤 폰 레나르트(Philipp Eduard Anton von Lenard,

1862~1947년)에게 이 실험을 계속해 보라고 권유했다. 레나르트는 음극선관의 한쪽 끝에 얇은 알루미늄 판('레나르트 창문')을 대고 음극선을 쏜 다음 이 금속 창문을 통과해서 나오는 광선의 성질을 여러 기체 속에서 면밀하게 점검했다. 이 실험에서 레나르트는 음극선에 관한 여러 가지 중요한 성질을 관찰했지만, 그 역시 헤르츠의 견해를 받아들여 음극선을 빛과 유사한 것으로 봤다. 레나르트의 이 실험은 곧이어 나타나게 될 뢴트겐의 엑스선 발견 실험으로 이어졌다.

뢴트겐의 엑스선 발견

1894년 5월 5일 레나르트는 뢴트겐에게서 음극선을 금속 박판에 쏘기 위한 실험 장치에 관한 문의 편지를 받은 적이 있었다. 이때 레나르트는 뢴트겐에게 레나르트 창문에 사용되는 금속 박편을 만드는 방법을 알려 줬다. 레나르트의 도움을 받아서 뢴트겐은 레나르트의 실험을 반복해 볼 수 있었다. 그러나 이 실험을 하던 중 뢴트겐은 대학의 학장으로 뽑혀서 한동안 음극선 실험을 할 수가 없었다. 1895년 10월 말 임기를 마친 뢴트겐은 1년 전에 자신이 한 실험을 다시 한번 반복해 봤다. 1895년 11월 8일 저녁 뢴트겐은 놀라운 현상을 목격하게 되는데, 훗날 신문 기자와 행한 인터뷰에서 그는 그날의 상황을 다음과 같이 술회하고 있다.

"그날 나는 검은 종이로 완전히 둘러싸인 히토르프-크룩스관으로 작업을 하고 있었다. 책상 위에는 백금 시안화 바륨 종이 한 묶음이 놓여 있었다. 관에 전류를 흘려보내고 나자, 종이 위에는 이상한 검은 선이 비스듬하게 생겼다. 당시 관점에서 보면 그것은 빛 때문에 생긴 것

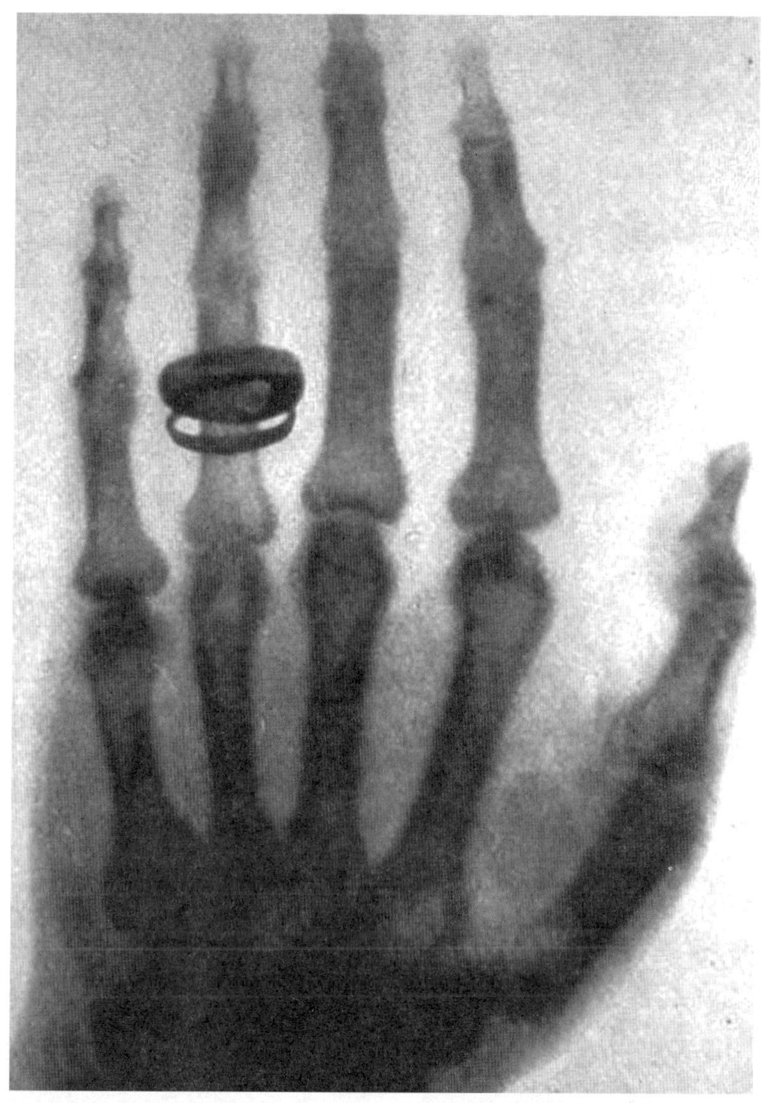

■ 뢴트겐이 촬영한 세계 최초의 엑스선 사진. 1895년 12월 22일 촬영된 이 사진은 뢴트겐이 부인의 손을 '새로운 종류의 광선' 엑스선으로 찍은 것이다. 살아 있는 사람의 뼈를 사진으로 찍을 수 있다는 사실이 처음으로 밝혀지면서 뢴트겐의 실험은 의학계를 비롯해 각계각층에 관심을 모았으며 뢴트겐은 노벨 물리학상의 첫 수상자가 되었다.

이었다. 그러나 전기 아크등에서 나오는 빛조차도 이렇게 뒤덮인 종이
는 통과할 수 없기 때문에 관에서 빛이 나온다는 것은 완전히 불가능
했다."

사실 그때 히토르프-크룩스관에서는 룀코르프 고전압 발생 장치
에 의해서 음극선이 유리관의 금속 벽에 빠른 속도로 충돌해서 새로
운 종류의 광선인 엑스선이 검은 종이를 뚫고 나와서 백금 시안화 바
륨을 감광시키고 있었다. 이 놀라운 현상을 목격한 뢴트겐은 이 사실
을 아무에게도 알리지 않고 실험을 계속해 나갔다. 12월 22일 그는 아
내를 실험실로 불러서 그녀의 손을 엑스선으로 찍어 봤는데, 이때 처
음으로 살아 있는 사람의 뼈를 사진으로 찍을 수 있음을 확인했다. 같
은 해 12월 28일 뢴트겐은 그간의 실험을 정리해서 뷔르츠부르크 물
리·의학 학회지에 「새로운 종류의 광선에 관해서(Üder Eine neue Art von
Strahlen)」라는 논문으로 발표했다.

이 짧은 논문은 곧 인쇄되어 1896년 신년에 이미 뢴트겐은 논문의
별쇄본을 엑스선 사진과 함께 친구들에게 보낼 수 있었다. 1월 4일에
는 독일 물리학회 50주년 기념 학회가 있었는데, 뢴트겐의 발견은 이
때 전 독일 과학자들에게 알려졌다. 의학자들은 엑스선의 의학적 중요
성을 재빠르게 알아차리고 뢴트겐에게 강연을 요청했다. 학계뿐만이
아니라 독일, 오스트리아, 영국의 언론들도 이 놀라운 발견을 대서특
필해서 뢴트겐은 일약 세계적인 유명 인사가 되었다. 1월 9일에는 카
이저 빌헬름 2세로부터 이 새로운 발견을 치하하는 축전이 날아왔다.
프랑스 수학자인 앙리 푸앵카레는 1896년 1월 20일 인간의 뼈가 찍힌
뢴트겐 사진을 파리의 아카데미에서 회람시켰는데, 이런 일이 있은 지
얼마 뒤인 그해 2월 24일에 베크렐은 아카데미에서 강한 투과성을 지

닌 우라늄 화합물의 감광 현상에 대해서 처음으로 발표하게 된다. 엑스선의 발견이 이렇게 여러 분야에 커다란 영향을 미쳤기 때문에, 뢴트겐은 그 무렵 노벨의 유언으로 막 제정된 노벨 물리학상의 첫 수상자에 엑스선을 발견한 공로로 선정되었다.

엑스선을 '만든' 사람은 뢴트겐이 최초는 아니었을 것이다. 18세기에 많이 만들어졌던 정전기 발생 장치에서 나오는 스파크에서도 이미 엑스선이 발생했을 것이고, 1879년 크룩스 자신도 음극선 주변에서 사진 건판이 흐려지는 것을 불평하곤 했다. 더구나 레나르트를 비롯한 몇몇 독일 물리학자들은 크룩스관 주변에서 발생하는 발광 현상을 목격했다. 그러나 그들은 음극선의 성질을 연구하는 데 집중하는 바람에 발견의 기회를 놓쳤다. 특히 레나르트의 창문 실험은 엑스선 발견에 가장 근접했던 실험이었으며, 실제로 레나르트는 뢴트겐이 히토르프-크룩스관을 제작하는 데 도움을 줬다. 레나르트는 자신이 이 중대한 발견을 하지 못한 것을 매우 애석하게 생각했으며, 특히 뢴트겐이 엑스선 발견에 관한 논문을 쓰면서 자신의 도움을 언급하지 않은 것에 대해서 크게 못마땅하게 생각했다.

자연 방사선의 발견

자연 방사선은 1896년 초 프랑스의 앙투안 앙리 베크렐이 처음으로 발견했다. 그해 2월 24일에 베크렐은 아카데미에서 강한 투과성을 지닌 우라늄 화합물의 감광 현상을 처음으로 발표했다. 베크렐의 집안은 3대째 명문 공과 대학인 에콜 폴리테크니크를 나와서 우수 연구소인 자연사 박물관에서 일했던 명문 과학자 집안이었는데, 이들은

■ 퀴리 부부와 이렌 퀴리. 폴란드에서 태어나 프랑스에서 유학한 마리 퀴리는 1903년 라듐을 발견한 공로로 피에르 퀴리와 함께 노벨 물리학상을 받았다. 이는 여성으로서는 최초이며, 1911년 노벨 화학상까지 받으면서 역사상 4명밖에 없는 노벨상 2회 수상자가 된다. 딸인 이렌 퀴리 또한 1935년 남편인 장 프레데리크 졸리오퀴리와 노벨 화학상을 받았다.

대대로 분광학을 비롯해서 우라늄 화합물을 포함한 여러 물질들의 형광 현상에 대한 연구를 해 오고 있었다. 이런 의미에서 베크렐의 자연 방사선 발견은 이미 오래전부터 예견된 것이나 다름없었다.

5월까지 계속된 연이은 발표로 베크렐은 투과성, 감광성, 이온화 성질 등 자연 방사선의 여러 성질들을 규명했지만, 그의 이러한 발견은 뢴트겐 광선과는 달리 많은 과학자의 주목을 받지는 못했다. 이 새로운 광선에 주목했던 소수의 사람 가운데 한 명이 폴란드에서 파리로 유학을 와서 젊은 과학자인 피에르 퀴리(Pierre Curie, 1859~1906년)와

막 결혼을 한 뒤, 박사 학위 논문 주제를 찾고 있었던 마리 퀴리(Marie Curie, 1867~1934년) 즉 마리아 스크워도프스카(Maria Skłodowska)였다.

퀴리는 기존의 화학적 분석뿐만 아니라 새로운 분석 방법을 사용해서 우라늄보다 강력한 방사성 물질을 찾아 나갔다. 남편이 자신의 전문 연구 영역인 물성에 관한 연구 경험을 활용해서 만들어 준 검전기를 이용했던 것이다. 엄청난 양의 피치블렌드를 처리하는 고된 작업 끝에, 마침내 1898년 퀴리 부부는 비스무트와 유사한 폴로늄과, 바륨과 유사한 라듐이라고 하는 새로운 방사선 물질을 추출해 내는 데 성공했다. 폴로늄과 라듐이 발견되면서 방사선에 관한 연구는 과학자들 사이에서 커다란 주목을 받기 시작했기 때문에, 그들의 작업은 단순히 새로운 방사성 물질의 발견 이상의 의미를 지니는 것이었다.

방사선 연구 개척자 러더퍼드

방사선이 주요 관심 분야로 떠오르면서 많은 과학자가 방사선을 연구하게 되었다. 그 가운데서도 가장 두각을 나타낸 사람은 뉴질랜드 태생으로 영국에서 공부한 뒤 1898년부터 캐나다 몬트리올의 맥길 대학교에서 연구하고 있던 어니스트 러더퍼드(Ernest Rutherford, 1871~1937년)였다. 그는 1897년 독일의 화학자 게르하르트 카를 슈미트(Gerhard Carl Schmidt, 1865~1949년)가 방사성을 지닌 것으로 알아낸 토륨을 실험 대상으로 해, 방사성 물질이 일으키는 이온화를 측정하는 전기적 장치로 실험을 했다. 그 결과 러더퍼드는 1898년 방사선이 한 가지가 아니라 서로 다른 두 가지 성질을 지닌 물질로 이뤄져 있음을 처음으로 확인했다. 이후 러너쩌느는 1902년까지 방사능 물질에서 방출되는 방사선이 얇은 물질 막에 아주 쉽게 흡수되는 알파선, 음극선과 유사하고 매우 빠르게 움직이는 베타선, 그리고 투과력이 매우 강하며 센 자장에도 휘어지지 않는 감마선으로 이뤄져 있다는 것을 확인했다.[2]

러더퍼드의 이런 구분은 퀴리 부부를 비롯한 이 분야의 전문가들이 적극적으로 수용함에 따라 널리 퍼졌다. 알파선이 헬륨의 원자로 이뤄져 있다는 추측은 알파선의 입자적 성격이 확인된 뒤에 여러 사람에 의해서 계속 제기된 바 있었다. 그러나 그 존재는 1908년경 러더퍼드와 한스 가이거(Hans Geiger, 1882~1945년)가 전기적 방법과 황화 아연 결정을 이용한 섬광 계수법을 각각 고안해서 이 두 방법 모두를 써서 알파 입자를 정확히 셀 수 있게 되고, 분광학적 방법으로 알파선이 헬륨이라는 것이 판명된 뒤에야 분명하게 확인되었다.

1902년 초 러더퍼드와 프레더릭 소디(Frederick Soddy, 1877~1956년)는 토륨의 방사능이 시간이 지나면서 다시 회복되는 현상을 목격하고, 이것을 바탕으로 토륨이 방사선을 내면서 더욱 강한 방사성을 지닌 토륨 X로 변환된다고 하는 과감한 가설을 세웠다.[3] 즉 원소가 방사선을 방출하면서 새로운 원소로 변환한다는 것이다. 같은 시기에 프랑스에서도 피에르 퀴리 연구진이 이것과 비슷한 연구를 하고 있었다. 그러나 그들은 피에르 퀴리의 강한 실증주의 경향 때문에 원소 자체가 변환한다는 지극히 가설적인 생각을 쉽게 받아들일 수 없었으며, 물질 변환이 아니라 주로 방사성 원소가 방출하는 에너지의 측정에 연구를 집중하고 있었다.[4]

방사성 원소의 변환이 확인되고, 이에 따라 생성되는 많은 방사성 물질이 연구되면서, 많은 과학자들은 자신들이 새로운 원소를 발견했다고 여겼다. 당시에는 원소를 구분하는 것이 원자량의 차이로 정해졌기 때문이었다. 이러한 혼란은 1913년 방사성 원소와 자신의 주기율 법칙과의 관계를 연구하던 소디가 핵의 전하량은 같지만 원자량이 서로 다른 소위 '동위 원소'라는 개념을 제기하고, 뒤이어 헨리 귄 제프리스 모즐리(Henry Gwyn Jeffreys Moseley, 1887~1915년)가 엑스선 분광학을 바탕으로 해서 원자 번호를 원자량이 아닌 핵의 전하량으로 재정의하면서 점차로 해소되었다.

원자 모형의 재구축

한편 1909년 영국의 맨체스터에 있던 러더퍼드와 함께 연구하던 가이거와 어니스트 마스던(Ernest Marsden, 1889~1970년)은 황화 아연 결정판을 이용한 섬광 계수법으로 알파 입자가 금속 판막에 충돌할 때 직각 이상의 각도로 확산·반사되는 현상을 관찰했다. 이들의 실험으로 곧바로 원자 구조에 대한 의문이 풀린 것은 아니었다. 당시 영국을 대표하는 과학자였던 조지프 존 톰슨은 이미 원자 공 모양 껍질에 양전하가 균일하게 분포되어 있고, 이곳을 음전하를 띤 전자가 움직이고 있다는 원자 모형을 제기했다. 1910년 캐번디시 연구소에 있던 제임스 아널드 크라우더(James Arnold Crowther)는 원자에 베타 입자를 충돌시키는 산란 실험을 실시해서 톰슨의 모형을 입증했다.

이런 상황에서 러더퍼드는 가이거와 마스던의 확산 반사 실험을 면밀하게 검토하는 한편, 크라우더의 베타 산란 실험도 비판적으로 점검했다. 1911년 러더퍼드는 맨체스터 연구 팀이 해낸 알파 입자 실험의 결과를 종합해, 원자는 아주 작은 영역에 양전하를 지닌 원자핵과 원자핵을 중심으로 그 주위를 도는 전자들로 이뤄져 있다는 새로운 원자 모형을 제시했다.[5] 이 가설은 1913년 가이거와 마스던이 했던 더 정밀한 알파 입자 산란 실험으로 확증되었고, 보어의 원자 모형에서 채택되어 이론 물리학 분야에서도 강력한 후원자를 얻었다. 결국 보어의 원자 모형이 수용되는 과정은 러더퍼드 원자 모형의 수용과 한 배를 타게 되었던 것이다.

현대판 연금술의 탄생

1914년 마스던은 섬광 계수기로 알파 입자의 운동을 연구하는 실험을 하던 중, 대단히 빠르고 알파 입자보다 멀리까지 도달할 수 있는 수소 입자의 존재를 확인했다. 그는 이것이 확실치는 않지만 아마도 라듐 C와 같은 방사성 물질에서 나오는 것으로 추정했다. 전쟁 기간 중 러더퍼드는 틈틈이 마스던의 이 실험을 면밀하게 검토했는데, 1919년 그는 마스던이 관찰한 수소 입자가 방사성 물질에서 직접 나온 것이 아니라 인공적으로 원소 변환이 일어나 생긴 것이라는 놀라운 결론에 도달했다. 즉 라듐 C에서 나온 알파 입자가 공기 중의 질소와 충돌해서 산소의 동위 원소가 생기고 여기서 빠른 속도의 수소가 생겼다는 것이다. 핵변환은 이제 자연적 발생뿐만 아니라 인공적으로도 가능하다는 것이 확인되었다.

러더퍼드는 원소의 인공 변환 실험을 계기로 해서 소위 '러더퍼드의 핵자 위성 모형'을 발전시켰다.[6] 즉 원자핵 속에서는 몇몇 작은 원자핵들이 서로 위성 운동과 비슷하게 복잡한 운동을 하고 있다는 것이다. 또한 그는 빠른 알파 입자를 가벼운 원소의 원자핵에 매우 가깝게 접근시킬 때 이 입자들의 상호 작용에서 나타나는 힘이 역제곱 법칙을 따르지 않는다는 것에 주목하고, 이것이 원자핵 내부의 복합적인 구조 때문이라고 설명했다. 이 외에도 그는 원자핵 내부의 전자가 양성자와 결합해 중성을 나타낸다는 가설을 내어놓았는데, 이런 주장은 1932년 제임스 채드윅(James Chadwick, 1891~1974년)이 중성자를 발견함으로써 비로소 완전한 모습을 띠게 된다.

양자 역학이 발전함에 따라 핵자와 알파 입자의 상호 작용에서 나타나는 힘의 관계가 역제곱 법칙에서 벗어나는 것이 핵자의 구조적인 문제가 아니라, 고전 역학에서 벗어나는 양자 역학적 효과라는 주장이 대두되었으나, 러더퍼드는 이것을 받아들이지 않았다. 하지만 러더퍼드의 주장과는 달리 원자핵의 붕괴 현상을 다루는 데 있어서 양자 역학의 유용성은 점차 과학자들 사이에서 인정되기 시작했다.

1928년에 러시아의 젊은 과학자 가모브는 원자핵 내부에서 빠져나오는 알파 입자의 에너지가 핵자 내의 포텐셜 장벽보다 상당히 낮은 것에 주목했다. 가모브는 이런 현상을 높은 에너지 장벽을 낮은 운동 에너지로 뛰어넘을 수 있는 일종의 양자 투과 효과로 해석함으로써 원자핵 붕괴 현상을 성공적으로 설명했다. 거의 같은 시기에 미국 프린스턴 대학교의 로널드 거니(Ronald Gurney, 1898~1953년)와 에드워드 울러 콘든(Edward Uhler Condon, 1902~1974년)도 이와 비슷한 견해를 발표했다. 이들의 작업은 과학자들이 원자핵 현상을 설명하는 데 새로운 양자 역학을 적극적으로 활용하게 했을 뿐만 아니라, 원자핵 붕괴를 반드시 커다란 에너지의 입자만이 일으키는 것은 아니라는 사실을 실험 물리학자들에게 인식시켜 원자핵 물리학의 실험 방향에도 커다란 영향을 미쳤다.

중성자의 발견

1932년 채드윅의 중성자 발견은 핵변환 연구에 커다란 전환점을 준 또 하나의 사건이었다. 1930년 독일 베를린의 제국 물리 기술 연구소에서 일하던 발터 빌헬름 게오르크 프란츠 보테(Walther Wilhelm Georg Franz Bothe, 1891~1957년)와 하인리히 베커(Heinrich Becher, 1911~1942년)는 폴로늄에서 나오는 알파 입자를 베릴륨에 쏘았을 때, 다른 원소에서는 볼 수 없는 강력한 '감마선'이 나오는 것을 관찰했다.

프랑스에서도 퀴리 부인의 딸인 이렌 졸리오퀴리(Irène Joliot-Curie, 1926년까지 Irène Curie, 1897~1956년)와 남편 장 프레데리크 졸리오퀴리(Jean Frédéric Joliot-Curie, 1926년까지 Jean-Frédéric Joliot, 1900~1958년)가 보테와 베커가 관찰한 이 강력한 감마선으로 실험하던 중 1932년 1월 역시 놀라운 현상을 목격했다. 그들은 파라핀, 물, 셀로판 등과 같이 수소를 포함한 물질을 알루미늄 창 앞에 놓고, 여기에 보테와 베커가 관찰한 투과력이 강한 감마선을 쏘아 봤다. 그런데 이 경우에 이온화 상자로 잰 이온화의 강도는 통상의 감마선처럼 약해지는 것이 아니라, 오히려 반대로 엄청나게 증가했다. 그들은 이것이 수소 함유 물질에서 나오는 양성자 때문이라는 것을 실험적으로 밝혔다. 그러나 만약 이 현상을 감마선이 유발하는 콤프턴 효과 때문에 양성자가 튀어나온 것으로 해석한다면, 그 감마선은 엄청난 규모의 에너지와 작용 단면적을 가져야만 했다.

이들의 놀라운 발표문은 1월 말 영국의 케임브리지에 도착했다. 이런 상황에서 마침내 1932년 2월 17일 채드윅은 1920년대를 통해 발전한 새로운 전자 공학적인 실험 기법을 도입해서, 보테와 베커가 관찰한 매우 강력한 '감마선'이 감마선이 아니라 수소 원자와 질량이 비슷하고 중성을 띤 새로운 입자인 '중성자'라는 가설을 《네이처》에 발표하게 된다. 보테와 베커가 관찰한 투과력이 강한 '감마선'은 감마선뿐만 아니라 새로운 기본 입자인 중성자도 포함하고 있었던 것이다.[7]

우라늄 핵분열 연구 레이스

영국의 채드윅이 중성자를 발견한 뒤 수많은 과학자들은 이 중성자를 원자에 충돌시켜서 원자핵 변환을 일으키는 실험을 했다. 중성자는 전하가 없어 쉽게 원자핵 가까이에 접근할 수 있고, 따라서 원자핵을 쉽게 변환시킬 수 있었기 때문에 당시 과학자들에게 아주 유용한 연구 수단이었다. 1930년대에 중성자를 원자에 충돌시켜 원자핵이 변환되는 것을 연구하던 수많은 과학자 가운데 우라늄의 핵분열을 발견한 사람은 독일의 오토 한(Otto Hahn, 1879~1968년)과 프리츠 슈트라스만(Fritz Straßmann, 1902~1980년)이었다. 그들은 1938년 말 우라늄에 중성자를 쏘면 바륨이 생성되고, 여기서 2~3개의 중성자가 나와서 이것이 연쇄 반응을 일으킨다는 놀라운 사실을 발견했다.[8]

우라늄을 연구하고 있던 여러 연구 팀 가운데 왜 하필이면 베를린의 오토 한과 슈트라스만 팀이 우라늄 핵분열을 발견하게 되었을까? 당시 우라늄의 원자핵 변환을 연구하던 팀에는 그들보다 유리한 위치에 있던 연구 팀이 많았다. 우선 졸리오퀴리 팀은 1934년 붕소, 마그네슘, 알루미늄 등에 폴로늄에서 나오는 강력한 알파선을 충돌시켜 최초로 인공 방사성 원소를 만드는 데 성공했다.

이런 실험을 본 로마의 엔리코 페르미(Enrico Fermi, 1901~1954년)는 졸리오퀴리가 사용한 고에너지 알파 입자 대신에 채드윅이 발견한 느린 중성자로 인공적으로 원소를 변환시켜 방사성 물질을 만들려는 착상을 했다. 결국 페르미와 에도아르도 아말디(Edoardo Amaldi, 1908~1989년), 오스카 다고스티노(Oscar D'Agostino, 1901~1975년), 프랑코 디노 라세티(Franco Dino Rasetti, 1901~2001년), 에밀리오 지노 세그레(Emilio Gino Segrè, 1905~1989년) 등으로 이뤄진 로마의 연구 팀은 1934년 중성자를 쏘아서 인공 방사성 물질을 만드는 데 성공했다. 이때 이들은 수많은 원소에 중성자를 쏘아서 원소 변환을 했는데, 마지막으로 우라늄에도 중성자를 쏘아서 우라늄보다 원자 번호가 큰 초우라늄을 만들려고 시도하고 있었다. 또한 파리 팀도 1934년부터는 우라늄과 토륨에 중성자를 쏘아 원자핵 변환 과정을 연구하고 있었다.

베를린 팀이 우라늄 핵분열을 최초로 발견하게 된 큰 요인 가운데 하나로는 우선 베를린 팀의 특이했던 연구 조직을 들 수 있다. 당시 파리의 이렌 졸리오퀴리를 중심으로 한 연구 팀과 로마의 엔리코 페르미 팀은 화학자 다고스티노를 제외하고는 모두 주로 물리학자들로만 구성되어 있었던 반면에, 베를린의 오토 한, 리제 마이트너(Lise Meitner, 1878~1968년), 슈트라스만 팀은 물리학자와 화학자 들로 구성된 완벽한 학제 간(interdisciplinary) 연구 팀이었다.

팀장인 오토 한은 유기 화학자 출신으로 러더퍼드와 함께 원자핵 현상을 연구한 경험이 있었던 방사 화학자였다. 그는 1912년 설립 초기부터 카이저 빌헬름 화학 연구소의 방사성 분과를 이끌고 있었다. 당시 독일에서는 드물었던 여성 과학자인 리제 마이트너는 물리학자 출신이었는데, 한과는 이미 1907년부터 함께 연구를 했다. 카이저 빌헬름 화학 연구소가 설립되자 그녀는 처음에는 한의 연구실에서 방문 연구원으로 일했으나, 1917년부터는 자신의 연구실을 얻어서 한과 계속 공동 연구를 해 왔다. 페르미 팀과 졸리오퀴리 팀의 작업을 검토한 뒤 1934년 가을 중성자를 이용해서 우라늄을 변환하는 실험을 한에게 제안했던 것은 물리학자였던 마이트너였다. 한과 마이트너는 원자핵 변환 과정에서 생성되는 새로운 원소를 분석할 전문적인 분석 화학자를 찾았는데, 그가 바로 슈트라스만이었다. 베를린 팀이 우라늄을 발견하는 일에는 이렇게 다양한 분야에서 경험을 쌓은 과학자들의 협동적 연구가 큰 몫을 했다. 특히 파리 팀과 로마 팀에는 우수한 분석 화학자가 없었다는 것이 결정적인 약점으로 작용했다.[9]

라듐과 바륨이 원소 주기율표상에서 같은 2A족에 속해서 화학적 성질이 비슷했다는 것도 이 연구에 전문적인 분석 화학자가 꼭 필요했다는 것을 말해 준다. 주기율표상에서 두 번째 세로축에 해당하는 2A족 원소들은 원자 주위를 돌고 있는 최외각 전자들이 모두 두 개씩이어서 다른 물질과 화학 결합을 할 때 비슷하게 행동하기 때문에 서로 유사한 화학적 성질을 지니게 된다. 따라서 아주 꼼꼼한 분석 화학자가 아니고서는 차이를 구별해 내기가 대단히 힘들다.

1930년대까지 과학자들이 얻은 원자 변환 지식에 따르면, 원자 번호가 92번인 우라늄은 자연 붕괴해 알파선과 베타선을 방출하면서 당시까지는 발견되지 않았지만 우라늄보다 원자 번호가 커다란 초우라늄 원소로 변환되거나, 혹은 원자 번호 91번인 프로탁티늄, 90번인 토륨, 89번인 악티늄, 88번인 라듐 등과 같은 여러 원소로 변하다가 마침내는 안정한 납으로 되어 방사성 원소로서의 일생을 마치게 되어 있었다. 따라서 원자핵에 변환이 일어난다고 하더라도 이런 작은 범위에서 일어나지 우라늄이 절반으로 쪼개져서 원자 번호가 56번인 바륨으로 변화한다고는 전혀 생각하지 못했다. 그들이 얻어 낸 생성물 속에는 분명히 바륨이 있었음에도, 당시의 과학자들은 이것을 알아내지 못했던 것이다.

학제 간 연구 조직의 승리

1938년 7월 중순 마이트너는 나치의 정치적 압력으로 베를린을 떠날 수밖에 없었고, 이에 따라 이상적이던 베를린 연구 팀이 깨졌다. 이제는 마이트너가 빠진 상태에서 방사 화학자 오토 한과 분석 화학자 슈트라스만이 그들이 하던 연구를 계속해야만 했다. 베를린 팀의 분석 화학자였던 슈트라스만은 기존 원자 물리학자들과 같은 선입관이 없이 오직 생성물의 화학 조성을 분석 화학적 방법으로 정확하게 분석하는 일에만 관심이 있었다.

그도 처음에는 마이트너의 추측대로 우라늄에 중성자를 쏘아서 만든 생성물에서 라듐을 찾기 위해 실험을 계속했다. 그러나 실험을 하면 할수록 자꾸 자신이 찾고자 했던 이 라듐이 바륨과 같이 행동한다는 느낌이 슈트라스만에게는 와 닿았다. 물리학자들의 눈에는 보이지 않았던 바륨이 분석 화학자의 손을 벗어날 수는 없었던 것이다.

결국 이 직감을 확인하기 위해서 한과 슈트라스만은 함께 화학자의 입장에서 실험을 다시 한번 꼼꼼하게 반복했다. 그 결과 실험을 행한 다음 주 월요일인 1938년 12월 19일 그들은 마이트너에게 놀라운 결과를 전하게 된다. "우리는 점점 더 우리의 라듐 동위 원소가 라듐처럼 행동하지 않고, 바륨처럼 행동한다는 놀라운 결론에 도달하게 되었다." 마이트너가 떠난 지 불과 5개월 뒤인 1938년 12월, 베를린 팀은

마침내 중성자의 충돌로 인한 우라늄 원자핵 변환의 생성물이 바륨이
라는 것을 확인했다. 우라늄은 약간 작아진 것이 아니라, 완전히 두 쪽
으로 갈라진 것이다.

일단 우라늄이 중성자로 인해 분열된다는 착상이 확인되고 나자,
나머지 메커니즘을 알아내는 것은 그리 어려운 문제는 아니었다. 대략
의 우라늄 분열 메커니즘은 마이트너와 그의 조카인 오토 로버트 프
리슈(Otto Robert Frisch, 1904~1979년)의 해석에 힘입어 거의 순식간에 세상
에 밝혀졌다. 즉 우라늄은 바륨과 크립톤으로 분열된 뒤 두세 개의 중
성자를 방출하고, 심한 질량 결손에 의해서 막대한 에너지가 연쇄적
으로 발생한다. 바로 이것이 세계를 깜짝 놀라게 했던 원자 폭탄의 기
본 원리였다. 결국 현대 사회에 커다란 영향을 미치게 될 우라늄 핵분
열은 그 분야의 전문가들인 핵물리학자가 아니라 핵물리학과는 전혀
상관이 없는 분석 화학자를 통해 발견의 실마리가 잡혔던 것이다.

페르미 팀이 핵분열을 발견하지 못한 데에는 연구 조직의 차이뿐만
이 아니라 다른 과학 외적인 요인도 작용했다. 페르미 팀은 이탈리아
의 정치적 변화로 사분오열되어 연구에 단절이 생겼다. 1938년 파시스
트 인종 법안은 페르미의 유대 인 아내에게 영향을 미쳤는데, 1938년
12월 페르미는 중성자를 사용해서 방사성 물질을 만든 공로로 노벨
상을 받으러 스톡홀름에 갔다가 이탈리아로 돌아오지 않고 그냥 미국
으로 건너가 버렸다.

오토 한과 슈트라스만에 의한 우라늄 핵분열의 발견으로 인류는 새
로운 원자력 에너지 시대에 진입하게 되었다. 미국으로 건너간 페르미
는 1942년에 최초로 원자로를 건설했고, 맨해튼 계획(Manhattan Project)
에 참가한 수많은 과학 기술자들은 1945년 원자 폭탄을 만들었나. 오

토 한은 1945년 독일의 핵무기 개발 의혹에 대한 연합국의 전후 조사 때문에 영국에 잡혀가 억류되어 있는 상태에서 우라늄 핵분열을 발견한 공로로 노벨 화학상의 수상자로 선정되었다. 그러나 함께 우라늄 핵분열의 발견에 결정적인 실마리를 제공했던 슈트라스만은 노벨상도 받지 못하고, 1980년 쓸쓸히 생애를 마감했다.

3장 | 상대성 이론의 기원과 형성

1905년, 현대 물리학의 거대한 흐름을 바꾼 엄청난 혁명적 변화가 스위스 베른의 젊은 특허국 직원이었던 아인슈타인이라는 한 무명 과학자의 손으로 이뤄졌다. 흔히들 '기적의 해(*annus mirabilis*)'라고 부르는 1905년 3월부터 8주 간격으로 《물리학 연보(*Annalen der Physik*)》에는 같은 저자가 쓴 3편의 선구적인 논문들이 실렸다. 아인슈타인이 펴낸 이 논문들은 상대성 이론, 양자론, 비평형 통계 역학 등에 관련된 것으로 모두 20세기 물리학의 새로운 지평을 개척한 혁명적인 저술이었다.

언뜻 보기에는 서로 상관이 없어 보이는 세 논문은 아인슈타인의 머릿속 사고의 흐름 안에서는 아주 밀접한 연관성을 지니고 있었다. 아인슈타인이 이룩한 이 놀라운 업적은 이렇게 서로 다르고 모순되는 문제들을 집요한 노력과 놀라운 직관력, 그리고 날카로운 통찰력으로 종합하는 탁월한 능력으로부터 나왔다.

특수 상대성 이론에 관한 논문을 출판하기 이전에 아인슈타인은 이 논문과 직접적인 관련이 있는 학술 논문을 출판하지 않았다. 그렇다면 아인슈타인의 독창적인 아이디어는 과연 어디에서 나온 것일까?

19세기 전자기학과 상대성 이론의 맹아

역사적인 맥락에서 살펴보면 아인슈타인의 상대성 이론은 19세기에 걸쳐 부상했던 고전 역학과 고전 전자기학 사이의 문제점을 해결하려고 노력하는 과정에서 나타났다. 19세기 후반에 성장한 전자기학 분야에서는 움직이는 물체의 전자기 현상을 설명하기 위해서 다양한 전자기 방정식을 만들어 나가고 있었다. 현재 우리는 움직이는 물체의 전자기 현상을 설명할 때 맥스웰의 전자기 법칙의 형태를 바꾸지 않고 적용하고 있으나, 19세기에 맥스웰 방정식은 다양한 전자기 방정식 가운데 단지 하나에 불과했다. 문제는 고전 전자기 법칙들이 고전 역학이 바탕으로 하고 있던 갈릴레이 변환에 불변이 아니라는 점이었다. 즉 당시의 전자기 법칙들은 서로 등속도로 움직이는 관찰자들의 입장에서 볼 때 서로 불변으로 유지되지 않는 문제점을 지니고 있었다.

하지만 19세기를 통해서 이것을 문제로 느끼고 새로운 해결점을 제시하려고 했던 사람은 극히 드물었다. 19세기에 대다수 물리학자들은 전자기 현상을 설명할 때 우주에 꽉 차 있으며 압축이 되지 않는 완전 탄성체인 가상의 물질 에테르(ether)를 가정하고 있었다. 에테르는 빛이 파동이라고 믿었던 19세기 과학자들에게는 꼭 필요한 가상의 물질이었다. 왜냐하면 지구와 태양 사이와 같이 매질이 존재하지 않는 진공 중에서는 파동인 빛이 전파될 수 없기 때문이었다. 맥스웰 이후에 활동한 과학자들은 이 에테르의 성질에 대해서 저마다 다양한 논의를 전개했고, 전자기학 분야에서는 수많은 전자론이 등장하게 되었다.

이미 1851년 프랑스의 과학자 아르망 히폴리트 루이 피조(Armand Hippolyte Louis Fizeau, 1819~1896년)는 움직이는 유체 속을 지나는 빛의 속도가 고전 역학적인 속도 합성 공식에서 벗어나는 현상을 관찰한 바 있었다. 이것 역시 갈릴레이 변환에 불변으로 유지되지 않는 예 가운데 하나였다. 또한 1887년 미국의 앨버트 에이브러햄 마이컬슨(Albert Abraham Michelson, 1852~1931년)과 에드워드 윌리엄스 몰리(Edward Williams Morley, 1838~1923년)는 자신들이 고안했던 간섭계를 이용해서 지구의 운동과 에테르와의 상호 작용을 확인하려고 했으나, 지구 운동이 에테르에 미치는 영향을 확인할 어떤 증거도 얻지 못했다.[1]

당시 과학자들은 이 문제를 고전 전자기학의 테두리 내에서 해결하려고 했다. 예를 들어 네덜란드의 물리학자인 헨드릭 안톤 로런츠는 마이컬슨-몰리의 실험적 사실을 설명하기 위해서 1892년 지구의 운동 방향으로 물체가 제한된 범위 내에서 수축한다는 하나의 미봉 가설을 제기하기도 했다.

역학 대 전자기학

한편 19세기 중반 이후 과학자들은 강체 역학이나 유체 역학에서 쓰던 고전 역학적인 기계적 모형을 유비로 사용해 전자기 현상을 설명하고 있었다. 예를 들어, 고전 전자기 법칙을 정립한 맥스웰은 전자기장을 유체의 흐름을 나타내는 편미분 방정식을 사용해 비유적으로 설명했다. 전자기 현상을 고전 역학적 모형으로 설명하려던 견해는 맥스웰 이후 루트비히 볼츠만(Ludwig Boltzmann, 1844~1906년), 하인리히 헤르츠, 조지프 존 톰슨 등도 공유했던 생각이었다. 하지만 1897년 톰슨이 음극선의 하전량과 질량 사이의 비례 관계를 밝힌 실험을 계기로 전자기 현상을 역학적인 원리로 설명하려는 믿음은 서서히 약화되게 되었다. 발터 카우프만(Walter Kaufmann, 1871~1947년)과 레나르트 등과 같은 실험 물리학자들은, 톰슨의 실험을 확인하는 과정에서 전자의 속도가 빛의 속도의 3분의 1에서 30분의 1 정도로 빠르게 달릴 때 전자의 외견상 질량이 증가하는 현상을 관찰했다. 이후 고전 역학적 개념이었던 질량을 전자기적인 현상으로부터 유도할 수 있지 않을까 하는 가능성이 과학자들 사이에서 대두되었고, 이에 따라 물리학을 뉴턴 역학이 아니라 전자기 현상으로 통일하려는 전자기적 세계관이 서서히 부상하게 되었던 것이다.

1900년 프랑스의 푸앵카레가 전자기 방정식이 뉴턴의 운동 법칙인 작용-반작용 법칙을 따르지 않는다는 사실을 지적하고, 1901년에는 빌헬름 빈(Wilhelm Wien, 1864~1928년)이 역학을 전자기적인 토대 위에서 다시 규정할 수 있는 가능성이 있음을 주장하면서 전자기적 세계관은 과학자들 사이에서 더욱 많은 주목을 받았다. 더욱이 푸앵카레는 포인팅 벡터로 표현되는 '전자기적 운동량'과 '전자기적 질량'이라는 새로운 개념을 제시했는데, 괴팅겐의 사강사였던 막스 아브라함(Max Abraham, 1875~1922년)은 이런 생각을 더욱 발전시켜서 전자가 강체라는 가정을 바탕으로 고전 전자기학의 체계 내에서 속도의 증가에 따르는 전자 질량의 변화를 수학적으로 유도하는 데 성공했다.

수학적 전통이 물리학의 역사를 바꾸다!

한편 수학을 자연 과학과 공학에 응용하는 데 남다른 관심을 두었던 클라인, 힐베르트, 민코프스키 등을 비롯한 괴팅겐 수학자들은 로런츠가 발전시켰던 새로운 전자론에서 자신들이 해야 할 일을 찾아냈다. 그들은 물리학이 고도로 발전하면서 수학을 많이 사용하게 되었고, 이에 따라 물리학의 수학화는 이제 물리학자들에게만 맡겨서는 안 되며, 수학자들이 이 문제에 적극적으로 개입해야 한다고 생각했다.

괴팅겐의 수학자들은 클라인이 편집인으로 활동하던『수리 과학 백과사전』에 출판하기 위해서 로런츠가 1903년 12월에 집필했던 전자론에 관한 글을 근간으로 자신들의 연구를 시작했다. 그들이 행한 연구의 주된 특징 가운데 하나는 변분법을 비롯한 수학적 방법을 동원해서 전자론의 문제를 해결하는 것이었다. 수학자들이 주도한 괴팅겐의 이 세미나에는 수학자들뿐만이 아니라 괴팅겐의 천문대장이었던 슈바르츠실트와 지구 물리학 교수였던 비헤르트, 그리고 클라인의 제자로서 아헨 공과 대학에 재직하고 있던 조머펠트도 참가했다.

괴팅겐 세미나를 통해서 조머펠트는 광속도 불변의 원리를 바탕으로 하는 아인슈타인의 상대성 이론이 나오기 바로 직전인 1905년 초에 빛보다 빠른 전자의 운동에 관한 논의를 전개했으며, 민코프스키도 괴팅겐 학자들과의 협동 연구 속에서 훗날 나타날 4차원 시공간 세계에 대한 수학적 논의를 발전시키게 된다. 민코프스키의 수학적인 4차원 시공간 세계의 개념은 아인슈타인의 상대성 이론이 나타난 배경과는 상당히 달랐던 괴팅겐의 수학적 전통 속에서 발전한 것이었다.

아인슈타인의 성장 과정

1905년 특수 상대성 이론에 관한 논문을 출판하기 직전까지도 아인슈타인은 이 논문과 직접적으로 관련된 학술 논문을 출판하지 않았다. 여러 성황으로 미루어 보건대 특수 상대성 이론 논문은 불과 몇

주일 만에 완성된 것이 분명하다. 하지만 아인슈타인은 특수 상대성 이론에 관한 논문을 쓰기 이전에 이미 십여 년 이상을 이 문제에 대해 몰두했다. 전자기학과 시공 문제는 아인슈타인의 어린 시절 경험으로부터 시작되었다.

아인슈타인은 1879년 3월 14일 독일의 울름에서 태어났다. 아인슈타인이 한 살이 되던 해인 1880년 여름, 그의 아버지 헤르만 아인슈타인(Hermann Einstein, 1847~1902년)은 뮌헨으로 옮겨 야코프 아인슈타인 회사(Jokob Einstein & Cie)의 파트너가 되었다. 아인슈타인은 어린 시절에 파울리와 같은 천재에게서 나타나는 신동의 조짐은 보이지 않았다. 특히 2년 6개월이 되도록 말을 잘 하지 못했다는 것은 부모들의 걱정거리였다. 하지만 아인슈타인은 집요한 집중력을 지니고 있었다. 아인슈타인은 5세 때 아버지가 보여 준 나침반에 매료되었으며, 이때의 경험이 후일 자신의 생애에 커다란 영향을 줬다고 자서전에서 말하고 있다.[2] 퀴즈나 놀이를 할 때 절대로 포기하지 않는 그의 집요함은 훗날 창의성과 결합되어 상대성 이론의 형성에도 영향을 미친다.

어린 시절 아인슈타인은 주로 독학으로 수학을 공부했다. 12세 때 아인슈타인은 유클리드의 평면 기하학에 관한 책을 접했는데, 이때 유클리드 기하학의 명확성에 깊고도 강한 인상을 받았다고 한다. 그 뒤 12세부터 16세까지 그는 독학으로 미적분학을 공부하기도 했다. 아인슈타인은 우연한 선수 학습의 기회를 최대한 활용했던 것으로 보인다. 어릴 적 아인슈타인은 집에서 같이 살던 의대생에게 고등 수학을 배울 기회를 얻었는데, 이 지식을 바탕으로 스스로 계속 공부해 삼촌 야코프 아인슈타인이 준 미분 방정식을 푸는 재능을 보였다.

아인슈타인은 어린 시절 뮌헨의 루이트폴트 김나지움에서 교육을

받았다. 학창 시절 아인슈타인은 머리가 좋은 학생이었던 것으로 추정
되나 그는 이 권위주의적인 독일 김나지움 교육에 반감을 가지고 있었
다. 결국 1894년 12월 김나지움 6학년 때 아인슈타인은 '신경 쇠약'으
로 학업을 잠시 중단해야 한다는 의사의 소견서를 이용해 학교를 그
만두었다. 루이트폴트 김나지움을 중퇴한 아인슈타인은 뮌헨을 떠나
아버지가 사업을 하던 이탈리아로 갔다. 그러나 가족의 전기 회사 사
업이 실패하고, 또한 가족들의 권유도 있고 해서 전기 공학자가 되기
위해 다시 공부를 계속하려고 마음먹었다.

김나지움의 졸업장이 없었던 그로서는 독일의 대학이나 고등 공업
학교에 들어갈 수가 없었기 때문에 할 수 없이 독일어를 사용하는 스
위스의 학교를 선택해야 했다. 결국 아인슈타인은 스위스의 취리히로
가서 취리히 연방 공과 대학(Eidegnössische Technische Hochschule, ETH)에
입학 시험을 쳤다. 이 시험에서 아인슈타인은 수학과 물리학은 아주
잘 봤으나 현대어, 동물학, 식물학 등 다른 과목은 낙방했다. 그 뒤 교
수의 권유로 그는 스위스의 칸톤 학교를 1년간 다녔다.

스위스 아라우의 아르가우 칸톤 학교에서 아인슈타인은 독일의 김
나지움과는 아주 다른 인상을 받았다. 아르가우 칸톤 학교는 19세기
말 프로이센을 중심으로 고전어 교육보다는 수학과 실용적 학문을 강
조하면서 일어났던 김나지움 개혁 운동의 영향을 받은 학교였다. 아인
슈타인은 이 아르가우 칸톤 학교에서 뮌헨과는 전혀 딴판인 민주적인
느낌을 받았고, 이런 자유로운 분위기 속에서 매우 만족스러운 학창
시절을 보내게 되었다.

아라우에서의 교육은 아인슈타인의 사고 형성에서 가장 중요한 부
분을 치지하게 되었다. 아인슈타인은 비교석 자유로운 생각을 많이 할

수 있었던 스위스 칸톤 학교 시절인 16세 때부터 이미 물체가 빛과 같은 속도로 달리면 어떤 현상이 나타날 것인가에 대한 생각에 골몰했다고 한다. 이것이 상대성 이론과 관련된 그의 첫 사고 실험이었으며, 그 뒤 10년 동안 이 문제에 대해서 계속 고민을 한 끝에 마침내 1905년 자신의 상대성 이론을 얻어 내게 되었다. 결국 그의 상대성 이론은 스위스 아라우의 자유로운 교육 환경에서 배태된 것이었다.

칸톤 학교에서 아인슈타인이 받았던 학과 성적은 그런대로 괜찮은 편이었다. 그는 대수학, 기하학, 물리학, 독일어, 역사학, 자연사는 좋은 점수를 받았다. 하지만 화법 기하학과 화학은 중간 정도였으며, 소묘와 기술 작도는 좋지 않았고, 프랑스 어와 지리는 최악의 점수를 받았다. 전반적으로 논리적인 사고를 요구하는 과목은 우수했던 반면에 암기 위주 과목의 성적은 좋지 않았다.

특수 상대성 이론의 기원

아인슈타인의 집안은 발전기나 모터를 만드는 전기 공학자 가문이었고, 아인슈타인 자신도 과학자보다는 전기 공학자가 되려고 연방 공과 대학에 들어간 것이었다. 실제로 아인슈타인은 상대성 이론을 비롯한 위대한 과학 사상을 발전시키는 활동의 이면에서, 냉장고에 관한 것을 비롯한 몇몇 발명 특허를 출원하기도 했다.

취리히 연방 공과 대학에 진학한 아인슈타인은 독학으로 여러 책을 공부하면서 특수 상대성 이론에 관한 내용을 고민한 것으로 여겨진다. 연방 공과 대학에서 아인슈타인은 아돌프 후르비츠(Adolf Hurwitz, 1859~1919년)와 민코프스키 같은 유명한 수학자들에게 수학을 배웠다.

하지만 아인슈타인은 직접적인 실험에 더욱 매료되어 대부분의 시간을 물리 실험실에서 보냈으며, 남는 시간은 집에서 구스타프 로베르트 키르히호프(Gustav Robert Kirchhoff, 1824~1887년), 헬름홀츠, 헤르츠 등의 책을 읽으며 보냈다.

특히 아인슈타인은 1894년 아우구스트 푀플(August Föppl, 1854~1924년)이 집필한『맥스웰의 전기론 개론(*Einführung in die Maxwellsche Theorie der Elektrizität*)』을 통해서 맥스웰의 전자기학에 대해서 배웠다. 맥스웰의 전자기학이 독일에서 본격적으로 받아들여진 것은 헤르츠가 전자기파의 존재를 실험적으로 증명했던 1887년 이후의 일이었다. 따라서 아인슈타인은 바로 이 맥스웰의 전자기학이 독일에 전파되던 초기에 이 분야에 대한 공부를 시작한 것이다. 젊은 아인슈타인은 이렇게 새로이 받아들여진 맥스웰의 전자기학이 지니고 있었던 문제점을 느끼면서, 상대성 이론의 기본적인 아이디어를 생각해 냈다.

아인슈타인은 푀플의 전자기학 책 이외에도 에른스트 마흐(Ernst Mach, 1838~1916년)의 역학에 관한 책을 읽고 깊은 감명을 받았으며, 로런츠와 볼츠만의 논문들도 공부했다. 아인슈타인은 유명한 수학자였던 민코프스키에게 수학을 배울 기회가 있었지만, 아인슈타인 자신은 수학 수업을 좋아하지 않았다. 민코프스키의 평에 따르면 아인슈타인은 아주 게으른 학생이었다고 한다. 이때부터 이미 아인슈타인은 물리학에서 수학의 역할을 상당히 낮게 평가했으며 수학적 형식주의를 의심의 눈으로 바라봤는데, 이런 태도는 그가 죽을 때까지 유지되었다.

1887년 볼데마어 포크트(Woldemar Voigt, 1850~1919년)는 비압축 탄성 매질 속에서의 도플러 효과를 다룬 논문에서 후일 로런츠 변환식으로 일컬어지는 변환식을 이미 언급했는데, 포크트에게 배운 바 있는 민코프스키가 1908년의 4차원 시공간 세계에 관한 역사적인 강연에서 이 사실을 언급하면서 상대성 이론 출현 이후에 사람들에게 알려지게 된다. 이와는 별도로 마이컬슨-몰리 실험을 설명하기 위해서 1892년부터 임시방편의 수축 가설을 도입했던 네덜란드의 로런츠는 1904년 아인슈타인의 상대성 이론에서 더 일반적인 형태로 등장하게 되는 소위 로런츠 변환식을 유도했다. 그렇지만 아인슈타인이 로런츠의 이 작업을 알고 있었는가에 대해서는 아직도 불확실한 점이 많다. 우선 아인슈타인의 논문에서는 로런츠의 논문이 인용되고 있지도 않았고, 또한 아인슈타인은 로런츠와는 전혀 다른 방법으로 이 변환식을 유도했기 때문이다.

아인슈타인의 친구들

아인슈타인은 학창 시절 주로 혼자 사색하면서 많은 시간을 보냈다. 하지만 그가 아주 고립되어 자신의 사고를 발전시킨 것은 아니다. 우선 학창 시절 아인슈타인은 자신의 첫 번째 부인이 되는 밀레바 마리치(Mileva Marić, 1875~1948년)와 함께 특수 상대성 이론 문제를 고민한 것을 둘 사이에 교환된 편지로부터 알 수 있다. 아인슈타인이 밀레바 마리치와 사귀면서 편지에서 자주 언급한 "우리의 상대성 이론"이라는 말을 보고, 몇몇 사람들은 아인슈타인의 상대성 이론은 본래 밀레바 마리치의 이론이었다는 주장을 하기도 한다.[3] 물론 이 주장은 액면 그대로 받아들이기 힘들지만, 아인슈타인이 연애 시절에도 줄곧 상대성 이론과 연관된 문제에 골몰해 있었다는 것은 분명하다.

연방 공과 대학 시절 아인슈타인은 몇몇 친구들을 사귀었다. 아인

■ 밀레바 마리치와 아인슈타인. 뛰어난 수학자이자 물리학자였던 밀레바 마리치는 당시 여성의 입학을 허용했던 유일한 대학교인 취리히 연방 공과 대학에 입학해 네 살 연하였던 아인슈타인의 첫 번째 부인이 된다. 그녀가 아인슈타인의 아이디어에 수학적 형식과 논리를 제공해 주었다는 사실이 최근 인정받고 있다.

슈타인이 사귀었던 친구 가운데 중요한 인물로는 마르셀 그로스만(Marcel Grossmann, 1878~1936년)과 미셸 안젤로 베소(Michele Angelo Besso, 1873~1955년)를 들 수 있다. 아인슈타인보다 한 살 많았던 그로스만은 수학을 전공했으며, 나중에 아인슈타인이 일반 상대성 이론을 발전시킬 때 수학적인 계산을 도와주기도 했다. 아인슈타인보다 여섯 살 위였던 베소 역시 아인슈타인과 평생 친구가 되었다. 베소는 아인슈타인에게 에르스트 마흐의 저작을 읽어 보라고 권했으며, 아인슈타인과 물리학의 철학적 기초에 관해 계속 토론하면서 아인슈타인의 사고 형성에 영향을 줬다.

한편, 이인슈타인은 베른 시절 자신의 친구들인 콘라드 하비히드

(Conrad Habicht, 1876~1958년)와 모리스 솔로빈(Maurice Solovine, 1875~1958년) 등과 함께 토론 동아리 올림피아 아카데미(Akademie Olympia)를 조직하기도 했다. 아인슈타인 결혼식에서 증인들이 되는 이 세 명은 저녁에 소시지, 과일, 차 등을 먹고 마시며 정기적으로 만나 물리학의 기초에 대해 열띤 토론을 벌였다. 토론의 주제는 주로 아인슈타인이 주도했는데, 에른스트 마흐와 리하르트 아베나리우스(Richard Avenarius, 1843~1898년)의 경험 비판론, 앙리 푸앵카레의 『과학과 가설』, 존 스튜어트 밀(John Stuart Mill, 1806~1873년)의 논리학과 데이비드 흄의 인과론 비판 등이 포함되어 있었다.

상대성 이론은 실험의 영향을 얼마나 받았는가?

아인슈타인이 1905년 이전에 마이컬슨-몰리 실험을 어느 정도 알고 있었으며, 더 나아가서 그의 상대성 이론의 형성에 어떤 역할을 했느냐 하는 것은 아인슈타인 자신의 진술이 여러 곳에서 엇갈리고 있기 때문에 과학사적으로 많은 논란을 불러일으켰던 문제이다. 우선 아인슈타인은 1949년 출판된 자서전의 어디에서도 마이컬슨-몰리 실험을 언급하고 있지는 않다. 또한 1905년 전후에 나타난 논문에서도 마이컬슨-몰리 실험은 언급되고 있지 않으며, 이 시기를 전후해서 쓴 편지 속에서도 그 실험에 관한 이야기는 없다. 하지만 1931년 미국 캘리포니아 공과 대학에서 열린 만찬에서 아인슈타인은 마이컬슨의 작업이 자신의 상대성 이론 형성에 중요한 역할을 했다고 말했으며, 1922년 12월 14일 일본 교토에서 행한 "나는 어떻게 상대성 이론을 창안했는가"라는 제목의 강연에서 그는 학창 시절에 이미 마이컬슨의 실험을 알았다고 말하고 있다.[4] 이 모두를 종합해 볼 때 아인슈타인은 1905년 이전에 마이컬슨의 실험에 대해서 그 존재 자체는 어느 정도 알았던 것으로 보인다. 하지만 아인슈타인이 에테르와 지구와의 상대 운동에 관심을 둔 것이 사실일지라도, 마이컬슨의 실험 자체가 아인 슈타인이 상대성 이론을 창안하는 데 큰 역할을 하지 않은 것만은 분명하다.

그렇다면 마이컬슨의 실험보다 아인슈타인이 상대성 이론을 창안하는 데 직접적인 영향을 준 실험적 증거는 어떤 것이었을까? 1899년 아인슈타인이 밀레바 마리치에게 보냈던 편지 내용을 살펴보면 피조의 실험이 마이컬슨의 실험보다도 더욱 결정적인 영향을 미쳤다는 것을 알 수 있다.

이미 1851년 프랑스의 과학자 아르망 피조는 움직이는 유체 속을 지나는 빛의 속도가 고전 역학적인 속도 합성 공식에서 벗어나는 현상을 관찰한 바 있었다. 이것 역시 갈릴레이 변환에 대해서 불변으로 유지되지 않는 예 가운데 하나였다. 당시 피조가 발견한 실험식은 $c' = \dfrac{c}{n} + v(1-\dfrac{1}{n^2})$의 형태를 띠고 있었다. (여기서 n은 액체의 굴절률, v는 에테르의 상대 속도, c는 빛의 속도, c'는 실험식에서 측정한 움직이는 액체 속에서의 빛의 속도이다.) 이 실험식에 따르면 움직이는 액체 속을 지나는 빛의 속도는 액체의 굴절률의 역제곱에 비례하는 양만큼 고전 역학적인 속도의 합성 공식에서 벗어나게 된다. 이 벗어나는 비율인 $1-\dfrac{1}{n^2}$은 프레넬의 견인 계수(Fresnel's drag coefficient)라고 부른다.

1851년 피조가 발견한 이 현상은 막스 테오도어 펠릭스 폰 라우에(Max Theodor Felix von Laue, 1879~1960년)가 아인슈타인의 상대성 이론에 입각한 새로운 속도 합성 공식을 바방으로 해서 1907년 처음으로 설명에 성공했는데, 19세기를 지나는 동안 이것은 고전 역학으로는 설명하기 힘든 문제 가운데 하나였다. 아인슈타인은 이 피조의 실험과 1728년 제임스 브래들리(James Bradley, 1693~1762년)가 발견한 별의 광행차에 대한 관측만으로도 빛과 물체의 운동과 관련한 현상을 고전 물리학 체계만으로는 해결할 수 없다는 것을 느끼고 새로운 운동학 체계를 모색했다.

시계와 철도가 특수 상대성 이론을 낳았다?

과학자 아닌 일반인들은 현대 이론 물리학의 정수라 할 수 있는 아인슈타인의 상대성 이론은 난해한 수학적 표현으로 기술되어 일상생활과는 동떨어진 과학 소설의 세계에나 적용되는 이론이라고 생각하곤 한다. 실제로 아인슈타인은 항상 난해한 텐서식을 칠판에 적는 모습으로 보여지는 경우가 많고 대중은 이런 마법의 공식으로 아인슈타인의 우주가 기술되는 것처럼 생각한다. 더욱이 과학 교과서에 나타난 상대성 이론에 관한 기술은 고등 수학에 정통한 사람만이 접근할 수 있는 심오한 이론으로 비추어지고 있다.

최근의 연구 성과는 아인슈타인의 상대성 이론에 대한 이런 선입관은 아주 잘못된 것이며, 아인슈타인이 실제로 상대성 이론을 유도해내는 데에는 당시의 실제 세계가 기본이 되었다는 것을 밝혀내고 있다. 한 예로 피터 루이스 갤리슨은 상대성 이론이 만들어지는 데 시계, 철도, 전신, 식민지 정복 등 19세기의 중요한 물질적 변화가 깊게 개입했음을 지적했다.[5]

상대성 이론이 출현할 당시에 스위스 베른의 특허국에 근무하던 아인슈타인은 전신망과 열차 정거장의 시계 좌표를 이용해 시간을 측정하는 실험을 하고 있었으며, 프랑스 경도국의 책임자였던 푸앵카레는 대륙 간 시간 좌표에 관한 지도를 작성하고 있었다. 두 사람 다 동시성을 절대적으로 유지할 수 있는 순수한 시간이 존재하는지, 아니면 시간이 서로 상대적인지를 결정해야만 했다. 아인슈타인은 이 과정에서 동시성 문제에 관심을 갖게 되었고, 결국 자신의 상대성 이론을 찾아냈다. 푸앵카레 역시 경도국에서 대륙 간 시간 좌표에 관한 지도를 작성하다가 4차원 시공간에 대한 자신의 견해에 도달했다는 것이 갤리슨의 주장이다. 갤리슨은 자신의 연구에서 특허와 같이 상대성 이론과 연관된 물질 문화적인 증거들을 많이 찾아냈다. 순수 이론적인 것 같은 지식 자체도 광범위한 물질 세계의 기반과 함께 존재한다는 것이다.

기적의 해 1905년

전기 공업 회사 집안에서 자랐으며, 전기 공학자로서 특허국에서 일했던 아인슈타인은 움직이는 도체의 전자기 현상에 지속적인 관심을 가지고 있었다. 아인슈타인은 피조의 실험과 별의 광행차 관측에서 나타나듯이 움직이는 물체를 다루는 전자기학에서는 뉴턴의 역학과 전자기 법칙에 모순되는 측면이 있다는 것을 느꼈다. 무엇보다도 아인슈타인은 자석과 움직이는 전도체 사이의 상대 운동으로 발생하는 전기 유도에서 나타나는 비대칭성에 불만이 많았다. 그 자신은 이 비대칭성을 아래와 같이 말하고 있다. "자석이 움직이고 도체가 정지해 있으면 자석 주위에 특정한 에너지와 함께 전기장이 발생한다. 하지만 자석이 정지하고 도체가 움직이면 자석 주위에는 상응하는 에너지가 발생하지 않는 채로 기전력만이 발생한다." 아인슈타인은 이런 비대칭성 문제는 지구와 에테르와의 상호 작용을 발견할 수 없었던 실험과 마찬가지로 역학과 전자기학 내에 문제를 불러일으킨다고 생각했다.

아인슈타인은 맥스웰의 전자기학에 내재하는 이런 문제점을 극복하기 위해서 1905년 6월 30일에 제출한 「움직이는 물체의 전기 동역학에 관해서(Zur Elektrodynamik bewegter Körper)」라는 논문에서 광속도 불변의 원리를 바탕으로 등속도로 움직이는 모든 관측자에게 고전 전자기 법칙이 불변으로 유지되는 새로운 시공간 개념을 제시했다. 이때 아인슈타인은 광속도 불변의 원리를 채택하면서 고전 전자기학이 가정하고 있던 가상 물질 에테르의 존재를 부정했다.

빛이 파동일 경우 꼭 필요했던 매질인 에테르를 부정한 아인슈타인은 이미 그해 3월 17일에 완성한 논문에서 진공 중에서도 빛이 전달되는 이유를 설명하기 위해서 빛의 입자성을 나타내는 광양자 가설도 새로이 제안했다. 후일 아인슈타인의 광양자 가설은 빛에 관한 파동-입자 이중성 개념으로 일반화되었고, 그가 제안한 빛에 대한 새로운 해석은 현대 양자론의 형성에도 커다란 영향을 미치게 된다.

아인슈타인에게 1905년은 기적의 해라고 불린다. 아인슈타인은 그해 3월부터 8주 간격으로 《물리학 연보》에 3편의 선구적인 논문을 출판했다.[6] 이 논문들은 상대성 이론, 양자론, 비평형 통계 역학 등 20세기 물리학의 진로를 바꾼 혁명적인 것이었다. 서로 상관이 없어 보이는 이 세 논문은 아인슈타인의 내적인 사고 안에서는 아주 밀접한 연관성을 지니고 있었다.

빛은 소리와 마찬가지로 파동의 성질을 지니고 있고, 따라서 빛이 전파되기 위해서는 빛을 전달하는 매질이 필요하다. 특수 상대성 이론 논문에서 아인슈타인은 빛이 파동일 경우 꼭 필요했던 가상의 매질로 19세기 거의 대부분의 과학자들이 받아들였던 에테르를 부정했다. 에테르를 부정한 아인슈타인은 1905년 3월 15일에 완성한 광양자 가설에 관한 논문에서 진공 중에서도 빛이 전달되는 이유로서 빛의 입자성을 나타내는 광양자 가설을 새로이 제기했다. 아인슈타인은 1902년부터 1904년까지 《물리학 연보》에 제출한 논문을 통해 통계역학과 관련된 문제를 검토했는데, 이 논의가 광양자 가설로 연결되었던 것이다.[7]

또한 광양자 가설이 제기되면서 빛이 입자인가 아니면 파동인가 하는 문제가 제기되었고, 아인슈타인은 이 문제를 파동-입자 이중성으로 극복하려고 시도했다. 그의 이런 시도는 브라운 운동과 연관된 비평형 통계 역학과 연결을 맺고 있었다. 1905년에 아인슈타인은 박사학위를 받았는데, 이 박사 학위 논문도 아보가드로 수에 관한 것으로 브라운 운동 및 비평형 통계 역학과 관련된 것이었다.

상대성 이론의 수용 과정

아인슈타인의 상대성 이론을 학계에서 널리 퍼지게 하는 데에는 독일 물리학계의 거물인 막스 플랑크의 역할이 컸다. 플랑크는 당시 무명의 아인슈타인이 상대성 이론을 발표했던 《물리학 연보》의 편집인이었을 뿐만이 아니라, 베를린 대학교에서 유능한 제자들을 여럿 길러내고 있었던 독일 과학계의 중심 인물이었다. 플랑크는 아인슈타인의 상대성 이론을 열렬히 옹호하며, 학생들이 이 주제를 선택하도록 독려했다. 1906년부터 1914년까지 플랑크 밑에서 나온 학위 논문 가운데 무려 3분의 1이 상대론을 주제로 했을 정도였다.

1906년 발터 카우프만의 실험이 로런츠-아인슈타인의 이론식이 아니라 자신의 제자인 아브라함의 식에 더욱 가깝게 나왔을 때에도 플랑크는 아인슈타인의 상대성 이론을 옹호했다.[8] 무엇보다도 플랑크에게는 아인슈타인의 상대성 이론이 물리학의 보편성과 단순성을 뒷받침해 준다는 의미에서 충분히 받아들일 만한 이론이었다. 막스 플랑크는 상대성 이론에 대한 이런 공개적인 지지뿐만 아니라 더 나아가 그 자신도 1906년과 1907년 사이에 최소 작용의 원리에 바탕을 둔 상대론적 역학을 발전시키는 등 초창기 상대성 이론의 발전에 많은 기여를 했다.[9]

1908년 괴팅겐의 수학자였던 민코프스키는 상대성 이론에 수학의 불변 이론과 함께 4차원 시공간 좌표를 도입했다.[10] 물론 민코프스키의 상대론이 등장하기 이전에 이미 전자기 현상을 설명하기 위해서 시간과 공간으로 구성되는 4차원 좌표를 사용한 사람이 있었다. 프랑스의 유명한 과학자였던 푸앵카레가 대표적인 인물이었다. 하지만 그는 4차원 비유클리드 기하학의 실재성을 인정하지 않았고 상대주의적인 지식관에 따라 기하학에 대한 규약주의적인 입장만을 견지했다. 반면에 민코프스키의 상대론에서는 4차원 세계가 절대적이고 실재적인 의미를 지니며, 아인슈타인 역시 4차원 시공간 세계의 절대성을 받아들였다. 훗날 상대성 이론은 아인슈타인이 세계를 상대화한 것으로 와전되기도 했다. 특히 비전문가들이 그런 왜곡을 많이 일삼았다. 더구나 철학자들조차 상대성 이론을 푸앵카레나 에른스트 마흐의 상대주의적 철학관과 같은 주장으로 이해한 나머지, 아인슈타인의 상대성 이론이 마치 지식의 상대성을 지지하는 것으로 비쳐지기도 했다. 하지만 이것은 아인슈타인의 철학적·과학적 입장을 전적으로 잘못 이해한 데에서 비롯된 것이었다.

속도에 따른 질량 증가 현상

상대성 이론 이전에도 속도에 따르는 질량 증가 법칙은 다양한 형태로 제시되었다. 1897년 톰슨이 음극선의 하전량과 질량 사이의 비례 관계를 밝히는 데 성공한 이후, 카우프만과 레나르트 등과 같은 실험 물리학자들은 톰슨의 작업을 확인하는 실험을 하면서 빛의 속도에 가까운 빠른 속도로 움직일 때 전자의 외견상 질량이 증가하는 현상을 관찰했다.

1902년 막스 아브라함은 전자가 강체라는 가정을 바탕으로 고전 전자기학의 체계 내에서 속도의 증가에 따르는 전자의 질량 변화를 수학적으로 유도하는 데 성공했다.[11] 그가 유도한 식은 후일 아인슈타인이 상대성 이론을 바탕으로 해서 유도한 식과는 2차 항의 10분의 1정도만 차이가 나는 정도로 두 식의 유효성은 서로 판단하기 힘든 상태였다.

1906년에 행한 카우프만의 실험에서는 아인슈타인의 결과가 아니라 아브라함의 계산 결과가 실험적으로 일치하는 것으로 나타났다. 이후 플랑크, 아인슈타인, 조머펠트, 카우프만, 요하네스 슈타르크(Johannes Stark, 1874~1957년) 등의 과학자들 사이에는 아인슈타인과 아브라함의 이론 가운데 어느 것이 적합한가를 놓고 논쟁이 벌어졌다. 당시에 플랑크는 아인슈타인의 이론을 옹호했으며, 조머펠트는 아인슈타인의 이론에 부정석이었다. 슈타르크는 카우프만의 실험 결과를 비판함으로써 플랑크와 아인슈타인의 입장을 간접적으로 지지했다. 1908년 앨프리트 하인리히 부헤러(Alfred Heinrich Bucherer, 1863~1927년)는 아인슈타인-로런츠 이론에 따른 데이터와 고전 전자기학에 따른 데이터를 확실하게 구별할 수 있는 실험 결과를 제시했다.[12] 이후 과학자들은 질량에 따르는 속도 증가 법칙에 대한 아인슈타인의 이론이 실험으로도 확인되었다고 받아들이기 시작했다.

상대론적 강체 논쟁과 상대성 이론의 수용

아인슈타인의 상대성 이론이 단순히 전자의 운동에만 해당되는 것이 아니라 통상의 물체에도 적용 가능한 일반적인 논의라는 것은 상대론적인 강체(rigid body)의 존재에 관한 논쟁을 통해 확립되었다. 1909년 괴팅겐의 사강사 막스 보른은 소위 로런츠 수축 가설을 만족하는 '상대론적 강체 개념'을 제기했다.[13] 보른은 이 개념을 이용해서 전자를 고전 역학적인 강체로 보고 고전 전자기학에 입각한 전자론을 전개했던 1902년의 아브라함의 이론을 상대론적으로 재해석하려고 했다.

보른의 이런 시도에 파울 에렌페스트(Paul Ehrenfest, 1880~1933년)는 보른의 상대론적 강체 정의는 물체가 회전을 할 경우 모순에 봉착한다고 지적하면서 비판을 하고 나섰다.[14] 즉 원통의 물체가 회전을 할 경우 회전 방향으로 로런츠 수축이 일어나지만, 강체 자체의 원둘레는 변함이 없는 것처럼 보인다는 것이다. 이것을 당시 과학자들은 에렌페스트 역설이라고 불렀다. 그 뒤 이 논쟁에는 구스타프 헤어글로츠(Gustav Herglotz, 1881~1953년), 프리츠 뇌터(Fritz Noether, 1884~1941년), 발데마어 폰 이그나토프스키(Waldemar von Ignatowski, 1875~1942년), 플랑크를 비

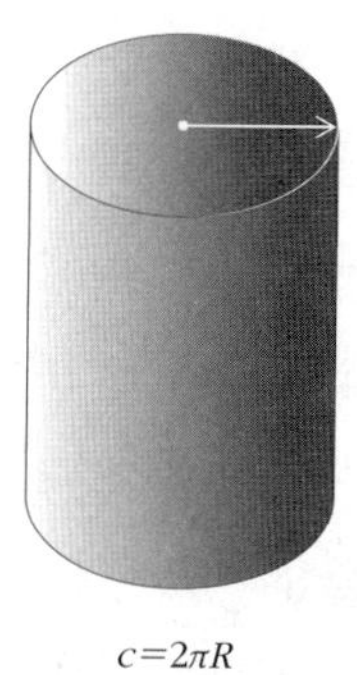 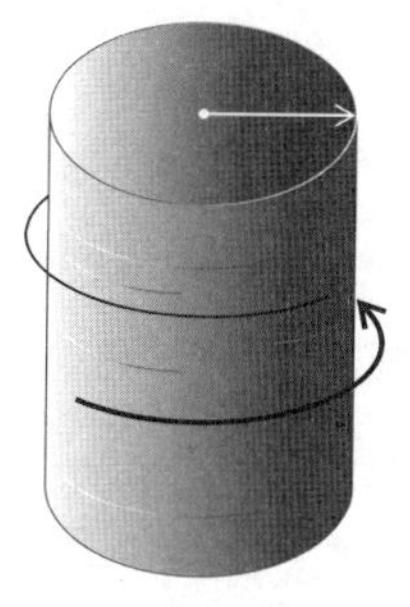

■ 에렌페스트 역설. 로런츠 수축에 따르면 원통이 회전할 때 원주의 길이(c)는 수축되어야 한다. 하지만 우리가 상식적으로 생각할 때는 회전을 하더라도 원통 둘레의 길이는 변함이 없다. 회전하는 원통의 수축에서 나타나는 이 모순은 상대성 이론에 따르면 강체란 존재할 수 없다는 것을 증명함으로써 일단 해결되었다. 그러나 원통의 회전 운동이 가속 운동이기 때문에, 이 문제의 설명은 등속 운동을 설명하는 특수 상대성 이론이 아니라 가속 운동을 다루는 일반 상대성 이론이 완성된 후에야 비로소 가능해졌다.

롯한 많은 학자들이 참여했는데, 이 과정에서 상대성 이론이 단순히 전자의 운동에만 적용되는 이론이 아니라 통상의 물체에도 적용 가능한 일반적인 운동학 논의라는 것이 많은 과학자들에게 인식되게 된다.

로런츠 수축에 따르면 원통이 회전할 때 원주의 길이는 수축되어야 한다. 하지만 우리가 상식적으로 생각할 때는 회전을 하더라도 원통 둘레의 길이는 변함이 없다. 회전하는 원통의 수축 문제에서 나타나는 이 모순은 상대성 이론으로 강체란 존재할 수 없다는 것이 증명됨으로써 일단 해결되었다. 하지만 원통의 회전 운동은 가속 운동이기 때문에 이 문제는 등속 운동일 경우를 설명하는 특수 상대성 이론이 아니라 가속 운동을 다루는 일반 상대성 이론이 완성된 후에야 완전히 설명되었다.

우선 헤어글로츠는 보른의 상대론적 강체 정의가 6개의 자유도를 가진 고전 역학적인 강체와는 달리 3개만의 자유도를 가진다고 지적하면서, 6개의 자유도를 가진 새로운 상대론적 강체 조건을 모색했다. 같은 시기에 뮌헨의 프리츠 뇌터는 이것보다 자유도가 더욱 많은 9개의 자유도를 가진 강체를 제안하기도 했다. 이 제안에 대해서 플랑크는 이 문제를 고전 역학에서 나타나는 탄성의 문제와 비슷한 방법으로 취급하면 해결할 수 있다는 의견을 제시했다. 논쟁이 심화되면서 상대론적인 강체 논쟁은 상대론의 기본 가정을 벗어나는 논의로까지 확산되었다. 이그나토프스키는 무한대는 아니더라도 빛보다 더 빠른 최대 신호 전달 속도를 가정함으로써 에렌페스트 역설이 제기한 문제를 해결하려고 했다. 심지어는 아인슈타인의 상대성 이론에 따른 수축이 실제 현상이 아니라 주관적이고 심리학적인 현상이라는 주장까지도 나왔다.

회전하는 원통의 수축 문제에서 나타나는 이 모순은 앞에서 말했다시피 상대성 이론으로 일단 해결되었다. 1911년 플랑크의 제자인 막스 폰 라우에가 상대성 이론에 따르면 강체란 존재하지 않는다는 것을 증명했고, 더 나아가 헤어글로츠가 유체 역학적인 방정식을 동원해서 이 문제를 해결함으로써 에렌페스트 역설과 관련된 논쟁은 일단락되었다.[15] 결국 1911년 막스 폰 라우에가 집필한 최초의 상대성 이론 교과서가 출판되는 것을 전후해서 특수 상대성 이론은 과학자들 사이에서 분명한 형태로 이해되며 수용되기 시작했다.[16]

고전 전자기학을 마지막까지 고집한 막스 아브라함

과학적 패러다임의 변환 시기에는 새로운 이론을 끝까지 철저하게 반대하는 사람들이 있기 마련이며, 이것은 과학 이론의 발전 과정에서 흔히 나타나는 현상이다. 맥스웰의 전자기학이 형성되던 시기에도 윌리엄 톰슨(켈빈 경)은 마지막까지 맥스웰의 이론을 받아들이지 않았다. 아인슈타인의 상대성 이론이 확립되어 가는 동안에도 이것을 마지막까지 반대하면서 비극적인 인생을 마친 사람이 있었다. 아인슈타인의 상대성 이론이 지니는 가설적 성격을 누구보다도 잘 이해했기 때문에, 오히려 아인슈타인의 상대성 이론을 철저하게 거부하고 자신의 고전 전자기적 이론을 마지막까지 고수했던 막스 아브라함이 바로 그 비극의 주인공이었다.[17]

아브라함은 1897년 22세의 나이로 당시 베를린 대학교 물리학과의 지도자 중 한 사람인 막스 플랑크 밑에서 박사 학위를 받았다. 그 뒤 1900년부터 괴팅겐 대학교의 사강사로 있었는데, 이때 아브라함은 아인슈타인보다 3년 먼저 속도 증가에 따르는 전자의 질량 증가 현상을 고전 전자기학을 이용해 설명했다. 또한 그는 20대에 이미 고전 전자기학의 권위자로 인정받아 학생들이 사용하는 교과서까지 집필했을 정도로 처음에는 잘 나가던 과학자였다. 그러나 고전 전자기학에 정통했던 이 젊은 천재 물리학자는 누구에게나 날카로운 비판을 내놓곤 했는데, 당시 독일 과학의 대부 격이었던 빈과 상대성 이론을 옹호하던 자신의 스승 플랑크도 예외는 아니었다.

거물급에 대한 그의 순수했지만 어리석었던 비판은 교수 임용에도 나쁜 영향을 미쳤다. 8년 동안 괴팅겐에서 사강사로 있었지만 독일의 어느 대학교도 그를 교수로 받아들이지 않았다. 아브라함은 1908년 할 수 없이 독일이 아닌 미국 일리노이 대학교의 교수로 갔다. 그러나 그는 당시로는 낙후되었던 미국 과학의 분위기에 만족할 수 없었고, 불과 6개월 만에 독일로 되돌아왔다. 1909년 아브라함은 이탈리아 밀라노 대학교의 교수가 되었지만, 제1차 세계 대전으로 이탈리아와 독일이 적대국이 되면서 그 자리마저 사라져 버렸다.

독일에서 산업체를 전전한 그는 마침내 1921년 꿈에도 그리던 독일 대학교의 교수, 즉 아헨 공과 대학의 교수가 되었다. 그러나 안타깝게도 아헨으로 가던 중 뇌종양으로 쓰러져 젊은 나이에 세상을 떠났다. "누구보다도 에테르와 고전 전자기학을 사랑했던 그는 자신의 이론만큼이나 비극적인 삶을 마쳤다." 막스 폰 라우에가 그에게 바친 이 추도사에서도 알 수 있듯 아인슈타인의 상대성 이론이 막스 플랑크의 적극적 지지 속에 성장하는 동안, 고전 전자기론을 바탕으로 이에 철저히 반대했던 한 천재 물리학자는 자신의 이론과 함께 비극적인 최후를 맞이했던 것이다.

진화하는 상대성 이론

아인슈타인의 생애 최대 업적은 1915년에 독일 베를린의 카이저 빌헬름 물리학 연구소에서 완성한 일반 상대성 이론이라고 할 수 있을 것이다. 1905년 광속도 불변의 원리를 바탕으로 서로 등속도로 움직이는 모든 관측자에게 물리 법칙이 불변으로 유지된다는 특수 상대성 이론을 발표한 아인슈타인은 자신의 논의를 확장해서 가속도의 경우도 다룰 수 있는 이론을 찾으려고 노력했다.

등속도 운동을 가속도 운동으로 확장시키는 과정에서, 상대성 이론은 고전 역학과 전자기학을 통합하는 이론을 넘어서 중력에 관한 이론으로 발전했다. 하지만 아인슈타인의 일반 상대성 이론은 특수 상대성 이론과는 달리 무척 힘들고 오랜 노력 끝에 얻어진 것이었다. 단 한 편의 관련 논문도 없이 특수 상대성 이론을 단번에 제창한 것과는 달리 아인슈타인은 일반 상대성 이론을 완성하기 전에 수없이 많은 관련 논문을 출판했다. 물론 이 논문들 가운데에는 아직도 유효한 것이 있지만, 대부분은 모두 부분적으로만 의미가 있는 내용이었다.

일반 상대성 이론의 맹아

1907년 12월 아인슈타인은 중력장과 이에 상응하는 기준 좌표계의 가속 운동이 완전히 물리적으로 동등하다는 '등가 원리'를 처음으로 인식하게 된다.[18] 이후 아인슈타인은 등속도 운동만이 아니라 가속 운동에도 적용되는 일반 상대성 이론을 완성하기 위해 머나먼 학문적 여정을 시작했다. 아인슈타인은 1907년의 논문에서 마이컬슨-몰리 실험에 대해서 분명하게 언급하는 한편, 아직은 완전한 형태가 아니고 초보적인 형태이지만 중력장 속에서 시간이 천천히 간다는 주장과 중력장 속에서 빛이 휘는 현상에 대한 논의를 시도했다. 하지만 아인슈타인은 그 뒤 약 3년 반 동안 중력에 관한 논의를 더는 진행시키지 않았다.

1909년과 1910년 사이에 아인슈타인은 주로 광양자 가설에 대한 논의에 몰두하고 있었다. 1905년 아인슈타인이 제기한 광양자 가설은 광전 효과 설명에는 아주 성공적이었지만, 회절과 간섭 현상을 설명하는 데는 문제가 있었기 때문에 많은 중견 과학자들은 광양자 가설을 못마땅하게 생각했다. 따라서 1909년을 전후해서 아인슈타인은 빛의 입자성과 파동성을 함께 설명할 수 있는 새로운 해법을 찾기 위해 몰두했고, 일반 상대성 이론에 대한 그의 논의는 잠시 중단되었다.

오랜 침묵 끝에 1911년 6월 프라하에서 아인슈타인은 중력에 관한 논의를 다시 시작했다. 아인슈타인은 우선 강한 중력장 속에서는 시간이 천천히 흐른다는 것, 다시 말해서 강한 중력장을 지날 때 빛에 적색 이동이 생긴다는 것과 강한 중력장 부근에서 빛이 속도가 달라진다는 주장을 1907년보다 훨씬 정확한 형태로 전개했다.[19] 즉 여기서는 특수 상대성 이론의 전제가 되는 광속도 불변의 원리는 적용되지 않았으며, 빛의 속도가 강한 중력장 속에서 달라지기 때문에 하위헌스의 원리에 따라 강한 중력장 주변을 지날 때 빛이 휘게 되는 소위 중력 렌즈 현상이 나타나게 된다. 다음 해 2월 아인슈타인은 역시 프라하에서 가변적인 빛의 속도를 바탕으로 해서 뉴턴의 중력 이론과 푸아송 방정식에 상응하는 정역학적인 중력장 이론을 제안했다. 이 과정에서 아인슈타인은 로런츠 변환이 중력을 취급하는 데 일반적으로 적용되지 않는다는 것과 중력장 방정식은 비선형 방정식이라는 것을 깨닫게 된다.

1912년을 전후해서 아인슈타인은 가속 운동을 하는 물체가 경험하는 관성력은 전체 우주의 다른 물체들의 양과 분포에 따라 결정되어진다는 소위 '마흐의 원리'에 관심을 갖기 시작했다. 당시 에른스트 마흐는 원심력은 물체의 절대 회전의 결과라는 뉴턴의 견해를 비판하면서, 멀리 떨어져 있는 우주의 거대한 질량에 대한 상대적 회전이 원심력이라고 주장했다. 아인슈타인은 자신의 우주론을 전개할 때 이

마흐의 원리를 진지하게 고려하기도 했다. 하지만 마흐의 원리에 대한 아인슈타인의 열정은 점차로 식어 갔다. 만년의 아인슈타인은 관성이라는 것은 국소적인 측지 방정식(geodesic equation)에 내재되어 있으며, 우주 다른 곳의 물질의 존재에 의존할 필요는 없다고 생각했다. 아인슈타인의 생각이 바뀐 것처럼 훗날 과학자들 사이에는 거대 규모의 우주적 전체론과 국소 작용 원리(local-action principle) 사이에서 어떤 것을 더욱 강조하느냐에 따라 다양한 주장이 등장하게 된다.

리만 기하학과의 만남

1912년 8월 연방 공과 대학의 교수가 되어 취리히로 돌아온 아인슈타인은 자신의 학창 시절부터 절친한 친구였으며 당시에는 연방 공과 대학의 수학 교수로 재직하고 있었던 마르셀 그로스만과 일반 상대성 이론을 만들기 위한 공동 작업을 시작했다. 그로스만과 공동 작업을 하면서 아인슈타인은 중력을 시간-공간 구조와 연결시켰다.[20] 즉 그들은 스칼라 함수로 표현되는 뉴턴의 퍼텐셜을 포기하고 대신 텐서로 표현되는 새로운 중력 방정식을 제안했던 것이다. 그로스만과의 공동 작업에서 아인슈타인은 자신이 1915년 11월에 최종적으로 얻은 리만 기하학에 입각한 장 방정식에 아주 근접한 단계까지 상대성 이론에 관한 연구를 진행했다. 하지만 이때 아인슈타인은 리만 기하학이 뉴턴의 중력 방정식을 근사적으로 유도해 내지 못하자, 리만 기하학이 지니는 물리학적 의미를 부정하면서 그 이론을 포기해 버렸다.

1913년 아인슈타인이 그로스만과의 협동 작업에서 최종적인 중력장 방정식을 얻지 못한 원인에 대해서는 아직도 많은 학자들 사이에서 의견이 분분하다. 우선 아인슈타인의 전기를 집필한 에이브러햄 파이스(Abraham Pais, 1918~2000년)는 당시에 아인슈타인이 최종적인 중력장 방정식을 유도하지 못한 이유는 그가 텐서 방정식을 유일하게 결정하는 데에 필수인 '좌표 조건'에 관한 지식이 없었기 때문이라는 주장을 폈다.[21]

일반 상대성 이론에서 나타나는 10개의 텐서 방정식을 풀다 보면, 질량-에너지 보존 법칙과 연관이 있는 비앙키 항등식(Bianchi identities) 때문에 10개의 자유도가 6개로 줄어드는 경우가 생기게 된다. 좌표 조건이란 이때 텐서 방정식의 자유도를 다시 10개로 만들어 주기 위해서 '조화 좌표 조건(harmonic coordinate condition)'과 같은 특정한 좌표를 선택하는 것을 말한다. 이것은 전자기학에서 벡터 퍼텐셜로 맥스웰 방정식을 표현할 때 '연속 방정식(equation of continuity)' 때문에 4개의 자유도를 가진 전자기 방정식이 자유도 1개를 상실하게 되는데, 이때 이것을 보상하기 위해 로런츠 게이지라는 것을 선택해서 다시 4개의 자유도를 만드는 방법과 유사하다.

파이스는 1915년의 아인슈타인 논문에서는 1913년 논문에서 나타나지 않았던 '조화 좌표 조건'에 관한 논의가 분명하게 등장하는 것을 근거로, 1913년 당시 아인슈타인이 좌표 조건에 관한 지식이 없어서 뉴턴의 중력 방정식을 근사적으로 얻을 수 없었고 이 때문에 리만 기하학을 따르는 중력장 방정식을 얻으려는 노력을 포기했다고 주장했다.

이 주장에 대해서 존 노튼(John Norton)은 아인슈타인이 뉴턴의 중력 방정식을 근사적으로 얻지 못한 이유는 좌표 조건에 관한 지식이 없었기 때문이라기보다는 당시 아인슈타인이 생각한 정적인 중력장의 개념이 물리적으로 그릇된 추론을 바탕으로 했기 때문이라고 주장했다.[22] 노튼은 이런 주장을 뒷받침하기 위해 공동 작업 시기에 사용한 것으로 여겨지는 공책에 적혀 있는 내용을 증거로 들었다. 이 공책을 보면 아인슈타인이 좌표 조건에 관한 식을 손쉽게 사용하고 있음을 알 수 있다. 사실 역사적인 설명을 할 때, 왜 실패했느냐 하는 것은 왜 성공했느냐보다 훨씬 더 설명이 어렵다. 따라서 무엇 때문에 아인슈타인이 최종적인 장 방정식을 얻어 내지 못했는가를 분명히 밝힐 수는 없을지라도, 아인슈타인이 당시에 중력 방정식을 얻는 과정에서 상당히 헤맨 것만은 분명하다.

20대 젊은 시절의 참신한 기지로 얻어 낸 특수 상대성 이론과는 달리 아인슈타인은 일반 상대성 이론을 많은 실수와 오랜 방황의 끝에서 힘겹게 얻어 냈다. 특수 상대성 이론이 모차르트의 소야곡에서 보이는 얄미운 천재성을 바탕으로 등장한 것이라면, 일반 상대성 이론은 마치 베토벤의 합창 교향곡처럼 오랜 인생의 고뇌를 극복하고 도달한 환희의 세계와도 같았다.

1914년 4월 아인슈타인은 새로이 설립된 카이저 빌헬름 물리학 연구소의 소장직을 맡기 위해 취리히에서 베를린으로 직장을 옮겼다. 이 새로운 연구 환경 속에서도 아인슈타인은 자신이 찾던 최종적인 장 방정식을 계속 찾아 나갔다.

1915년 베를린에서 아인슈타인은 1913년 자신이 버렸던 리만 기하학의 방법론을 다시 채택하게 되었고, 마침내 그해 11월 25일 최종적인 장 방정식을 얻는 데 성공했다. 이때 아인슈타인은 뉴턴 중력 방정식을 자신의 '등가 원리', 에너지 보존 법칙, 물리적 인과성, 뉴턴의 중력 방정식으로의 근사적 접근 등을 만족하도록 확장하는 물리적 추론과 더불어 리만 기하학 및 텐서 미적분학과 같은 수학적 방법의 도움으로 자신의 완전한 장 방정식을 얻어 낸 것이다.

괴팅겐 수학자들 속의 상대성 이론

베른하르트 리만은 1853년에 행한 교수 자격 강연에서 나중에 리만 기하학으로 알려지게 되는 내용을 다루었다. 이 논문은 리만의 사후인 1867년 출판되었는데, 1916년 일반 상대성 이론이 나온 뒤 많은 학자들이 관심을 가지게 되었다. 이런 관심을 반영하듯 이 논문은 상대성 이론이 나온 뒤인 1919년 바일이 재출판한다. 하지만 괴팅겐 수학자들은 아인슈타인의 일반 상대성 이론을 수학적인 불변 이론으로 간주하고 이 테두리 안에서 자신들의 논의를 전개했다. 이것은 물리적 추론을 우선으로 했던 아인슈타인의 태도와는 상당히 다른 것이었다.

아인슈타인이 자신의 최후의 장 방정식을 얻기 5일 전인 11월 20일, 괴팅겐의 힐베르트도 변분법이라는 수학적 방법을 이용해서 아인슈타인과 동일한 중력장 방정식의 최종적인 식을 얻어 냈다.[23] 물론 이런 성과에는 그해 6월 28일과 7월 5일 사이에 아인슈타인이 볼프스켈 강연의 일환으로 괴팅겐에서 일반 상대성 이론에 관한 강연을 했고, 여기에 자극을 받아 괴팅겐의 수학자들이 아인슈타인도 그때까지는 풀지 못했던 일반 상대론의 문제에 관심을 갖게 되었다는 사실이 분명히 작용했다.[24] 하지만 괴팅겐의 수학자들은 아인슈타인과는 전혀 다른 관점과 연구 전통 속에서 전자론과 중력의 문제에 접근하고 있었다.

우선 괴팅겐 수학자들은 최소 작용의 법칙에 바탕을 둔 변분법의 원리와 사영 기하학에 바탕을 둔 변환 군론에 이미 보편적인 물리 법칙이 내재되어 있다고 믿었다. 예를 들어, 그들은 아인슈타인의 일반 상대성 이론도 괴팅겐의 수학 교수였던 리만이 발전시킨 비유클리드 기하학에 따라서 이미 예정되었던 이론이라고 여겼다. 따라서 괴팅겐의 수학자들은 전자론을 전개하면서 물리적인 개념보다는 수학적 측면을 더욱 중시하는 연구 성향을 보였다.

또한 괴팅겐 학파는 비유클리드 기하학과 군론의 일종인 불변 이론 분야에서 이룩한 그들의 수학적 성과를 바탕으로 항상 중력과 전자기력을 동시에 다루었다. 이미 1908년에 민코프스키는 물질과 에테르 사이의 엄격한 구별을 주장했던 로런츠의 주장을 비판한 에밀 콘(Emil Cohn, 1854~1944년)의 입장을 받아들여서 역학의 문제와 전자기학의 문제를 동시에 해결하기 위한 상대론적인 비선형 장 방정식을 시도했다.[25] 또한 아인슈타인의 상대성 이론은 광양자 가설과 연관되어 있어 파동 이론에 필수 불가결한 에테르의 개념은 철저하게 거부되었지만, 민코프스키의 상대론은 광양자 가설을 염두에 두지 않고 발전했으며 오히려 연속체론적인 자연 기술을 선호하게 되면서 물질과 에테르와의 구분을 비판했던 콘의 입장이 커다란 역할을 했다.

1909년 민코프스키가 맹장 수술 뒤에 갑자기 죽자, 그가 맡았던 물리학 분야의 연구는 힐베르트가 떠맡게 되었다. 민코프스키의 연구 프로그램을 떠맡은 힐베르트는 중력과 전자기력을 새로운 비선형 전자기 방정식으로 통일하려고 했던 구스타프 미(Gustav Mie, 1868~1957년)의 이론에 주목했고, 미의 이 이론을 수학적으로 전개하는 과정에서 자신의 장 방정식을 얻어 냈다.[26] 더 나아가 미의 물질 이론은 괴팅겐 출신인 바일이 고안한 게이지 변환(gauge transformation)과 괴팅겐 학자들이 선호했던 연속체론과 결합하면서 전자기력과 중력을 통일하려는 바일의 통일장 이론으로 발전하게 된다.

또한 괴팅겐을 방문해서 민코프스키와 교류했으며, 민코프스키가 죽은 뒤에는 그가 추구하던 중력 이론을 발전시킨 핀란드의 물리학자 군나르 노르드스트룀(Gunnar Nordström, 1881~1923년)의 논의도 아인슈타인과는 상당히 다른 방향으로 발전했다.[27] 즉 1913년을 전후해 발표된 노르드스트룀의 중력 이론에 따르면, 중력 현상을 다룰 때에도 특수 상대성 이론은 일반적으로 유효하며, 중력장 속에서 중력 작용은 빛의 속도와 마찬가지로 항상 일정한 속도로 전달된다. 또한 아인슈타인이 가속 운동에 관한 상대론에서 바탕으로 했던 등가 원리는 부정되었고, 강한 중력장을 지날 때도 빛은 휘지 않고 직진하며, 중력 퍼텐셜은 텐서양이 아닌 스칼라양으로 주어졌다.[28]

이 노르드스트룀의 이론은 당시 아인슈타인의 중력 이론과 쌍벽을 이루는 이론이었고, 어느 것이 경험적 사실과 부합하는지가 과학자들의 관심거리였다. 아인슈타인도 노르드스트룀과 자신의 이론 가운데 어느 것이 맞는가 하는 것은 1914년에 있을 일식 때 태양의 주변에 있는 별의 위치를 정확하게 관측해야만 알 수 있다고 인정했다.[29] 결국 아인슈타인의 이론을 검증하는 관측은 제1차 세계 대전이 끝난 뒤인 1918년에 이뤄지게 된다.

일반 상대성 이론의 검증과 수용

1916년 3월 20일 《물리학 연보》에 발표한 일반 상대성 이론의 논문에서 아인슈타인은 자신의 이론을 검증할 수 있는 세 가지 예들, 즉 수성의 근일점이 1세기에 43초만큼 궤도상에서 돈다는 것, 빛이 중력장 속에서 휜다는 것, 중력장 속에서 빛의 적색 이동이 일어난다는 것을 제시했다.[30] 수성의 근일점이 궤도상에서 돈다는 것은 이미 19세기 중반에 프랑스의 천문학자 위르뱅 장 조제프 르베리에(Urbain Jean Joseph Le Verrier, 1811~1877년)가 관측했고, 따라서 아인슈타인은 자신의 이론이 르베리에의 관측 결과와 일치한다고 주장했다. 하지만 당시에 강한 중력장을 지날 때 생기는 빛의 적색 이동과 굴절 현상은 아직 관측되고 있지 않았다.

태양 주변에서 빛이 휘는 현상은 제1차 세계 대전 직후인 1919년 개기 일식 때 영국의 일식 관측대가 처음으로 관측했다. 사실 영국에서는 20세기 초에 전자기학 분야에서 에테르 이론이 막강한 위치를 차지하고 있었다. 특수 상대성 이론이 처음 나왔을 때에도 영국 과학자들은 상대성 이론에 대부분 적대적인 태도를 보였으며, 심지어는 냉소적이기까지 했다. 더욱이 1914년부터 1918년까지는 전쟁 중이어서 독일의 학술 잡지가 영국으로 올 수가 없었고, 때문에 영국 과학자들은 일반 상대성 이론을 거의 알지 못했다. 영국에서 일반 상대성 이론을 처음으로 소개한 사람은 왕립 천문학회의 간사였던 아서 스탠리 에딩턴(Arthur Stanley Eddington, 1882~1944년)이었다.[31] 그는 전쟁 중 네덜란드에 살고 있던 빌럼 드 지터(Willem de Sitter, 1872~1934년)로부터 아인슈타인의 일반 상대성 이론에 관한 논문을 입수한 뒤에 1918년 일반 상대성 이론에 관한 논문을 영국 물리학회에 기고했다.

에딩턴은 왕립 천문학자로서 영국 천문학계에서 가장 영향력이 있었던 프랭크 왓슨 다이슨(Frank Watson Dyson, 1868~1939년)과 긴밀한 연결을 맺고 있었다. 다이슨은 상대성 이론의 전문가는 아니었지만 에딩턴으로부터 상대성 이론에 관한 지식을 얻을 수 있었는데, 1919년 일식 때 아인슈타인의 예측을 검증하기 위해 관측대를 파견하자고 처음으로 제안했던 인물도 바로 다이슨이었다. 이렇게 영국에서 소위 '아인슈타인 효과'를 확인하기 위한 일식 관측대가 조직되었고, 그해 5월 29일 두 팀의 일식 관측대들은 아인슈타인 효과의 존재 여부를 판단할 수 있는 최초의 사진들을 얻었다.

관측대가 얻은 관측 결과는 실제로는 아인슈타인의 이론을 확실하게 입증하기에는 너무 오차가 커서 논란의 여지가 있었다. 그럼에도 1919년 11월 6일 긴급 소집한 영국 왕립 학회와 왕립 천문학회 합동 회의에서는 관측 결과를 검토한 끝에 아인슈타인의 예측이 확인되었다고 발표했다. 이런 결정을 하게 된 데에는 영국 천문학을 대표하는 다이슨과 특히 에딩턴의 입김이 크게 작용했다. 이로써 당시에 대립하고 있었던 노르드스트룀과 아인슈타인의 중력 이론 가운데 아인슈타인의 이론이 승리한 것으로 결판이 났으며, 아인슈타인은 다시금 과학계의 영웅이 되었다. 더구나 11월 7일에는 영국의《타임스(*The Times*)》가 이 내용을 '과학의 혁명', '새로운 우주론', '뉴턴주의는 무너졌다'라는 식으로 대서특필했으며, 이에 따라 과학계에서만 알려졌던 아인슈타인은 일약 대중적인 유명 인사가 되었던 것이다. 이리하여 1919년 11월 7일, 20세기를 통틀어 가장 강력한 영향을 미치게 될 아인슈타인의 신화는 시작되었다.

4장 | 양자 역학적 세계관의 형성

　20세기 초 물리학의 혁명적인 변혁이었던 양자 역학의 형성에는 당대의 수많은 천재 과학자들이 관계했다. 막스 플랑크, 알베르트 아인슈타인, 닐스 보어, 베르너 하이젠베르크, 볼프강 파울리, 에르빈 슈뢰딩거, 루이 드브로이(Louis de Broglie, 1892~1987년), 막스 보른, 제임스 프랑크, 에른스트 파스쿠알 요르단 등 물리학의 혁명을 이끌었던 이들의 이름은 우리가 현재 물리학 교과서에서 흔히 접할 수 있다.

　상대성 이론은 아인슈타인이라는 한 개인이 주도한 측면이 강한 반면에, 양자 역학은 수많은 과학자들이 서로 영향을 주고받으며 이룩한 공동 작품에 더 가깝다. 또한 양자 역학의 성립에 공헌을 했던 개개인들을 살펴보면 그들이 하이젠베르크의 불확정성 원리나 보어의 상보성 원리로 귀착되는 코펜하겐 해석이라는 정해진 목표를 향해 단순히 상호 협조만 하면서 자신들의 역할을 수행한 것만은 아니었음을 알 수 있다. 즉 결과적으로는 그들이 비결정론적인 양자 역학적 세계관이라고 하는 새로운 물리적 세계관에 대한 합의에 도달했지만, 각 개인은 그 진행 과정에서 상반된 견해를 피력했고 따라서 양자 역학의 성립 과정에 기여한 방식도 서로 달랐다.

■ 1927년의 솔베이 회의. (세 번째 줄 왼쪽부터)오귀스트 피카르, 에밀 앙리오, 파울 에렌페스트, 에두아르트 헤르젠, 테오필드 드 돈더, 에르빈 슈뢰딩거, 쥘에밀 페어샤펠트, 볼프강 파울리, 베르너 하이젠베르크, 랄프 하워드 파울러, 레옹 브리유앵, (두 번째 줄 왼쪽부터)피터 디바이, 마르틴 크누센, 윌리엄 로런스 브래그, 헨드리크 안톤 크라메르스, 폴 디랙, 아서 콤프턴, 루이 드브로이, 막스 보른, 닐스 보어, (맨 앞 줄 왼쪽부터)어빙 랭뮤어, 막스 플랑크, 마리 퀴리, 헨드릭 안톤 로런츠, 알베르트 아인슈타인, 폴 랑주뱅, 카를 유진 게이, 찰스 톰슨 리스 윌슨, 오언 윌런스 리처드슨

이 장에서는 양자 물리학의 형성에 중요한 기여를 했던 막스 플랑크, 닐스 보어, 막스 보른, 볼프강 파울리, 베르너 하이젠베르크 다섯 명의 물리학자를 중심으로 새로운 물리학을 보는 그들의 견해 차이가 양자 역학의 형성에서 어떤 역할을 했으며, 양자 역학의 발전을 어떤 형태로 이끌어 갔는가에 대해서 다각도로 살펴보고자 한다. 특히 상이한 학문적 배경으로 인해 다양한 방식으로 형성되었던 그들의 학문적 스타일의 차이가 양자 역학의 형성에 각각 어떻게 기여했는가에 대해 다양한 측면에서 살펴볼 것이다. 먼저 이 다섯 과학자의 학문적 특성을 살펴보기 위해서 그들이 학문 세계에서 어떻게 성장했는지 간략하게 알아보자.

막스 플랑크: 혁명을 원하지 않았던 보수주의자

양자 물리학은 1900년 막스 플랑크가 흑체 복사 문제를 해결하기 위해 제기한 양자 가설로부터 시작되었다고 할 수 있다. 1900년 12월 14일 당시 베를린 대학교의 물리학 교수였던 플랑크는 독일 물리학회에서 흑체에서 나오는 복사 에너지가 플랑크 상수라는 특정한 상수의 정수배가 되어야 한다는 주장을 제기했다. 플랑크 본인은 자신의 주장이 지니는 의미를 완전하게 의식하지는 못했지만, 이것은 20세기에 나타날 새로운 현대 물리학의 시발점을 알리는 신호탄이었다.[1]

플랑크는 1858년 4월 23일 북부 독일의 항구 도시인 킬에서 태어났다. 그의 집안은 대대로 목사, 학자, 법률가 들을 많이 배출했는데, 플랑크는 이런 보수적인 분위기에서 어린 시절을 보냈다. 그는 물리학의 혁명을 이끌었던 다른 과학자들과는 달리 그리 천재적인 인물은 아니었다. 뮌헨의 막스밀리안 김나지움을 다니던 학창 시절 그의 석차는 대체적으로 상위권이었으나 한번도 전체에서 수석을 한 적은 없었다고 한다. 즉 어학, 수학, 역사, 음악 등 모든 과목을 고루 잘했으며 부지런하고 성실했으나, 천재적인 재능이나 타고난 적성을 지니지는 못했다. 대신 그는 프로이센을 대표하는 보수적 집안의 출신답게 사회에 대한 책임감이 강했으며, 자신도 어느 의미에서는 대기만성형의 인물이었다.[2]

1874년 겨울 학기부터 뮌헨 대학교 철학부에서 공부를 시작한 플랑크는 1878년부터 대학교를 옮겨 베를린의 헤르만 폰 헬름홀츠와 구스타프 로베르트 키르히호프 밑에서 배웠고, 1879년 6월 「열역학의 제2법칙에 관해」라는 제목의 논문으로 뮌헨 대학교에서 최우수 성적(*summa cum laude*)으로 박사 학위를 받았다. 그 뒤 플랑크는 1880년 6월 뮌헨 대학교에서 교수 자격 논문을 통과해서 그곳에서 사강사로 생활하다가, 1885년에는 고향인 킬 대학교의 수리 물리학 부교수, 1889년에는 키르히호프 후임으로 베를린 대학교의 부교수가 되었다가 마침내 1892년 베를린 대학교 정교수로 자리 잡는다. 바로 이곳에서 플랑크는 생애 최대의 업적인 흑체 복사 이론을 완성하게 되었던 것이다.

양자론은 연속적인 자연 기술을 바탕으로 하는 고전 전자기학과 원자론적이며 불연속적인 양을 바탕으로 하는 통계 역학 사이의 불일치를 해결하는 과정에서 나왔다고 할 수 있다. 즉 양자론은 고전 전자기학과 통계 역학 사이에 내재하고 있었던 문제를 통일하는 과정에서 나타났던 것이다. 양자론에서 보여 줬던 것처럼 자연에 대한 통일적 이해를 추구했던 플랑크의 학문적 태도는 그가 자랐던 당시 독일의 시대 상황과 밀접하게 연결되어 있었다. 플랑크는 독일이 통일되는 모습을 보면서 성장했고, 물리 세계에서 통일을 추구했던 그의 양자론은 독일 제국의 통일 이념에 영향을 받은 것이었다.

통일 독일에 걸맞은 표준을 정하려는 노력은 양자론의 출현을 낳는 배경으로 작용했다. 19세기 말 독일의 조명 산업에서는 전등의 필라멘트에서 방출되는 스펙트럼의 가시 영역과 비가시 영역에 대한 더 넓은 지식을 필요로 했다. 이런 산업계의 요구에 부응해서 과학 기술의 표준을 정하는 임무를 맡았던 제국 물리 기술 연구소(Physikalisch-Technische Reichsanstalt)에서 일하던 빌헬름 빈, 오토 리하르트 루머(Otto Richard Lummer, 1860~1925년), 페르디난트 쿠를바움(Ferdinand Kurlbaum, 1857~1927년), 하인리히 루벤스(Heinrich Rubens, 1865~1922년) 등과 같은 당대의 유능한 실험 물리학자들은 복사 현상에 대한 면밀한 실험을 행했다.

플랑크가 1900년에 제기한 새로운 복사 법칙은 자신의 이론적 작업을 이런 실험 결과에 부합하게 하는 과정에서 등장한 것이었다.[3] 플랑크는 1900년 10월 당시에 경험적으로 얻어진 빈의 복사 법칙의 문제점을 극복하고 그때까지 있었던 모든 실험적 사실도 설명할 수 있는 새로운 복사식을 제안했다.[4] 2개월 뒤인 1900년 12월 14일, 플랑크는 독일 물리학회에서 에너지 양자가 진동수에 비례한다($E=h\nu$)는 새로운 양자 가설을 발표했다. 이로써 고전 물리학과는 다른 새로운 양자론이 시작되었던 것이다.[5]

플랑크가 제안한 흑체 복사 이론은 고전 물리학과 대별되는 새로운 양자론의 탄생을 알리는 출발점이었지만, 보수적 성향이 강했던 플랑크 자신에게 이 변혁은 원하지 않았던 선택이었다. 막스 플랑크의 논문에 나타나는 에너지가 플랑크 상수와 빛의 진동수의 정수배로 표시되는 것은 사실 1, 2, 3, 4, …라는 식의 정수배뿐만이 아니라 1.5, 2.5, 3.5, 4.5 … 등의 구간의 의미로 해석할 수도 있는 것이었다. 실제로 1906년 이후 플랑크의 저작을 보면 바로 이런 시도를 하고 있는 것으로 추정되는 흔적을 볼 수 있다.[6]

플랑크가 자신의 논문에서 사용한, 훗날의 보스-아인슈타인 통계에 해당하는 이 통계적 방법은 사실 당시의 기준으로 보면 아주 애매한 것이었다. 우선 미국의 조사이어 윌러드 깁스(Josiah Willard Gibbs, 1839~1903년)가 다루었던 에너지 등분배 법칙(energy equipartition law)은 1902년 이후에나 과학자들 사이에서 분명하게 인식되었다. 이 법칙이 분명하게 확립되지 않은 상태에서 플랑크가 사용했던 통계적 방법은 현재 우리가 알고 있는 것과 완전히 동일하다고는 하기 어렵다. 이런 점에서 플랑크는 새로운 양자 물리학의 포문을 연 선구자임에도 태생적으로 보수적인 한계를 드러내고 있었다.

막스 플랑크는 자신이 얻은 새로운 복사 법칙에 대한 이론적 근거를 찾는 과정에서 뜻하지 않게 볼츠만의 통계 역학이 가정하고 있던 원자론적인 엔트로피 법칙을 받아들이지 않으면 안 되는, 당시로서는 아주 곤란한 상황에 봉착하게 되었다. 즉 플랑크가 얻어 낸 복사식은 당시 물리학계의 분위기에서는 동시에 받아들이기 힘들었던 연속적인 전자기학과 불연속적인 볼츠만의 통계 역학을 모두 받아들일 때에만 일관적으로 설명이 된다는 문제점을 지니고 있었다. 플랑크는 이전까지 열역학 제2법칙을 논의할 때 볼츠만의 통계 역학을 받아들이지 않았다. 하지만 그는 새로운 복사식에 대한 체계적인 설명을 찾는 과정에서 할 수 없이 볼츠만의 통계 역학을 처음으로 받아들이게 된다.

플랑크가 이때 자신의 새로운 복사식을 재해석하는 데 사용했던 통계적 방법은 이미 1877년 볼츠만이 제기했던 논의였다. 물론 당시 볼츠만의 통계적 논의는 우리가 흔히 이야기하는 맥스웰-볼츠만 통계, 그리고 1924년 이후 등장하는 보스-아인슈타인 통계와 구별하기 매우 힘든 형태의 논의였다. 따라서 플랑크는 자신의 방법이 맥스웰-볼츠만의 통계와는 다른 새로운 통계라는 것을 거의 의식하지 못한 채 자신의 '혁명적'인 논문을 집필했던 것이다.

이런 문제점이 있었기 때문에 플랑크의 작용 양자에 관한 논의에서는 오늘날 우리가 중요하고 핵심적인 것으로 받아들이고 있는 에너지의 불연속성은 그리 중요한 개념이 아니었다. 당시에 플랑크 자신에게 있어서는 볼츠만의 통계 역학과 고전 전자기학을 동시에 만족하는 통일되고 체계적인 자연 법칙을 유도하는 것이 양자 불연속성보다도 더욱 중요한 위치를 차지했다. 즉 플랑크는 흑체 복사의 에너지가 정수배로 변화한다는 중대한 가정을 최초로 자신의 논문에 쓰기는 했지만, 그 자신은 빛이 바로 입자라는 생각에 심한 저항감을 가지고 있었다.

보수적인 개혁 뒤에 마침내 아주 혁명적인 새로운 시도가 등장했다. 1905년과 1906년 아인슈타인은 광전 효과를 설명하기 위해서 빛을 입자로 보는 광양자 가설을 제기했다.[7] 아인슈타인은 이미 1902년과 1904년 사이에 미국의 깁스와는 별도로 이와 유사한 통계 역학 논의를 전개했다. 이때 그는 에너지 등분배 법칙, 열역학적 상태 분포, 열에 대한 분자론적 이론 등에 대한 통계 역학의 핵심적인 내용들을 독자적으로 전개했다. 이런 통계 역학적 논의는 1905년 아인슈타인이 발표한 광전 효과에 관한 논문으로 이어졌다. 아인슈타인은 이 논문에서 에너지 등분배 법칙에 대해 분명한 태도를 취하면서 논의를 하고 있기 때문에, 그의 주장은 빛을 바라보는 기본적인 태도에서 플랑크와 약간의 차이를 나타내게 된다.

아인슈타인은 플랑크와는 달리 처음부터 빛을 '반사하는 벽을 가진 상자 속에 있는 입자'로 보고 광전 효과에 대한 논의를 전개했다. 즉 아인슈타인의 논문은 후일 고전적인 입자에 적용되는 맥스웰-볼츠만 통계와 빛과 같은 양자 역학적인 입자에 적용되는 보스-아인슈타인 통계로 분명히 구분될 수 있는 통계 역학적인 논의를 바탕으로 한 것이었으며, 볼츠만 통계와 구분이 애매했던 플랑크의 통계학적 논의와는 분명히 구별되었다. 또한 플랑크가 사용한 정수배라는 의미는 구간의 의미로도 해석될 여지가 있었고, 따라서 반드시 에너지의 불연속성을 가정하지는 않아도 되었지만, 아인슈타인의 광양자는 분명히 불연속적인 에너지의 존재를 전제로 한 것이었다.

아인슈타인의 광양자 가설은 당시 과학자 공동체 내에서 볼 때는 매우 과격한 것이었기 때문에 당시 중견 과학자였던 로런츠나 플랑크는 아인슈타인의 주장을 그대로 받아들이기 힘들었다. 무엇보다도 광양자 가설은 빛의 회절과 간섭 현상을 설명하는 데 문제가 있었다. 이를 극복하기 위해 1909년 아인슈타인은 자신이 1905년에 광양자 가설과 상대성 이론과 함께 논의했던 브라운 운동에 대한 논의를 이용해서 빛의 이중서인 성격을 설명하려고 시도했다. 아인슈타인의 광양자 가설에 관한 논문에 브라운 운동에 대한 논의가 결부되어 있는 이유가 비로 여기에 있다.

1900년부터 1908년에 이르기까지 양자 불연속 개념은 빈-플랑크 복사식에서 실험적으로 입증되었음에도 하나의 특별한 미봉 가설로 간주되었다. 이런 이유 때문에 당시의 과학지 들은 에너지 불연속성 같은 혁명적인 개념의 사용에 그리 심각하게 반응하지 않았다. 심지어는 플랑크 자신도 1906년까지 자신의 이론에 함축되어 있는 양자 불연속성 개념에 대해서 확실한 태도를 보이지 않았다.

그러던 차에 1908년 당대에 가장 권위 있는 물리학자였던 로런츠는 로마에서 열린 제4차 국제 수학자 회의에서 행한 일련의 강연에서 이전의 그 누구보다도 완벽하게 고전 전자기학적인 이론을 바탕으로 레일리-진스 법칙을 이론적으로 유도했다. 이때 로런츠는 빈-플랑크식과 레일리-진스의 복사식을 비교하면서 레일리-진스의 이론이 빈-플랑크의 이론보다 훨씬 더 우수하다고 주장했는데, 이 사건은 과학자들이 양자 불연속 개념을 바라보는 관점을 크게 변하게 하는 계기가 되었다.

로런츠의 이런 주장은 당시의 과학계에 널리 퍼졌는데, 이미 빈-플랑크 법칙이 실험적으로 잘 맞는 반면 레일리-진스 법칙은 실험에 맞지 않는다는 것을 잘 알고 있었던 빈, 오토 루머, 에른스트 프링스하임 (Ernst Pringsheim, 1859~1917년) 등과 같은 실험 물리학자들은 로런츠의 이 예기치 못했던 주장에 격렬하게 반발했다. 이런 거센 항의가 있은 뒤 로런츠는 자신의 주장을 공식적으로 철회했고, 플랑크가 자신의 양자 불연속 개념을 처음으로 분명하게 주장하게 되었던 것도 이 시기를 전후해서였다.

1908년 실험 물리학자들이 로런츠의 주장에 거센 반발을 한 뒤 빈-플랑크의 복사 법칙이 실험적 사실과 부합된다는 것이 일반적으로 받아들여지게 되었지만, 이것으로 빛이 입자라는 견해가 수용된 것은 아니었다. 로런츠가 레일리-진스의 공식을 옹호했을 때 이것을 강하게 비판했던 실험 물리학자들인 루머와 프링스하임도 빈-플랑크 복사식을 실험적 사실로 받아들인 것이었지 빛의 입자론 자체를 인정한 것은 아니었다. 또한 열복사 이론의 당사자였던 막스 플랑크 역시 1908년 이후에도 양자 가설을 흔쾌히 받아들인 것은 아니었다.

1910년 플랑크는 자신의 열복사 이론이 지닌 문제점을 극복할 수 있는 새로운 열복사 이론을 기대하면서 자신의 이론 속에 나타나는 플랑크 상수를 될 수 있으면 아주 보수적으로, 말하자면 절대적으로 꼭 필요한 경우에만 기존 고전 물리학 체계 내에서 변화를 주는 식으로 사용해야 한다고 역설했다. 1911년 플랑크는 전자기적인 공진자 표현 방식과 부합되는 자신의 새로운 복사론을 제안했는데, 이것을 1901년에 발표한 열복사 이론과 대비시켜 플랑크의 '두 번째 복사 이론'이라고 부른다.

플랑크의 새로운 복사 이론에 따르면, 빛이 물질에 흡수될 때에는 연속적으로 변화하지만 빛이 물질에서 방출될 때에는 불연속적으로 변화가 일어난다. 지금 생각하면 아주 우스꽝스러운 설명이지만, 플랑크로서는 수많은 고민을 한 끝에 얻은 결론이었다. 이것은 마치 사과나무에 걸려 있는 사과를 흔들면 어느 위치에 이르러서 사과가 바닥으로 떨어지는 현상과 유사했다. 물론 이때 사과가 가진 운동 에너지는 연속적인 것이 아니라 떨어지는 순간의 공진 주파수에 비례하는 불연속적인 에너지를 갖게 된다. 하지만 나뭇가지를 흔들 때, 즉 물질이 빛 에너지를 흡수할 때에는 연속적으로 흡수한다고 생각해도 같은 결과가 나온다. 이렇게 보수와 진보가 어우러진 해석은 플랑크의 연구 인생에 자주 등장하는 스타일이라 할 수 있다.

양자론의 창시자인 막스 플랑크 자신은 양자 가설이 물리학 분야 내에서 이론적인 혁명으로 발전하는 것을 바라지 않았다. 즉 20세기

초 현대 물리학 분야에서 나타난 변화는 정작 이를 촉발시켰던 플랑크에게는 원하지 않았던 혁명이었다. 플랑크는 아주 보수적인 인물로서 본래 고전 물리학을 거부할 의사가 추호도 없었던 사람이었다.

플랑크의 작용 양자에 관한 논의에서는 오늘날 우리가 보기에는 중요하고 핵심적인 에너지 불연속 개념이 그리 중요하지 않았다. 당시에 플랑크 자신에게는 볼츠만의 통계 역학과 고전 전자기학을 동시에 만족하는 통일되고 체계적인 자연 법칙을 유도하는 것이 양자 불연속 개념보다도 더욱 중요했다. 따라서 흑체 복사의 에너지가 정수배로 변화한다는 중대한 가정을 최초로 자신의 논문에서 쓰기는 했지만, 플랑크 자신은 빛이 바로 입자라는 생각에 심한 저항감이 있었다. 이런 이유 때문에 플랑크는 아인슈타인의 상대성 이론은 높이 평가했지만, 정작 자신의 업적과 관련이 있었던 아인슈타인의 광양자 가설에 대해서는 깊은 회의를 나타냈던 것이다. 더욱이 고전 양자론의 시작을 알렸던 플랑크는 양자론의 발전 과정에서 나온 마지막 산물인, 양자 역학의 철학적 해석인 비결정론에 대해서도 아인슈타인과 마찬가지로 죽을 때까지 받아들이지 않았다.

한편 19세기 말에 이룩한 플랑크의 혁명은 여러 가지로 우리에게 시사하는 바가 크다. 우선 플랑크의 이 혁명은 물리학이 너무 완벽하게 완성되어 더는 할 일이 없을 것 같은 상태에서 나타났다. 만약 플랑크가 뮌헨 대학교 시절 지도 교수에게 설득되었다면 그는 새로운 혁명적 이론을 제기한 이론 물리학자로 역사에 남지 않았을 것이다. 새로운 목표가 보이지 않는 답답한 상황이 바로 혁명이 시작되는 시점이었다. 또한 플랑크는 혁명적 이론을 제안한 다른 많은 과학자와는 달리 그리 천재적인 인물은 아니었다는 것도 흥미롭다. 20세기 초 물리학 내의 혁명은 보이지 않는 곳에서 성실하게 일했던 대기만성형의 평범한 과학자를 통해 시작되었던 것이다.

닐스 보어: 전통과 혁신 사이의 갈등

1913년 닐스 보어가 제안한 새로운 원자론은 현대 물리학의 한 축을 이루는 양자 역학의 출현에 커다란 역할을 했을 뿐만 아니라 원소의 주기율표에 대한 현대적인 이해를 돕는 초석이 된 이론이었다. 이 보어의 원자론은 고전 전자기학적 논의와 새로운 양자론적 논의가 서로 혼합된 것으로서 훗날 양자 상태 개념과 파울리의 배타 원리 출현에 결정적인 역할을 했으며, 무엇보다도 원자의 분광학적 현상을 설명하는 데 더없이 좋은 도구가 되었다. 1923년경부터 보어와 조머펠트에 의해 발전된 고전 양자론이 위기를 맞이하고 그 뒤 1925년 하이젠베르크의 행렬 역학과 1926년 슈뢰딩거의 파동 역학으로 대체될 때까지, 보어의 원자론은 과도기적 이론으로서 한 시대를 풍미했다.

보어는 수소의 스펙트럼에 관한 놀라운 주기적 법칙인 발머 계열식이 나타난 해인 1885년 10월 7일 덴마크의 수도 코펜하겐에서 태어났다. 1903년 코펜하겐 대학교에서 물리학을 공부하기 시작한 보어는 1907년 물의 표면 장력에 관한 논문으로 덴마크 왕립 과학 및 인문 아카데미에서 금메달을 받는 등 학창 시절부터 물리학 분야에서 탁월함을 보였다. 보어는 코펜하겐 대학교에서 당시 문제가 되고 있었던 금속 내의 전자 이론을 주제로 석사 논문을 시작했고, 이것을 확대해서 1911년 자신의 박사 논문을 완성했다. 이 연구에서 보어는 당시 맥스웰과 로런츠로 대표되었던 고전 전자기학만으로는 금속 내의 전자 이

■ 원자 모형을 설명하고 있는 닐스 보어. 양자론을 원자론에 도입해 고전 역학이 현대 양자 역학으로 넘어가는 과정에서 중간 역할을 담당한 보어의 원자론은 1925년 하이젠베르크의 행렬 역학과 1926년 슈뢰딩거의 파동 역학으로 대체될 때까지 과도기적 이론으로써 한 시대를 풍미했다.

론이 완전히 풀리지 않는다는 것을 느꼈다.

그해 보어는 전자의 발견자로 알려져 있는 조지프 존 톰슨과 물리학에 대해서 토론해 보기 위해 박사 연구 장학생으로 케임브리지로 갔다. 톰슨은 보어를 친절하게 맞이해 줬다. 하지만 서투른 영어 실력과 톰슨의 무관심으로 보어는 톰슨과 함께 연구를 하려던 소망을 이룰 수 없었고, 할 수 없이 맨체스터에 있던 어니스트 러더퍼드와 함께 연구를 하게 되었다. 이 인연으로 1913년 보어는 러더퍼드의 새로운 원자 모형과 플랑크, 아인슈타인의 광양자 가설, 그리고 선스펙트럼에 관한 발머 계열식 등을 이용해 자신의 원자 모형을 제안하게 된다.

보어의 원자 모형은 톰슨의 그것을 부정하며 나타난 것이지만, 기본적으로는 톰슨의 연구 계획과 밀접한 연관을 가지고 있었다. 당시 톰슨은 드미트리 이바노비치 멘델레예프(Dmitri Ivanovich Mendeleev, 1834~1907년)의 주기율표로 표현되는 화학 원소의 주기적 성질에 관한 설명을 찾고 있었는데, 보어의 원자 모형도 이와 같은 문제점을 해결하기 위해 추구되었던 것이다.

톰슨의 열광적인 숭배자였던 보어는 화학 원소의 주기율적 성질에 관한 설명을 얻기 위해 노력하던 중 1913년 초에 우연히 발머 계열식을 알게 되었다. 그는 이것을 바탕으로 매우 형식적이고도 실용적인 입장에서 원자 내의 전자들은 양자화된 특별한 에너지를 가진 궤도만을 허용한다는 것을 근간으로 하는 자신의 원자 모형을 제안했다.[8]

1912년 7월 6일 보어가 러더퍼드에게 보낸 소위 「러더퍼드 비망록(Rutherford Memorandum)」을 살펴보면 이때부터 보어는 막스 플랑크와 아인슈타인이 제안한 복사 메커니즘을 다양한 화학 원소에 관한 실험적 사실과 연결할 수 있는 가설을 선택하기 시작했음을 알 수 있다. 당시 보어는 전자의 복사 에너지를 전자의 회전 주기와 연결시키는 식을 찾기 시작했다. 애초에 보어는 무한히 먼 곳에서 전자가 날아와 원자의 주위 궤도에 포획되면서 빛 에너지가 방출된다고 생각했다. 이런 착상으로 보어는 전자의 운동 에너지가 복사 에너지의 2분의 1이 되는 이유를 설명하려고 했다.

1913년 1년 동안 3부작 형식으로 나뉘어 출판된 논문「원자 및 분자들의 구성에 관해서」는 보어의 원자 모형의 역사적 발전에 내포된 다양한 단계들을 드러내고 있다. 우선 맨 처음 논문인 1부에는 우리가 현재 물리학 개론 교과서에서 보고 있는 형태의 논의가 나타난다. 이곳에서 보어는 발머 계열식을 이용하는 방법뿐만이 아니라 여러 다른 방식으로 복사 에너지와 운동 에너지와의 관계에 대한 연관성을 찾으려고 노력했다. 우선 첫 번째 방법은 1912년에「러더퍼드 비망록」에서 논의했던 방법으로 자신의 결과를 합리화하는 것이었다. 이 방법은 보어가 제안한 양자화된 궤도에 대한 논의와는 무관한 것으로, 보어가 고전적인 방법을 통해서 자신의 결론을 합리화하려고 했던 시도였다. 즉 발머 계열식을 이용한 방법이 양자화된 궤도를 이용한 현대적인 합리화라면, 러더퍼드 비망록 방법은 고전적인 전자기학에 입각한 합리화였던 것이다. 쿤은 보어가 자신의 원자 모형을 창안하는 초기 과정에서 이렇게 고전과 현대를 무의식적으로 오간 것을 보고, 마치 과학 혁명기에 요하네스 케플러(Johanres Kepler, 1571~1630년)가 전통과 혁신 사이를 오간 것과 같다고 주장하고 있다.[9]

세 번째 방법을 보면 이러한 보어의 태도는 더 극명하게 드러난다. 보어는 자신의 이론을 정당화하기 위해 새로운 양자화 조건을 따르면서 계산한 값이 양자수를 무한대로 크게 할 때 고전적인 양으로 계산한 것과 동일하다는 것을 보였다. 이 방법은 훗날 보어의 대응 이론이라는 형태로 일반화되는데, 양자화 조건을 이용한 결과를 항상 그 극한에서 고전적인 양과 비교했다는 점에서 보어의 보수적인 측면을 잘 드러내며, 쿤이 말한 전통과 혁신 사이의 갈등 국면도 잘 보여 주고 있다.

2부와 3부는 나중에 출판이 되었지만 사실상 먼저 씌어진 원고였다. 이 부분에서 보어는 원소와 분자들의 주기율 체계를 다룬 톰슨의 연구 프로그램과 유사한 테마를 다루었는데, 이 부분의 논의는 의심할 여지없이 모형에 따른 설명을 강조했던 케임브리지 전통에서 연유한 것이었다. 그는 1부를 매우 정량적으로 썼지만, 반면에 2부와 3부는 정성적으로 썼다. 모형에 따른 설명을 바탕으로 해서 정성적인 형태로 씌어진 이 부분은 훗날 많은 문제점을 야기하게 되며, 결과적으로 보어로부터 시작된 고전 양자론의 위기로까지 이어진다.

이처럼 실제 내용상으로 볼 때 초기 보어의 원자 모형은 상당히 엉성한 것이었고, 정량적이라기보다는 정성적인 측면이 강했다. 이런 문제가 있었기 때문에 아르놀트 조머펠트, 에르빈 마델룽(Erwin Madelung, 1881~1972년), 막스 보른과 같은 당시 대륙의 과학자들은 처음에는 이 보어의 원자 모형에 깊은 회의를 나타냈다. 보어의 동생이며 1913년 가을 괴팅겐에 머물고 있었던 하랄트 보어(Harald Bohr, 1887~1951년)는 형에게 다음과 같은 편지를 보냈다. "사람들은 형의 논문에 많은 흥미를 느끼고 있습니다. 하지만 저는 대부분의 사람들 …… 힐베르트는 제외하고라도 …… 보른, 마델룽과 같은 젊은 과학자들은 그것을 객관적 사실로 믿으려고 하지 않는다는 인상을 받았습니다. 그들은 그 가정이 너무 '대담하고' '환상적'이라고 생각하고 있습니다." 조머펠트 역시 1913년 9월 4일 보어에게 보낸 편지에서 자신도 몇 닌 전부터 이 문제를 생각해 왔지만 현재로서는 보어의 시도에 대해 회의적이라는 입장을 표명했다.

이렇게 초기에 많은 반발을 겪은 보어의 원자 모형이 수용되는 데에는 제1차 세계 대전의 발발이 커다란 몫을 했다. 전쟁이 터지자 많은 과학자들이 전쟁터로 나가게 되어 정상적인 과학 활동은 사실상 중단되었다. 이 와중에 많은 약점을 내포하고 있던 보어의 원자 모형은 체계를 정비할 시간적 여유를 벌게 되었던 것이다. 보어의 원자 모형이 재정비되는 데에는 처음에는 보어의 원자 모형에 회의적이었던 조머펠트가 커다란 역할을 했다. 제1차 세계 대전 중 조머펠트는 나이가 많아 전쟁에 동원되지 않았고, 대학교에 남아 연구를 계속할 수 있었다. 1915년과 1916년 사이에 조머펠트는 보어의 원자론에 타원 궤도와 자신의 새로운 양자 조건을 도입해 수소 원자의 미세 구조를 해명하고, 수소 스펙트럼 문제를 거의 환상적일 정도로 정확히 풀어냈다.[10] 보어의 원자 이론은 이런 다음에야 비로소 많은 과학자들 사이에서 '보어-조머펠트 모형'이라는 이름으로 수용된다.

1920년부터 1923년까지 보어는 자신이 1913년에 출판한 3부작의 2부와 3부의 논의를 더욱 확장시켜서 소위 보어의 '두 번째 원자론'을 전개했다. 이 두 번째 원자론에서는 보어는 대응 원리(Correspondence Principle)와 단열 원리(Adiabatic Principle)를 더욱 근본적인 것으로 생각하고 이 원리들을 바탕으로 원자 모형에 관한 심화된 논의를 전개했다.[11]

대응 원리는 1920년을 전후해 보어가 자신의 초기 원자론의 문제점을 개선하고, 스펙트럼의 진동수뿐만 아니라 그 강도에 대한 논의까지도 가능하게 하기 위해서 제안했던 것이다. 미시 세계를 기술하는 새로운 양자 이론은 그 극한에서 거시 세계를 기술하는 기존의 고전 역학과 일치한다는 이 원리는 보어의 1913년 논문에서 이미 그 싹이 보였던 내용이었다. 하지만 보어는 이 논문에서 자신이 사용한 방법을 구체적으로 언급하지는 않았으며, 일반적인 논의로 확대하려고 시도하지도 않았다.

1920년 이후 보어가 세련된 형태로 제한한 이 대응 원리는 과학자들 사이에서 그때까지는 설명할 수 없었던 새로운 양자 현상에 대한 가능한 설명을 찾아내는 데 좋은 도구가 되었다. 하지만 이 원리에는 항상 고전 역학을 염두에 두고 새로운 역학을 찾아야 한다는 분명한 한계점이 있었으며, 적용 범위도 명확하지 못해 물리 이론으로서의 자격 여부도 불확실했다. 대응 원리나 고전 양자론 논의에서 볼 때 보어의 태도는 혁명적인 측면과 아울러 실용주의적인 측면을 보이고 있으며, 항상 고전 역학을 염두에 두었다는 점에서 보수적인 측면이 동시에 있었다고 할 수 있다.

막스 보른: 수학적 전통 속의 형식주의자

막스 보른은 1882년 12월 11일 독일 영토였던 브레슬라우(현 폴란드 브로츠와프)에서 태어났다. 보른은 1900년부터 자신의 고향인 브레슬라우에서 대학교 공부를 시작했는데, 그 후 하이델베르크, 취리히 등을 옮겨 다니며 공부하다가 마침내 1904년부터는 세계 수학의 메카였던 괴팅겐에서 본격적으로 수학을 공부하게 되었다. 당시 괴팅겐에는 클라인, 힐베르트, 민코프스키 등 당대의 쟁쟁한 수학자들이 교수로 재직하고 있었는데, 그들은 자신의 전문 분야인 수학을 물리학, 천문학, 지구 과학 및 공학에 응용하는 데에도 깊은 관심을 가지고 있었다.

이런 분위기에서 보른은 처음에는 수학을 공부했으나, 박사 학위를 받은 뒤로는 연구 분야를 바꾸어 본격적으로 이론 물리학을 연구했다. 이런 환경은 또 보른의 학문적 성향에도 커다란 영향을 미쳤다. 즉 괴팅겐 수학 전통의 영향을 받은 그는 될 수 있으면 경험적, 실험적 자료가 많은 물리학 문제를 선택해 수학적으로 아주 엄밀하고 일반적인 해를 구하는 수학적이고도 형식주의적인 자연 기술을 선호했던 것이다. 예를 들어 당시 물리학 내에서 해결하기 어려웠던 광양자의 존재 문제를 설명할 때 보른은 빛이 실제로 입자인가 아닌가와 같이 논쟁의 여지가 있는 문제는 의도적으로 피하고, 빛과 물질의 상호 작용에 관계되는 광범위한 실험적 사실을 어떻게 수학적으로 완벽하고 일반적으로 기술하는가에 치중했다.

이러한 태도는 자칫하면 물리 개념에 대한 그릇된 이해를 갖게 할 수도 있다는 약점이 있는 반면, 만약 문제 자체가 정확하게 설정되어 있을 경우에는 계획의 진전이 대단히 크다고 하는 장점도 있었다. 실제로 보른은 1909년 아인슈타인의 상대성 이론에 대한 개념 이해가 부족해 상대성 이론에 따르면 강체란 존재할 수 없다는 사실을 인식하지 못한 채로 상대론적 강체 개념을 정의했다가 커다란 학문적 패배를 경험한 적이 있었다.

상대성 이론에서 학문적 패배를 맛본 보른은 1912년부터 연구 영역을 상대론에서 고체 비열 분야로 바꾸면서 진가를 발휘하기 시작했다. 보른이 연구 분야를 바꾼 이유는 상대성 이론 분야가 자신의 역량에 비해 너무 어렵고 통상적인 물리학과 동떨어져 있으며, 특히 관찰 자료가 굉장히 부족했기 때문이었다. 보른은 이후에도 수많은 관찰 자료가 존재하는 분야를 수학적으로 엄밀하게 다루는 학문적 스타일을 유지하게 되는데, 고체 비열, 광학, 고전 양자론은 보른의 이런 성격에 가장 잘 맞는 분야였다.

1921년 보른은 실험 물리학자이며 친구였던 제임스 프랑크(James Franck, 1882~1964년)와 함께 괴팅겐 대학교 이론 물리학 교수가 되었다. 괴팅겐에서 보른은 푸앵카레와 카를 페트루스 테오도어 볼린(Karl Petrus Theodor Bohlin, 1860~1939년) 등이 개발한 천체 역학적 이론을 이용해서 보어의 원자론을 다전자 체계로 확장하는 프로그램을 파울리, 하이젠베르크, 노르트하임 같은 우수한 공동 연구자들과 함께 정력적으로 추진했다. 보른은 파울리와는 세차 운동으로 생기는 '고유 겹침(intrinsic degeneracy)'을, 하이젠베르크와는 전자들의 질량이 서로 같아 위상 관계가 생기는 '우연한 겹침(accidental degeneracy)'을, 노르트하임과는 수소 분자 등에서 장미꽃 형태의 궤도로 나타나는 '경계 겹침(limiting degeneracy)' 등을 체계적으로 연구했다. 다전자 체계에서 나타날 수 있는 모든 겹침 현상을 면밀하게 검토했던 이들의 연구 결과, 헬륨이나 수소 분자의 에너지 값이 보어 원자론의 예측으로는 설명할 수 없는 것으로 나타나 고전 양자론의 한계를 결정적으로 밝히게 되었다. 그 뒤 보른의 프로그램에 참여했던 과학자들은 고전 양자론이 아닌 새로운 역학 체계를 모색하게 되었고, 이런 일련의 노력의 결과로 새로운 양자 역학이 출현했던 것이다.

볼프강 파울리: 철저한 혁명을 요구했던 완벽주의자

1900년 4월 25일 오스트리아의 수도 빈에서 태어난 볼프강 파울리는 어릴 때부터 보기 드문 신동이었다. 그는 12세에 유클리드 기하학을 완전히 이해했으며, 14세에 오일러의 저작을 읽었고, 18세에는 난해하기로 정평이 나 있었던 푸앵카레의 천체 역학에 탐닉하기까지 했다. 1918년 10월 뮌헨 대학교에 들어갔을 때, 파울리는 당시 완성된 지 얼마 되지 않아 난해한 학문 분야로 알려졌던 일반 상대성 이론을 상당한 수준까지 연구할 능력을 이미 갖추고 있었다.

대학교에 입학한 파울리는 대학 초년생으로서 상급 학생들이나 신청하는 조머펠트의 고급 세미나에 참가하면서 일반 상대성 이론에 대해서 심도 있는 논의를 전개했다. 당시 바일은 전자를 공간에 연속적으로 분포되어 있는 물질로 보고 오늘날 우리가 게이지 변환이라고 부르는 기법을 활용해서 리만 텐서를 새롭게 정의함으로써 중력과 전자기력을 통일하려고 했다. 아인슈타인은 바일이 수학적으로 제안한 이 통일장 이론을 거부했는데, 파울리 역시 바일이 연속체 가설을 바탕으로 관찰할 수도 없는 전자 내부의 구조를 가정해서 논의를 전개하고 있다고 주장하면서 바일의 통일장 이론이 지닌 문제점을 지적했다.

파울리의 대학 스승인 조머펠트는 당시 수리 과학 백과사전의 물리학 분야 편집인이었는데, 마침 상대론 분야의 집필자를 물색하고 있던 참이었다. 물론 상대성 이론의 주창자인 아인슈타인이 가장 적격자였으나, 바쁘다는 이유로 거절했기 때문에 다른 인물을 구해야만 했다. 자신의 세미나에서 바일의 통일장 이론을 통렬히 비판하는 파울리를 본 조머펠트는 선뜻 이 중요한 집필을 21세의 어린 파울리에게 맡겼다. 작업이 끝난 후 아인슈타인은 책의 서평에서, "이 완숙하고 훌륭하게 집필된 책을 공부하는 사람들은 저자가 21세의 청년이라는 것을 믿기 힘들 것이다. 개념 발전에 관한 심리학적 이해, 수학적 추론의 정확성, 깊은 물리학적 통찰력, 개괄적이고도 체계적인 서술 능력, 참고 문헌에 대한 인식, 주제 처리의 완전성, 비판의 정확성 등, 무엇을 먼저 치하해야 할지 모를 정도로 놀랍다."라고 말했다.

이렇게 어린 시절부터 상대성 이론 분야에서 천재적인 능력을 인정받은 파울리는 그 뒤 상대성 이론에 비해 비교적 많은 경험적 자료가 존재했으며, 또한 당시에 많은 문제점을 내포하고 있던 양자론으로 곧 관심 분야를 옮겼다. 양자론을 연구하는 동안 파울리는 당시의 고전 양자론을 구성하고 있던 많은 개념들이 여전히 기존의 고전 역학적 개념을 포함하는 것에 무척 커다란 불만을 느꼈다. 예를 들어, 파울리는 당시로서는 풀리지 않던 양자 현상에 대한 문제를 해결하는 데 유용한 개념적 도구였던 보어의 대응 원리마저, 여전히 기존의 고전 역학에 의존하고 있다는 이유로 원리 자체의 유용성에도 불구하고 그것이 새로운 양자론을 구성하는 중심 개념이라는 생각에는 깊은 회의를 나타냈다. 원자 모형을 설명하면서 고전 역학적 개념을 가능한 한 거부했던 파울리의 면모를 강조한다면, 어떤 의미에서 그는 새로운 양자론 형성에서 철저한 개념적인 혁명을 요구하는 완벽주의자였다고 할 수 있다.

베르너 하이젠베르크: 완화된 혁명론자

베르너 하이젠베르크는 1901년 12월 5일 독일 뷔르츠부르크에서 태어났다.[12] 1910년 고전어와 그리스 문헌학 교사였던 아버지가 뮌헨으로 자리를 옮기면서 그는 1911년 뮌헨의 막스밀리안 김나지움에 들어가게 되었다. 제1차 세계 대전 중에 하이젠베르크의 아버지는 예비역 보병 장교로 소집되었기 때문에 거의 집을 떠나 있었다. 이런 사정으로 하이젠베르크는 부모의 보살핌이 거의 없이 줄곧 혼자서 공부했다. 김나지움을 졸업할 때까지 그는 미적분학, 타원 함수 등을 독학으로 배웠으며, 수론(number theory)에 관한 논문을 출판하려고까지 했다.

이렇게 기성 세계로부터 단절되었던 경험은 후일 하이젠베르크의 독창적인 사상의 출현에 큰 영향을 미쳤다. 제1차 세계 대전 후 독일의 젊은이들은 패전 후 낙심에 차 있던 구세대들을 불신하고, 자기들끼리 무리를 지어 다니면서 크고 작은 공동체를 형성하고 자신들만의 독자적인 길을 새로이 찾으려 했다. 즉 구세대는 이미 부수어졌고 따라서 새로운 세계는 기성세대가 아닌 젊은 신세대가 찾아야 한다고 생각했던 것이다. 하이젠베르크 자신도 청년 운동에 지도자로서 적극적으로 참가했다. 이런 점을 고려하면 자연 과학적인 세계상의 변환과 당시의 사회적 현상 사이에는 일종의 사회 심리학적인 상호 작용이 존재하지 않았는가 하는 추측을 배제할 수 없다.

1920년 하이젠베르크는 뮌헨 대학교에 입학했다. 첫 학기부터 하이젠베르크는 대담하고 독창적인 사고를 발휘하기 시작했다. 1920년대는 1896년 피터르 제이만(Pieter Zeeman, 1865~1943년)이 자기장 내에서 스펙트럼선의 분리 현상을 발견한 이후 기술이 계속 향상된 분광학이 수많은 관측 자료를 쏟아 내던 시기였다. 이 가운데에서 가장 설명이 어려웠던 현상은 자기장에서 궤도 각운동량과 오늘날 우리가 스핀 각운동량이라고 부르는 양의 커플링(coupling)을 통해서 스펙트럼선이 복잡하게 갈라지는 이상 제이만 효과(Anomalous Zeeman Effect)였다. 하이젠베르크는 조머펠트의 세미나에서 이 이상 제이만 효과를 설명하기 위해서 +1/2, -1/2의 양자수를 도입했다. 이것은 양자수를 원자의 정상 상태에서 정상파와의 비유로 이해했던 조머펠트에게는 깜짝 놀랄

일이었다. 즉 당시의 고전 양자론에서는 양자수가 1, 2, 3, 4, …와 같은 정수만을 허용했지 +1/2, -1/2과 같은 분수는 허용하지 않았기 때문이었다.

하이젠베르크의 친구였던 파울리는 만약 1/2이 양자수가 된다면 1/4, 1/8, 1/16 역시 양자수가 되어야 한다고 주장하면서 문제점을 제기했다. 이 문제 제기에 대해서 하이젠베르크는 "성공은 수단을 신성화한다."라고 응변하면서 자신의 방법의 정당성을 피력했다. 이때 하이젠베르크가 1/2 양자수를 도입한 것이 그가 현대적인 의미의 스핀을 도입했음을 의미하지는 않는다. 하이젠베르크는 이 1/2 양자수의 원인을 전자의 자전이 아니라 원자핵 가까이에서 빠른 속도로 움직이는 궤도 전자의 상대론적 효과 때문으로 이해했기 때문이다. 이것을 하이젠베르크의 초기 중핵 모형(core model)이라고 부른다.

1920년 초부터 이상 제이만 효과를 연구하던 알프레트 란데는 당시의 실험적 사실을 이론적으로 설명하기 위해 일종의 벡터 모형을 제안했다. 그러나 란데의 이 모형에서는 고전 역학적인 각운동량의 두 곱인 S^2이 양자론적으로는 $S(S+1)$라는 형태로 해석되어 모형을 취급하는 방식 자체가 기존의 고전 역학으로부터 일탈하는 심각한 문제가 대두되기 시작했다. 이것은 후일 파울리의 배타 원리와 하이젠베르크의 행렬 역학이 완성된 뒤에야 비로소 완전히 설명할 수 있는 것으로 당시로서는 해결하기 힘든 문제였다.

이러한 문제점에 대해서 파울리와 하이젠베르크는 서로 다른 반응을 보였다.[13] 우선 파울리는 란데의 고전 역학적인 벡터 모형을 단호하게 거부하고 새로운 양자 개념을 찾으려고 노력했다. 반면에 하이젠베르크는 자신의 중핵 모형과 보른이 제안했던 수학적인 차분 방정식

(difference equation)으로 이것을 설명해 보려고 노력했다. 하이젠베르크의 이 시도는 부분적인 성과만을 얻은 것이었고 결과적으로 실패작이었다.

하이젠베르크는 이상 제이만 효과를 중핵 모형으로 설명하는 데 실패한 뒤, 가상 진동자를 바탕으로 해서 새로운 운동학을 찾아내려고 노력했다. 파울리가 새로운 양자 개념에 입각해 아주 정합적인 새로운 운동학적인 개념을 추구한 반면에, 하이젠베르크는 일단 고전 전자기적인 가상 진동자를 이용해 고전적인 운동 방정식을 만든 다음 새로운 양자 법칙을 얻어 내기 위해 보어의 대응 원리에 따라 기존 역학 체계로부터 의도적인 일탈을 모색했다. 이런 노력 끝에 그는 1925년 7월 새로운 역학 체계인 행렬 역학의 기본 개념 틀을 얻어 냈다. 하이젠베르크는 자신도 대담한 방법을 써서 기존의 고전 양자론을 개선하려고는 했지만 파울리보다는 완화된 형태로 고전 역학을 거부했으며, 행렬 역학은 바로 하이젠베르크의 이런 태도로 인해 형성될 수 있었다.

배타 원리의 출현과 파울리식 완벽주의의 한계

고전 역학적 개념을 철저히 거부한 파울리는 1925년, 이상 제이만 효과를 란데의 벡터 모형으로 설명할 때 생기는 문제점을 해결하기 위해 고전 역학적인 모형을 이용하는 것을 단호히 거부했다. 그 대안으로 그는 주양자수, 방위 양자수, 자기 양자수 외에 제4의 양자수를 가정함으로써 소위 파울리의 배타 원리를 제창하게 된다.[14] 각 전자는 동일한 양자 상태에 있을 수 없다는 이 배타 원리를 바탕으로, 파울리는 고전 역학 개념을 부분적으로 담고 있었던 보어의 고전 양자론의 문제점을 완전히 제거하고, 새로운 양자 상태 개념에 입각해서 원소의 주기율적 성질에 대한 완벽한 설명을 얻어 냈다.

그러나 1925년 초의 배타 원리에 관한 그의 논문에서 파울리가 현재 우리가 알고 있는 스핀 개념을 받아들인 것은 아니었다. 그는 자신의 제4의 양자수를 기계적이며 고전 역학적인 모형으로 설명하는 것을 철저히 거부했다. 한 예로, 1925년 초 랄프 크로니히(Ralph Kronig, 1904~1995년)라는 한 젊은 물리학자가 파울리가 제안한 제4의 양자수를 전자의 스핀으로 해석할 수 있다는 내용을 파울리에게 말한 적이 있었다. 이때 파울리는 크로니히의 견해가 기계적이고 고전 역학적인 해석이며 따라서 구시대적인 발상이라고 신랄하게 비판했고, 그 바람에 크로니히는 그만 스핀 가설에 관한 주장을 포기해 버리고 말았다. 결국 그는 중대한 발견의 기회를 놓친 셈이 되었다. 그 뒤 잘 알려진 바와 같이 스핀 발견의 영광은 에렌페스트 밑에서 공부하던 조지 유진 윌렌벡(George Eugene Uhlenbeck, 1900~1988년)과 새뮤얼 에이브러햄 하우트스미트(Samuel Abraham Goudsmit, 1902~1978년)에게 돌아갔다. 1928년 파울리는 미안한 마음에 크로니히를 자신의 조교로 받아들여 줬다. 베타 원리의 등장이 파울리식 완벽주의의 승리였다고 한다면, 스핀 이야기는 파울리의 완벽주의가 빚어낸 대표적인 한계였다고 할 수 있다.

막스 보른과 양자 역학의 수학화

양자 역학의 출현에서 보른의 역할은 행렬 역학의 수학적 발전 과정에서 더욱 극명하게 드러난다. 1925년 여름 무렵 하이젠베르크는 자신의 새로운 역학 체계인 행렬 역학의 기본적인 개념 틀을 얻어 냈다.[15]

하지만 하이젠베르크는 자신이 이 역사적인 논문에서 사용한 상징적인 곱셈이 수학적으로는 행렬의 곱셈에 해당한다는 것을 의식하지 못했다. 하이젠베르크는 행렬에 대한 지식이 전혀 없이 행렬 역학의 기본적인 틀을 만들어 냈던 것이다. 이것을 처음으로 알아낸 사람이 바로 괴팅겐의 수학적 전통 내에서 성장했던 막스 보른이었다. 보른은 하이젠베르크의 논문을 살펴본 뒤, 하이젠베르크가 사용한 상징적 곱셈이 바로 자신이 대학교 시절부터 배워서 잘 알고 있었던 일종의 행렬 곱셈이라는 것을 알아차렸다.

보른은 하이젠베르크가 발견한 상징적 곱셈이 행렬 곱셈이라는 예감을 느낀 뒤 이것을 더 구체적으로 발전시키고 양자 역학을 체계화하기 위해 공동 연구자를 찾았다. 보른이 처음으로 접촉했던 사람은 보른의 조교였으며, 당시에 배타 원리를 찾아내 승승장구하고 있었던 파울리였다. 하지만 보른이 하이젠베르크의 독창적 생각을 수학으로 망쳐 버린다면서 파울리가 냉소적인 반응을 보이자, 보른은 자신의 밑에서 박사 학위를 한 파스쿠알 요르단에게 이 행렬 역학을 체계적으로 발전시키자는 제안을 했다. 그리하여 보른과 요르단은 하이젠베르크의 생각을 행렬 역학으로 발전시키는 논문을 공동으로 발표하게 된다.

양자 역학의 유명한 기본식인 $pq-qp=\dfrac{h}{2\pi i}$ 라는 수학적 표현을 최초로 얻어 냈던 사람은 하이젠베르크가 아니라 보른과 그의 학생이었던 요르단이었다.[16] 보른은 자연 법칙은 수학적으로 불변량에 따라 표현되리라고 오래전부터 생각하고 있었는데, 하이젠베르크가 발견한 상징적 곱셈이 행렬 교환식으로 구성된 2차 형식(quadratic form)의 불변량(invariance)으로 표현된다는 것을 발견한 뒤 매우 기뻐했다. 더 나아가 1926년 초 보른, 하이젠베르크, 요르단은 서로 힘을 합쳐서 소위 「3인 논문(Drei-Männer-Arbeit)」을 출판했는데, 이 논문의 출현과 함께 뒤늦게 행렬 역학의 가치를 인정한 파울리가 수소의 발머 계열식을 행렬 역학적인 방법으로 성공적으로 풀어냄으로써 행렬 역학은 기본적인 모습을 갖추게 된다.[17]

「3인 논문」에서 보른은 하이젠베르크의 행렬 역학의 수학적 기초를 더욱 깊게 고찰해, 힐베르트 공간(Hilbert Space), 선형 변환에서의 주축 변환, 에르미트 행렬 등과 같은 수학 개념을 행렬 역학에 도입했다. 또한 자신이 양자론 분야에서 발전시킨 근사 이론을 바탕으로 해서 새로운 양자 역학에 대한 체계적인 근사 이론을 발전시켰다. 보른이 이렇게 빠른 시간 내에 양자 역학의 수학적 표현을 발전시킬 수 있었던 것은 그가 괴팅겐에서 힐베르트와 클라인 등으로부터 선형 대수와 관련된 수학을 철저하게 배웠기 때문이었다. 더 나아가 보른은 1925년 겨울 미국에서 강연을 하는 동안 미국의 노버트 위너(Nobert Wiener, 1894~1964년)와 함께 연산자 역학(Operator Mechanics)이라는 새로운 수학적 방법론도 발전시켰다. 이렇듯 양자 역학의 수학적 기초를 마련하는 데에는 괴팅겐의 수학적 전통 내에서 성장했던 보른의 역할이 컸다.

광양자 가설의 폐기라는 보어의 반동 쿠데타

닐스 보어의 보수적인 속성은 1924년 그가 아인슈타인의 광양자 가설을 비판했다는 데에서 잘 나타난다. 당시 보어는 가상 진동자 개념을 바탕으로 미시 세계에서 에너지와 운동량 보존 법칙의 파기를 내세우며, 파동론에 입각한 복사 이론을 부활시키려고 시도한 적이 있었다.[18] 가상 진동자(virtual oscillator) 개념이란 원자들이 가상적인 복사장을 통해 멀리 떨어져 있는 다른 가상 진동자들과 서로 교통(交通)하는 일련의 가상적인 진동자들로 구성되어 있다는 가설로, 1924년 유럽에서 박사 후 연구원으로 활동하던 미국의 과학자 존 클라크 슬레이터(John Clarke Slater, 1900~1976년)가 처음으로 제안했던 개념이었다.

이 가설에다 미시 세계에서 에너지와 운동량 보존 법칙을 파기하는 보어 자신의 생각을 결합시켜, 보어, 헨드리크 안톤 크라메르스(Hendrik Anthony Kramers, 1894~1952년), 슬레이터 세 사람은 공동으로 새로운 복사 이론을 발표했다. 보어가 보기에 아인슈타인의 광양자 가설은 광전 효과를 비롯한 많은 문제를 설명하는 좋은 개념 도구이기는 하지만, 빛의 간섭이나 회절 현상을 설명할 때 파동론으로 정의되는 진동수나 파장의 개념을 사용하기 때문에 아직 문제가 많았다. 1922년과 1923년 사이 아서 홀리 콤프턴(Arthur Holly Compton, 1892~1962년)과 피터 조지프 윌리엄 디바이(Peter Joseph William Debye, 1884~1966년)가 발표한 전자에 대한 엑스선 산란 실험, 즉 콤프턴 산란 실험도 그가 보기에는 아인슈타인의 광양자 가설을 확증하는 결정적 실험은 되지 못했다.

보어의 새로운 파동론적인 주장과 아인슈타인이 옹호하는 기존의 광양자 가설 가운데 어느 것이 타당한가를 확인하기 위해 베를린의 제국 물리 기술 연구소에서 일하던 발터 보테와 한스 가이거는 기존의 전기 계수법을 개량해서 창안해 낸 새로운 측정 방법인 동시 계수법을 이용해서 엄밀한 결정적 실험을 실시했다. 1925년 4월에 얻어 낸 보테와 가이거의 실험 결과는 아인슈타인에게 승리를 안겨 줬다.[19] 결국 아인슈타인의 광양자설은 1924년에 있었던 보어의 반동적인 쿠데타를 1925년 보테와 가이거가 실험적으로 반박하고, 곧이어 미국의 콤프턴이 사이먼(A. W. Simon)과 함께 구름 상자를 이용해서 콤프턴 효과에 관한 실험을 다시 한번 확인함으로써 비로소 과학자들 사이에서 완전히 받아들여지게 되었던 것이다.

이제 대부분의 과학자들은 아인슈타인의 광양자 가설을 다시는 의심하지 않았다. 하지만 보어는 그 후에도 이 광양자 가설의 유효성에 계속 회의를 표명했다. 이런 일이 있은 뒤 보어는 1925년부터 그의 양자 역학에 대한 철학적 견해인 상보성 원리가 나오게 되는 1927년까지 물리학적 저술 활동을 그만둔 채 철학적인 문제에 몰두했다. 양자 역학에 대한 최종적인 해석으로 받아들여지게 될 상보성 원리는 보어의 이런 보수적 태도가 반영되어 형성된 것이었다.

절충적 혁명: 코펜하겐 해석의 출현

행렬 역학이 완성되어 가던 때인 1926년 초, 오스트리아 물리학자 에르빈 슈뢰딩거는 파동 역학이라는 새로운 역학을 완성했다. 새로운 파동 역학을 전개하는 과정에서 슈뢰딩거는 자신의 파동 함수의 제곱이 실제 전자의 밀도에 해당한다고 주장했다. 슈뢰딩거가 주장한 연속체적인 견해와는 반대로 프랑크와 그의 공동 연구자들이 행한 여러 실험을 통해서 양자 비약을 실험적 사실로 믿고 있었던 막스 보른은 슈뢰딩거 방정식을 충돌 과정을 설명하는 데 이용하면서 슈뢰딩거의 파동 함수를 통계적이고 비인과적으로 해석했다. 즉 슈뢰딩거의 파동 함수의 제곱이 실제 전자의 밀도를 나타내는 것이 아니라, 전자가 다른 입자들과 서로 충돌해서 나타날 수 있는 가능한 상태, 다시 말해 확률을 나타낸다는 것이다.

　그러나 보른의 통계적 해석은 충돌 과정에서 나타나는 에너지에 국한된 지극히 수학적인 것이었지 입자의 위치와 운동량의 개념에까지 확대되는 해석은 아니었다. 수학적 형식주의자였던 보른은 통계적 개념을 새로운 운동학적 개념 틀로 확대 적용하는 데에는 한계가 있었다. 오늘날 물리 교과서에 나오는 것과 같은 논의인, 전자의 위치 내지 운동량을 발견할 확률이라는 식의 운동학적인 개념은 사실 파울리가 처음 제안했던 것이다. 새로운 양자론을 추구하는 데 있어서 항상 새로운 운동학적인 개념을 세우기를 희망했던 파울리는 보른의 통계적 해석을 위치와 운동량의 개념에까지 확대시켰다.

　하이젠베르크가 불확정성 원리를 창안하는 데에도 파울리는 행렬역학 때와 마찬가지로 커다란 역할을 한 것으로 여겨지고 있다. 하이젠베르크가 불확정성의 원리를 발표하기 몇 달 전인 1926년 10월 19일, 파울리는 하이젠베르크에게 훗날 커다란 역사적 의미를 띠게 될 장문의 편지를 보냈다. 우선 이 편지에는 통계적 해석을 위치와 운동량 개념으로 확대시키는 내용이 들어 있었다. 무엇보다도 이 편지에는 하이젠베르크의 불확정성 원리와 관계된 다음과 같은 내용이 담겨 있었다. "우리는 운동량이라는 눈으로 세상을 볼 수 있고 위치라는 눈으로도 세상을 볼 수 있다. 그러나 이상하게도 운동량과 위치의 눈을 동시에 뜨면 틀리게 된다." 파울리는 위치 표현으로 양자 역학을 기술하는 방법을 유도하고 이것을 변환시켜 운동량 표현으로 기술할 수 있음을 알아냈다.

　그다음 파울리는 완전히 새로운 개념의 동역학을 만들 생각으로 위치 표현과 운동량 표현을 동시에 적용하는 시도를 했던 것으로 여겨진다. 하지만 완전히 새로운 동역학 체계를 만들려던 파울리의 시도는 뜻하지 않은 난관에 부딪혔다. 파울리가 극복의 대상으로 본 이 난관을 하이젠베르크는 자연이 벗어날 수 없는 근본적인 한계로 간주했고, 새로운 물리관인 불확정성 원리를 창안하게 되었던 것이다. 결과적으로 양자 역학에 대한 철학적 해석을 최종적으로 주창한 사람은 완전한 개념적 완성을 추구했던 완벽주의자 파울리가 아니라 파울리의 말을 옆에서 듣고 있던 하이젠베르크였다. 하이젠베르크는 파울리가 자신에게 보낸 이 편지를 받고서 얼마 지나지 않아 감마선 현미경에 의한 사고 실험을 통해서 불확정성 원리의 기본적인 개념 틀을 만들어 냈다.[20]

한편 광양자 가설에 관한 논쟁에서 아인슈타인에게 패배한 후 지속적으로 양자 역학의 철학적 기초에 대해 몰두했던 보어도 하이젠베르크와 비슷한 견해에 도달했다. 우리는 항상 거시 세계의 용어와 거기에서 얻어진 개념을 바탕으로 원자 현상이라는 미시 세계를 기술할 수밖에 없기 때문에, 미시 세계를 기술하는 우리의 용어에는 어떠한 한계가 있기 마련이다. 즉 원자 현상의 기술에서 한 용어의 무모순성은 항상 그것의 정의 가능성과 관찰 가능성의 상보적 관계 때문에 제한을 받게 된다는 것이다. 예를 들어 입자나 파동이라는 개념은 거시적인 일상 개념에서 얻어진 것이기 때문에 빛과 같은 미시 세계의 현상을 기술하는 데에는 일정한 한계가 주어진다. 이러한 생각을 보어의 '상보성 원리(complementary principle)'라고 한다.

보어는 이 개념을 바탕으로 이전에 자신이 곤경에 빠졌던 파동-입자 이중성의 딜레마에서 벗어날 수 있었다. 즉 과거에 자신이 빛을 파동으로 보고 광양자 가설을 극복하려고 했던 시도도 완전히 잘못된 것만은 아니라는 것이다. 이런 관점에서 보면 보어의 해석의 이면에는 역시 그의 보수적인 성향이 깔려 있다고 할 수 있겠다.

보어 대 아인슈타인의 논쟁

아인슈타인은 하이젠베르크의 불확정성 원리와 보어의 상보성 원리로 대변되는 양자 역학의 비결정론적인 성격을 대단히 못마땅하게 생각했다. 양자 역학의 비결정론적 성격을 비판한 것은 비단 아인슈타인만이 아니었다. 막스 폰 라우에, 슈뢰딩거, 플랑크 등도 아인슈타인과 입장이 완전히 같은 것은 아니었지만, 코펜하겐 해석에 비판적이었다. 그러나 아인슈타인의 입장이 크게 부각된 이유는 그가 20세기에 가장 영향력이 있었던 과학자였고, 죽을 때까지 양자 역학의 인과성 및 실재성 문제를 놓고 보어와 논쟁을 벌였기 때문이다.

1935년 아인슈타인, 보리스 포돌스키(Boris Podolsky, 1896~1966년), 네이선 로젠(Nathan Rosen, 1909~1995년) 등은 양자 역학에 날카로운 비판을 가했다.[21] 우선 그들은 "물리적 실재의 모든 요소는 물리학 이론 내에서 그 대응물을 가지고 있어야 한다."라는 실재성의 기준과 "만약 하나의 계를 어떤 식으로든 교란하지 않고 우리가 물리량의 값을 정확히(즉 확률이 1이 되도록) 예측할 수 있다면 이 물리량에 대응하는 물리적 실재가 존재한다."라는 완전성의 기준을 갖추면 한 이론이 완전하다고 가정했다.

이런 기준들을 바탕으로 양자 역학적 기술을 검토한 결과 그들은 파동 함수에 따라 주어지는 물리적 실재에 대한 양자 역학적 기술은 완전하지 않다는 결론에 도달했다. 이것은 양자 역학을 계속해서 불신했던 아인슈타인의 입장을 반영한 논문이었다. 같은 해 슈뢰딩거도

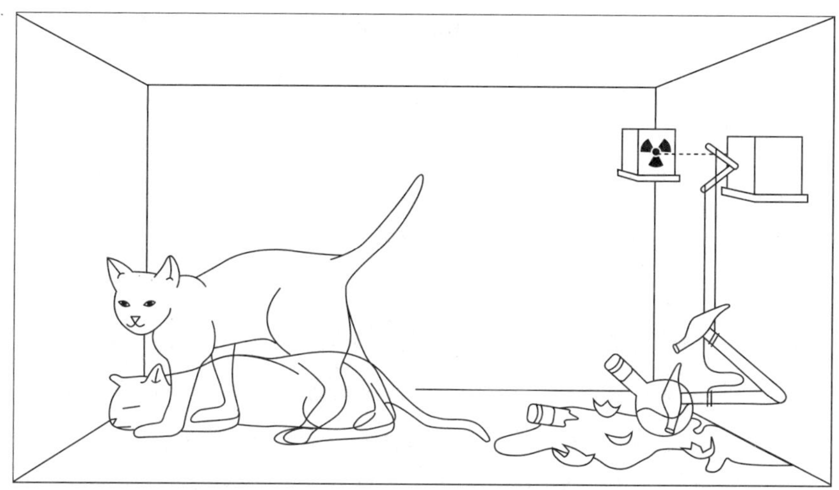

■ 슈뢰딩거 고양이 역설. 밀폐된 상자 속에 독약이 있고 이 위에 고양이가 앉아 있다. 입자의 빔을 아주 약하게 하여 입자 빔이 두 경로를 2분의 1의 확률로 선택하게 한다. 1번 경로를 통과하면 스위치가 접속되어 독병이 깨지면서 고양이는 죽는다. 만약 2번 경로를 통과하게 되면 스위치가 열려 독병은 깨지지 않고 고양이는 살게 된다. 상자 밖에 있어 내부에서 일어나는 일을 알지 못하는 관찰자는 최소한 한 입자가 1번이나 2번 경로를 분명히 지난 뒤에 고양이가 죽었는지 살았는지를 어떻게 판단할 것인가? 코펜하겐 해석에 따르면 관찰자는 고양이가 삶의 상태와 죽음의 상태 사이에서 중첩되어 있다고 생각해야 한다. 즉 반은 죽었고 반은 살아 있는 상태가 된다. 하지만 관찰자가 내부를 들여다보는 순간, 즉 측정하는 순간 고양이의 삶과 죽음이 결정된다. 고양이의 삶과 죽음이 관찰자의 행동으로 정해지는 것이다. 이런 일이 실제 세계에서도 일어날 수 있을까? 양자 역학에 대한 코펜하겐 해석은 관찰자의 측정 행위와 실제와의 관계에 대해 우리의 상식과는 다른 차원의 문제를 제기하고 있다.

관찰자의 측정 행위가 대상에 영향을 미친다는 코펜하겐 해석을 강하게 비판하고 나섰다. 이때 그가 했던 논의는 후일 '슈뢰딩거의 고양이 역설'이라는 이름이 붙어서 여러 사람의 입에 오르내렸다.

20세기 후반에 이르러서도 양자 역학의 인과성 및 실재성에 관한 논쟁은 비록 제한된 영역에서나마 계속되었다. 1950년대에는 데이비드 조지프 봄(David Joseph Bohm, 1917~1992년)이 결정론적인 '숨은 변수 이론(hidden variable theory)'을 제기하며 아인슈타인의 인과적 입장을 부활시키려고 했다. 1932년 존 폰 노이만은 양자 역학의 수학적 기초를 다루면서 양자 역학은 숨은 변수 이론의 가능성을 배제한다고 주장했는데, 봄은 이것을 반박하고 결정론적인 양자 역학의 가능성을 찾고자 했던 것이다.

또한 1964년 존 스튜어트 벨(John Stewart Bell, 1928~1990년)은 실험으로 양자 역학의 문제를 확인할 수 있는 소위 '벨의 부등식'을 제안했다.[22] 우선 벨은 물체들이 공간적으로 분리되어 있을 때 순간적으로 (즉 빛의 속도보다 빠르게) 서로에게 물리적인 작용을 하지 못한다는 국소성(locality)의 조건을 가정했다. 그리고 나서 벨은 공간적으로 분리되어 있으면서 양자 역학적으로 연관되어 있는 하나의 이상적인 계를 상정해서 이것으로부터 양자 역학적인 예측이나 실험적인 결과와 비교할 수 있는 부등식을 도출했다. 이 논의는 양자 역학이 지니는 국소성과 인과성의 문제를 실험으로 확인할 수 있는 논의라는 점에서 역사적 의미가 있다. 1970년대 이후 이 벨의 부등식을 확인해 보려는 실험들이 여럿 행해졌다. 물론 그 실험 결과는 일단은 보어의 승리로 나타났고 아인슈타인의 꿈과는 거리가 먼 것으로 판명되었다.

양자 역학 혁명의 승리자는 누구인가?

양자 역학의 형성 과정에서 최후의 승리자는 플랑크와 같은 보수주의자도, 파울리와 같은 완벽주의자도 아니었으며, 보른과 같은 수학적 형식주의자도 아니었다. 1900년부터 1927년까지의 양자 역학에 관한 논의에서 최종적 승리는 기존 물리학에 반해서 대담한 가설과 일탈을 시도했다는 점에서의 혁명적인 측면과 항상 고전 물리학을 염두에 두었다는 점에서의 보수적인 측면을 동시에 가지고 있었던 하이젠베르크와 보어에게 돌아가 버렸다. 하지만 플랑크는 양자론의 포문을 열었다는 부분에서, 파울리는 배타 원리를 창안했다는 부분에서, 보른은 양자 역학의 수학적 기초를 확립했다는 부분에서 하이젠베르크나 보어가 하지 못했던, 심하게 말한다면 할 수도 없었던 일을 해냈던 것이다.

이런 사실을 고려한다면 새로운 물리적 세계관인 양자 역학은 상이한 학문적 배경에서 배태되었던 다양한 학문적 스타일을 갖춘 과학자들의 종합적인 노력으로 출현했다고 할 수 있다. 아인슈타인과 같은 사람들이 양자 역학을 완전하지 못하다고 주장하는 이면에는, 양자 역학적 혁명이 완전한 개념적 혁명으로 종결되지 않고 절충적 혁명의 성격을 띠고 마무리되었다는 것도 한몫을 한다. 이런 문제점 때문에 양자론이 등장한 지 100년이 지난 지금도 양자 역학은 여전히 우리에게 남겨진 과제를 던져 주고 있는 것이다.

5장 | 현대 우주론의 발전

현대 우주론에 따르면 우주는 아주 먼 옛날에 한 점에서 대폭발을 일으켜 팽창, 냉각이 되어 오늘날의 모습에 이르렀다. 1920년대에 처음으로 제안된 이 우주 팽창론은 그 뒤 여러 유형으로 발전했는데, 오늘날 우주론의 정설로 받아들여지는 대폭발 이론(Big Bang theory)은 1940년대에 와서야 처음으로 등장했다.[1]

1916년에 발표된 아인슈타인의 일반 상대성 이론은 우주론 분야에서 새로운 장을 열었다. 하지만 일반 상대성 이론에 바탕을 둔 초창기 우주론은 현재의 팽창 우주론과는 다른 정적인 우주론이었다. 우선 상대성 이론을 주창한 장본인인 아인슈타인부터가 정적인 우주론을 선호해서 자신이 발견한 장 방정식에 우주 상수를 추가해서 우주를 정적인 것으로 해석했다. 아인슈타인의 이론을 알고 있던 네덜란드의 천문학자 빌럼 드 지터는 아인슈타인의 물리적인 우주와는 다른, 물질이 없는 가상적인 또 다른 우주 모형을 제안했다. 드 지터의 우주 모형은 많은 천문학자에게 선호되었지만, 그의 모형 역시 아인슈타인과 마찬가지로 정적이었다.[2]

팽창 우주론의 등장

1920년대 몇몇 과학자들이 정적인 우주론과는 다른 팽창 우주론을 제안했다. 1922년 러시아의 지구 물리학자이며 기상학자인 알렉산드르 알렉산드로비치 프리드만(Alexandr Alexandrovich Friedmann, 1888~1925년)은 아인슈타인과 드 지터가 제안했던 정적인 우주론과는 다른 새로운 팽창 우주론을 수학적으로 전개했다.[3] 하지만 프리드만의 이론은 주창자의 갑작스러운 사망으로 발전의 기회를 놓치고 말았다. 프리드만이 1925년 기상 관측용 기구를 타고 비행을 하다가 혹한을 겪고 그 뒤 발진티푸스로 젊은 나이에 세상을 떠났던 것이다. 프리드만과는 독립적으로 1927년 벨기에의 가톨릭 신부이며 천체 물리학자였던 아베 조르주 에두아르 르메트르(Abbé Georges Edouard Lemaître, 1894~1966년)는 2년 뒤에 발표되는 에드윈 파월 허블(Edwin Powell Hubble, 1889~1953년)의 속도-거리 관계와 유사한 적색 이동과 거리의 관계를 언급하면서 더 물리적이고 실제적인 의미에서 새로운 팽창 우주론을 제안했다. 하지만 당시 프리드만과 르메트르의 선구자적 작업은 천문학자 사이에서 커다란 주목을 끌지는 못했다.

한편 1929년 미국의 허블은 윌슨 산의 100인치(약 2.5미터) 망원경으로 은하들 사이의 거리와 적색 이동을 체계적으로 연구해서 팽창 우주론을 지지하는 중요한 천문학적 증거들을 발표했다.[4] 허블 자신은 자신이 얻은 데이터를 팽창 우주론을 입증하는 증거로 사용하는 데에는 무척 조심스러웠다. 하지만 1930년 에딩턴과 드 지터 등과 같은 영향력 있는 천문학자들은 정적 우주론이 새로운 천체 관측 결과와 잘 맞지 않음을 인식하고 새로운 우주론을 모색하게 되었고, 이 과정에서 프리드만과 르메트르의 작업이 '재발견'되었다. 그리하여 1930년을 기점으로 해서 천문학자들 사이에서는 정적인 우주론에서 팽창 우주론으로 인식의 변화가 나타나게 된다.

가모브와 대폭발 이론

팽창 우주론은 1940년대 중반 이후 대폭발 이론과 정상 상태 우주론(Steady-state cosmology)이 등장하고 이 두 이론이 서로 경쟁을 하면서 더욱 세련된 형태로 발전했다. 대폭발 이론에서는 초기 우주에서 중성자 포획을 통해 원소가 형성되는 과정을 우주의 팽창 과정과 연결했다. 대폭발 이론은 러시아 출신의 미국 과학자인 조지 가모브가 체계적으로 전개했다.

가모브는 1904년 3월 4일 러시아 영화 「전함 포템킨」의 배경으로 유명한 러시아(현 우크라이나)의 항구 도시 오데사에서 태어났다.[5] 레닌그라드 대학교(현 러시아 상트페테부르크 대학교)에 입학한 가모브는 팽창 우주론의 창시자였던 프리드만에게 배울 수 있는 기회를 접했다. 이때 가모브는 프리드만과 함께 상대론적 우주론을 연구하려고 했으나, 프리드만이 갑자기 죽는 바람에 양자론에 관한 연구를 하게 되었다. 1928년 대학교를 졸업한 가모브는 괴팅겐으로 가서 높은 에너지 장벽을 낮은 운동 에너지로 뛰어넘을 수 있는 일종의 양자 투과 개념을 기초로 하는 원자핵 붕괴에 관한 논문을 집필했다. 그 뒤 그는 닐스 보어가 있는 코펜하겐 이론 물리학 연구소와 케임브리지의 캐번디시 연구소에서 연구했다. 이 시기에 그는 원자핵에 관한 '액체 방울' 모형을 제안해, 핵분열에 대한 이론적 기초를 마련했을 뿐만 아니라 별 내부의 열핵

■ 알파-베타-감마 이론의 창안자들. 랠프 앨퍼, 한스 베테(왼쪽부터), 조지 가모브(159쪽 사진). 자연계에 존재하는 수많은 원자핵이 특정한 온도와 밀도의 평형 상태에서 만들어졌다기보다는 원초적 물질이 팽창하고 냉각되는 연속적인 형성 과정을 통해서 단계적으로 만들어졌다는 이 이론의 주장은 1965년 우주 배경 복사가 발견되면서 우주론 분야에서 지배적인 학설로 부상했다.

반응에 대한 이론을 발전시켰다.

소련을 떠난 가모브는 1934년부터 워싱턴에 있는 조지 워싱턴 대학교의 교수가 되었다. 이곳에서 그는 1936년 에드워드 텔러와 함께 베타 붕괴에 관한 연구를 했다. 그 뒤 가모브는 별의 진화와 열핵 반응에 대해 연구했는데, 별의 진화에 대한 가모브의 연구는 이후 대폭발 이론 연구로 이어졌다.

전쟁 중 많은 과학자들은 핵무기 개발에 동원되었고, 이에 따라 별의 진화 및 열핵 반응에 관한 연구는 핵무기 개발과 연계해 진행되었다. 전쟁이 끝난 뒤 이 연구들은 순수 우주론 연구로 이어졌다. 1948년 조지 가모브, 그의 제자 랠프 애셔 앨퍼(Ralph Asher Alpher, 1921~2007년) 그리고

한스 베테(Hans Bethe, 1906~2005
년)는 자연계에 존재하는 수많
은 원자핵들은 특정한 온도와
밀도의 평형 상태에서 만들어
졌다기보다는 원초적 물질이
팽창하고 냉각되는 연속적인
형성 과정을 통해서 단계적으
로 만들어졌다는 주장을 내놓
았다.[6]

가모브는 자신의 논문을 발
표할 때 자신의 이름이 감마와

■ 조지 가모브.

유사하고 제자의 이름은 알파와 유사함을 발견하고, 베타에 해당하
는 이름을 가진 한스 베테에게 논문의 공동 저자로 참여해 달라고 부
탁하는 기지를 발휘했다. 당시 베테는 대폭발 이론의 창안에 직접적
인 관여는 하지 않았지만, 가모브는 저자들의 이름에 알파-베타-감
마가 포함되게 하기 위해 베타에 해당하는 베테를 공동 저자로 초빙했
던 것이다. 이리하여 대폭발 이론을 창안한 논문은 앨퍼-베테-가모브
이론, 즉 알파-베타-감마 이론으로 알려지게 되었다. 이후 원소 형성
과정과 우주 팽창에 관한 논의는 서로 연결을 맺으면서 발전해 나갔다.

정상 상태 우주론을 주장한 케임브리지 학파

한편 1948년 케임브리지 대학교 트리니티 칼리지의 천문학자들
은 가모브의 팽창 우주론과는 전혀 다른 정상 상태 팽창 우주론을 제

기했다. 이 또 다른 우주론은 허먼 본디(Hermann Bondi, 1919~2005년), 토머스 골드(Thomas Gold, 1920~2004년)가 제안하고, 프레드 호일(Fred Hoyle, 1915~2001년)이 대폭발 이론의 대안으로써 제기한 우주 모형이었다.[7] 1960년대 중반에 이르기까지 천문학계에서는 대폭발 이론과 정상 상태 팽창 우주론이 서로 대립하면서 경쟁적으로 발전했다.

정상 상태 팽창 우주론은 소위 '완전한 우주론적 원리(perfect cosmological principle)'라는 철학을 바탕에 깔고 있다. 이 원리에 따르면 물리 법칙들은 우주 구조에 독립적일 수 없으며, 우주 구조는 물리 법칙에 의존해야 한다. 물리 법칙이 변하지 않는다는 것은 우주가 안정한 위치에 있다는 것이다. 또한 우주는 모든 곳에서 균일해야 하며 거시적 규모에서 변화가 없어야 한다. 따라서 우주는 항상 팽창하되 지속적으로 새로운 물질이 탄생해서 일정한 평균 밀도를 유지해야만 한다.

18세기 영국의 지질학자 제임스 허턴(James Hutton, 1726~1797년)은 지구는 정상 상태이며 지질학적 현상은 과거뿐만이 아니라 현재도 작은 정도나마 지속적으로 일어나고 있는 지질학적 과정으로 설명해야 한다는 지질학적 동일 과정설(Uniformitarian theory)을 제창했다. 정상 상태 팽창 우주론은 이 허턴의 사상과 맥을 같이 하는 일종의 '우주론적인 동일 과정설'에 해당한다고 볼 수 있다. 이런 과학 철학적 근거로 본다면 대폭발설은 격변론(Catastrophe theory)의 전통을 따르는 것이라고 할 수 있다.[8]

본격화되는 우주론 논쟁

대폭발 이론은 1948년부터 1953년까지 가모브, 앨퍼, 로버트 허먼

(Robert Herman, 1914~1997년), 제임스 폴린(James Follin) 등이 발전시켰다. 하지만 1953년 이후 대폭발 이론에 관한 논의는 학계에서 급격하게 사라지게 되었다. 이렇게 대폭발 이론에 대한 논의가 쇠퇴하게 된 데에는 여러 원인이 있지만, 우선 당시 핵물리학의 지식으로는 중성자 포획을 통해 가벼운 원소들이 형성되는 비율을 완전히 파악할 수는 없었다는 것을 들 수 있다. 이 외에도 대폭발 이론을 지지하는 실험적 증거인 우주 배경 복사의 존재는 1948년에 처음으로 예언되었으며, 1956년까지 최소한 7회에 걸쳐 그 존재에 대한 예언이 반복되었지만, 당시 우주 배경 복사에 대한 논의는 천문학이나 물리학계에 거의 영향을 미치지 못했다.

대폭발 이론은 가모브라는 물리학자 개인과 너무 밀접하게 연결되어 있었기 때문에 이것이 오히려 1950년대에 대폭발 이론을 받아들이는 데 나쁜 영향을 미쳤다. 무엇보다도 1950년대에 들어와서 가모브 자신이 대폭발 이론에 많은 관심을 두지 않았으며, 1956년 콜로라도 대학교로 옮긴 뒤에는 학문적으로 아주 고립된 생활을 했다. 더구나 가모브는 엄청난 술고래였는데, 종종 이 술버릇 때문에 학회에서 눈꼴사나운 상황을 연출한 적이 여러 번 있었다. 결국 그의 이런 특이한 행동이 물리학 공동체에서 자신의 위치를 몰락시키는 데 한몫했고, 창시자에 대한 신뢰가 떨어지면서 대폭발 이론은 사람들의 관심에서 사라지게 되었다.

한편 가모브와 함께 연구하던 앨퍼와 허먼 역시 1950년대 중반 이후 기업체 연구소에 자리를 잡으면서 천체 물리학이나 핵물리학 분야에서 멀어지게 되었다. 앨퍼는 제너럴 일렉트릭(General Electric) 사의 연구소에서, 허먼은 제너럴 모터스(General Motors) 사의 연구소에서 일하게 되면서 우주론보다는 유체 역학이나 고체 물리와 같은 분야에서 일하게 되었다. 이렇게 대폭발 이론 형성에 관여했던 사람들이 거의 대부분 우주론에서 멀어지면서 대폭발 이론은 세인들의 관심에서 멀어졌던 것이다. 1960년대에 대폭발 이론이 다시 각광을 받기 시작했을 때, 이 우주론에서 핵심적인 역할을 했던 사람들은 창시자들이 아니라 완전히 새로운 세대의 과학자들이었다.

본디, 골드, 호일 등이 1948년 제창한 정상 상태 우주론 역시 10년 동안은 내용상 크게 변하지 않는 상태로 발전했다. 1950년대에 정상 상태 우주론의 발전에 가장 커다란 기여를 한 사람은 팽창 우주론을 창시한 사람들이 아니라 1951년 새로운 형태의 정상 상태 우주론을 제안한 윌리엄 헌터 맥크리아(William Hunter McCrea, 1904~1999년)였다. 그는 호일의 이론을 에너지 보존 법칙과 일반 상대성 이론에 더욱 부합하게 하려고 노력했다. 이 과정에서 맥크리아는 연속적인 물질의 창조와 아인슈타인의 장 방정식을 서로 부합하게 하기 위해 음의 우주 압력(negative cosmic pressure) 혹은 음의 에너지 우주 응력(negative-energy cosmic stress)의 존재를 제안하기도 했다.

1959년 본디와 레이먼드 아서 리틀턴(Raymond Arthur Lyttleton, 1911~1995년)은 이러한 음의 응력에 대한 물리적 근원을 설명하기 위해 우주에 초과 전하의 형성을 바탕으로 하는 전기적 우주(Electrical Universe)라는 개념을 제안했다. 즉 물질이 생성됨에 따라 아주 작은 양의 우주 초과 전하(universal charge excess)가 형성되어 이것들의 상호 작용으로 우주의 팽창을 설명할 수 있다는 것이다. 하지만 이 전기적 우주론은 곧이어 실시된 정밀한 실험으로 반박되어 1960년 이후에는 급격히 쇠퇴하게 되었고, 결과적으로 정상 상태 우주론 역시 과학자들 사이에서 의심을 받게 되었다.

한편 1960년을 전후해서 우주론을 둘러싼 과학 철학적 논쟁도 나타났다. 1961년 옥스퍼드의 철학자 호레이스 로마노 하레(Horace Romano Harré, 1927년~)는 완전한 우주적 원리를 바탕으로 하고 있는 정상 상태 우주론이 지닌 과학적 성격에 대해 의문을 제기했다. 하레는 본디와 골드가 제안한 완전한 우주론적 원리와 같은 균일성 가정에 기초를 둔 연역적 방법을 '불명확한 일반화 방법(the method of indefinite generalization)'이라고 불렀다. 하레의 목적은 우주 생성론에 관련된 모든 이론들은 비과학적이라는 것을 지적하는 것이었다.

반증 이론으로 유명했던 카를 포퍼의 과학 철학 역시 우주론적 논쟁의 중요한 부분을 차지하고 있다. 이미 1934년『탐구의 논리(*Logik der Forschung*)』라는 이름으로 독일어로 출판된 포퍼의 책은 1959년『과학적 발견의 논리(*The Logic of Scientific Discovery*)』라는 이름으로 영어로 번역·출판되면서 영미 철학계에 급속도로 소개되었다. 포퍼의 이론에서는 반증 가능성의 유무가 과학과 비과학을 구분하는 중요한 구획 기준이 된다. 정상 상태 우주론을 옹호하는 사람들은 자신들이 주장하는 우주론이 다른 우주론보다 우주에서 반박 가능한 관찰 증거를 제시할 가능성이 크다는 점에서 포퍼의 프로그램을 환영했다.

포퍼 자신은 1950년대에 우주론과 관련된 철학적 논쟁에는 끼어들지 않았다. 포퍼는 일찍이 프리드만과 르메트르의 우주론을 배우면서 대폭발 이론에 매료되었다. 하지만 시간의 시작을 설명할 수 없다는 것과 많은 보조 가설 때문에 반박 불가능한 이 대폭발 이론을 싫어했다. 포퍼는 대폭발 이론보다는 정상 상태 우주론을 더욱 선호하게 되었지만, '완전한 우주론적 원리' 자체를 좋아한 것은 아니었다.

재부상하는 대폭발 이론

1961년 칼 헨리 브랜스(Carl Henry Brans, 1935년~)와 로버트 헨리 디키 (Robert Henry Dicke, 1916~1997년)는 일반 상대성 이론보다는 마흐의 법칙의 관점에 더욱 충실한 새로운 중력 이론을 시도했다.[9] 헝가리 물리학자 롤란드 폰 외트뵈시(Roland von Eötvös, 1848~1919년)와 그의 공동 연구자들은 1888년부터 1922년까지 행한 정밀한 실험을 통해 중력 질량과 관성 질량의 비를 10^8의 비율까지 정확하게 측정했다. 브랜스와 디키는 이 비율에 대한 측정을 10^{11} 이하 수준으로 향상시켰다. 무엇보다도 브랜스와 디키는 여기서 중력 상수가 시간에 따라 변화한다고 주장한 폴 에이드리언 모리스 디랙(Paul Adrien Maurice Dirac, 1902~1984년)의 주장을 다시 부활시켰다.

1937년 디랙은 우주의 질량, 중력 상수, 우주의 허블 나이 이 세 기본 우주 상수가 서로 연관되어 있다는 것에 주목하고 거대 수 가설 (large number hypothesis)[10]에 바탕을 둔 우주론을 언급하면서 중력 상수를 비롯한 물리의 기초 상수들이 시간에 따라 변한다고 주장한 적이 있었다. 디랙의 논의를 더욱 발전시켜 브랜스와 디키는 중력 상수가 우주가 팽창하면서 1년에 1000억분의 2의 비율로 아주 조금씩 작아진다는 주장을 제기했다. 브랜스와 디키의 이론은 일종의 대폭발 이론이었지만, 르메트르와 가모브의 이론과는 다른 전통에 속하는 것이었다. 무엇보다도 브랜스와 디키는 1961년의 논문에서 가모브, 앨퍼, 허먼 등이 행했던 과거의 연구에 대해 언급하지 않았다. 하지만 브랜스와 디키의 이 비정통 이론은 태초의 우주에서 발생하는 복사에 대해 관심을 갖게 함으로써 대폭발 이론의 부상과 간접적인 연결을 맺고 있었다.

한편 우주 속 헬륨의 분포에 대한 논의는 정상 상태 팽창 우주론과 대폭발 이론 사이에서 대폭발 이론에 유리하게 작용했다. 1964년 호일과 로저 론 테일러(Roger John Taylor, 1929~1997년)는 은하에 존재하는 헬륨의 비율이 정상적인 별에서 생성되었다고 하기에는 너무 많다는 것에 주목했다. 즉 무거운 원소들은 전체 원소 질량의 2퍼센트쯤 되기 때문에 별의 내부에서 핵반응을 통해 생성되었다고 생각할 수 있지만, 헬륨의 경우는 우주 내의 정상적인 별에서 생성되었다고 하기엔 너무 많다는 것이었다. 이 문제를 해결하기 위해 호일과 테일러는 헬륨이 정상적인 상태가 아닌 아주 극적인 상태에서 만들어졌다고 가정해야 한다고 지적했다. 즉 우주가 고온, 고압 단계를 거쳤거나 혹은 아주 거대한 물체가 지금까지 생각되던 천체 물리학적 진화 과정에서 더 많은 부분을 차지했다고 가정해야 이 문제가 해결된다는 것이었다. 물론 정상 상태 우주론을 지지했던 호일은 거대한 물체의 존재를 선호했고, 테일러는 고온·고압의 초기 단계를 선호했다.

1960년대에 이르러 가모브의 대폭발 이론을 입증하는 우주 배경 복사가 발견되면서 대폭발 이론이 정상 상태 우주론을 누르고 우주론 분야에서 지배적인 학설로 부상했다. 우주 배경 복사에 대한 이론적인 차원의 논의는 1948년부터 몇 번 있었지만, 1950년대를 통해서 우주 배경 복사를 찾으려는 연구 프로그램은 사실상 중단된 상태였다. 우주 배경 복사는 우주론과는 직접적으로는 연관 없이 발전했던 전파 천문학 분야에서 발견되었다. 1965년 미국 벨 전화 연구소(Bell Telephone Laboratory)에 있는 아노 앨런 펜지어스(Arno Allan Penzias, 1933년 ~)와 로버트 우드로 윌슨(Robert Woodrow Wilson, 1936년~)은 극히 예민한

잠음을 제거하기 위해서 마이크로파 탐지 시험을 하던 중 우주의 모든 방향에서 밤낮과 계절이 상관없이 관측되는 복사선을 발견했다.

1964년 여름과 1965년 2월 프린스턴 대학교의 디키는 뉴저지 주 크로포드 힐에 있는 벨 전화 연구소에서 이미 우주 배경 복사와 관련된 측정을 하는 것을 모른 채로 자신의 동료들인 필립 제임스 에드윈 피블스(Phillip James Edwin Peebles, 1935년~), 피터 롤(Peter G. Roll), 데이비드 토드 윌킨슨(David Todd Wilkinson, 1935~2002년) 등에게 우주 배경 복사를 측정해 보라고 제안했다.

1965년 3월 초에 제출한 논문에서 디키와 피블스는 뚜렷한 실험적 증거가 없이 단지 정성적으로 논의를 전개했다.[11] 이때 프린스턴 연구 팀은 스스로 실험적 결과를 얻기 전에 자신들이 찾으려는 복사에 관한 증거를 근처에 있는 벨 전화 연구소의 과학자들이 발견했음을 알게 되었다. 즉 당시에 디키는 우주 배경 복사를 확인할 이론은 있었지만 그것을 뒷받침해 줄 증거를 얻지 못한 상태였고, 펜지어스는 이론에 대해서는 모르는 채로 실험 결과만을 확보하고 있었던 것이다. 그리하여 프린스턴 연구 팀의 이론적 해석이 더해져, 벨 전화 연구소의 연구 팀이 발견한 복사선은 초기의 우주 팽창 과정에서 생겨나서 우주의 팽창과 함께 변화되어 현재의 마이크로파로 지구에서 관찰된 것으로 판명되었다.[12] 디키, 피블스, 롤, 윌킨슨 등이 펜지어스와 윌슨의 측정을 대폭발 이론에 입각해서 해석함으로써, 벨 전화 연구소에서 아무 생각 없이 발견한 우주 배경 복사는 결국 가모브의 대폭발 이론을 지지하는 결정적인 증거로 대다수의 천문학자에게 받아들여지게 되었다.

1981년 앨런 하비 구스(Alan Harvey Guth, 1947년~)는 초기 표준 팽창 우주론이 지니는 문제점을 보완하기 위해서 '인플레이션 시나리오

(inflation scenario, 급팽창 시나리오)'라는 새로운 우주 모형을 발표했다.[13] 구스가 생각하기에 표준 팽창 우주론의 문제점으로서는 첫째, 당시의 표준 우주론은 인과적으로 연결되지 않은 우주 내의 여러 지역들이 거의 동일하며, 특히 동시에 같은 온도라는 것을 충분히 설명하지 못하고 있었다. 둘째, 우주가 현재 우리가 관찰하는 것처럼 균일하기 위해서는 우주 초창기의 허블 상수가 엄청나게 정확히 조절되어야 했다. 구스는 표준 우주론이 지니는 문제점들은 우주가 초창기에 팽창할 때 기하급수적으로 팽창해서 10^{28}배나 그 이상으로 과냉각되었다는 것을 가정하면 해결될 수 있다고 주장했다. 구스의 이 시나리오를 받아들인다면 우리의 우주는 초기 대폭발이 있을 때 아주 극적인 사건을 겪은 뒤에 오늘과 같이 팽창을 계속하고 있는 것으로 추정된다.

1998년 미국과 오스트레일리아의 두 천문학 연구팀은 서로 독립적으로 우주 팽창률에 대한 놀라운 결과를 발표했다. 이들은 모두 은하 거리에 대한 지표로서 거의 같은 크기의 고유 최고 광도를 지니고 있기 때문에 다양한 은하들의 거리를 비교하는 데 유용하게 쓰이는 Ia형 초신성들을 이용했다. 미국 캘리포니아 로런스 버클리 국립 연구소의 사울 펄무터(Saul Perlmutter, 1959년~)가 이끄는 초신성 우주론 프로젝트(Supernova Cosmology Project)에서는 42개의 Ia형 초신성들의 겉보기 광도와 적색 이동을 측정했다. 한편 경쟁자인 오스트레일리아의 브라이언 슈미트(Brian Schmidt, 1967년~)가 이끄는 하이-z 초신성 탐색 팀(High-z Supernova Search Team)은 16개의 Ia형 초신성에 대한 연구를 바탕으로 자신들의 결론을 도출했다.

이 두 연구팀의 관측 결과는 놀랄 만한 것이었다. 즉 우주의 팽창률은 작아지는 것이 아니라 오히려 약간 가속을 하고 있는 것으로 나타났다. 우주가 이렇게 계속 가속하며 팽창하는 이유는 우주에 아직 우리가 모르는 엄청난 에너지원이 있기 때문이라고 추정할 수 있다. 이들의 연구는 21세기에 들어와서 수수께끼의 에너지인 암흑 에너지(dark energy)와 그에 대응하는 암흑 물질(dark matter)에 대한 관심으로 이어졌다. 2011년 펄무터와 슈미트는 애덤 가이 리스(Adam Guy Riess, 1969년~)와 함께 우주 가속 팽창을 발견한 공로로 노벨 물리학상을 받았다.

우주론과 함께 발전한 통일장 이론과 초끈 이론

한편, 아인슈타인의 일반 상대성 이론이 나온 뒤 4차원을 넘어선 5차원 시공간 좌표계를 사용해서 물리학을 통일하려는 시도가 다각도로 행해졌다. 1921년에 쾨니히스베르크(현 러시아 칼리닌그라드)의 테오도르 프란츠 에두아르트 칼루차(Theodor Franz Eduard Kaluza, 1885~1954년)는 5차원 좌표를 이용해서 전자기 현상과 중력 현상을 통일하려고 했다.[14] 1926년에는 코펜하겐에 있던 오스카르 베냐민 클라인(Oskar Benjamin Klein, 1894~1977년)이 칼루차의 5차원 상대성 이론을 도입해서 당시에 새롭게 형성된 양자 역학을 설명하려는 시도를 했다.[15] 이들의 시도는 칼루차-클라인 이론이라는 이름으로 학계에 알려졌다.

이런 다차원의 통일 이론은 1970년대에 초끈 이론(superstring theory)으로 구체화되면서 우주의 모든 힘과 입자를 통일하려는 이론으로 발전했다. 초끈 이론이란 1974년 프랑스의 조엘 세르크(Joël Scherk, 1946~1980년)와 캘리포니아 공과 대학의 존 슈워츠(John Schwarz, 1941년~)가 제안해 1984년을 전후로 슈워츠와 런던 대학교 퀸 메리 칼리지의 마이클 보리스 그린(Michael Boris Green, 1946년~)이 골격을 마련한 이론이다. 이들은 이 이론에서 우주에 존재하는 네 가지 종류의 힘과 수많은 입자들의 구조를 통일하기 위해서 10차원의 시공간 구조를 가진 초끈의 존재를 제안했다. 끈 이론은 1990년대 중반에 이르러 에드워드 위튼(Edward Witten, 1951년~) 등에 의해 11차원의 구조를 가진 M 이론으로 발전했다.[16]

중력, 전자기력, 강력, 약력 등 우주에 존재하는 모든 힘을 통일적으로 이해하려는 이론들을 확인하는 실험 장치를 만드는 것은 지구상에서는 당분간 어려워 보인다. 이 분야의 연구는 주로 태초의 우주에 대한 연구나 혹은 수학적 아름다움과 정합성에 의존하는 경향을 띠고 있다. 따라서 실험적인 뒷받침이 없는 상태에서 이 분야가 계속 발전할 수 있느냐에 대해서도 많은 논란이 제기되고 있다. 아무튼 과학자들은 자연의 모든 힘과 상호 작용을 통일적으로 이해하는 통일 이론을 계속 추구하고 있다.

외계 생명을 찾는 노력

1996년 8월 미국 텍사스 주 휴스턴에 있는 미국 항공 우주국(National Aeronautics and Space Administration, NASA) 존슨 우주 센터의 데이비드 맥케이(David McKay)와 스탠퍼드 대학교의 리처드 닐 제어(Richard Neil Zare, 1939년~) 연구 팀은 36억 년 전에 존재했던 화성의 생명체 흔적을 암시하는 상당히 신빙성이 있는 증거를 발견했다고 보고했다. 1.9킬로그램의 이 운석은 참으로 오래되고 복잡한 우주의 역사를 간직하고 있었다. 우선 이 운석은 45억 년 전 화성과 같이 태어났고, 36억 년 전에 화성을 강타한 다른 운석의 충격으로 인해 쪼개져서 물과 광물이 흡수되어 화석화되었다. 그 뒤 1600만 년 전에 이 운석은 거대한 유성의 충격을 받고 화성에서 떨어져 나와 1만 3000년 전에 지구에 도달했다. 마침내 1984년 이 운석은 남극의 빙하 속에서 발견되었고, 1976년 화성에 착륙한 바이킹 우주선이 알아낸 화성의 화학 조성과 일치한다는 것이 1993년 확인됨으로써 화성에서 왔음이 분명해졌다.

NASA의 후원을 받은 연구진은 고해상도의 주사 전자 현미경과 레이저 질량 분석기를 사용해서 운석을 연구한 끝에, 마침내 화성에 박테리아와 같은 미생물의 활동으로 생긴 몇몇 광물질을 함유한 최초의 유기 화합물이 있었다는 증거를 발견했다고 보고했다. 많은 과학자들은 이들이 제시한 증거가 아직은 태고 시절 화성에 생명체가 존재했다는 결정적인 증거는 되지 못한다고 하면서 회의적인 반응을 보이기도 했지만, 이 운석의 증거는 20세기 말 우주 생명체에 대한 관심을 다시금 고조시키는 역할을 했다.

외계 생명체에 대한 인간의 관심은 오랜 역사를 지니고 있다. 이미 데모크리토스(Democritos, 기원전 460~기원전 370년), 레우키포스(Leucippos, ?~?), 에피쿠로스(Epicouros, 기원전 341~기원전 270년)와 같은 고대 원자론자들은 무한한 수의 원자의 존재를 믿었으며, 이에 따라 무한한 수의 세계가 존재한다고 주장했다. 고대 그리스 철학을 대표하는 아리스토텔레스(Aristoteles, 기원전 384~기원전 322년)는 다수 세계의 존재를 부정했지만, 원자론자들이 지녔던 다수의 세계에 대한 생각은 로마의 시인이었던 티투스 루크레티우스 카루스(Titus Lucretius Carus, 기원전 95~기원전 55년)를 통해 전 유럽으로 퍼져 나갔다. 루크레티우스는 기원전 56년에 쓴 책 『사물의 본질에 관해서(*De rerum natura*)』에서 에피쿠로스의 원자론을 지지하면서 하늘 저편에 또 다른 세계가 존재하고 그곳에 다른 종

족의 인간과 야수 들이 살고 있다고 주장했다.[17]

중세를 거치는 동안 아리스토텔레스의 철학은 높은 권위를 누렸으며, 따라서 대부분의 철학자들은 아리스토텔레스의 주장에 따라 우주의 다원성을 부정했다. 하지만 1277년 아리스토텔레스 철학 가운데 기독교 교리와 배치되어 문제가 되는 219개 조항에 대한 금지령이 내려진 뒤 유럽에서는 아리스토텔레스 철학에서 벗어나려는 분위기가 조성되어 가설적이나마 세계의 다원성을 주장하는 사람이 나타나기도 했다. 그 대표적인 인물로는 파리 대학교의 니콜 오렘(Nicole d' Oresme, 1325~1382년)을 들 수 있는데, 그는 우주의 다원성과 함께 세계 밖에 진공이 존재할 가능성을 이야기하기도 했다.

르네상스 시기에 중세적인 아리스토텔레스-프톨레마이오스 우주관을 비판하고 코페르니쿠스의 태양 중심설을 지지했던 조르다노 브루노(Giordano Bruno, 1548~1600년)는 우주 속 생명체의 존재를 주장하고 나섰다. 그는 코페르니쿠스의 우주론을 받아들이면서 우주의 무한성과 세계의 다원성도 함께 주장했다. 세계의 다원성에 대한 그의 주장은 곧 무한한 우주 어딘가에 지구와 같은 세계가 존재하며 그곳에 인간과 같은 지적 생명체가 존재할지도 모른다는 주장으로 이어졌다.

1610년 갈릴레오 갈릴레이(Galileo Galilei, 1564~1642년)는 자신이 만든 망원경을 이용해서 달을 관찰한 뒤 달 표면이 지구와 다르지 않음을 확인했다. 이어 케플러는 1634년 자신의 책, 『꿈(Somnium)』에서 달에 거주민이 있을지 모른다고 생각했으며, 1638년 영국 국교회 주교인 존 윌킨스(John Wilkins, 1614~1672년)는 『달 세계의 발견(Discovery of a World in the Moone)』이라는 책에서 달에 대기가 있고 거주민이 살고 있다고 강히게 주장했다. 르네 데카르트(René Descartes, 1596~1650년)의 소용돌이 우주관도 추종자들을 거쳐 외계 생명체의 존재에 관한 논의로 이어졌다. 1686년 데카르트주의자인 베르나르 르 보비에 드 퐁트넬(Bernard le Bovier de Fontenelle, 1657~1757년)은 『세계의 다원성에 관한 대화(*Entretriens sur la pluralité des mondes*)』라는 책에서 태양계 이외에도 생명체가 존재할 수 있다고 주장했다. 뉴턴의 체계가 도입된 이래로 세계는 무한한 우주로 확대되었고, 이에 따라 18세기에 이르면 다양한 뉴턴주의적 우주론이 등장하게 된다. 그 대표적인 것으로는 칸트-라플라스 성운설을 들 수 있다.

19세기 말부터 화성에는 생명체가 존재한다는 추측이 등장하기 시작했다. 1877년 이탈리아의 천문학자인 조바니 비르지니오 스키아파렐리(Giovanni Virginio Schiaparelli, 1835~1910년)는 화성을 관찰하다가 소위 수로(canali)를 발견했다. 그가 발견한 수로는 곧 영어로 운하(canal)로 잘못 번역되어 고등 생명체가 화성에 운하를 건설했을지도 모른다는 추측이 전 세계적으로 퍼져 나갔다. 특히 미국의 천문학자 퍼시벌 로런스 로웰(Percival Lawrence Lowell, 1855~1916년)은 스키아파렐리의 발견에 자극을 받아 이 문제에 대한 광범위한 연구를 수행했다. 로웰은 죽어 가는 화성에 사는 고등 생명체가 극지방의 물을 이용하기 위해서 광범위한 관개 시설을 건설했다고 생각했다. 즉 화성의 '운하'는 관개 시설 건설로 만들어진 경작 식물의 띠에 해당한다는 것이다.

로웰의 주장은 오랫동안 많은 반대에 부딪히다가, 1969년 화성 탐사선 마리너 6호와 7호가 화성 표면의 20퍼센트를 고해상도 사진으로 촬영해 화성에 고등 생명체가 존재하지 않음을 밝힘으로써 마침내 부정되었다. 한편 1898년 영국의 소설가 허버트 조지 웰스(Herbert George Wells, 1866~1946년)는 화성인이 지구를 공격한다는 내용의 과학

소설, 『우주 전쟁(The War of the Worlds)』을 출판해서 우주 로켓의 아버지로 불리는 로버트 허칭스 고더드(Robert Hutchings Goddard, 1882~1945년)를 비롯한 많은 사람들의 상상력을 고취시키기도 했다.[18]

우주 탐사가 진행되면서, 태양계 내 생명체의 존재에 대한 구체적인 탐사도 함께 시작되었다. 이런 탐사는 오랫동안 관심의 대상이었던 화성을 중심으로 이뤄졌다. 1976년 화성에 착륙했던 두 대의 바이킹 탐사선은 지구상의 황무지나 사막 같은 곳에서 서식하는 생물들을 탐지할 수 있는 검출기를 탑재해 몇몇 실험을 했다. 우선 지구에서 가져간 영양분이 있는 유기물을 화성 표면의 토양에 섞었을 때 주변 공기와 토양 사이에 교환되는 기체의 양을 측정했으며, 화성 토양에 서식하는 생물이 음식을 섭취한 뒤 방사성이 있는 이산화탄소를 방출하는가를 확인했다. 마지막 실험은 화성의 토양에 방사능이 있는 이산화탄소를 쐬어 미지의 미생물이 이것을 섭취하는지를 알아보는 것이었다. 당시에 바이킹 탐사선의 생명체 관련 프로젝트에 참여한 과학자들은 처음에는 실험 결과가 긍정적으로 나와서 무척 고무되었다. 하지만 이런 반응은 꼭 생명체가 존재하지 않더라도 다양한 조건 아래에서 가능하다는 반론이 제기되면서 점차로 화성의 생명체 존재에 대해서는 회의적인 견해가 지배하게 되었다.

1996년 화성에서 온 것으로 추정되는 운석에서 유기 물질이 발견되었다는 소식은 화성의 생명체에 대한 관심을 다시금 부각시켰다. 1997년 7월 4일 화성 대기권에 진입한 탐사선 패스파인더호는 화성 표면에 착륙한 뒤 화성의 암석, 토양, 먼지 등을 지질학적, 지구 화학적으로 연구하기 위해 컬러 카메라와 특수 분광기를 탑재한 배회 로봇인 소저너를 배치했다. 역사상 최초로 다른 행성에 배치된 동력 징치로 기록되게 된 이 소저너는 과거에 홍수로 쓸려 나간 것으로 추정되는 암석이 산재한 화성 평원을 탐사했다.

패스파인더호와 소저너는 83일간을 작동하면서 1만 6000장의 사진과 화성의 지질, 화학 조성 및 대기에 대한 방대한 양의 정보를 모아 지구로 전송했다. 패스파인더호와 소저너가 전송한 영상에 따르면 화성 표면의 암석 가운데에는 역암과 같은 퇴적 물질이 있는데, 이는 과거 화성 표면에 물이 흘렀다는 것을 말해 준다. 이 장치들이 모은 자료를 바탕으로 과학자들은 초기 화성이 생명을 부양하는 데 필요한 조건을 갖추고 있었는가를 면밀히 조사했다. 1997년 마스 글로벌 서베이어호는 화성 극궤도 상공 평균 380킬로미터 위를 돌면서 화성 전역에 대한 고해상도 지도를 작성했다. 글로벌 서베이어호가 보내온 자료를 정밀 분석한 결과 과학자들은 2000년에 화성에서 실제로 물이 흘렀던 흔적을 발견하기도 했다.

2000년 이후에도 물이 만든 것으로 추정되는 다양한 지형들이 화성에서 관측되었다. 즉 빙하에 깎인 협곡이나 홍수와 같은 대규모 범람으로 만들어진 지형들이 실제로 발견되었다. 이로써 과거에 화성에 물이 있었고, 현재에도 액체는 아니더라도 고체 상태로는 물이 존재할 가능성이 커지고 있다.

태양계의 거대 행성인 목성의 위성에 대한 연구에서도 생명체의 부양 가능성에 대한 탐사가 이뤄졌다. 1997년 2월 목성의 위성 가운데 하나인 유로파(Europa) 위성에 접근한 갈릴레오 탐사선은 목성의 위성에 생명체가 존재할 수 있는 증거를 보내왔다. 갈릴레오 탐사선이 근접 촬영한 영상에 따르면 유로파 위성은 물로 이뤄진 바다 혹은 목성의 강한 조석 작용으로 발생한 열 에너지로 녹은 눈을 덮고 있는 얇은 얼음 표면으로 이뤄져 있었다.

현재 과학자들은 지구 심해의 열수공 주변에서 생존하는 생명체를 발견한 바 있다. 만약 목성의 거대한 조력으로 얼음이 가열되고 이것으로 인해 위성 표면 아래에 물이 생긴다면, 이곳에는 생명을 부양할 수 있는 최소한의 조건이 마련된다. 하지만 생명체는 물 이외에도 유기 물질과 지속적인 에너지원이 확보되어야만 존재할 수 있다. 따라서 유로파 위성 내부에 물이 존재하고, 갈릴레오 탐사선이 목성의 다른 위성인 가니메데와 칼리스토에서 이미 검출했던 종류의 유기 화합물을 유로파 위성도 지니고 있다면, 유로파 위성은 태양계에서 외계 생명체가 존재할 가능성이 있는 가장 유력한 후보 가운데 하나가 될 것이다. 갈릴레오 탐사선은 2003년 9월 21일 목성의 대기권에서 소멸할 때까지 유로파에 11번이나 근접 비행을 하면서 외계 생명체의 존재 가능성과 관련된 많은 정보를 보내왔다.

태양계 밖에 존재하는 행성에 대한 연구도 외계 생명체에 대한 연구와 밀접한 연결을 맺고 있다. 과학자들은 태양계 밖에 존재하는 주계열별 주위를 돌고 있는 암석 성분의 고체 행성 가운데, 생명 부양의 조건인 물과 수증기를 가질 수 있는 표면을 지닌 행성을 계속 탐사하고 있다. 천문학자들은 태양계 근처의 별들에서 보이지 않는 행성들의 중력으로 별들의 속도에 작은 주기적 변이가 생김을 관찰함으로써 이 별들의 주위를 도는 행성들을 하나둘 발견하기 시작했다. 1998년 샌프란시스코 주립 대학교의 제프리 마시(Geoffrey Marcy, 1954년~) 연구진은 태양에서 약 15광년 떨어진 글리스 876 별 주위를 돌고 있는 행성을 발견했다. 이 행성은 태양과 수성 사이의 거리보다 가깝게 글리스 876 주위를 61일을 주기로 공전하는데, 행성의 표면 온도는 영하 75도로 추

정된다. 이 행성 표면 아래에는 액체 방울의 형태로 물이 존재하는 것
으로 추정되며 생명체가 존재할 최소한의 조건을 갖추고 있다.

행성들은 스스로 빛을 내는 별보다 어둡기 때문에, 과학자들은 현
재 행성이 중심별에 미치는 중력의 효과로 중심별의 스펙트럼에서 나
타나는 변동을 조사하는 식의 간접적인 방법을 활용하고 있다. 앞으
로 행성을 직접 찾기 위한 최첨단 망원경이 설치되면 태양계 밖에 존
재하는 행성에서 물, 산소, 메탄 등 생명이 존재하는 데 필요한 필수 원
소를 확인할 가능성도 커질 것이다.

한편 1960년대부터 미국의 천문학자 프랭크 도널드 드레이크(Frank
Donald Drake, 1930년~)는 외계 고등 생명체가 존재할 경우 이들과 서로 교
신할 가능성을 추적하는 계획을 구체적으로 세워 나갔다. 드레이크
는 우주에 고등 생명체가 존재할 확률을 추정할 수 있는 방정식을 제
안하고, 자신의 이름을 따서 '드레이크 방정식'이라 명명했다. 드레이
크의 제안에 영향을 받아 NASA의 에임스 연구소와 캘리포니아 공과
대학의 제트 추진 연구소(Jet Propulsion Laboratory, JPL)에서는 전파를 이
용해서 외계 생명체를 탐사하는 '세티(Search for extraterrestrial intelligence,
SETI)' 계획을 추진하기도 했다. 비록 이런 모든 계획이 아직 확실한 증
거를 포착하지는 못했지만, 외계 생명체의 존재에 대한 인류 모두의
관심을 대변한 것이라고 할 수 있다.

인간 원리를 둘러싼 논쟁

우주 속의 생명에 관한 논의는 우주론과 연결되면서 인간 원리
(anthropic principle)라는 개념으로 발전했다. 인간 원리란 1961년경 로버

트 헨리 디키 등이 간접적으로 도입하고 1970년대를 통해서 많은 우주론 학자들과 철학자들이 참여하면서 발전한 개념이었다. 이 원리는 신이 우주를 디자인했다는 소위 '신적 원리(theistic principle)'와 대응되는 개념으로 우주의 심오한 구조와 근본적인 성질들은 현재 지구상에 인간이 존재해서 우주를 관찰하고 있다는 엄연한 사실과 관련이 있다는 가정을 기본으로 한다.

1961년 프린스턴의 물리학자 디키는 기초 물리 상수들 사이 상관관계의 일치성에 대한 아서 에딩턴, 폴 디랙, 파스쿠알 요르단 등의 작업을 평가하면서 생명은 우주의 역사 속에서 아무 때나 존재할 수 있는 것이 아니라 어떤 일정한 시간이 지나서야 나타난다고 주장했다. 1937년 디랙은 우주의 질량, 중력 상수, 우주의 허블 나이라는 세 기본 우주 상수가 서로 연관되어 있다는 것에 주목하고 이 거대 수 가설에 바탕을 둔 우주론을 언급하면서 중력 상수를 비롯한 물리의 기초 상수들이 시간에 따라 변한다고 주장했다.

이런 디랙의 주장에 반박하면서 디키는 우리에 의해 관찰된 우주의 나이는 마구잡이가 아니라 물리학자들이 존재한다는 엄연한 사실로 인해 제한된다고 주장했다. 디랙은 디키의 주장에 대한 간단한 반박문을 디키가 논문을 발표한 《네이처》의 바로 다음 글에 기고했다. 그는 만약 디키의 주장처럼 우주 상수가 변하지 않는다면 생명이 존재할 수 있는 행성은 우주의 역사상 아주 제한된 시간에만 가능하다고 주장했다. 즉 디랙은 자신의 가정에 따르면 생명은 미래에 무제한으로 존재할 수 있고, 그 자신은 이런 무한한 생명의 가능성을 선호한다고 주장했다.

디랙의 반대에도 불구하고 디키의 주장은 10여 년 뒤에 '인간 원리'

라는 이름으로 다시 부활했다. 1973년 케임브리지 대학교 물리학자인 브랜던 카터(Brandon Carter, 1942년~)는 디키의 생각을 더욱 확대해서 인간 원리가 우주론에서의 거대 수 일치(Large Number Coincidences)를 예측하는 데 이용될 수 있다고 주장했다. 카터는 "우리가 관찰할 수 있는 것은 관찰자로서 우리가 존재하는 데 필요한 조건에 의해 제한을 받아야만 한다."라고 주장하면서 이런 생각을 '약한 인간 원리(weak anthropic principle)'라고 불렀다. 예를 들어 우주의 팽창률, 즉 허블 나이는 우리가 존재하고 있다는 사실에 의해 제한된다.

카터는 더 나아가 허블 상수 이외의 다른 우주 상수도 고려해서 우주는 우주 창조 후 얼마가 지나면 관찰자가 창조된다는 사실을 받아들어야만 한다는 소위 '강한 인간 원리(strong anthropic principle)'도 제창했다. 예를 들어 중력 상수는 생명체의 존재에 아주 결정적인데, 왜냐하면 중력 상수가 약간이라도 작으면 적색의 별들만 생성되고, 약간이라도 크면 뜨거운 청색 별들을 만들어 생명을 부양할 수 있는 행성을 가지지 못하기 때문이다. 이런 인간 원리는 우주의 어느 위치도 특권적인 지위를 지니지 못한다는 소위 코페르니쿠스 원리에 대한 반발이라고 할 수 있다. 우주의 어느 곳도 특권적 지위를 지니지 못한다는 것은 이미 정상 상태 우주론이 가정했던 '완전한 우주론적 원리'와 일맥상통하는 것이었다. 1979년 버나드 카(Bernard J. Carr)와 마틴 존 리스(Martin John Rees, 1942년~)는 인간 원리가 물리학에서 대부분의 기본 상수와 연결되어 있다고 주장하면서, 우주 속에서 진화하는, 우리가 알고 있는 생명의 가능성은 몇몇 기본 물리 상수에 의존하며, 어떤 면에서는 이 수치들에 아주 민감하게 관련되어 있다고 주장했다.[19]

인간 원리는 그것을 극단적으로 적용할 경우에는 인간 중심주의적 견해로 빠질 수 있다. 1986년 존 데이비드 배로(John David Barrow, 1952년 ~)와 프랭크 제닝스 티플러(Frank Jennings Tipler, 1947년~) 두 물리학자는 『우주론적 인간 원리(*The Anthropic Cosmological Principle*)』라는 방대한 책에서 인간 원리를 자세히 다루었다.[20] 또한 그들은 물리학, 천체 물리학, 우주론, 양자 역학, 생화학 등에서 목적론이 어떤 역할을 하는지를 다루었다. 하지만 배로와 티플러가 이 책에서 지구 이외에 생명체가 존재하지 않는다는 것을 주장하면서 인간 원리를 사용했기 때문에, 인간 원리는 점점 우주에 대한 인간 중심주의적 견해라는 어감을 갖게 되었다.

1989년에는 존 앤드루 레슬리(John Andrew Leslie, 1940년~)가 20여 년에 걸친 인간 원리에 대한 철학적 논의를 정리했다. 그는 우주가 아주 세밀하게 조절되어 있기 때문에 아마도 우리는 신이 존재한다는 가정을 받아들이거나 혹은 아주 다양한 우주가 존재할 수 있다는 것을 받아들여야만 한다고 주장했다. 급기야 인간 원리는 우주의 설계 속에서 신의 뜻을 찾으려는 사람들에 의해서 신학적인 목적으로도 이용되었다. 결국 인간 원리에 내재된 가정이 동어 반복적이고 비논리적이며 부적절하다는 주장에도 불구하고 인간 원리에 대한 과학적 혹은 철학적 논쟁은 현재까지도 계속되고 있다.

6장 | 현대 생명 과학의 발전

　분자 생물학이란 말을 처음으로 사용한 사람은 1930년대에 록펠러 재단에서 자연 과학 분야의 지원을 책임졌던 워런 위버(Warren Weaver, 1894~1978년)였다. 1938년 그는 록펠러 재단이 중점 지원할 새로운 과학 분야를 가리키는 단어로 분자 생물학을 사용했다.[1] 록펠러 재단의 연구 기금이 분자 생물학이라는 새로운 학문 분야를 출현시키는 데 커다란 기여를 한 것은 사실이지만, 당시에 분명한 형태의 분자 생물학 분야가 있었던 것은 아니다. 1953년에 와서야 제임스 듀이 왓슨(James Dewey Watson, 1928년~)과 프랜시스 해리 콤프턴 크릭(Francis Harry Compton Crick, 1916~2004년)이 유전 현상의 메커니즘을 분자적 수준에서 밝혀냄으로써 분자 생물학을 구성하는 중심 개념이 확립되었고, 이에 따라 전문 분야의 성립에 중요한 요소인 체계화된 지식이 갖추어지기 시작했다.

분자 생물학의 출현에 기여한 다양한 연구 전통

　유전 인자로서의 DNA를 비롯해 오늘날 분자 생물학에서 나루는 주요 개념들이 형성되는 데에는 생물학적 분자 구조에 대한 연구, 세포 내의 대사와 유전에서 생물학적 분자들의 상호 작용에 대한 생화학적 연구, 생물 체내에서 세대 간 정보가 전달되는 과정에 관한 연구 등 다양한 연구 전통이 기여했다.[2] 우선 생물학적 분자의 구조에 대한 연구는 엑스선 회절의 발견과 함께 가능하게 되었다. 1912년 영국의 윌리엄 헨리 브래그(William Henry Bragg, 1862~1942년)와 그의 아들 윌리엄 로런스 브래그(William Lawrence Bragg, 1890~1971년)는 독일의 막스 폰 라우에와는 다른 방법으로 엑스선의 회절 현상을 발견했는데, 엑스선 결정학의 기술을 이용해서 여러 생물 분야의 구조를 밝히는 작업에는 이 부자의 연구가 밑거름이 되었다.

1930년대 후반에 이르러서는 존 데즈먼드 버널(John Desmond Bernal, 1901~1971년) 등을 통해 케라틴과 같은 단백질과 핵산의 구조를 밝히는 작업도 본격적으로 시작되었다. 생물학적 분자에 대한 영국의 이런 체계적인 연구 전통은 후일 헤모글로빈과 미오글로빈이라는 두 연관된 단백질의 3차원 구조를 밝힌 존 카우더리 켄드루(John Cowdery Kendrew, 1917~1997년), 막스 페르디난트 페루츠(Max Ferdinand Perutz, 1914~2002년)의 작업과 DNA의 구조를 밝히는 데 절대적인 공헌을 했던 모리스 휴 프레더릭 윌킨스(Maurice Hugh Frederick Wilkins, 1916년~)와 프랜시스 크릭의 작업으로 이어진다.

보어의 유산

한편 헝가리 태생의 과학자 헤베시 죄르지(Hevesy György, 1885~1966년)는 1913년 납의 동위 원소인 라듐 D를 보통의 납과 화학적으로 분리할 수 없다는 사실을 이용해서 라듐 D를 보통의 납과 섞어서 방사성을 추적하는 '방사성 지시자(radioactive indicator)'로 사용하는 방법을 고안해 냈다. 오늘날 '방사성 추적자(radioactive tracer)' 방법이라고 불리는 이 기술은 당시에는 방사성 동위 원소가 그리 많지 않아 중요성을 인정받지 못했다. 그러나 1931년부터 사이클로트론을 비롯해서 여러 입자 가속 장치가 고안되었고, 1934년 졸리오퀴리 연구 팀이 인공적으로 방사성 원소를 만드는 방법을 고안해 내었으며, 또한 1932년 채드윅이 발견한 중성자를 이용해서 더 쉽게 방사성 원소를 만들 수 있다는 것이 알려지면서 상황은 달라졌다. 1935년 코펜하겐의 보어 연구소에서 일하던 헤베시는 중성자를 쏘아서 인의 동위 원소인 인-32를 만들고, 이것으로 쥐의 생체 내 인 대사 작용을 연구하기 시작했다. 그리하여 방사성 추적자 방법은 생명체 내의 생화학적 과정을 연구하는 중요한 연구 수단으로 자리 잡게 되었다.

헤베시의 방사성 추적자 연구는 1930년대에 록펠러 재단의 연구 지원 정책에 효과적으로 부응하기 위해 연구소의 연구 방향을 생물학 쪽으로 재조정하려고 했던 보어의 연구 전략과도 관련되어 있었다.[3] 하지만 보어 자신도 생물학적 현상에 자신이 이뤄 낸 양자 역학적 성과를 적용하는 데 관심이 많았다. 이미 그는 1932년 "생명과 빛"이라는 제목의 강연에서 일종의 생물학적인 불확정성 원리를 제시한 바 있었다. 보어는 이 강연에서 유기체를 단순히 화학 작용으로만 설명하는 것은 원자를 전자의 위치로 설명하는 것과 마찬가지로 똑같은 어려움에 봉착할 것이기 때문에, 생물 현상은 기계적이거나 환원적인 방법이 아니라 더 높은 새로운 수준의 접근이나 개념으로 이해해야 한다는 것을 강조했다.

보어의 이런 생각은 그의 추종자인 막스 델브뤼크(Max Delbrück, 1906~1981년)에게 계승되는데, 그는 원래 괴팅겐의 보른 밑에서 박사 학위를 받은 원자 물리학자였다. 박사 학위를 받은 뒤 그는 록펠러 재단의 연구 장학생으로서 코펜하겐의 보어에게 가서, 당시 보어가 가지고 있었던 생각에 커다란 감명을 받았다. 델브뤼크는 1935년 「유전자 변이와 유전자 구조의 본성에 관해서」라는 아주 사색적인 논문을 발표하면서 자신의 연구 분야를 물리학에서 생물학으로 바꾸었다.

보어와 델브뤼크가 가졌던 생각은 1944년 말 슈뢰딩거가 쓴 『생명이란 무엇인가(*What is Life?*)』에서 더욱 구체적으로 논의되었다. 특히 이 책은 당시 원자 분야가 아닌 새로운 분야를 찾고 있던 젊은 물리학자들에게 커다란 영향을 미쳤다. 이 책에서 슈뢰딩거는 유전자를 하나의 정보 운반체로 간주해야 한다고 주장하면서, 생명체는 지금까지 확립된 물리 법칙을 벗어나지는 않지만 지금까지 알려지지 않았던 "또 다른 새로운 물리 법칙"도 포함해야 한다고 역설했다.

1유전자-1효소설의 확립

유전 물질인 핵산은 이미 1869년에 독일의 화학자 요한 프리드리히 미셔(Johann Friedrich Miescher, 1844~1895년)가 발견했지만, 당시에는 그것이 형질 유전에서 중요한 역할을 한다는 것은 전혀 인식되지 않았다. 유전자가 효소의 형성에 관계한다는 것은 20세기에 들어와서야 밝혀지기 시작했다. 1909년 아치볼드 에드워드 개로드(Archibald Edward Garrod, 1857~1936년)는 멘델의 유전자가 대사 과정 가운데 특정한 단계에 영향을 미친다는 점에 주목하고, 유전자가 효소의 생성과 그 기능에 영향을 준다는 가설을 제안했다. 즉 한 개의 유전자로 인해서 대사 과정에 필요한 효소 결핍 현상이 발생하고, 이것 때문에 소위 '대사성 질병'이 발생한다는 것이다.

그러나 개로드의 이 작업은 멘델과 마찬가지로 그 후 약 30년 동안 과학자들의 주목을 끌지 못했다. 당시 고전 유전학을 이끌던 토머스 헌트 모건(Thomas Hunt Morgen, 1866~1945년)과 롤린스 애덤스 에머슨(Rollins Adams Emerson, 1873~1947년) 등이 이러한 가설을 실험적으로 입증하기가 매우 어렵다는 것을 느끼고, 실험적 기술이 가능했던 유전 문제에만 연구를 집중했던 것이다. 즉 모건과 공동 연구자들은 생화학적 기초와는 상관없이 단지 논리적으로 일관되고 형식적인 차원에서만 그들의 유전학 개념을 발전시켰다.

유전의 문제를 생화학적인 차원에서 본격적으로 접근한 사람은 네브래스카 출신의 조지 웰스 비들(George Wells Beadle, 1903~1989년)이었다. 1931년 비들은 록펠러 재단의 박사 후 연구 장학생으로서, 모건이 이끄는 캘리포니아 공과 대학의 생물학과에서 초파리(*Drosophila melanogaster*)를 가지고 자신의 연구를 시작했다. 이때 그는 역시 록펠러 재단의 연구 장학생으로서 유전학과 발생학의 관계를 연구하기 위해 프랑스에서 캘리포니아 공과 대학으로 온 보리스 에프뤼시(Boris Ephrussi, 1901~1979년)와 함께 연구하게 되었다. 나중엔 캘리포니아 공과 대학과 파리에서 각각 계속된 이 협동 연구로부터 비들은 유전에 관한 생화학적 현상을 연구하는 데 초파리가 적합하지 않다는 것을 조금씩 느끼기 시작했다.

1937년 비들은 스탠퍼드 대학교의 생물학 교수가 되었고, 여기서 미생물학자인 에드워드 로리 테이텀(Edward Lawrie Tatum, 1909~1975년)

과 함께 연구할 기회를 얻었다. 테이텀이 지녔던 미생물에 관한 풍부한 지식 덕택에, 비들은 초파리보다 연구하기에 편한 붉은빵곰팡이(*Neurospora crassa*)라는 새로운 연구 대상을 찾아내게 된다. 이 붉은빵곰팡이는 세대 시간이 짧고 실험실에서 배양하기 용이했으며, 생화학적 변이의 구별이 쉽고, 변이 유전자를 표현형과 연결시키기가 쉬웠다. 이 붉은빵곰팡이 연구에서 비들과 테이텀은 유전자의 변이가 효소의 변이를 일으키며, 각 유전자는 특별한 효소 한 가지의 합성만을 조절한다고 하는 훗날 '1유전자-1효소설'로 정착되는 획기적인 결론을 도출하게 된다. 초파리가 염색체 유전학을 열었던 것처럼 붉은빵곰팡이는 생화학적 유전학의 길을 열었던 것이다. 그리하여 1940년대 말과 1950년대 초에 이르게 되면, 유전자가 특정한 단백질의 생산을 통제함으로써 세포의 대사 작용을 조절한다는 것이 분명해졌다.

파지 그룹의 형성

한편 미국으로 건너온 델브뤼크는 캘리포니아 공과 대학에 자리를 잡았고, 여기에서 1938년 자기 복제 연구를 위한 이상적인 대상으로 박테리오파지를 선택했다. 파지라는 구체적인 연구 대상을 잡은 델브뤼크는 이로써 사변적이었던 초기의 모습을 벗고, 구체적인 형태의 연구 프로그램을 진행할 수 있게 되었다. 이후 캘리포니아 공과 대학에는 델브뤼크 이외에도 이탈리아의 망명 과학자 샐버도어 에드워드 루리아(Salvador Edward Luria, 1912~1991년)와 앨프리드 데이 허시(Alfred Day Hershey, 1908~1997년)가 가세해서 소위 '파지 그룹'의 중심지가 되었다. 초기 파지 그룹의 과학자들은 박테리아를 잡아먹고 복제하는 파지의 유전적 재결합 현상을 설명해 내는 등 많은 성과를 거두었지만, 유전자의 구조와 기능에 관련된 주요 문제를 푸는 데까지는 이르지 못했다. 그 이유는 우선 그들이 연구의 초점을 핵산이 아니라 주로 단백질에 맞추었다는 데 있다. 또한 1940년대 초에 풍성한 결과를 내던 생화학적 접근에 경멸적이었던 것도 그들이 지녔던 한계였다.

오즈월드 시어도어 에이버리(Oswald Theodore Avery, 1877~1955년)와 그의 공동 연구자들은 1944년 박테리아의 무독성 부분을 죽은 유독성 부분과 함께 섞으면, 무독성 부분이 독성을 띠는 형질 전환 현상을 관찰했다. 더욱이 에이버리 팀은 이 연구에서 이런 전환 현상에 직접적으로 관여하는 물질을 추출해 내어 그것이 DNA라는 것을 밝힌 다음, 이 DNA가 바로 1928년 영국의 미생물학자 프레더릭 그리피스(Frederick Griffith, 1879~1941년)가 처음으로 발견한 소위 '형질 전환 원리'의 기본 단위라고 주장했다. 그러나 그들은 이런 주장을 아주 조심스럽게 전개했다. 즉 그들은 DNA가 곧 유전자이고, 거꾸로 유전자는 단순히 DNA라는 주장에 대해서는 심한 거부감을 가지고 있었던 것이다. 따라서 이 논문은 매우 모호한 형태로 출판되어 과학자들에게 DNA가 유전 현상을 이해하는 데 결정적인 물질이라는 강한 인상을 심어 주지는 못했다.[4]

1950년대에 들어와서 파지 그룹의 과학자인 허시와 마사 코레즈 체이스(Martha Cowles Chase, 1927~2003년)는 인-32와 황-35의 방사성 원소 추적자를 이용해서 파지 감염에 대한 분자적 과정을 연구했다. 그들은 파지의 DNA에는 인-32의 추적자를 달았고, 파지의 단백질에는 황-35의 추적자를 달았다. 이런 연구를 바탕으로 그들은 1952년 마침내 단백질이 아닌 DNA가 새로운 파지의 복제에 관계되는 생화학 물질이라는 것을 밝힐 수 있었고, 이에 따라 DNA는 또다시 유전 현상을 지배하는 핵심 물질로서 더욱 분명하게 부상했다. 바로 이 단계에서 왓슨과 크릭의 이중 나선에 대한 논의가 나타나게 된다.

이중 나선

1928년 4월 6일 시카고에서 태어난 제임스 왓슨은 1947년 시카고 대학교에서 동물학으로 학부를 마쳤다. 학부 시절 이미 그는 슈뢰딩거가 쓴『생명이란 무엇인가』에 탐닉했다고 한다. 1950년 그는 인디애나 주립 대학교(블루밍턴)에서 파지 그룹 생물학자인 루리아를 스승으로 두고 파지 유전학으로 박사 학위를 받았다. 그 뒤 1951년 봄 박사 연구원으로서 케임브리지의 캐번디시 연구소로 가게 되는데, 여기서 그의 공동 연구자인 프랜시스 크릭을 만났다.[5]

크릭은 원래 영국 런던에 있는 유니버시티 칼리지에서 물리학을 공부했던 사람이었다. 제2차 세계 대전이 발발하기 직전에 그는 고온에서의 물의 점성에 대해 연구하면서 박사 논문을 준비하고 있었는데, 전쟁이 터지자 이것을 그만두고 전쟁 관련 연구를 했다. 전쟁이 끝날 무렵 그 역시 왓슨과 마찬가지로 슈뢰딩거의『생명이란 무엇인가』를 접했다고 한다. 그러나 슈뢰딩거의 의도와는 달리 크릭은 이 책에서 생명 현상을 지배하는 새로운 물리 법칙이 있다는 주장이 아니라, 물리학과 화학의 개념을 사용해서 생물학적 현상을 설명할 수 있다는 생각에 감명을 받았다. 전쟁이 끝난 뒤 그는 당시 엑스선 결정학 분야의 권위자였던 버널에게 가서 그와 함께 연구하려고 했으나, 버널이 거절하는 바람에 할 수 없이 케임브리지의 곤빌 앤드 키스 칼리지

(Gonville and Caius College)로 가서 그곳에서 막스 페루츠와 함께 헤모글로빈의 구조를 연구했다. 이런 상황에서 그는 왓슨을 만난 뒤 DNA의 엑스선 회절 유형에 대한 연구를 하게 되었던 것이다.

왓슨과 크릭은 당시까지 얻어졌던 많은 사실을 종합하고 또 여기에 자신들의 실험 결과를 종합해서 가능한 DNA의 입체 구조를 여러 방향에서 찾아 나갔다. 우선 그들은 런던 킹스 칼리지의 모리스 윌킨스와 그의 공동 연구자 로절린드 엘시 프랭클린(Rosalind Elsie Franklin, 1920~1958년)이 엑스선 구조 결정학 연구에서 얻은 결과에 따라 DNA의 분자가 3.4옹스트롬(Å, 10^{-10}미터)의 거리를 두고 규칙적으로 반복되는 나선형의 기하학적 구조를 가지고 있음을 확인할 수 있었다. 그러나 이런 규칙적인 기하학적 구조 내에서 어떻게 DNA 분자의 화학적 안정성이 유지되는가를 밝혀내야만 했다.

애초에 크릭은 DNA 분자 내에서 같은 종류의 염기들이 서로 쌍을 이뤄 결합을 한다고 생각했다. 1951년 왓슨과 크릭은 케임브리지 수학자 존 그리피스(John Griffith)에게 이것이 이론적으로 가능한지를 계산해 줄 것을 부탁했다. 계산 결과 그는 같은 종류의 염기들 사이보다는 오히려 다른 종류의 염기들이 수소 결합의 형태로 서로를 끌어당긴다고 보아야 타당할 것 같다는 의견을 제시했다. 더욱 중요한 실마리가 오스트리아 출신의 망명 과학자 에르빈 샤르가프(Erwin Chargaff, 1905~2002년)와의 만남으로 얻어졌다. 1952년 6월 컬럼비아 의과 대학에 있던 샤르가프는 케임브리지를 방문해서 왓슨, 크릭과 대화를 가질 기회가 있었다. 샤르가프는 이미 DNA 분자 내에서 아데닌 대 티민, 구아닌 대 시토신의 비율이 일대일로 존재한다는 것을 발견했는데, 그는 이 내용을 왓슨과 크릭에게 알려 줬다. 존 그리피스와 샤르가프의 도움으로 왓슨과 크릭은 DNA를 구성하는 특정 염기들의 비가 일대일이라는 샤르가프의 규칙과 그 염기들 사이에 미치는 힘이 수소 결합이라는 결정적인 단서를 찾아낼 수 있었다.

이 외에도 그들은 1950년에 캘리포니아 공과 대학의 라이너스 칼 폴링(Linus Carl Pauling, 1901~1994년)이 발표한 단백질의 폴리펩티드 사슬과 알파-나선 구조에 관한 논문에서 쓴 접근법을 채용했다. 이 방법은 이론적인 고찰을 바탕으로 모형을 세우고, 그것을 엑스선 결정학 기법을 통해 확인하는 것이었다. 이리하여 그들은 샤르가프의 규칙과 염기 간에 작용하는 수소 결합, 그리고 규칙적으로 반복되는 나선 구조를 만족하는 가능한 모형들을 만든 다음, 이것을 DNA의 엑스선 회절 사진과 비교하고 검토해 나갔다. 또한 윌킨스의 실험실을 방문해서 필요한 최신 정보도 계속 얻어 냈다. 마침내 그들은 1953년 4월《네이처》에 이중 나선의 형태를 가진 DNA 모형을 발표하게 된다.

이렇게 해서 DNA의 구조 자체는 규명되었지만, DNA가 어떻게 작용해서 수많은 단백질을 만들어 내는가는 여전히 숙제로 남아 있었다. 이런 문제들은 1960년대 초에 이르러서 DNA 이외에도 중간 정보를 나르는 RNA를 비롯한 여러 종류의 RNA가 존재한다는 것이 확인되고, 세베로 오초아(Servero Ochoa, 1905~1993년)와 마셜 워런 니런버그(Marshall Warren Nirenberg, 1927~2010년)가 서로 독립적으로 DNA의 3가지 염기 배열 순서가 20종의 아미노산을 만들어 낸다는 가설을 제기해 이것이 1964년경에 이르러 상당 부분 확인됨으로써 비로소 해결되었다.

이와 아울러 1961년 프랑스 과학자인 프랑수아 자코브(François Jacob, 1920년~)과 자크 뤼시앵 모노(Jacques Lucien Monod, 1910~1976년)가 대장균(Escherichia Coli)을 이용한 연구에서 유전자의 기본 단위가 작동 유전자(operator gene), 조절 유전자(regulatory gene)와 실질적인 유전자인 구조 유전자(structural gene)들로 구성되어 있고 조절 유전자가 만들어 내는 억제 물질(repressor)로 인해 구조 유전자의 발현이 조절된다는 소위 '오페론 가설'을 제기해 유전자의 조절 메커니즘 역시 점차로 분명하게 드러나기 시작했다.

새로운 과학 질서

분자 생물학 분야가 하나의 독립적인 분야로 확립되는 과정을 이해하려면 그 내용을 구성하는 기본적인 개념의 형성 과정을 파악하는 것만으로는 충분하지 않다. 예를 들어 분자 생물학 분야는 생화학과 내용상 많은 부분이 서로 겹치는데, 어떻게 분자 생물학이 생화학을 제치고 독자적인 학문 분야로 확립될 수 있었느냐 하는 의문이 생길 수 있다. 포스트모더니즘의 영향을 받은 몇몇 과학사 학자들은 미셸 푸코(Michel Foucault, 1926~1984년)가 주장한 지식과 권력 간의 구도를 바탕으로 해서 이 과정을 흥미롭게 분석하기도 했다.[6]

왓슨과 크릭이 생명 현상에 대한 연구에 획기적인 전기를 마련해 주면서, 이 분야의 지식은 점차 체계화되어 갔다. 이와 아울러 분자 생물학 분야에서는 1959년에 창간된 《분자 생물학 저널(*Journal of Molecular Biology*)》을 비롯한 전문 저널이 나오고, 전문 학술 단체도 만들어졌다. 그러나 1960년대 중반까지 분자 생물학은 이미 학문적으로나 방법론적으로 지위가 확고했던 생화학과는 달리 아직 학문적인 정당성을 확보하지는 못했다. 그렇지만 분자 생물학자들은 생화학자들과는 달리 대규모적인 기업화의 가능성을 선전함으로써 정부로부터 대규모의 지원을 얻는 등 과학 정책을 움직일 수 있는 힘, 즉 정치적 정당성을 갖고 있었다.

또한 분자 생물학자들은 DNA와 같은 거대 분자는 그보다 작은 생화학 관련 분자와는 다루는 내용이나 규모, 실험의 기법, 심지어는 산업적 이용 가능성과 그 영향력에까지 여러 면에서 차이가 있다고 주장한 반면에, 생화학자들은 분자 생물학이 다루는 내용이나 방법은 생화학과 별반 다를 것이 없고, 따라서 분자 생물학은 생화학의 하위 분과에 불과하다고 주장했다. 예를 들어 샤르가프는 '분자 생물학은 면허를 받지 않은 생화학의 개업 행위'라고 주장했다. 이리하여 거대 분자를 둘러싼 생화학자들과 분자 생물학자들 사이의 싸움은 단순히 분자의 크기를 놓고 따지는 규모상의 싸움이 아니라, 전통적인 질서를 고수하려는 진영과 새로운 초분야적 질서를 만들어 내려는 진영 사이의 대결로 나타났다.

이런 대립적인 과학적 권위 양식 사이의 싸움에서 분자 생물학자들은 자신들의 새로운 학문 분야에 대한 정부 개입을 적극적으로 유도하는 한편, 이를 바탕으로 분자 생물학을 새롭게 재규정하고 자신의 분야가 '분자 수준의 생물학' 전반에 있어서 유일한 권위를 확보할 수 있게 되도록 노력했다. 물론 이 과정은 학문적으로는 잘 정립되었으나 정치적으로는 상대적으로 민첩하지 못했던 생화학의 전통적인 권위를 잠식해 들어가는 것과 동시에 진행되었다. 마침내 1960년대를 거치는 동안 분자 생물학은 독자적인 학문적 권위를 확보했다. 그들은 참여적인 행동으로 기존의 전통적 학문 분야를 제치고 과학계에서 초분야적이고 다원주의적인 새로운 질서를 만들어 나갔던 것이다.

사회 생물학과 유전학적 결정론

1970년대 중반 이후 사회 생물학이라는 새로운 학문 분야가 등장하면서, 인간의 사회적 행동이 선천적인 유전적 요인으로 결정되는가 아니면 후천적인 교육과 사회화를 통해 나타나는가 하는 문제가 우리 주위에서 자주 거론되었다. 생물학적 결정론과 문화적 결정론 진영 사이의 대립으로 대변되는 이 논쟁은 생물학 분야뿐만이 아니라 인문·사회 과학을 비롯한 학문 전 분야에서 커다란 논쟁을 불러일으켰으며, 최근 생명 과학이 사회에서 차지하는 영향력이 증대되면서 더욱 많은 사람들의 입에 오르내리고 있다.

1975년 하버드 대학교의 동물학과 교수이며 곤충학자인 에드워드 오스본 윌슨(Edward Osborne Wilson, 1929년~)은 『사회 생물학: 새로운 종합(Sociobiology: The New Synthesis)』이라는 책에서 집단 생물학과 유전학을 도입해서 하등 생물에서 고등 사회성 생물, 그리고 인간 집단에 이르기까지 일관적으로 적용되는 통일된 생물학적 관점을 제시했다. 윌슨에 따르면 생물은 각각의 종을 구성하는 유전자를 기초로 우연하게 구성된 유전자 조합이며, 인간을 포함한 생명체의 사회적 행동은 생명체의 유전자와 환경 사이의 오랜 상호 작용의 결과로 나타난 것이다.

또한 생물의 주요 기능은 유전자를 재생산하는 것이며, 생물은 단지 유전자의 임시 운반자로서의 역할만을 담당한다. 즉 개개의 생물은 생화학적 교란을 최소화하면서 유전자를 보존하고 확산시키는 정교한 장치의 일부로서 이 유전자를 운반하는 차량일 뿐이라는 것이다. 사람과 같이 고도의 사회성을 지닌 종들도 그 안을 들여다보면 유전자들이 개체의 생존, 번식, 이타성을 능률적으로 발현시키는 행동을 할 때에만 자신들이 최대로 번식할 수 있음을 마치 아는 양 행동하고 있다. 따라서 이성 간에 서로 짝짓기를 하는 것이나 부모가 새끼를 돌보는 숭고한 행위도 사실은 그 종들의 유전자에 이미 유전적으로 프로그램되어 있는 생물학적 특성에 해당된다.

윌슨 자신은 사회 생물학에서 얻어 낸 결론을 인간의 사회성에 적용할 때에는 아주 조심스럽게 접근했지만, 그의 책이 포괄하는 주제는 곧 인간의 문제로까지 확대되지 않을 수 없었다. 1971년에 출판된『곤충의 사회(*The Insect Society*)』등에서 주로 곤충을 대상으로 사회성을 연구했던 윌슨은 진화 생물학, 동물 행동학, 집단 생물학, 유전학, 분자 생물학 등을 통합해 사회 생물학의 이론을 구성하고, 이것을 인류학, 사회학 등과 같은 인간을 다루는 사회 과학에도 확대 적용했다.

1976년 옥스퍼드 대학교의 리처드 도킨스(Richard Dawkins, 1941년~)는『이기적 유전자(*The Selfish Gene*)』라는 책을 출판해서 윌슨의 사회 생물학을 더욱 극단적인 모습으로 끌고 나갔다. 이 책과 그 후에 집필한 저술에서 도킨스는 인간을 포함한 동식물, 세균, 바이러스 등 모든 생명체는 DNA, 혹은 유전자에 의해서 프로그램된 생존 기계(survival machine)라는 주장을 폈다. 또한 그는 책의 제목이 말하고 있듯이 유전자는 본질적으로 이기적이며, 성공한 유전자에게 기대되는 특질 가운데 가장 중요한 것은 "무정한 이기주의"라고 주장했다. 그에 의하면 언뜻 보기에는 이타적인 행동도 실제로는 유전자가 주어진 환경 속에서 생존하기 위해 취한 행동이다. 즉 유전자는 하나의 개체 수준에서 '한정된' 이타주의를 육성함으로써 자신의 이기적 목표를 수행하고 있는 것이다. 따라서 보편적인 사랑이라든지 아니면 생명 전체의 번영이라든지 하는 개념은 진화론적으로 의미가 없게 된다.

도킨스의 주장은 너무나도 파격적이어서, 인간에 그대로 적용한다면 윤리적 행위를 비롯한 인간의 숭고한 정신적 행위를 강조하는 종교와 충돌할 여지가 있었다. 도킨스는 이런 문제를 회피하기 위해 인간은 문화라는 특이함을 지닌다고 주장하고 있다. 우선 그는 유전자(gene)와 유사하게 문화 전달의 단위 혹은 모방의 단위인 밈(meme)이라는 개념을 도입했다. 곡조나 사상, 의복의 양식, 건축 및 도예 등은 모두 밈에 해당하는 예들이다. 도킨스에 따르면 인간은 유전자 기계로 조립되어 밈 기계로 교화된 존재이다. 이렇게 생각한다면, 지상에서는 우리 인간만이 유일하게 이기적인 자기 복제자들의 전제적 지배에 반역할 수 있는 존재가 된다. 도킨스는 인간에게는 문화라는 특이성이 있기 때문에 동물과는 다르다고 주장하고 있지만, 인간을 유전자 기계로 보는 그의 기본적인 태도는 추호도 변함이 없다.

사회 생물학은 분자 생물학적인 지식을 바탕으로 하지만, 기본적으로 생물학 결정론적인 입장을 취하기 때문에 과거에 우생학이 지녔던 문제를 상당 부분 포함하고 있다. 따라서 많은 진보적 과학자들은 윌슨과 도킨스로 대변되는 사회 생물학을 의혹의 눈초리로 바라보기도 했다. 과거 사회적 다윈주의가 제국주의 이데올로기로 악용되거나 우생학이 나치의 이데올로기에 악용되었던 것처럼 현대 과학의 탈을 쓴 새로운 인종 차별로 변질될 가능성이 있기 때문이었다.

『사회 생물학』이 출간된 직후 윌슨과 같은 하버드 대학교 생물학과에 있는 고생물학자 스티븐 제이 굴드(Steven Jay Gould, 1941~2002년)와 집단 유전학자 리처드 찰스 르원틴(Richard Charles Lewontin, 1929년~) 등은 윌슨의 주장이 지니고 있는 위험성을 즉각적으로 지적하고 나왔다. 이른바 '민중을 위한 과학의 사회 생물학 연구 그룹(Sociobiology Study Group of Science for the People)'에 속하는 이 과학자들은 6개월간 이 책에 대한 토론회를 연 뒤,《뉴욕 서평(New York Review of Books)》에 윌슨의 사회 생물학의 기본적인 견해에 반대하는 입장을 공개적으로 표명했다. 이들은 이 책이 1910년과 1930년 사이 미국에서 보수 정치가 지배할 때 시행한 불임법(sterilization law), 이민 제한법과 궤를 같이 하는 것으로 현대판 우생학을 부활하려는 의도를 지녔다고 비판했다.

앨런(E. Allen), 앨퍼(J. Alpher), 헤밍어(H. Hemminger) 등은 사회 생물학이 과학이라기보다는 일종의 이데올로기에 가까우며, 자신들이 옹호하는 사회를 겉으로만 그럴듯해 보이는 과학적 논증을 가지고 정당화하고 있다고 비판했다. 급진적 과학 운동에 참여하고 있는 스티븐 로즈(Steven Rose, 1938년~)를 비롯한 과학자들도 1984년 출간된 『우리 유전자 안에 없다(Not in Our Genes)』라는 책에서 사회 생물학의 이데올로기에 강한 비판을 가하고 있다. 그들은 생물학적 결정론자들이 1980년대 영국의 마거릿 힐다 대처(Margaret Hilda Thatcher, 1925년~)와 미국의 로널드 윌슨 레이건(Ronald Wilson Reagan, 1911~2004년)으로 대표되는 신우익의 보수주의 이념에 편승해서 판을 치고 있다고 전제하면서, 지능지수(IQ) 이론, 성과 인종 사이에서 '능력'의 차이에 대해 가정된 기초, 정치적 저항에 대한 의학적 설명, 최종적으로 사회 생물학이 제공하는 진화적 설명과 적응적 설명 등이 바로 이런 이데올로기를 반영한 연구 전략이라고 주장했다.

사회 생물학 논쟁은 문화주의와 생물학주의 사이에서 벌어졌던 해묵은 논쟁을 다시 끄집어 내어 유전학적 결정론과 문화적 결정론 사이의 갈등을 증폭시켰다. 유전학적 결정론을 극단적인 형태로 끌고 가면 인간의 본성은 유전자에 의해 유일하게 결정되며, 인간의 사회적 행동을 생물학적 특성으로 환원할 수 있다는 주장으로 발전할 수 있다. 반면에 문화적 결정론에 의하면 인간의 폭력성, 범죄성 등과 같은 사회적 행동은 기본적으로는 생물학적 요인이라기보다는 양육과 교육 등 사회화 과정에서 얻어진 산물이다.

우생학의 망령

생물학은 이미 19세기에 근대 과학으로서 체계를 잡아 가면서 본격적으로 사회에 영향을 미치기 시작했다. 무엇보다도 1859년 찰스 로버트 다윈(Charles Robert Darwin, 1809~1882년)이 발표한 『종의 기원』은 발간되자마자 자연 속에서 차지하는 인간의 위치에 대한 문제를 간접적으로 다룸으로써 종교계를 비롯한 사회 전반에 커다란 충격을 줬다. 다윈의 진화론은 자연 속 인간의 위치에 대한 전면적인 사고 전환뿐만이 아니라, 사회적 다윈주의라는 사회 사상으로 발전해서 일반 사회 영역에도 커다란 영향을 미쳤다. 무엇보다도 다윈의 진화론은 프랜시스 골턴(Francis Galton, 1822~1911년)을 거쳐 우생학으로 발전하면서 동물의 진화뿐만이 아니라 인간의 진화, 더 나아가 사회의 진화 문제를 거론하게 되었고, 이에 따라 더욱더 커다란 사회적인 영향력을 발휘하기 시작했다.

우생학(eugenics)은 1883년 골턴이 처음으로 만들어 낸 말로, 특히 미국에서 구체적인 법제화 과정을 거치면서 막강한 사회적 영향력을 행사했다.[7] 미국의 우생학자들은 우생학적 보호라는 명분 아래 이탈리아, 그리스, 동유럽, 중국 등에서 밀려드는 '열악한' 인종들의 이민을 제한하려고 했으며, 비정상인 등을 거세하는 불임법을 입법할 것을 주장했다. 미국에서 입법된 이런 강제 불임법에 의해서 1960년대까지 정신 이상자, 정박아, 간질 환자, 범죄자, 알코올 중독자, 흑인, 미국 원주민 등 모두 6만여 명이 강제 불임을 받은 것으로 밝혀졌다. 놀랍게도 이런 강제 불임 시술은 스칸디나비아 국가들에서도 시행되었다. 즉 스웨덴에서는 1935년부터 1975년까지 약 6만 2000명에 달하는 사람들이 강제 불임 시술을 당했으며, 노르웨이, 핀란드, 덴마크 등 인접국에서도 이와 유사한 일이 벌어졌다는 것이 속속 폭로되고 있다.

이런 강제 불임 시술 행위는 비단 서구뿐만이 아니라 가까운 일본에서도 은밀하게 자행된 것으로 밝혀졌다. 일본은 1996년 우생 보호법을 폐지할 때까지 간질과 혈우병 등의 유전 질환자와 정신병자, 정신 박약자 등 모두 1만 6000여 명을 대상으로 본인의 동의에 관계없이 각 지방 자치 단체의 우생 보호 심의회의 승인 아래 난관 절제나 정관 수술 등 불임 치료를 강행했다고 한다. 우생학적 논리는 나치에 의해 그 극단적인 모습을 드러내기도 했다. 나치는 1933년 독일에서 집권해서 1945년 권력을 상실할 때까지 게르만 민족이 우생학적으로 우수하다는 것을 소위 과학의 힘으로 입증하려 했으며, 유대 인, 집시, 흑인, 동성애자 등을 말살하는 이념적 근거로 사용하기도 했다.

나치가 우생학을 이처럼 충격적인 수단으로 이용한 이래로 조야한 수준의 우생학적 논리는 한동안 자취를 감추었다. 하지만 최근에 들어와서 분자 생물학의 발전에 힘입은 새로운 생명 과학 기술이 발전하면서 과학 지식으로 무장한 새로운 유형의 우생학이 부활하고 있다.

유전 공학의 발전과 생명 윤리

　왓슨과 크릭이 유전의 비밀을 해명하는 DNA 이중 나선의 모형을 발표한 이래로 성장을 거듭한 생명 과학 기술은 생명의 비밀을 밝히는 데 많은 공헌을 했다. 하지만 이런 학문적 성과와 아울러 인간이 생명을 자유자재로 조작하게 되면서, 다른 한편에서는 우리가 그동안 경험하지 못했던 새로운 사회 문제가 고개를 들고 있다. 1973년 스탠퍼드 대학교의 스탠리 코헨(Stanley Cohen, 1922년~)과 캘리포니아 주립 대학교(샌프란시스코)의 허버트 보이어(Herbert Boyer, 1936년~)는 서로 다른 유기체로부터 DNA를 분리해 내어 이들의 유전 물질 조각을 재조합하는 데 성공했다. 즉 분자 가위에 해당하는 제한 효소를 이용해 유전자의 조각을 잘라 낸 뒤 이를 재결합시켜 공학적으로 이용하려는 새로운 유전자 조작 기술이 개발되었던 것이다. 유전자 분리 및 재조합 기술이 발전함에 따라 유전자를 조작·변형하고 복제하는 새로운 기술들이 계속 등장하게 되었다.

　1980년 미국의 대법원은 인공 미생물에 대한 특허를 처음으로 인정하면서 생명 공학 분야에서 기업체의 연구 개발의 길을 열어 놓았다. 최초의 특허를 받은 인공 미생물은 제너럴 일렉트릭 사의 미생물학자 아난다 모한 차크라바티(Ananda Mohan Chakrabarty, 1938년~)가 개발한 유막을 먹어 치우는 세균이었다. 이로써 미국의 기업체에서는 생명 공학에서 산출되는 연구 테크닉, 유기체, 분자들에 대해서도 특허를 받을 수 있게 되었다.

　인간 유전자에 대한 연구는 다른 생명체와는 비교가 안 될 정도로 강한 사회적 영향력을 지닌다. 따라서 인간의 유전자에 대한 본격적인 연구는 초기부터 강한 논란의 대상이 되어 왔다. 1990년대에 들어와서 본격적으로 추진되었던 인간 유전체 계획(Human Genome Project)은 인간의 유전 정보를 하나씩 해독해 내려던 계획으로 20세기 후반에 출현한 거대 과학(big science) 연구의 전형적인 형태 가운데 하나였다. 이 계획은 1990년부터 미국에서 에너지부(Department of Energy, DOE)와 국립 보건원(National Institute of Health, NIH)의 지원으로 진행되었으며, 미국 이외에 일본, 영국, 이탈리아, 프랑스, 러시아 등이 참가하는 국제적인 연구 프로젝트로 발전했다. 이 계획은 유전 정보를 체계적으로 해독하는 것으로 신약 개발과 불치병 치료의 길이 열리면서 인류 복지 증진에 기여하리라는 식으로 긍정적인 측면을 많이 부각시키면서 진행되었지만, 생명 윤리 문제도 동시에 제기했다.

인간 유전체 계획은 셀레라 제노믹스(Celera Genomics) 사 존 크레이그 벤터(John Craig Venter, 1946년~)의 획기적인 분석 방법과 생물 정보학(bioinformatics)의 발전에 힘입어 2003년 3만 4000개의 인간 유전체를 해독하는 데 성공했다. 구조 유전체학(structural genomics)의 발전은 곧이어 유전자로부터 만들어지는 단백질의 구조와 기능을 밝히는 기능 유전체학(functional genomics)으로 이어졌다.

유전 공학적 기법은 신약 개발과 품종 개량뿐만이 아니라 범죄 수사 영역에도 응용되어 그 사회적 영향력을 발휘하고 있다. 1984년 영국의 생화학자 알렉 존 제프리스(Alec John Jeffreys, 1950년~)는 개인의 신원을 분자적 차원에서 확인할 수 있는 DNA 지문 감식법을 개발했다. 일란성 쌍생아를 제외한 각 유기체에서 유일하게 발견되는 DNA 서열 부분, 즉 소위성(minisatellite)이 존재하는 것을 이용한 이 유전자 지문 감식법은 범죄 수사와 법의학 분야에서 놀라운 위력을 발휘하고 있다.

1983년 미국 세투스(Cetus) 사의 캐리 뱅크스 멀리스(Kary Banks Mullis, 1944년~)는 DNA의 절편을 기하급수적으로 증식시킬 수 있는 중합 효소 연쇄 반응(polymerase chain reaction)을 개발해 유전자 분석을 더욱 용이하게 했다.[8] 중합 효소 연쇄 반응이란 전체 디옥시리보 핵산(deoxyribonucleic acid, DNA) 유전체에서 특정 DNA 절편만을 선택적으로 복제해 증폭시킴으로써 시험관 내에서 효과적으로 DNA를 탐색하고 분리할 수 있는 기법이다. 30회 정도의 증식으로 약 10억 배로 DNA 절편을 증폭할 수 있었다. 멀리스는 이 공로로 1993년 노벨 화학상을 받았다.

1978년 7월 25일 영국의 의학자들인 패트릭 크리스토퍼 스텝토(Patrick Christopher Steptoe, 1913~1988년)와 로버트 제프리 에드워즈(Robert Geoffrey Edwards, 1925년~)는 최초의 실험관 아기 루이스 브라운(Louise Brown)을 체외 수정(in vitro fertilization)으로 탄생시키는 데 성공했다. 체외 수정 방법이 개발된 이후 이 문제에 대한 윤리적, 종교적 논쟁이 뒤를 이었다. 특히 1987년 로마 가톨릭 교회는 체외 수정을 반대하는 교의를 내렸다. 주된 반대 근거는 자궁 착상에 사용되지 않는 인간 배아를 파괴하는 행위가 무분별하게 자행될 수 있고, 남편 이외 다른 사람에게 체외 수정이 가능해지며, 부부 행위와 출산 사이의 본질적 연관 관계를 갈라놓는다는 것이었다. 이 외에도 난자, 정자, 혹은 미래의 착상을 위해 인간의 배아를 냉동하는 기술을 포함해서 인간의 태아를 상대로 실험하는 것도 심각한 윤리적 문제를 야기했다.

한편 인간의 생명이 언제부터 시작된 것으로 보아야 하는지와 마찬가지로, 인간의 생명은 언제부터 마감된 것으로 보아야 하는가 하는지 역시 법의학적으로 치열한 논쟁거리이다. 전통적으로는 심장 박동의 정지라는 기준이 통용되었지만, 최근에는 생명 연장 수단의 발전에 따라 점차 뇌사(brain death)도 죽음으로 인정하려는 움직임이 의료계에서 부상하고 있다. 뇌간사(brain-stem death)를 바탕으로 한다면 죽음이란 뇌간의 기능에 회복 불가능한 손실이 올 때를 말한다. 1980년대 초에 영국과 미국의 의학 관련 기관에서는 '죽음을 정의하기' 위해 뇌사로 진단할 수 있는 특징들에 대한 가이드라인을 마련했다. 하지만 심장사(心臟死)나 폐장사(肺臟死)에 익숙해져 있는 대중들의 정서에는 아직 이런 새로운 형태의 정의가 익숙하지 않기 때문에 죽음의 정의에 대한 법의학적 문제는 새로운 논쟁의 불씨로 등장하고 있다. 더욱이 죽은 사람의 정자를 냉동 보관한 뒤 이를 이용해서 인공 수정을 하는 것이 의학적으로 가능해지면서, 죽은 사람의 아이를 출산하는 행위를 용인해야 할 것인가를 둘러싸고도 논쟁은 꼬리를 물고 있다.

심각한 장애 아동이 태어날 때 부모는 아이를 죽일 권리가 있는가 하는 것도 생명 윤리 문제에서 중요한 이슈로 떠올랐다. 1981년 영국의 한 저명한 소아과 의사가 다운 증후군을 보인 소아를 죽게 한 혐의로 살인죄로 기소되었다가 무죄로 석방된 사건은 엄청난 대중적 반향을 일으켰다. 당시 그 소아과 의사는 아이가 사는 것을 부모가 원하지 않았기 때문에, 마취성 진통제를 처방해서 아이를 죽게 했다. 이듬해 미국에서도 부모가 원하는 대로 다운 증후군을 보인 소아에게 수술을 하지 않아 아이를 죽게 한 사건이 발생했다. 인디애나 주의 최고 법원은 의사에게 무죄를 선고했고, 연방 대법원에 상소하기 전에 아이는 죽고 말았다. 이런 일련의 사건에도 불구하고 미국과 영국에서는 심각한 장애가 있고 얼마 살지 못할 아이가 태어날 때 이 아이를 부모가 죽게 할 권리가 있느냐에 대해 분명한 합의를 보지 못하고 있는 상태이다.

죽음에 대한 정의가 달라지게 만든 다른 요인으로는 장기 이식 기술의 발전과 첨단 인공 장기의 등장을 들 수 있다. 생체 조직 공학, 줄기 세포 연구 등으로 인공 장기 및 복제 장기 분야는 놀라운 성장을 거듭하고 있다. 인공 장기와 장기 이식 기술의 발전은 인간의 수명을 연장시켰을 뿐만 아니라 인간의 정체성 및 죽음의 개념을 더욱 혼란스럽게 하고 있다.

2부 | 과학 기술과 산업

7장 | 정보 통신이라는 새로운 기술

　지금 우리는 정보 통신 분야의 놀라운 변화를 실감하고 있다. 하지만 19세기에 유럽 인들과 미국인들 역시 정보 통신 분야에서 혁명적인 변화를 느끼고 있었다. 19세기를 거치는 동안 인간은 빛과 소리와 같은 전통적인 정보 전달 수단 이외에 전기를 이용해서 정보를 전달하는 방법, 즉 전신을 창안해 냈다. 사람들은 이 전신을 이용해서 주식의 변동, 시장 가격의 변동, 열차 출발 시간, 정치적 사건, 전쟁 등 멀리 있는 곳의 소식을 과거에는 상상도 못하던 빠른 속도로 전달받을 수 있게 되었고, 당시 이것은 분명 혁명적인 변화였다.

전신의 출현

　전기를 이용해서 신호를 전달하려는 전신은 이미 루이지 알로이시오 갈바니(Luigi Aloisio Galvani, 1737~1798년)와 알레산드로 주세페 안토니오 아나스타시오 볼타(Alessandro Giuseppe Antonio Anastasio Volta, 1745~1827년)가 동전기를 발견하면서 그 가능성이 엿보였다. 1809년 독일의 사무엘 토마스 폰 죄머링(Samuel Thomas von Sömmerring, 1755~1830년)은 전기가 용액을 통과할 때 거품이 생기는 것을 관찰하고, 이것을 이용해서 알파벳을 전달하는 전신 장치를 고안해 내었다. 이때 그는 26개의 전선을 이용해서 약 3킬로미터까지 알파벳을 전달하는 데 성공했다. 하지만 전기 분해를 이용한 죄머링의 전신 장치는 당시에는 이용 가능한 전기 부품이 너무 비쌌기 때문에 경제성이 없어 실용화되지는 못했다.

1820년 덴마크의 코펜하겐에 있던 한스 크리스티안 외르스테드(Hans Christian Ørsted, 1777~1851년)는 전류가 자침의 회전에 미치는 새로운 전자기 현상을 발견했다. 외르스테드의 이 놀라운 발견은 곧 프랑스의 과학자 앙드레 마리 앙페르(André Marie Ampére, 1775~1836년)를 통해 확인되었는데, 이후 많은 사람들이 자침을 이용해서 신호를 전달하려는 시도를 하게 된다. 1833년 독일의 유명한 수학자 가우스는 그의 조수였던 물리학자 빌헬름 에두아르트 베버와 함께 자침을 이용한 전신 장치를 발명했다. 그들은 2개의 구리 전선을 이용해서 약 2킬로미터 정도 떨어진 곳에서 실제로 통화해 보기도 했다.

1837년 영국의 윌리엄 포더질 쿡(William Fothergill Cooke, 1806~1879년)과 찰스 휘트스톤(Charles Wheatstone, 1802~1875년)은 5개의 자침을 이용해 알파벳을 전송하는 전신기를 창안해서 특허를 출원했다. 쿡과 휘트스톤이 창안한 방식은 곧 영국의 철도 회사에 채용되었고, 이후 이들의 전신은 영국의 전신 방식을 지배하게 된다. 이들이 만든 최초의 전신 장치는 죄머링의 장치와 마찬가지로 여러 개의 전선을 이용해서 신호를 전송하는 병렬 데이터 전송(parallel data-communication) 방식을 이용하고 있었다. 하지만 이런 방식은 곧 비용 문제와 부딪히게 되었고, 자침의 수는 점점 줄어들다가 마침내 하나의 자침만을 사용하는 체계로 변했다. 이로써 자침 전신기는 최초의 직렬 데이터 전송(serial data-communication) 장치로도 기록되게 되었다.

모스의 전신

영국의 쿡과 휘트스톤의 자침 전신기보다도 19세기 전신의 혁명에
더 커다란 영향을 미쳤던 것은 1837년 미국의 저명한 화가였던 새뮤
얼 핀리 브리즈 모스(Samuel Finley Breese Morse, 1791~1872년)가 특허를 출
원한 전신기였다. 모스는 1832년 유럽으로 여행하던 중 배 안에서 보
스턴의 화학자 찰스 토머스 잭슨(Charles Thomas Jackson, 1805~1880년)에게
서 앙페르의 전자기 실험과 전기의 속도가 전선의 길이에 영향을 받지
않을 정도로 빠르다는 이야기를 우연히 듣고, 이것을 통신에 이용해
보기로 마음을 먹었다.

당시 미국에서는 많은 화가들이 발명가로서도 활약했는데, 모스는
자신의 발명품에 대한 개념 설계를 미술품을 제작하는 식으로 했다.
마치 화가가 작업실에서 작업을 하듯이 자신의 기계 작업실에서 전신
기라는 발명품을 고안하고 개량해 나갔던 것이다.[1]

모스의 전기학 지식은 아주 빈약했지만, 그는 예일 대학교를 졸업
하고 뉴욕 대학교의 교수로 있으면서 뉴욕의 과학자들과 연결을 맺을
수 있었다. 우선 모스는 자신의 대학교 동료이며 화학, 지질학, 광물학
교수였던 레너드 게일(Leonard Gale, 1800~1883년)로부터 전기에 관한 지
식을 얻었다. 무엇보다도 게일은 전자석을 이용해서 전신기를 창안했
던 조지프 헨리(Joseph Henry, 1797~1878년)의 작업을 알고 있었다. 헨리는
1831년부터 1832년까지 이미 건전지, 전도체, 전자석 등을 이용해서
멀리 떨어진 곳에 자력을 전달할 수 있음을 실험으로 입증한 적이 있

었다. 헨리는 전자석을 연구하는 과정에서 전신에 관한 기본적인 장치를 창안했지만, 이것을 더욱 진척시켜서 특허로 출원하지는 않았다. 반면에 이미 1832년 잭슨으로부터 앙페르의 전자기 법칙 이야기를 듣고 이것을 전신에 이용해 보려고 생각하고 있던 모스는 헨리의 실험에 대한 정보를 게일로부터 얻은 뒤에 헨리와는 달리 이것을 더욱 개량해서 마침내 전신에 대한 특허를 출원하게 된다.

모스는 기계에 문외한이었지만, 기계공 출신의 앨프리드 베일(Alfred Vail, 1807~1859년)의 도움을 얻어 전신에 필요한 기계를 제작할 수 있었다. 모스의 발명품이라고 하는 전신은 사실 상당히 많은 부분을 베일이 개량한 것이었다. 베일은 1844년까지 수신기를 다양한 시계 기술을 이용해서 단순화했을 뿐만 아니라, 송신 장치도 놀랄 만큼 간단하게 개량해 놓았다. 심지어 오늘날 '모스 부호'라고 부르는 기본적인 통신 코드도 실제적으로는 대부분 베일이 만든 것이었다. 하지만 이 모든 것은 베일의 몫이 아니라 최초의 창안자였던 모스의 업적으로 돌아가 버렸다. 베일은 단지 모스를 도운 보조자로서만 사람들에게 알려졌던 것이다.

모스 체계의 확산

모스는 자신의 전신 체계를 확산시키기 위해서 의회의 도움을 얻어내려고 노력했다. 당시 미국 의회는 전신에 관심이 많았는데, 아마도 전신의 군사적 이용 가능성과 연방 우편 체제의 한 방편으로 전신이 유용할 수 있다고 판단했기 때문일 것이다. 의회의 협조를 얻는 데 성공한 모스는 1844년 5월 24일 마침내 워싱턴과 볼티모어 사이에서 전

INTERNATIONAL MORSE CODE

1. A dash is equal to three dots.
2. The space between parts of the same letter is equal to one dot.
3. The space between two letters is equal to three dots.
4. The space between two words is equal to five dots.

■ 1922년 발행된 『초심자를 위한 라디오 수신』이란 책 속의 모스 부호 표. 단점(dot)과 장점(dash)의 조합으로 자소를 표현하며, 장점은 단점의 3배 길이이다. 효율성을 고려해 가장 많이 쓰는 자소를 짧은 부호로 나타낸다. 1844년 워싱턴과 볼티모어 사이의 전신 개통에 처음 사용된 이 모스 부호는 점진적으로 개량되면서 경쟁 체계와의 대결에서 승리해, 현재도 국제간 통신에 널리 사용되고 있다.

신 사업을 시작했다. 전신이 지니는 공공성 때문에 모스의 발명을 연방 정부가 구입할 수도 있었다. 하지만 당시 미국에서는 잭슨주의자들의 영향 아래 연방 정부의 힘을 될 수 있으면 제한하고 대신 사기업과 개인의 능력을 존중하는 분위기가 팽배해 있었기 때문에, 모스는 자신의 발명품으로 개인 사업을 시작할 수 있었다. 결국 모스는 전신의 발명자라는 명예와 함께 부도 함께 누리게 된다.

모스의 전신 체계는 몇몇 사기업들이 이 체계를 채용하면서 뉴욕, 필라델피아, 보스턴, 버팔로 등으로 확대되어 나갔다. 연방 정부가 아닌 사기업이 전신을 주도하면서 개인의 창의력이 진작되었고, 전신에 대한 새로운 발명품이 계속해서 모습을 드러냈다. 즉 모스의 전신 체계 이외의 새로운 발명품들이 나타나면서 전신의 독점을 견제하는 치열한 경쟁 체제가 형성되었던 것이다. 이런 치열한 경쟁 속에서 전신은 더욱 빠른 속도로 발전해 나갔다.

모스의 전신 체계에 도전한 것 가운데 하나는 뉴욕의 발명가 로열 하우스(Royal Earl House, 1814~1895년)가 특허를 출원한 인쇄형 전신이었다. 이 외에도 영국에서 전신 체계로 특허를 낸 휘트스톤과 협력해서 창안해 낸 알렉산더 베인(Alexander Bain, 1818~1903년)의 전신 체계도 새롭게 등장했다. 금속 드럼 위로 천공된 종이를 통과시키는 방식인 베인의 자동 전신은 모스 체계와 특허 침해 문제를 놓고 법정 공방까지 했지만, 1853년 모스의 사업자들이 베인 체계 사업자들을 지배하게 되면서 싸움은 하우스 체계와 모스 체계와의 2파전으로 좁혀졌다.

모스 체계 사업자들은 하우스 체계와의 싸움에서 이기기 위해서는 자신들이 지닌 기술적 장점을 더욱 극대화해야 한다고 생각했다. 하우스의 인쇄형 전신은 속도는 빨랐지만 너무 복잡해서 원거리 통신에서는 모스 장치보다 신뢰도가 떨어졌다. 1850년대 중반을 거치면서 모스 체계는 종이 테이프로 수신하던 방식을 음향기(sounder)로 대체하는 기술적 진보를 이룩했다. 그 결과 통신 속도가 놀랍게 향상되었으며, 착오율도 상당히 줄어들었다. 또한 가격면에서도 하우스의 인쇄형 체계보다 유리했기 때문에 마침내 하우스 전신 체계를 압도하게 된다. 결국 모스 전신 체계는 하우스를 비롯한 여러 경쟁 체계를 누르고 미국의 전신을 지배하게 되었으며, 19세기 정보 통신 혁명의 핵심적 발명품으로 자리 잡았다.

벨과 그레이의 전화 발명

오늘날 우리에게 없어서는 안 될 필수품인 전화는 알렉산더 그레이엄 벨(Alexander Graham Bell, 1847~1922년)과 엘리샤 그레이(Elisha Gray, 1835~1901년)가 거의 동시에 발명했다. 1876년 2월 14일 그레이는 벨보다 조금 늦게 특허를 신청했는데, 이 일화는 아직도 많은 사람들에게 간발의 차로 엄청난 기회를 놓쳐 버린 극적인 사건으로 자주 묘사되고는 한다. 하지만 그들의 발명에 얽힌 실제 내막은 사람들이 알고 있는 것과는 상당히 다르다.

그레이는 1835년 오하이오 주의 한 농촌에서 태어났다. 1865년부터 전문적인 발명가로서 활동을 시작한 그레이는 전화를 발명하게 되는 1870년대에는 이미 전신 분야에서 두각을 나타내는 전문적인 발명가로 성장해 있었다. 1874년 경 그레이는 욕조를 이용한 실험을 통해서 소리를 전류로 바꿀 가능성을 확인했고, 처음으로 이런 착상을 더욱 발전시켜서 바이올린의 음을 전기적으로 바꿀 수 있는 '바이올린 수신기'를 창안해 냈다. 더 나아가 그는 그해 5월에는 금속 진동판으로 이뤄진 전자기 수신기를 제작했고, 이것에 대한 특허까지 출원했다.

당시 그레이는 바이올린 수신기를 착안하는 과정에서 만든 이 금속 진동판 전자기 수신기가 음악 전신기, 다중 전신, 음성 전신 등에 모두 이용될 수 있음을 알고 있었다. 그러나 1874년 그레이가 전신 관계자들 앞에서 자신의 발명품을 시연해 보였을 때, 그들은 그레이의 발명에 상당히 회의적이었다. 즉 전신 전문가와 전신 관련 잡지사 편집인 들을 비롯한 당시의 전신 전문가들은 그레이가 발명한 '전화'가 음악과 음성을 전달할 수는 있다고 하지만, 단지 아주 흥미로운 과학적 창안품일 뿐이지 직접적인 응용 가능성은 거의 없다고 평가했다. 그 때까지도 그들은 음성을 전달하는 전화를 재미있는 장난감 정도로 생각했던 것이다.

당시 웨스턴 유니언을 비롯한 주요 전신 회사들은 발명가들에게 하나의 선으로 여러 모스 신호를 보낼 수 있는 다중 전신을 개발해 줄 것을 간절히 원했는데, 이런 업계의 요구 때문에 전문적인 발명가였던 그레이는 자신의 발명품을 전화보다는 다중 전신에 활용하려고 노력하게 된다. 이렇게 그레이가 전화에 대한 기본적인 창안을 해 놓고도 이것을 음성을 전달하는 전화 쪽으로 발전시키지 않고 다중 전신 쪽으로 이용하려고 더 노력하고 있는 동안, 그레이와는 독립적으로 이와 비슷한 장치를 개발해 나가고 있었던 사람이 있었다. 그는 바로 알렉산더 그레이엄 벨이었다.[2]

벨은 소리를 내는 음성 기관의 위치와 작용을 나타내는 음성학적 기호를 체계화해서 세계적인 명성을 얻은 에딘버러 출신의 발성법 교사 알렉산더 멜빌 벨(Alexander Meville Bell, 1819~1905년)의 아들로 태어났다. 이런 집안에서 자란 벨은 장성한 뒤 아버지가 개발한 이 '시화법(visible speech)' 체계를 농아에게 발성법을 가르치는 데에 활용하게 된다. 1872년 벨은 발성법 학교를 보스턴에 개설했고, 자신도 그곳에서 강사로 있다가 1873년에는 보스턴 대학교의 음성 생리학 교수가 되었다. 발성법에 관심이 많았던 벨은 헤르만 헬름홀츠의 음성과 감각에 관한 실험에 대해 공부한 뒤 조화 단진동을 합성해서 복합 모음을 만들어 내려고 노력했다. 이 과정에서 벨은 조화 전신기를 고안했고, 1875년 4월 6일에는 다중 전신에 관한 특허까지 신청했다. 이 조화 전신기와 다중 전신을 개선하는 과정에서 벨은 전화를 발명하게 된다.

벨은 기계 제작에는 아주 문외한이었지만, 기계 수리공이며 모형 제작자였던 토머스 왓슨(Thomas Watson, 1854~1934년)의 도움으로 음성을 전기적으로 전달할 때 필요한 기구를 제작할 수 있었다. 또한 벨이 도움을 주던 농아 메이벌 허버드(Mabel Hubbard, 1857~1923년)의 아버지인 가드너 그린 허버드(Gardiner Greene Hubbard, 1822~1897년)에게서는 이런 기구를 제작하는 데 필요한 재정적인 도움을 얻었다.[3] 벨에게 재정적인 지원을 해 주던 허버드도 처음에는 그레이나 웨스턴 유니언 사의 관계자들과 마찬가지로 전화의 실용화 가능성에 상당히 회의적이었고, 오히려 벨이 다중 전신에 더 많은 비중을 두기를 원했다. 하지만 농아에게 말을 가르치는 데 관심이 많았으며 전신 분야에는 상대적으로 비전문가였던 벨은 다중 전신보다는 음성을 전달하는 전화 쪽에 더 관심을 기울였다. 1875년 6월 음성을 전기적으로 전달하는 것이 기술적으로 가능하다고 판단한 벨은 그해 9월부터 전화에 대한 기본적인 착상을 하기 시작했다. 마침내 벨은 1876년 1월 20일 전화에 대한 공증을 마치고 2월 14일에 특허를 신청해서, 1876년 3월 7일 미국 특허청으로부터 특허를 받았다.

벨과 그레이의 경쟁: 전문가보다 비전문가에게 유리했던 발명

벨이 전화로 특허를 신청한 날인 1876년 2월 14일, 그레이 역시 벨과는 완전히 독립적으로 전화에 대한 '특허권 보호 신청(caveat)'을 특허청에 냈다. 하지만 그레이는 전화의 실용적 가능성을 그리 심각하게 생각하지 않았고, 특허권 보호 신청을 낸 뒤 한가하게도 자신의 재정적인 후원자와 곧 있을 박람회 문제를 협의하기 위해 필라델피아로 떠나 버렸다. 그레이는 벨이 사용한 가죽 막보다 더욱 효율적이었던 금속 진동 막을 이용해서 음성을 전달했기 때문에 기능면에서는 그레이의 특허품이 벨의 것보다 우수했다. 더 나아가 그레이는 전화에 대한 특허를 내기 이전에 이미 가변 저항을 이용해서 음성을 전달하는 방법을 고안했는데, 벨이 자신의 특허를 낼 때 이 가변 저항을 이용한 방법을 끼워 넣은 것으로 여겨진다.

3월 10일 그레이는 가변 저항을 이용해서 음성을 실제로 전달하는데 성공했고, 그해 6월 필라델피아에서 열린 독립 100주년 기념 박람회에서 벨과 함께 전화를 선보였다. 하지만 이때까지도 전화는 많은 사람들에게 단지 흥미로운 장난감 정도의 취급을 받았다. 그레이 역시 그 이상의 의미를 두지 않았지만, 벨은 반대로 계속 자신의 전화를 개량·발전시켜 나갔다. 1877년 벨은 웨스턴 유니언 사에 자신의 특허를 10만 달러에 팔려고 한 적이 있었다. 하지만 웨스턴 유니언 사는 벨의 발명품보다는 그레이, 에디슨 등의 특허를 구입했다. 웨스턴·유니언은 전화보다는 다중 전신에 더 많은 실용화 가능성이 있다고 믿었던 것이다.

　한편 1878년부터 에디슨이 탄소 저항을 이용한 송화기로 특허를 얻는 등 전화를 실용화하는 데 필수적인 몇몇 발명들이 이어졌다. 결국 사람들은 전화가 단지 장난감이 아니라 전신을 대체할 잠재적 가능성이 있다는 것을 서서히 느끼기 시작했고, 이에 따라 벨 사와 웨스턴 유니언 사 사이에는 그 뒤로 오랫동안 진행될 역사적인 특허 소송이 벌어지게 된다. 오랜 소송 끝에 웨스턴 유니언 사는 전화 대여로 벨 사가 얻는 이익의 20퍼센트를 챙기는 것으로 합의하면서 전화에 대한 권한을 포기했고, 결국 전화 사업은 벨 사에 주도권이 넘어갔다.

　실용적인 전화 체계를 개발한 뒤 벨은 판매와 기술 개발은 다른 전문가들에게 맡기고, 자신은 다시 본업이었던 음성학과 농아 교육 분야로 돌아갔다. 즉 미국 농아 발성 교육 진흥 협회를 창설·육성하고 농아의 유전형에 관해 연구하는 등 전신·전화에 관한 발명보다는 자신의 전문 분야였던 음성학에 더 많은 노력을 기울였던 것이다. 반면에 그레이는 1880년 오하이오 주 오벌린 대학의 동전기학 교수가 되었고, 평생을 전신 분야에서 전문적 발명가로 활동했다.

　역설적이게도 그레이는 전신 분야의 전문가였기 때문에 결과적으로는 전신 분야에서는 상대적으로 아마추어였던 벨에게 전화 발명의 주도권을 놓친 셈이 되고 말았다. 전신 분야의 전문적 발명가였던 만큼 그레이는 웨스턴 유니언 사를 비롯한 전신 분야 종사자들의 눈치를 보아야 했으며, 또한 벨보다 후원자들의 요구에 더 얽매일 수밖에 없었다. 전화의 발명에 얽힌 이 극적인 일화는 독창적인 발명품을 창안, 개발하는 데에는 전문가보다 오히려 비전문가가 유리할 수도 있음을 보여 주는 좋은 예라고 할 수 있다.[4]

무선 방송의 시작: 에이엠과 에프엠

오늘날 우리는 디지털 전성 시대를 맞이해 무선 전화에는 디지털 방식인 펄스-코드 변조(Pulse-Code Modulation)를 채용하고 있으며, 최근에는 시분할 다중 접속 방식에서 한 단계 더 나아간 새로운 다중 접속 방식들이 속속 등장해서 바야흐로 휴대용 무선 전화 시대가 우리 눈앞에 펼쳐지게 되었다. 디지털 무선 전화가 등장하기 이전에는 아날로그 방식으로 음성을 무선으로 전달했는데, 이것을 가능하게 해준 것이 바로 에이엠(Amplitude Modulation, AM, 진폭 변조)과 에프엠(Frequency Modulation, FM, 주파수 변조)이라는 기술이었다.

모스의 전신이 벨과 그레이의 전화 발명으로 이어졌듯이, 마르케세 굴리엘모 마르코니(Marchese Guglielmo Marconi, 1874~1937년)와 카를 페르디난트 브라운(Karl Ferdinand Braun, 1850~1918년)이 발명한 무선 전신은 곧바로 라디오와 무전기의 발명으로 이어졌다. 무선 전신이 발명된 이후 처음으로 음성을 전파에 실어 보내는 데에 성공한 사람은 미국의 무선 공학자였던 레지널드 페슨던(Reginald Fessenden, 1866~1932년)이었다. 1892년부터 퍼듀 대학교와 펜실베이니아 웨스턴 대학교(현 피츠버그 대학교)에서 전기 공학 교수로 재직하던 페슨던은 1900년과 1902년 사이 미국 기상청의 직원으로 일하면서 일기 예보와 폭풍 경보에 적합한 무선 전신 체계를 개발했다. 이때 페슨던은 전기 분해를 이용해서 매우 감도가 좋은 탐지기를 발명했는데, 이 고감도 탐지기가 곧이어 그가 개발한 5만 헤르츠의 고주파 발진기 및 헤테로다인 수신기 등과 결합되자 전파로 음성을 전달하는 일이 가능하게 되었다.

1902년 페슨던은 피츠버그 금융업자들의 후원으로 자신의 아이디어를 상품화할 회사를 설립했다. 그 뒤 8년 동안 이 회사에서는 수많은 발명품을 개발하게 되는데, 1906년 크리스마스 전날 페슨던은 제너럴 일렉트릭 사가 제작한 1킬로와트의 발전기를 이용해서 처음으로 음성과 음악을 전파에 실어 공중으로 날려 보내는 데 성공했다. 매사추세츠 주 브랜트 록에 위치한 송신소에서 페슨던이 보낸 신호는 많은 지역에서 분명하게 수신되었고, 심지어는 바다에 떠 있던 배에서도 확인되었다고 한다. 이때 이용했던 음성 전달 방식이 바로 진폭 변조 방식이었다. 페슨던이 관계했던 회사는 이 발명품으로 미국 마르코니 사를 능가하는 국제 통신망을 구축해 나가려는 원대한 계획을 세웠다. 하지만 이런 계획은 페슨던과 후원자들 사이에 불화가 생기면서 끝내는 회사가 파산해서 수포로 돌아갔다.

디 포리스트와 에드윈 암스트롱

페슨던이 고안한 무선 음성 전달 기술은 곧이어 나타나는 진공관의 발명과 연결되면서 놀라운 진보를 이룩하게 된다. 1906년 미국의 리 디 포리스트(Lee de Forest, 1873~1961년)는 3극 진공관의 일종인 오디온(Audion)을 발명했다.[5] 디 포리스트는 당시 이것을 증폭관으로 이용하지는 않았다. 하지만 곧 이 3극 진공관의 특허를 미국 전신 전화 회사(American Telephone & Telegraph Co., AT&T)가 구입해 장거리 전화를 가능하게 하는 증폭관으로 개발했다. 진공관의 발명과 함께 당시에 급속도로 발전하던 전기 회로 기술도 무선 방송 및 무전기의 출현에 커다란 역할을 했다.

1913년 미국의 발명가 에드윈 하워드 암스트롱(Edwin Howard

Armstrong, 1890~1954년)은 출력 신호의 일부를 입력 부분으로 되돌려서 다시 증폭함으로써 수신기의 감도를 놀랍게 향상시키는 되먹임 회로(feedback circuit)로 특허를 출원했다. 진공관 기술과 전기 회로 기술을 비롯한 전자 공학의 발전에 힘입어서 페슨던이 고안했던 진폭 변조 기술은 마침내 무선 방송 시대의 개막으로 이어지게 된다. 1920년 마르코니의 무선 전신 회사는 15킬로와트의 출력으로 일일 음악 방송을 송출했으며, 1922년에는 영국의 BBC가 최초의 정규 방송 프로그램을 내보냈다.

라디오 방송과 관련된 많은 기술은 특허권을 둘러싼 끊임없는 법정 소송과 함께 발전했다. 우선 암스트롱이 출원한 되먹임 회로 기술은 3극 진공관을 발명한 디 포리스트가 고안했던 기술과 비슷해서 논란의 여지가 있었다. 1922년 뉴욕의 순회 재판소는 당시에 AT&T의 후원을 받고 있던 디 포리스트가 웨스팅 하우스 사의 지원을 받고 있던 암스트롱의 되먹임 회로를 침해했음을 발견했다. 이때 암스트롱은 거의 파산 직전에 있었던 디 포리스트를 상대로 경제적 이득이 거의 없는 소송을 제기했다. 암스트롱에게는 돈보다도 발명의 우선권과 관련된 자존심이 걸린 소송이었다. 하지만 곧 디 포리스트 측이 소송에 대항하는 과정에서 암스트롱이 특허를 출원하기 이전인 1912년 8월에 디 포리스트가 작성한 되먹임 회로에 대한 착상이 담긴 공책을 제시하면서 사태는 더욱 복잡해졌다. 마침내 1934년 미국의 대법원은 암스트롱이 1913년에 출원한 되먹임 회로의 탁월성을 인정하면서도, 이와 유사한 생각이 디 포리스트를 비롯한 여러 사람의 손에서 독립적으로 개발되고 있었음을 인정했다. 소득 없는 소송으로 자존심만 더욱 상하게 된 암스트롱은 되먹임 회로를 발명한 공로로 미국 무선 공학자

협회로부터 받은 메달까지 반납해 버렸다.[6]

암스트롱의 에프엠 발명

되먹임 회로 이외에도 암스트롱은 1933년 라디오 방송의 역사에 길이 남을 또 다른 획기적인 발명을 해냈다. 그때까지 방송에서 사용하던 진폭 변조 방식은 여러 곳에서 도달하는 전파가 서로 간섭을 일으켜서 혼선을 일으키거나 잡음이 생기고, 시간에 따라 세기가 달라지는 등 불안정하다는 단점을 지니고 있었다. 암스트롱은 진폭 변조 방식의 이런 문제점을 극복하기 위해서 잡음이 거의 없는 고감도의 새로운 변조 방식을 창안해 냈는데, 바로 오늘날 스테레오 라디오 방송에서 주로 이용하는 에프엠 방식이었다.

1935년 11월 암스트롱은 미국 무선 공학자 협회에서 에프엠 방식을 극적으로 대중 앞에서 선보임으로써 자신의 발명품의 우수성을 유감없이 과시했다. 하지만 고감도 방송으로 에프엠의 효율성이 입증되었음에도, 미국 굴지의 무선 장치 제조 회사였던 RCA(Radio Corporation of America)와 그 회사 소유로 미국의 대표적인 방송사였던 NBC(National Broadcasting Company)에서는 암스트롱의 발명에 긍정적인 반응을 보이지 않았다. 이미 에이엠 방식에 많은 투자를 한 RCA로서는 새로운 체계가 비록 몇몇 부분에서 우수하다 하더라도 그렇게 쉽게 채택할 수는 없었던 것이었다. 결국 RCA의 미온적인 반응에 참다못한 암스트롱은 독자적으로 새로운 체계를 구축하게 된다. 암스트롱이 온갖 노력을 기울인 결과 기존의 거대한 에이엠 방송사와는 독립된 군소 업체에 의해 에프엠 방송이 하나둘씩 시작되었고, 이에 따라 에프엠 수신

장치의 수요도 급증했다. 하지만 당시에 RCA는 에프엠 방송 체계보다
는 새로운 매체인 텔레비전 방송에 더 많은 열을 올렸다.

제2차 세계 대전 이후 더 많은 에프엠 주파수대를 얻어 내려는 암스
트롱과, 에이엠 방송과 텔레비전을 지지하던 RCA 사이에는 피할 수
없는 정면 대결이 벌어졌다. RCA 측의 입김이 강하게 작용하던 연방
통신 위원회에서 그때까지 에프엠 방송에서 사용하던 50메가헤르츠
주파수대를 현재 우리의 에프엠 방송도 사용하고 있는 88~108메가
헤르츠의 새로운 주파수대로 옮기고 이 비게 된 주파수대에 RCA가
선점한 텔레비전 방송 주파수가 들어설 것을 명령했던 것이다. 이에
따라 전쟁 이전에 만들어진 수많은 방송 시설과 수신 장치 들은 무용
지물이 되어 버렸다. 연방 정부의 결정으로 커다란 타격을 입게 된 암
스트롱은 곧 새로운 주파수대를 차지하려고 노력했지만, 대기업과의
싸움에서는 역부족이었다.

주파수대를 쟁취하기 위한 RCA와의 싸움에서 패배한 암스트롱은
1948년 RCA와 NBC가 자신의 에프엠 특허를 침해했다는 소송을 제
기했다. 하지만 1954년까지 계속된 지리한 소송으로 그는 육체적으
로 지치고 재정적으로 파산해, 마침내 뉴욕에 있는 자신의 아파트에
서 10층 아래로 투신해 자살함으로써 파란만장한 생을 마감하게 된
다. 암스트롱이 죽자 그의 부인은 생전의 그에게 대기업과의 법정 소송
이 무모하다는 것을 충고했던 암스트롱의 친구의 권유에 따라 RCA와
100만 달러에 합의함으로써, 에프엠을 둘러싼 암스트롱과 RCA의 법
정 소송은 막을 내렸다.[7]

텔레비전 방송 시스템의 형성

19세기와 20세기 초를 통해서 발전한 무선 전신과 라디오 기술은 곧바로 영상 매체의 출현으로 이어졌다. 텔레비전 기술은 이미 1925년 영국의 존 로지 베어드(John Logie Baird, 1888~1946년)와 미국의 프랜시스 젠킨스(Francis Jenkins, 1867~1934년)가 확립했지만, 텔레비전 방송이 공인된 형태로 사회 속에 자리를 잡게 된 것은 제2차 세계 대전이 끝난 뒤의 일이었다. 텔레비전은 모두 시스템을 선점하기 위해 다양한 회사들이 벌인 치열한 경쟁 끝에 오늘날의 형태를 갖추게 되었다.[8]

텔레비전 방송 시스템이 가능하기 위해서는 전자 카메라, 송신기, 텔레비전 수신기 등이 종합적으로 개발되어야 하는데, 이와 관련된 기술은 이미 19세기부터 고안되기 시작했다. 1884년 1월 독일의 파울 니프코프(Paul Nipkow, 1860~1940년)는 회전하는 원판에 작은 구멍을 뚫어서 물체를 주사(scan)하고 이 구멍을 통과한 빛이 셀렌 광전지에 전기를 일으키게 함으로써 영상을 복원하는 장치에 대한 특허를 출원했다. 1920년대에 베어드와 젠킨스는 니프코프의 방법을 개량해서 최초로 텔레비전 장치를 개발할 수 있었다.

1927년 미국의 대통령 후보 허버트 클라크 후버(Herbert Clark Hoover, 1874~1964년)는 AT&T의 실험용 텔레비전 방송에 출연하기도 했고, 1928년 제너럴 일렉트릭 사는 최초의 가정용 텔레비전 세트를 시장에 내놓았다. 이 외에도 1929년에는 영국의 BBC에서 실험적으로 텔레비전 방송을 시작했으며, 심지어 벨 전화 회사에서는 컬러텔레비전 송수신도 성공하는 등 1920년대에 잠시 동안 텔레비전은 많은 회사들로부터 주목을 받았다. 하지만 베어드와 젠킨스가 최초로 발명한 텔

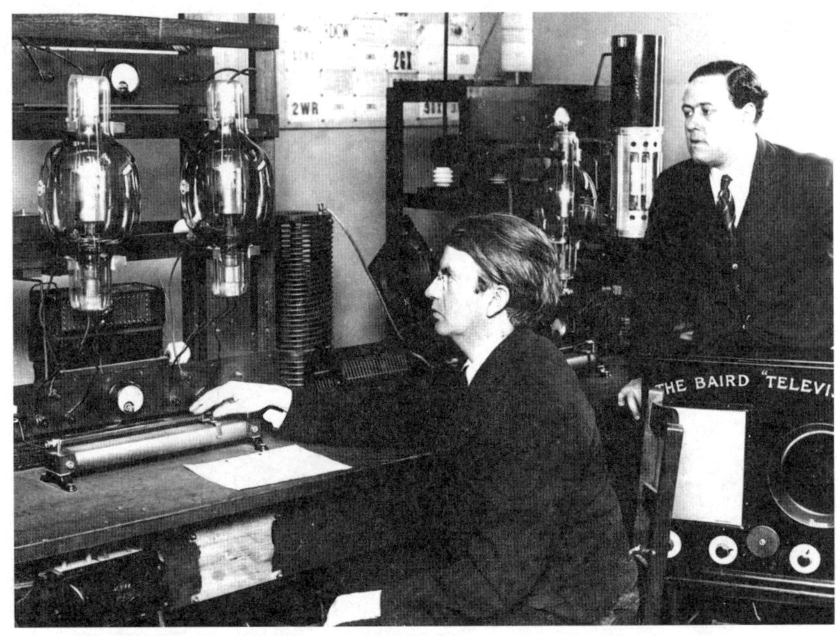

■ 존 베어드가 발명한 최초의 텔레비전 방송 시스템. 베어드는 1925년 원판에 구멍을 뚫어서 물체를 주사하는 기계식 텔레비전을 발명해 베어드 텔레비전 사를 설립했다. 1929년 9월 30일 BBC는 베어드 시스템으로 세계 최초의 텔레비전 방송을 내보냈으며, 1936년 전자식을 채택할 때까지 기계식 텔레비전 방송을 계속 전송했다.

레비전은 오늘날 우리가 흔히 보는 고화질의 전자식 텔레비전이 아니라 상대적으로 저화질이었던 기계식 텔레비전이었다. 기계식 텔레비전 시스템은 공학적인 한계에 부딪혀서 당시에 부상하던 영화 산업으로 이미 고화질에 익숙해져 있던 고객의 요구를 만족시킬 수 없었고, 1933년 이후 몰락의 길로 접어들게 된다.

전자식 텔레비전 역시 19세기 말부터 관련 기술이 개발되기 시작했다. 1897년 독일 슈트라스부르크 대학교(현 프랑스 스트라스부르 대학교)의 카를 페르디난트 브라운은 전자총에서 발생되는 음극선을 전기적

으로 편향시켜 스크린에 발광시키는 장치를 개발했다. 오늘날 우리가
'브라운관'이라고 부르는 이 장치는 1907년 러시아 상트페테르부르
크 대학교의 보리스 로싱(Boris Rosing, 1869~1933년)이 영상을 수신하는
장치로 활용했고, 1908년에는 영국의 알렌 아치볼드 캠벨스윈턴(Alan
Archbald Campbell-Swinton, 1863~1930년)이 수신 장치뿐만이 아니라 영상
을 송신하는 장치로도 활용하면서 전자 주사식 텔레비전의 출현을 예
고하게 된다.

완전한 의미의 전자식 텔레비전 시스템을 최초로 제안했던 사람은
페테르부르크에서 로싱의 학생으로 있다가 1919년 미국으로 이주한
블라디미르 즈보리킨(Vladimir Zworykin, 1888~1982년)이었다. 미국으로 건
너온 즈보리킨은 웨스팅하우스 사에 취직해서 음극선관 텔레비전 송
신기를 개발하려고 했으나, 회사의 무관심으로 뜻을 이루지 못하고
잠시 회사를 떠나고 말았다. 1923년, 다시 웨스팅하우스 사로 되돌아
온 그는 전자식 텔레비전 시스템의 개발에 필수적인 영상 신호를 저장
하는 카메라 관(송상관, iconoscope)에 대한 특허를 신청했다. 즈보리킨의
발명품은 캠벨스윈턴 등을 비롯한 이전 발명품들과 유사한 점이 많았
기 때문에 계속해서 특허 소송에 휘말렸고, 결국 15년이 지난 뒤에야
특허가 인정되어 1940년에 들어와서는 최초의 상업용 텔레비전 카메
라로 사용되게 된다.

한편 1927년 필로 테일러 판즈워스(Philo Taylor Farnsworth, 1906~1971년)
는 영상 해부관(image dissector tube)이라는 장치를 고안해서 처음으로
완전한 전자식 텔레비전 시스템을 선보였다. 이때를 즈음해서 즈보리
킨은 완전 전자식 텔레비전 시스템의 창출을 강력하게 원했던 RCA의
데이비드 사노프(David Sarnoff, 1891~1971년)의 격려에 힘입어 웨스팅하우

스를 떠나 RCA로 자리를 옮겼다. RCA로 옮긴 즈보리킨은 판즈워스가 자신의 특허를 침해했다고 주장했고, 이후 판즈워스와 RCA 사이에서는 전자 텔레비전 시스템을 주도하기 위해 치열한 경쟁이 벌어졌다. 1935년 RCA의 회장이었던 사노프가 완전한 전자식 텔레비전 방송 프로그램 시스템의 개발을 위해서 당시로서는 거액이었던 100만 달러를 투자하겠다고 선언함으로써 텔레비전 개발을 둘러싼 경쟁은 더욱 가속되었다. 판즈워스 텔레비전 회사 역시 CBS, AT&T와 새로운 장비 공급 계약을 체결하며 영역을 확대해 나갔다.

완벽한 텔레비전을 개발하기 위한 판즈워스와 RCA와의 경쟁은 1939년 가정용 텔레비전 세트를 선보임으로써 둘 모두의 승리로 끝이 났다. 하지만 산업체들 사이에 경쟁이 너무 치열해서 미국의 연방 통신 위원회(Federal Communication Commission, FCC)는 텔레비전 방송의 표준을 쉽게 결정할 수 없었다. 이러던 차에 미국은 제2차 세계 대전에 휘말리게 되었고, 결국 정규 텔레비전 방송은 전쟁 이후로 미루어지고 말았다. 전후 연방 통신 위원회는 몇몇 방송사에 텔레비전 방송을 허용했지만, 당시의 흑백텔레비전은 컬러 텔레비전과 호환이 되지 못한다는 문제점을 지니고 있었다. 결국 1953년에 이르러서야 연방 통신 위원회는 NTSC(National Television Systems Committee)라는 흑백-컬러 호환 텔레비전 시스템을 채택하게 되었다. 1956년에는 프랑스에서 SECAM(Séquentiel Couleur à Mémoire) 방식이라는 더욱 진보한 방식이 창안되었고, 1962년에는 독일에서 PAL(Phase Alternance Line) 방식이 나타나서 세계 텔레비전 시스템은 호환 불가능한 몇몇 시스템으로 분할된 형태로 발전해서 오늘에 이르고 있다.

8장 | 산업과 연구의 결합

전기 산업은 과학에 기초한 산업으로 전자기학의 성립과 동시에 산업화가 진행되었다. 따라서 전기 산업은 발전 초창기부터 발명과 연구 개발이 중요한 위치를 차지했다. 전기 산업에서 핵심을 차지하는 전동기의 역사는 1820년 덴마크의 과학자 외르스테드가 전류가 흐르는 도선 위에 놓인 나침반이 움직이는 것을 발견하면서 시작되었다. 이듬해 마이클 패러데이는 이것을 바탕으로 초보적인 전동기를 만들었으며, 1831년에는 자기를 이용해서 전기를 발생시키는 최초의 발전기를 만들었다. 패러데이가 자기를 이용해서 전기를 발생시키는 실험에 성공한 이래로 많은 발명가들이 초보적인 형태의 발전기를 개량해 나갔다. 당시에 발전기의 출력은 영구 자석의 세기에 제한을 받았기 때문에, 강한 전력을 얻는 데에는 많은 어려움이 있었다.

1866년 몇몇 발명가들은 영구 자석의 도움이 필요하지 않은 발전기를 발명했는데, 그 가운데 한 사람이 바로 카를 빌헬름 지멘스(Charles William Siemens, 1823~1883년)였다. 1873년에는 벨기에 태생의 전기 공학자인 제노브 테오필 그람(Zénobe Théophile Gramme, 1826~1901년)에 의해서 마침내 처음으로 상업적으로 의미가 있는 발전기가 나타나기에 이른다. 그리하여 발전기, 전동기와 아울러 전기를 빛으로 바꾸는 전등의 개발은 새로운 전력 산업을 구성하는 핵심 발명품이 되었다.

시스템 전쟁: 교류와 직류

전력 산업의 성장 과정에서 주목해야 할 현상 가운데 하나는 기술이 하나의 거대한 체계를 구성해 나가면서 사회 속에서 자리를 잡아 나간다는 것이다. 기술사가 토머스 파크 휴즈(Thomas Parke Hughes, 1923년~)가 제안한 기술 체계 발전 모형에 따르면, 하나의 기술 체계가 형성되고 발전되는 과정은 대략 ① 개별적인 발명과 개발의 단계, ② 기술 이전의 단계, ③ 체계 간의 전투라는 경쟁을 통한 체계 발전 단계, ④ 주도권을 잡은 체계가 기술적 관성력을 얻는 단계, ⑤ 기술을 통한 사회 재편 단계 등의 5단계로 진행된다.[1] 현재 우리가 사용하는 전력 공급 체계가 거대한 중앙 통제적인 교류 전력 체계로 된 것도 이런 기술 체계 사이의 경쟁의 결과로 나타난 문화적 인공물(cultural artifact)로 이해할 수 있다.

전력 공급 체계를 처음으로 만든 사람은 전등을 발명한 토머스 앨바 에디슨(Thomas Alva Edison, 1847~1931년)이었다. 에디슨은 1878년 10월 15일 뉴욕에 에디슨 전등 회사(Edison Electric Light Company)를 설립하고 전력을 고객들에게 공급하는 전력 사업을 시작했다. 1882년 1월 12일에는 런던에 세계 최초의 공공 발전소가 설치되었으며, 1882년 9월 4일 뉴욕 시에서는 에디슨 전등 회사가 펄스트리트 중앙 발전소의 발전기 '점보'의 가동을 시작했다. 이때 에디슨의 전력 회사에서는 전력 공급 방식으로 낮은 전압의 직류 전력을 사용했다. 이런 직류 전송 방식은 뉴욕과 같은 인구 밀집 지역에서는 유리했으나 원거리 전력 수송에는 에너지 손실이 크다는 문제가 있었다. 당시 에디슨 회사의 전력 수송 거리는 단지 수 킬로미터에 불과했다.

원거리 전력 수송에 문제가 있었지만 에디슨의 전력 공급 체계는 뉴욕에서 런던, 베를린 등 세계 여러 도시들로 기술 이전되었다. 아울러 초기 직류 전력 공급 체계의 확산과 함께 이 체계의 약점을 보완하기 위한 많은 노력도 나타났다. 그러나 직류 전력 체계를 주장하는 발명가와 공학자 들은 1880년대에 체계 내의 비경제적인 전력 수송 방식의 문제점을 해결할 수 없었다. 휴즈는 이렇게 각 기술 체계에서 심각한 약점에 해당하는 요소를 군사 작전 용어를 원용해서 '역(逆)돌출부(reverse salient)'라고 지칭했다.[2] '역돌출부'란 두 부대 사이에 전투가 진행되면서 한 부대의 특정 부분이 다른 부분과 보조를 맞춰 진격해 나가지 못하고 심하게 정체되거나 심지어는 적의 공격을 받고 밀려서 결국에는 전투 전체를 패배로 이끌 가능성이 있는 부분을 말한다.

직류 전력 공급 체계가 원거리 전력 수송에서 나타나는 문제점인 이 '역 돌출부'를 쉽게 해결하지 못하게 되자, 새로운 발명가 집단이 등장해 직류 전력 공급 체계 밖에서 이 문제에 대한 해결점을 찾기 시작했다. 이미 1881년 프랑스 인 뤼시앵 골라드(Lucien Gaulard, 1850~1888년)와 영국인 존 딕슨 깁스(John Dixon Gibbs, 1834~1912년)는 일련의 교류 전류 공급 체계로 영국에서 특허를 냈다. 1885년 미국의 발명가이자 제조업자인 조지 웨스팅하우스(George Westinghouse, 1846~1914년)는 상업적으로 이용하기 위해 이 특허를 구입했다. 이듬해 그는 웨스팅하우스 전기 회사를 설립해 교류 전력 공급 체계를 바탕으로 전력을 상용화할 계획을 세웠다. 웨스팅하우스에서 일하던 젊은 미국인 발명가인 윌리엄 스탠리(William Stanley, 1858~1916년)는 영국에서 구입한 특허를 바탕으로 변압기를 완성하고 더 나아가 고정 전압 교류 발전기를 발전시켰다. 스탠리는 1886년 매사추세츠 주에서 발전소에서 전압을 3000볼트로 높여 송전한 후 그것을 다시 수신소에서 500볼트로 낮추어 수신함으로써 교류 전력 체계의 실용성을 처음으로 입증해 보였다.

그러나 이것으로 교류 전력 체계의 우위가 지켜진 것은 아니었다. 당시 교류 전력 체계 쪽에는 경제성이 있는 교류 전동기를 가지고 있지 못했다. 에디슨의 직류 전력 체계는 전력 수송에 약점이 있었고, 웨스팅하우스의 교류 전력 체계에는 쓸 만한 교류 전동기가 없다는 약점이 있었기 때문에 이제 두 체계 사이에는 소위 '체계 간의 전투'가 더욱 치열하게 진행되었다. 즉 직류 전력과 교류 전력 사이의 대결이 본격화된 것이다.

1888년 크로아티아 태생의 발명가 니콜라 테슬라(Nikola Tesla, 1856~1943년)는 다상(多相) 교류 체계라는 새로운 전력 체계를 제안했다. 테슬라는 이 새로운 체계에서 회전하는 자기장을 이용한 유도 전동기를 사용했다.[3] 직류와 교류 사이의 체계 전쟁은 이제 발명왕 에디슨과 새롭게 등장한 천재 발명가 테슬라의 대결이 되었다.[4] 테슬라는 이미 1884년 뉴욕의 65번가 사무실로 에디슨을 찾아간 적이 있었다. 하지만 에디슨과 테슬라는 전혀 다른 기질을 가지고 있었고, 에디슨은 테슬라의 아이디어에 관심을 두지 않았다.[5] 반면에 웨스팅하우스 사는 테슬라 체계의 근본적인 중요성을 인식했으며, 곧 이 특허를 사들였다. 이제 웨스팅하우스 사는 '체계 간의 전투'에서 신무기를 갖춘 셈이 되었다. 웨스팅하우스 사는 콜럼버스의 신대륙 발견 400주년을 기념하기 위해 1893년 시카고에서 열린 콜럼버스 세계 박람회에서 이 새로운 전력 공급 체계를 처음으로 대중 앞에 공개했다. 이 박람회에는 수 많은 전동기, 발전기, 교류 발전기 등 당시 새로운 발명품들이 출품되었는데 이것은 나중에 전력 산업 발전의 초석이 되었다.

이 박람회가 있은 후, 나이아가라 폭포에서 버팔로 시로 전력을 공급하는 효과적인 방법을 찾던 국제 나이아가라 위원회는 전력 공급 방식으로 1893년에 선보인 웨스팅하우스의 교류 전력 체계를 선택했다. 1895년 8월, 나이아가라 발전소가 가동되었으며 1896년에는 버팔로 시로 교류 전원이 송전되기 시작했다. 그 후 교류 전력 체계는 서서히 전력 공급 방식에서 주도권을 차지하기 시작했다. 여기서 주목해야할 점은 개별적인 발명과 기술 개발, 그리고 기술 이전의 단계에서는 발명가들이 커다란 역할을 하지만, 체계가 발전함에 따라 점차로 발명가보다는 시스템 공학자들이나 경영자들이 더 커다란 영향력을 발휘한다는 것이다.

기술적 운동 모멘트(technological momentum)를 획득한 교류 전력 체계는 계속 자신을 확대해 나갔으며, 사회는 또한 이 교류를 이용하는 중앙 공급 체계에 더욱더 큰 가속도를 줬다. 즉 체제가 성숙함에 따라 그것은 자신만의 독특한 기술 양식과 운동량을 얻는다. 그래서 사회 속에서 정착한 선두 방식은 나중에 다른 방식에서 더 우수한 기술을 개발하더라도 무너지지 않는 안정력을 얻게 된다.[6] 사회의 요구로 개발된 기술이, 오히려 사회를 자신의 방식에 맞도록 개조해 나가면서 우리를 변화시키는 것이다. 결국 교류 전력 체계는 거대 규모의 수력 발전 체계를 비롯한 지역 개발 정책, 나중에는 원자력 발전 계획과 맞물려 현대 사회의 중심적인 전력 공급 체계가 되었다.

기술 체계가 성숙되면서 발전의 중심은 시스템 개발이나 경영의 차원을 넘어 정치의 영역으로까지 확대되었다. 체계가 하나의 구체적인 양식을 얻고, 또한 지역 개발의 차원으로까지 발전하면서 처음에 기술을 만들었던 발명가들의 영향력은 점차로 약화되고 기술 체계의 관리자들, 심지어는 정치가들이 한 체계를 유지하고 연구 개발을 진행하는 데 결정적인 역할을 하게 된다.

직업적 발명가 시대

기술 체계론은 기술이 발전하면서 발명가들의 역할과 위상에 많은 변화가 온다는 것을 지적하고 있다. 19세기 중반 이후 전기 공업 분야에서는 수많은 천재적인 발명가들이 등장해서 개인적이고 독립적인 형태로 발명을 해 오고 있었다. 그러나 이들은 과학적 지식과 추상적 이론에 입각해서 새로운 발명을 하지는 않았다. 대개의 경우 그들은 실제 실험이나 경험, 혹은 직관에 의존해서 발명품을 만들었으며, 또한 자신의 발명에 과학 지식이 필수적이라고 생각하지도 않았다. 예를 들어, 3극 진공관을 발명한 리 디 포리스트는 우리와는 전혀 다른 식으로 그 작동 원리를 이해하고 있었다. 또한 '되먹임 회로'와 '수퍼헤테로다인 회로(superheterodyne circuit)', 에프엠 방식을 발명한 에드윈 하워드 암스트롱은 자신의 발명품을 물리학적으로 이해는 하고 있었지만, 수학적 추상화를 혐오하고 평생 동안 수학자들과 논쟁을 벌였다.[7]

직업적인 발명가가 나타나면서 발명 또한 조직적인 형태를 띠기도 했다. 직업적 발명가의 조직적 발명의 전형적인 예로는 기계공, 화학자, 모형 제작가 등을 고용했던 에디슨의 멘로 파크(Menlo Park) 연구실을 들 수 있다. 이런 조직적인 발명의 형태는 결국 다음 단계인 산업적 연구, 다시 말해서 과학자들이 직접 산업적 연구를 하는 형태로 발전했으나, 에디슨 연구실에서 과학자들은 단지 보조적인 역할을 했을 뿐이었다. 아직 과학에 기초한 발명은 산업적 연구 개발의 지배적인 모습은 아니었던 것이다.[8]

산업적 연구의 시작

20세기에 들어서면서 산업체에서는 과학에 바탕을 둔 기술 개발이 보편화되었다. 그 가운데서도 전기 공업과 화학 공업은 산업적 연구가 기업에 정착하는 데 선도적인 역할을 했다. 산업체 내에 연구소가 설립되고 산업적 연구가 제도화되는 과정은 연구 개발의 주역이 독립적 발명가들이 아니라 과학 기술자 및 경영자 들로 옮겨가게 되는 것을 보여 준다.

전문적인 과학자를 고용해서 연구 개발을 하는 산업적 연구 형태는 20세기 초에 전기 공업 분야에서 나타나게 되는데, 제너럴 일렉트릭 사의 연구실과 AT&T의 벨 전화 연구소가 대표적인 예라고 할 수 있다. 1890년대 말 이 두 회사에서는 자신들만이 독점하고 있던 특허가 소멸되었고, 또한 정부의 반독점 법안이 강화되어 기업 합병을 통해서 독점적 지위를 유지하기가 어려워졌다. 이에 제너럴 일렉트릭 사와 AT&T에서는 기술적 우위로써 자신들의 지위를 계속 유지할 수 있을 것이라고 생각하고, 처음에는 새로운 특허를 외부에서 사들이다가 결국에는 회사가 자체적으로 새로운 기술을 개발하는 단계에까지 이르게 된다. 이 두 회사의 연구소들이 산업체 내에서 성공적으로 자리를 잡는 과정은 전기 공업 분야에서 산업적 연구가 정착되는 역사적 의

미를 지닌다.[9]

제너럴 일렉트릭 사의 산업적 연구

19세기 말 제너럴 일렉트릭 사의 수석 기술 자문이었던 찰스 프로티어스 스타인메츠(Charles Proteus Steinmetz, 1865~1923년)는 새로운 특허 기술을 개발해서 자신들의 독점적인 지위를 유지하기를 바랐던 경영진에게 조명 문제를 연구하는 화학 연구소를 설립할 것을 제안했다. 제너럴 일렉트릭 사는 이 제안을 받아들여 1900년 회사 안에 연구소를 창립하기로 결정하고, 책임자로 라이프치히 대학교의 프리드리히 빌헬름 오스트발트(Friedrich Wilhelm Ostwald, 1853~1932년) 밑에서 물리 화학으로 박사 학위를 받은 다음 MIT에서 일하고 있었던 물리 화학자인 윌리스 로드니 휘트니(Willis Rodney Whitney, 1868~1958년)를 고용하는 데 성공했다. 당시 독일에서는 카를 아우어 프라이어 폰 벨스바흐(Carl Auer Freiherr von Welsbach, 1858~1929년)가 오스뮴-텅스텐 필라멘트 전구를, 물리 화학자인 발터 헤르만 네른스트(Walther Hermann Nernst, 1864~1941년)가 실용적인 금속 필라멘트 램프를 발명했다. 이때 제너럴 일렉트릭의 경쟁사였던 웨스팅하우스가 재빠르게 네른스트로부터 이 특허를 구입하자, 미국 램프 산업에서 제너럴 일렉트릭의 입지가 위협받기 시작했다.[10]

휘트니의 첫 번째 임무는 어떻게 해서든 더 많은 과학자를 고용해서 제너럴 일렉트릭 사가 당면한 문제인 상품성 있는 램프를 개발하는 것이 되었다. 휘트니는 대학교의 전임 강사보다 높은 연봉을 내세워 유능한 과학자들을 산업체 연구실로 유인했다. 높은 봉급과 아울러 휘트니는 이들에게 대학 연구실과 같은 학문적인 분위기도 만들어 줬다. 그가 초기에 채용한 인물 중에는 라이프치히 대학교에서 박사를 한 뒤 MIT에서 물리 화학 전임 강사로 있던 물리학자 윌리엄 데이비드 쿨리지(William David Coolidge, 1873~1975년), 괴팅겐의 네른스트 밑에서 박사 학위를 받고 나서 자리를 물색하고 있던 화학자 어빙 랭뮤어(Irving Langmuir, 1881~1957년)를 비롯해서 상당히 유능한 과학자들이 포함되어 있었다.

제네럴 일렉트릭 사 연구실에서 쿨리지는 대학교에서 하던 자신의 학술적인 연구를 계속하기보다는 기업의 요구에 맞는 훌륭한 발명가로 변신해서 입사 후 5년 동안을 텅스텐 백열등을 만드는 데 온 힘을 바쳤다. 랭뮤어는 제네럴 일렉트릭 사의 연구실에서 수많은 특허를 출원하는 한편 학술 논문도 왕성하게 출판해서 자신의 학문적 연구와 산업적 연구를 훌륭하게 병행했다. 물론 이 새로운 환경에 적응하지 못하고 연구소를 떠나간 과학자들의 수도 아주 많았고, 1932년에 노벨 화학상까지 받았던 랭뮤어는 특별한 예외에 속했다. 그러나 랭뮤어의 성공적인 활동은 산업체에서도 훌륭한 과학 연구를 할 수 있다는 좋은 선전 역할을 했다. 결국 랭뮤어를 포함한 이 전문 과학자들은 기업체 내에서 지금까지는 존재하지 않았던 새로운 역할을 창출해 냈던 것이다.

미국 전신 전화 회사의 산업적 연구

초창기 벨 전화 회사에서는 벨의 특허가 주된 자산이었다. 그러나 1890년대에 이르러 벨 전화의 주된 특허가 소멸되자, 벨 전화 회사는 발명가로부터 새로운 특허를 구매하거나 아니면 회사 내에서 특허를 낼 사람들을 고용해야만 했다. 벨 전화 회사는 회사 안에 이런 문제를 해결할 작은 연구 부서를 만들었다. 이 부서는 창립 이후 계속 규모가 커지긴 했지만, 1885년부터 연구 조직의 책임을 맡았던 해먼드 헤이즈(Hammond Hayes)를 비롯한 벨의 경영진들은 회사 내 연구 부서의 목적은 측정이나 검사이고, 연구 개발 자체는 기본적으로 회사 밖에 있는 능력 있는 발명가들이 하는 것이라고 생각했다.[11]

그러나 1907년 주식 시장에서 나타난 공황의 여파로 회사가 재정적인 문제에 봉착하면서 존 피어폰트 모건(John Pierpont Morgan, 1837~1913년)이 이끄는 은행 신디케이트가 회사에 영향권을 행사하게 되었다. 경영진이 달라지면서 AT&T의 연구 개발 전략에는 변화가 찾아왔다. 모건은 1878년과 1887년 사이 벨 전화 회사에서 일한 적이 있었던 시어도어 뉴턴 베일(Theodore Newton Vail, 1845~1920년)을 벨의 후임으로 새 회장에 임명했다. 베일은 AT&T가 기술적 우위를 점유함으로써 미국 내 장거리 전화를 독점해야 한다고 생각했던 인물이었다. 취임 후 베일은 헤이즈를 해임하고, 전기 공학자 존 카티(John Carty, 1861~1932년)를 연구 부서의 책임자로 임명했다. 카티는 공학 교육을 받지는 않았지만 기술 분야의 경험이 많았는데, 연구소를 운영하는 방식에서 헤이즈와는 완전히 다른 생각을 하고 있었다. 즉 그는 특허로 보호되는 유일하고 질 좋은 서비스를 바탕으로 장거리 전화를 독점하기 위해서는 과학자들을 잘 이용할 필요성이 있다고 생각했다.[12]

원거리 통신 문제와 증폭관의 개발

당시 벨 전화 회사가 당면했던 가장 커다란 문제는 원거리 통신이었다. 이 문제를 해결하는 방법으로 대학 교수이며 발명가인 마이클 이드보르스키 푸핀(Michael Idvorsky Pupin, 1858~1935년)은 장하(裝荷) 코일(loading coil)을 발명했고, 벨 전화 회사는 과거의 방식대로 회사 밖에서 개발된 이 특허를 사들여 일단 급한 불은 껐다. 그러나 푸핀의 장하 코일을 이용한 중계 장치(repeater)로는 아직 동부 해안과 서부 해안 사이의 전화 통신은 가능하지 않았다. 새로이 연구 부서의 책임을 맡게 된 카티는 원거리 통신에 이용 가능한 증폭기의 개발을 새로운 핵심 과제로 선정하고, 계획의 실무를 시카고 대학교의 로버트 앤드루스 밀리컨(Robert Andrews Millikan, 1868~1953년) 밑에서 물리학 박사를 받은 뒤 MIT에서 일하다가 1904년 AT&T에 입사했던 프랭크 볼드윈 주윗(Frank Baldwin Jewett, 1879~1949년)에게 맡겼다. 이어 주윗은 1911년 역시 밀리컨 밑에서 공부한 과학자 해럴드 아널드(Harold Arnold, 1883~1933년)를 새로이 채용해서 그와 함께 증폭관 개발에 나서게 된다.

동서 해안 간 원거리 통신의 문제를 해결하기 위한 전자 증폭기를 개발하는 과정은 산업적 연구의 출현에서 커다란 역사적 의미를 지닌다. 1906년 디 포리스트가 3극 진공관을 발명했지만, 그는 그것을 증폭기가 아닌 수신기로만 사용했다. 또한 디 포리스트는 전자가 아닌 이온화된 기체의 역할을 중시함으로써 나중에 확립되는 3극 진공관의 원리와는 상당히 차이가 나는 방식으로 그 작동 원리를 이해하고 있었다. 1912년 주윗과 아널드는 디 포리스트가 만든 이 조잡한 장치를 증폭관으로 쓸 수 있나는 사실을 깨달고, 재정난에 봉착해 있던 디 포리스트의 특허를 사들였다.

연구 개발의 첫 번째 성과로서 1912년 아널드는 수은 증기 증폭 장치를 개발했다. 그러나 이 개발품은 특성 곡선의 왜곡이 심해서 전화기의 증폭기로는 사용할 수가 없었다. 아널드를 위시한 AT&T의 연구자들은 원거리 통신에 적합한 새로운 증폭 장치를 개발해야만 했다. 이 연구 개발을 위해서 그들은 독일에서 고진공을 만들 수 있는 게더(Gaede) 진공 펌프를 도입했으며, 1904년 독일의 아서 루돌프 베르톨트 베넬트(Arthur Rudolph Berthold Wehnelt, 1871~1944년)가 개발한 산화막 금속 필라멘트를 증폭관에 채용했다. 결국 그들은 새로운 고진공 증폭관을 개발했고, 이것으로 1915년 1월 25일 뉴욕과 샌프란시스코 사이의 동서 대륙 간 전화 통화를 가능하게 했다.

고진공 증폭관으로 대륙 횡단 전화의 상업화에 성공하면서 AT&T는 기업체 내에서 연구 개발을 하는 것이 기업의 장래에 아주 중요하다는 것을 느끼게 되었다. 이런 사내 분위기에 힘입어 연구 부서는 마침내 독립 법인으로까지 성장하게 된다. 1925년 1월 1일, AT&T의 자회사였던 웨스턴 일렉트릭(Western Electric) 사 공학 부서의 업무를 이관해서 뉴욕 시에 새로운 독립 법인 기업체 연구소인 벨 전화 연구소가 설립되었다. 연구소의 초대 사장에는 주윗이, 연구부의 책임자에는 아널드가 임명되었는데, 이후 벨 연구소에서는 연구 책임자가 연구 부서의 관리 책임을 맡는 것이 관례가 되었다.

데이비슨–저머의 전자 회절 실험

벨 연구소는 전화 사업에 필요한 연구 개발을 하기 위해서 설립되었지만, 기초 과학 연구도 부수적으로 진행했다. 1927년 클린턴 조지프 데이비슨(Clinton Joseph Davisson, 1881~1958년)과 레스터 할버트 저머(Lester Halbert Germer, 1896~1972년)가 드브로이 물질파를 실험적으로 입증하는 전자 회절 실험에 성공한 것이 초창기 벨 연구소에서 행해진 대표적인 기초 과학 연구라 할 수 있다. 데이비슨은 1911년 열 전자 방출에 관한 연구로 유명했던 프린스턴의 오언 윌런스 리처드슨(Owen Willans Richardson, 1879~1959년) 밑에서 양이온의 열 방출에 관한 논문으로 박사 학위를 받았다. 그 뒤 그는 1917년 웨스턴 일렉트릭 사의 연구 부서에 합류했는데, 이때 저머를 연구 조수로 배정 받았다.

당시 벨 연구소는 3극 진공관의 특허권을 놓고 제네럴 일렉트릭 사와 소송을 벌이고 있었다. 제네럴 일렉트릭의 과학자인 랭뮤어는 1913년 고진공 텅스텐 필라멘트를 이용한 3극 진공관 증폭기를 개발했는데, 이것이 아널드가 개발한 산화 피복을 이용한 증폭기와 특허 소송이 걸리게 된 것이다. 데이비슨-저머의 전자 회절 실험은 제네럴 일렉트릭의 랭뮤어와 AT&T의 아널드 사이에 벌어진 이 소송과 간접적인 관련을 맺고 있었다. 데이비슨과 저머는 1919년부터 양이온 충격에 의한 열전자 방출 연구를 시작했는데, 처음에 이들의 실험은 아널드 진공관이 이용하는 산화막에 관한 것이었으나 곧 순수 금속 표면에 대한 충격 실험으로도 발전했다. 즉 진공관 연구의 부수적 연구로서 그들은 전자를 금속에 충돌시키는 실험을 했던 것이다. 당시에 벨 연구소에서 기초 연구가 회사 차원에서 지원된 것은 아니었다. 그러나 데이비슨은 자신의 연구를 회사에 정당화시켜서 연구소의 목적 지향적인 연구와 자신의 개인적인 흥미를 일치시킬 수 있었다.[13]

1923년에 이미 데이비슨과 조수인 쿤스먼은 백금과 마그네슘에 대한 전자 산란 실험을 해서 후일 드브로이 물질파 실험에 근접하는 결과를 얻었지만, 이 실험은 1923년 쿤스먼이 회사를 그만두는 바람에 일시 중단되었다. 그러던 중 1926년 여름 데이비슨은 부인과 함께 영국으로 휴가를 갔는데, 이때 옥스퍼드에서 열린 영국 과학 진흥 협회 학술 회의에 참가할 수 있었다. 여기서 그는 막스 보른의 강연을 통해 드브로이 물질파 이론과 슈뢰딩거 파동 역학을 접했고, 이에 자극받아 1923년보다 진전된 새로운 실험 계획을 세우게 된다. 무엇보다도 그들은 다른 곳과는 차별화된 연구소의 설비를 이용해서 양질의 단결정을 만들 수 있었고, 이런 좋은 연구 조건 속에서 1927년 니켈 단결정을 이용한 전자 회절 실험에 성공하게 된다. 데이비슨과 저머의 전자 회절 실험은 실용적인 연구를 하는 기업체의 연구실에서도 연구자의 노력 여하에 따라 자신의 흥미에 맞는 순수 기초 연구도 할 수 있다는 좋은 예이다.

벨 연구소 내의 기초 과학 연구 체계의 확립

벨 연구소에서의 본격적인 기초 과학 연구는 1930년대부터 시작된다고 할 수 있다. 이미 1920년대부터 벨 연구소에서는 최신 과학의 내용을 담은 과학 저널과 책을 볼 수 있는 일급 도서관을 마련했으며, 자체 잡지도 출판했다. 이런 활동은 1930년대에 와서 점차로 자리가 잡혀 갔으며 콜로키움, 세미나, 외부 유명 학자의 초청 강연, 외부 세미나 참가 등을 통해 벨 연구소의 과학자들은 새로운 학술 정보를 획득할 수 있게 되었다. 이 외에도 연구소는 연구원들에게 봉급은 다 주면서 근무 시간의 7분의 1을 대학교에서 대학원 과정을 이수할 수 있도록

해 교육과 연구를 병행할 수 있는 분위기를 조성해 줬다.

1930년대 초의 대공황기에 벨 연구소가 했던 인력 수급 정책은 산업체 연구소 운영의 한 모범적인 사례를 제시하고 있다. 어려운 회사 여건으로 벨 연구소에서는 대대적인 감원이 있었지만, 고학력 인력보다는 저학력의 기술부 인력을 더욱 많이 감축했다. 따라서 벨 연구소는 한동안 간부급이 과도하게 많은 형태로 운영되었다. 그러나 이런 정책 덕분에 나중에 고체 물리학 분야를 연구할 때 핵심적인 역할을 하게 되는 월터 하우저 브래튼(Walter Houser Brattain, 1902~1987년), 제럴드 피어슨(Gerald Pearson)을 비롯한 우수한 과학자들이 연구소에 잔류할 수 있게 되었다.

1936년 진공관 연구부에 있던 머빈 켈리(Mervin Kelly)가 관리자로 임명될 때쯤 공황의 여파는 어느 정도 가신 상태였다. 회사의 여건이 호전됨에 따라 그는 1936년 윌리엄 브래드퍼드 쇼클리(William Bradford Shockley, 1910~1989년)를 새로이 입사시켰다. 한편 1937년 데이비슨이 노벨상을 받으면서 벨 연구소에서는 더 자유로운 기초 과학 연구를 허용하는 분위기가 확산되었는데, 이러한 분위기는 2차 세계 대전을 거치면서 점차 벨 연구소의 기업 철학으로 정착된다. 1920년대에 데이비슨은 자신의 기초 과학 연구를 회사에 납득시켜야만 했고, 노벨상을 받은 실험도 집단 연구라기보다는 개인적인 측면이 강한 것이었다. 그러나 1936년 켈리가 연구부를 맡게 되고, 전쟁을 거치면서 벨 연구소의 연구 분위기는 상당히 달라졌다. 기초 과학 연구를 경시하지 않는 이런 변화된 분위기 속에 벨 연구소에서는 대학에서나 진행되던 고체 양자론 연구가 진행되었고, 이것이 1947년의 점 접촉 트랜지스터 발명으로 이어졌다.[14]

트랜지스터의 발명 및 과학 기술 혁명

1945년 7월 벨 연구소의 부사장으로 승진한 켈리는 현대 물리의 새로운 분야인 고체 물리학과 다분야적인 팀 연구를 강조하는 정책을 표방하며, 물리 연구부를 마치 대학교를 방불케 하는 연구 조직으로 재편했다. 예를 들어 연구소의 한 부서인 고체 연구부는 자기, 압전기, 반도체 등을 비롯한 여러 소그룹으로 나누어졌고, 더 나아가 개개의 소그룹은 각 전문가들이 균형 있게 혼합된 다분야적인 팀으로 짜여졌다.

프린스턴 출신 고체 이론 물리학자인 존 바딘(John Bardeen, 1908~1991년)은 1945년 말 쇼클리의 반도체 연구 팀에 합류했다. 그는 벨 연구소의 다분야적인 팀 연구 방식에 따라 검파기, 저항기, 서미스터 등을 연구하는 피어슨, 브래튼과 같은 실험 물리학자들과 연구실을 함께 사용했다. 1946년 초에 조직된 쇼클리의 반도체 연구 소그룹은 광범위한 분야에 걸친 전문가들을 포함하고 있었다. 쇼클리와 바딘은 고체 이론 물리학자였으며, 브래튼과 피어슨은 반도체를 10년 이상 연구한 실험 물리학자였다. 여기에 숙련된 물리 화학자였던 로버트 기브니(Robert Gibney)와 전자 공학 전문가인 힐버트 무어(Hilbert Moore), 그리고 2명의 기술 조수가 또 따라붙었다. 이 다분야적인 팀에서 행한 연구 개발의 성과로 1947년 12월 바딘과 브래튼은 출력 이득 1.3, 전압 이득 15인 최초의 점 접촉 트랜지스터를 발명했던 것이다.[15]

쇼클리는 1947년 여름 유럽의 고체 연구소를 방문해야 했기 때문에 아깝게도 이 역사적 발견에는 참가하지 못했다. 그러나 그는 자신의 전계 효과 증폭기 이론을 더욱 발전시켜, 새로운 pn 접합 트랜지스터를 예언했다. 이 새로운 트랜지스터는 게르마늄 용융 상태에서 단결정을 키우는 방법이 가능해진 뒤에야 만들어질 수 있었다. 초기의 점접촉형을 대체한 이 접합형 트랜지스터가 기반이 되어 마침내 새로운 반도체 시대는 그 막을 열었다. 1956년 쇼클리, 바딘, 브래튼은 트랜지스터 효과를 발견한 공로로 노벨 물리학상을 받았다. 벨 연구소에서 트랜지스터가 발명되는 과정은 개인적인 성격이 강했던 데이비슨의 전자 회절 실험과는 달리 회사의 집단적이고 조직적인 연구 개발 전략이 이뤄 낸 기초 과학 연구이자 응용 연구였다는 점에서 기업체 연구 개발의 역사상 또 하나의 획기적인 사례였다. 결국 산업체에서도 기초 과학 연구가 가능함이 확인되었으며, 이제 과학은 그 자체가 기술도 되는 새로운 모습으로까지 나타났다. 벨 전화 연구소에서 행해진 산업체의 기초 과학 연구는 20세기 중반 이후 나타났던 과학 기술 혁명(Scientific Technological Revolution)의 전형적인 모습을 보여 주고 있다.

9장 | 화학 공업과 연구 개발: 듀폰 사의 경우

과학에 기초를 둔 연구 개발은 비단 전기 공업 분야에서만 나타난 것이 아니었다. 화학 공업을 비롯한 다른 산업에서도 이에 못지않은 연구 개발의 형태가 나타났다. 화학 공업에서의 산업적 연구는 이미 19세기 중반 이후에 독일에서 시작되었다. 1877년 독일에서 발효된 특허법은 유기 염료 연구가 대학교에서 산업체로 확산되는 중요한 계기를 마련해 줬는데, 특허법이 발효되기 1년 전인 1876년 바이어(당시 회사명은 프리드리히 바이어(Friedrich Bayer)였음) 사는 독일에서 처음으로 초보적인 연구실을 설치해서 산업체 내의 연구 개발을 시작했다.

미국에서도 제1차 세계 대전을 겪으면서 화학 공업 분야의 산업적 연구가 본격화된다. 전쟁으로 독일로부터 화학 원료 공급이 중단된 데다, 전쟁에 필요한 무기를 개발하기 위해서라도 미국의 화학 회사들은 독자적인 연구 개발을 강화해야만 했다. 이런 조건 속에서 성장한 미국 화학 공업의 산업적 연구 개발 가운데 가장 대표적인 예가 바로 나일론 개발의 신화를 창조한 듀폰(du Pont) 사의 활약이다. 듀폰 사의 1세기에 걸친 여정은 과학에 바탕을 둔 연구 개발이 얼마나 복잡한 과정을 거쳐서 상업적 성공으로 나타나는지를 보여 주는 좋은 사례이다.

초기 듀폰 사의 연구 개발

1802년 엘뢰테르 이레네 듀폰(Eleuthère Irénée du Pont, 1771~1834년)이 설립한 듀폰 사는 대대로 듀폰 가가 경영해 온 가족 회사로, 19세기에는 주로 흑색 화약, 다이너마이트, 무연 화약 등을 만들었다. 오늘날의 듀폰 사는 1902년에 세 조카 토머스 콜먼 듀폰(Thomas Coleman du Pont, 1863~1930년), 앨프리드 이레네 듀폰(Alfred Irénée du Pont, 1864~1935년), 피에르 새뮤얼 듀폰(Pierre Samuel du Pont, 1870~1954년)이 100여 개가 넘던 회사들을 하나로 합쳐 거대 회사로 만들면서 탄생했다. 새롭게 출발한 듀폰 사에서는 연구 개발도 중시해서 1902년 자회사였던 이스턴 다이너마이트(Eastern Dynamite)에 폭발물 품질 개선을 목적으로 이스턴 연구소(Eastern Laboratory)를 설립했는데, 이것은 듀폰 사 분산 연구 시스템의 효시였다. 다음해 듀폰 사는 '실험 연구소(Experimental Station)'라는 '종합' 연구소를 설립했다. 여기서는 기존의 흑색 화약과 다이너마이트뿐만이 아니라 신제품이었던 무연 화약도 연구함으로써 훗날 듀폰 사의 거대 규모 중앙 연구소의 원조가 되었다.[1]

1910년부터 듀폰 사는 인수 합병을 통해서 경영의 다각화를 시작했다. 그러다가 제1차 세계 대전의 영향으로 독일 화학 약품의 공급이 중단되면서, 듀폰 사는 유기 화학과 염료 산업에도 진출하게 되었다. 그리하여 1917년경에 이르러서 경영진들은 본격적인 경영 다각화 의지를 가지고 유기 화학 염료를 비롯한 다양한 염료를 생산하는 회사로 사업 방침을 정하게 된다. 이런 다각적 경영의 결과 듀폰 사는 다양한 화학 분야의 회사들을 사들여서 자회사로 만들었다. 이로써 듀폰 사는 니트로셀룰로오스(1910년), 셀룰로이드 플라스틱(1915년), 페인트

(1917년), 레이온 섬유(1920년), 셀로판 필름(1923년), 합성 암모니아(1924년) 등을 만드는 수많은 소기업이 단위 부서로 있는 기업 형태를 띠게 되었다. 경영 다각화와 전쟁의 영향으로 기업이 비대화되고 연구 인력이 확대되면서, 듀폰 사에서는 중앙 연구 조직만으로는 이를 모두 통제할 수 없었다. 1921년 듀폰은 연구 개발의 분산화 전략을 선언했고, 중앙 집권적이라기보다는 단위 부서가 각자의 분야에서 연구 개발을 책임지는 분산적 형태가 된다.

나일론 신화의 탄생

하지만 듀폰의 최대 발명품인 나일론은 이 분산화된 연구 조직에서 유래된 것이 아니고, 과거 시대의 유물인 중앙 연구 조직의 산물이었다. 중앙 연구 조직의 하나인 화학 부서의 책임자였던 찰스 스타인 (Charles Stine, 1882~1954년)은 1927년 방만하다시피 한 듀폰의 다양한 사업에 확고한 과학적 기초를 세워 줄 장기적인 차원의 기초 연구 조직을 설립할 계획안을 회사에 제출했고, 경영진의 승인을 받았다. 그 뒤 스타인은 순수 기초 연구를 표방하며 기초 유기 화학을 연구할 약 15명의 인력을 대학교에서 구하려고 노력했다. 그러나 이 일은 결코 쉽지 않아서, 1928년 초까지 중합체 분야에서 순수 연구를 하게 해 주는 조건으로 단 1명만을 고용하는 데 성공했다. 그가 바로 하버드 대학교 화학과 전임 상사로 있었던 31세의 월리스 흄 캐러더스(Wallace Hame Carothers, 1896~1937년)였다.[2]

1930년 이 중앙 기초 연구 조직은 아주 우연히 네오프렌 합성 고무와 완전한 의미의 합성 섬유를 최초로 발견했다. 응용을 목표로 하지 않고 지극히 기초적인 연구를 하던 부서가 처음으로 상업적으로 의미 있는 성과를 낸 것이다. 듀폰은 이미 고무 화합물을 제조하고 있었고, 레이온과 아세테이트 같은 인조 섬유를 생산하고 있었다.

한편 캐러더스가 합성 고무와 합성 섬유를 발견한 지 몇 개월도 안 돼서 스타인은 승진을 했고, 다른 부서로 가게 되었다. 스타인의 후임으로는 엘머 볼튼(Elmer Bolton, 1886~1968년)이 왔는데, 그는 기초 연구에 특권을 줬던 스타인과는 전혀 다른 연구 개발 철학을 가지고 있던 인물이었다. 더구나 볼튼은 예전에 스타인의 기초 과학 계획에 반대했던 전력이 있었고, 연구에서도 상업적으로 이용 가능한 구체적인 성과를 중시했다. 취임 후 볼튼은 캐러더스 팀에게 자유로운 기초 연구보다는 상업성이 있는 연구를 할 것을 요구했다. 볼튼은 캐러더스 팀이 발견한 최초의 합성 섬유가 매우 불안정하다는 것을 느끼고, 상업적 가치가 있는 더 안정된 섬유를 개발해 달라고 캐러더스에게 더욱 구체적으로 요청했다.

처음 얼마 동안 캐러더스 연구 팀은 볼튼의 요청을 받아들여 계속 열심히 연구를 했다. 그러나 이런 목적 지향적 연구가 맞지 않았던 캐러더스는 스타인 시절에 하던 방식대로 곧 다른 연구로 옮겨 갔다. 이렇게 연구 주제를 가지고 왔다갔다하자, 볼튼은 캐러더스에게 섬유 연구를 할 것을 더 강력하게 요구했다. 캐러더스는 하는 수 없이 볼튼의 명령에 따라 자신의 조수들에게 새로운 연구 방향을 지시했고, 마침내 1934년 비교적 높은 온도에서도 안정되고 가수 분해에 강한 최초의 폴리아미드, 나일론을 합성하는 데 성공했다.

1935년 봄 캐러더스는 5-10 폴리아미드라는 물질을 최적의 화학 섬유 후보로 추천했다. 그러나 볼튼은 캐러더스가 추천한 물질을 만들기 위해 필요한 중간 물질의 값이 너무 비쌀 것 같아 캐러더스의 추천을 무시하고, 대신 풍부한 벤젠 화합물로부터 값싸게 제조할 수 있는 6-6 중합체를 옹호했다. 연구 개발을 한 과학자와 관리하는 책임자 사이에 갈등이 생긴 것이었다. 나일론 개발은 애초에 캐러더스의 기초 연구 팀이 비교적 자유롭게 한 것이었으나, 이런 갈등이 생긴 뒤로는 볼튼이 연구 개발을 주도하고 캐러더스는 그 과정에서 밀려나게 된다. 이런 일이 있은 뒤 캐러더스는 회사가 연구 주제를 제한하는 것에 대해서 고민했으며, 점점 신경 쇠약 증세를 보이다가 1937년 극약을 먹고 41세의 젊은 나이에 자살을 하고 말았다. 안타깝게도 미국은 잠재적 노벨상 후보를 잃어버렸다.

연구 개발의 주도권을 잡은 볼튼은 나일론 6-6을 상업화할 것을 결정했다. 그러나 나일론을 새로운 섬유로 개발하려는 계획은 아직 실험실상에서나 가능한 것이었다. 상업화를 위해서는 연구실에서 했던 작업을 크게 확대할 필요가 있었고, 생산비 절감을 위해서는 나일론의 중간 물질을 고압 합성 기술을 이용해서 만들어 내는 것이 무엇보다도 중요했다. 그 외에도 생산된 나일론을 가지고 실제로 옷감을 만들 수 있어야 했다. 다행히도 듀폰에는 고압 합성이 전문인 암모니아 부서와 섬유에 대해 잘 아는 레이온 부서가 있었다. 이제 나일론 개발은 한 부서가 수행하는 단독 연구 개발이 아니라 중앙 연구 조직이 관리하는 협동 연구 개발의 형태가 되었으며, 이에 따라 여러 연구를 병행해 추진하는 거대한 규모의 연구 개발로 발전되었다.

이 과정에서 듀폰의 중앙 연구 관리자들은 그야말로 놀라운 연구 개발 관리 능력을 보였다. 우선 상업적인 차원에서 5-10 폴리아미드가 아니라 나일론 6-6을 선택한 것이 첫 번째로 현명한 판단이었다.

그다음 나일론 섬유를 뽑아내는 방법으로 레이온 섬유를 뽑아내는 건식 방사법(紡絲法)이나 아세테이트 섬유를 뽑아낼 때 사용하는 습식 방사법이 아니라, 새로운 용융 방사법을 선택했던 것도 역시 적절한 것이었다. 듀폰의 연구 관리자들은 나일론의 개발 과정에서 실험실 단계, 반작업(半作業) 단계, 실험 공장 단계, 상업적 생산 단계로 진행하는 연구 개발 전략을 차근차근 단계별로 규모에 맞도록 가장 현명한 판단을 하면서 총지휘했다.

또한 나일론을 처음 상품화하면서 여성용 블라우스에 사용되던 값비싼 비단을 대체하려는 전략을 구사한 것도 아주 탁월한 선택이었다. 나일론은 1940년부터 시판되기 시작했는데, 때마침 태평양 전쟁이 터져 일본으로부터 실크 수입이 단절되는 바람에 듀폰은 나일론을 가지고 더욱 급속도로 여성용 고급 의류 시장을 잠식할 수 있었다. 결국 한 과학자가 기초 연구를 하다가 우연히 발견한 나일론이라는 물질이, 중앙 연구 조직 관리자들의 현명한 종합 연구 개발 전략과 결합하면서 듀폰의 나일론 신화는 탄생했던 것이다. 듀폰 사의 나일론 연구 개발 전략은 기업의 성공적인 연구 개발의 전형적 사례로 역사에 남았다.[3]

전쟁과 기업, 그리고 과학

기초 과학에 바탕을 둔 듀폰의 연구 개발 전략은 듀폰이 제2차 세계 대전 중에 원자 폭탄을 개발하는 맨해튼 계획에 참가하면서 더욱 공고해졌다. 듀폰은 이 계획에서 시카고의 금속 연구소 과학자들과 함께 생산용 원자로를 건설해서 그것으로부터 플루토늄을 생산하는 일을 맡았다. 이때 듀폰의 연구 개발 팀은 계획 진행 과정에서 과학자들과 마찰을 빚기도 했지만, 자신들의 나일론 개발 전략을 그대로 적용해 또 한번의 커다란 성공을 거둔다.

1942년 캘리포니아 주립 대학교(버클리)의 글렌 시어도어 시보그(Glenn Theodore Seaborg, 1912~1999년)는 실험실에서 미량의 플루토늄을 발견했다. 듀폰 팀은 이것을 캐러더스가 최초의 합성 섬유를 발견한 것으로 간주하고, 대량 생산을 위한 생산 개발 계획을 세워 나갔다. 이때 듀폰 팀은 나일론 개발 전략에서 얻은 자신들의 산업적·공학적 경험을 십분 활용했다. 그리하여 듀폰 사는 짧은 기간 내에 플루토늄 대량 생산에 성공했고, 결과적으로 맨해튼 계획의 성공에 커다란 공헌을 했다. 플루토늄의 대량 생산에 성공함으로서 듀폰은 연구 개발에 기초 과학이 중요하다는 것을 다시 한번 확인했다.

제2차 세계 대전 기간 중의 원자 폭탄 개발 참여를 계기로 듀폰의 경영진들은 기초 과학에 바탕을 둔 연구 개발에 더 많은 돈을 투자함으로써 '새로운 나일론'을 계속 창출해 낼 수 있다는 강한 믿음을 가지게 되었다. 또한 1938년 연방 정부의 법무부 반독점실에 대기업의 독점을 규제하려는 성향의 인물이 기용되면서 미국 내에 강한 반독점 분위기가 나타난 것도 듀폰이 기초 과학 투자를 강화하게 되는 요인으로 사용했다. 결국 기초 과학에 바탕을 둔 거대한 규모의 연구 개발로 기업을 성장시킨다는 것은 듀폰 사의 전형적인 기업 문화로 자리 잡게 된다.[4]

'새로운 벤처' 정책과 그 한계점

전후에 듀폰 팀은 여러 분야에서 '새로운 나일론'을 개발하려는 연구 개발 전략을 세웠다. 그러나 엄청난 연구비를 지출하고 거대한 공장을 설립해서 대량 생산을 시도했음에도, 개발 상품 가운데 상당수는 성공적 상업화에 실패했다. 그 한 예가 '합성석(synthetic stone)'이라고 불렸던 포름알데히드 중합체 델린 아세탈 수지(Delrin acetal resin)의 개발이었다.[5] 포름알데히드는 값이 싸고 중합화하기 쉬웠다. 단 하나의 문제는 중합체인 폴리포름알데히드가 아주 불안정해서 상대적으로 낮은 온도에서 포름알데히드로 전환된다는 것이었다. 중앙 연구 조직의 화학자들은 아주 순수한 포름알데히드를 얻는다면 그중합체는 안정될 것이라고 믿었다.

1952년부터 듀폰은 수많은 연구 인력을 투입해서 폴리포름알데히드에 대한 본격적인 연구 개발을 감행했다. 그런데 이번에는 실험실 작업에서 반작업, 실험 공장 작업, 대량 생산 작업 식으로 순차적으로 진행했던 것이 아니라, 실험실 작업과 판매 부서의 마케팅 작업을 동시에 진행해 자신들도 의식하지 못한 사이에 본래의 나일론식 개발 전략에서 벗어나고 있었다. 시장에 내놓기에는 아직 열에 너무 불안정하다는 것이 문제였지만, 연구원들이 중합체의 내부 결합 자체는 상당히 안정되고 분해는 단지 사슬의 끝 부분에서만 일어난다는 것을 발견한 뒤로 듀폰의 연구 개발 책임자들은 이 계획을 더욱 강력하게 추진했다. 그러나 생각했던 것만큼 값싸게 포름알데히드를 정제할 수는 없었다. 또한 상품 개발 팀이 델린의 상품화 결정을 늦추어 달라고 요구했음에도, 연구 관리 책임자들은 철을 대체할 만큼 훌륭한 델린의 특성을 믿고 가능한 빨리 상품화하기를 원했다. 더욱이 생산비 절감 효과를 얻기 위해 그들은 실험 공장 단계를 건너뛰고 곧바로 대량 생산으로 들어갔다. 즉 폴리포름알데히드 개발에 관련된 연구 관리 책임자들은 반작업 단계와 실험 공장 단계를 생략하고 실험실 작업 단계에서 곧바로 상품화를 결정한 것이다.

델린을 상품화하는 데에는 무려 7년이라는 긴 연구 개발 기간이 걸렸는데, 이런 기나긴 기간 동안의 높은 연구 개발 비용 때문에 상품의 값도 비쌀 수밖에 없었다. 실제로 델린의 개발은 듀폰 역사상 가장 값비싼 연구 개발 계획으로 기록되었다. 그럼에도 신상품을 개발해야 한다는 필요성 때문에 듀폰은 이후에도 계속 새로운 연구 개발을 하면서 곧바로 상품화에 들어갔다. 델린의 예는 전후 듀폰 사의 연구 개발에서 예외가 아니었고 오히려 통상적인 개발 전략에 속했던 것이다.

1957년 듀폰 사의 화학 부서가 중앙 연구 부서로 바뀌면서 기초 과학에 바탕을 둔 듀폰의 연구 개발 전략은 본격화되었고, 이런 연구 전략으로 '새로운 벤처(New Venture)'를 추구하면서 듀폰은 계속 '새로운 나일론'을 기대했다.[6] 또한 듀폰의 과학 기술자들은 기업의 연구 개발뿐만이 아니라 학계까지도 선도하면서 과학 기술 분야에서 논문 출판 활동도 책임지게 되었다. 이런 기초 과학에 바탕을 둔 연구 전략은 기업체의 연구 개발로서는 성숙된 단계에서나 나타날 수 있는 것이었다. 이런 거대 규모의 연구 개발 전략은 기업 이미지 제고에는 기여를 했지만, 비용이 엄청나게 많이 든다는 문제점이 있었다.

결과적으로 듀폰의 연구 개발 비용은 제2차 세계 대전 이후 엄청나게 증가했으나 새로운 생산품으로 측정된 연구 개발의 생산성은 증가하지 않았다. 회사는 40여 종의 새로운 생산품을 개발하기 위해서 부려 20억 달러를 지출했으나, 수지 타산의 면에서는 결과적으로 손해였다. 1960년대에 듀폰 사에게 이익을 줬던 효자 상품들은 '새로운 벤처'가 본격화된 1960년 이후에 개발된 상품은 아니었고, 오히려 1930년대와 1940년대에 개발된 것이었다. 심지어는 신물질의 개발보다 기존에 개발한 물질의 공정을 개선하는 쪽이 훨씬 회사에 유리하다는 분석까지 나왔다. 급기야 1960년대 말에 와서는 경영진들조차 '새로운 벤처' 프로그램의 실패를 선언했고, 회사의 개발 전략 전체에 대해서도 의문을 던졌다.

1970년 듀폰 사는 기초 과학 중심의 전략에서 이윤에 바탕을 둔 생산품 중심의 분산 연구 개발 전략으로 전환했다.[7] 즉 자유 방임적인 기초 연구 개발 정책에서 상품 및 공정 개선을 염두에 둔 연구 개발 정책으로 전환했으며, 신제품 개발뿐만이 아니라 기존 제품의 품질 향상에도 주력하게 된다. 결국 1970년대 중반에 와서 듀폰 사는 자신들이 나일론 개발에서 재미를 봤던 기초 과학에 바탕을 둔 연구 개발 전략을 포기할 수밖에 없었다. 맨해튼 계획에서 기초 과학의 힘을 누구보다도 강하게 실감했던 듀폰 사의 경영진들과 연구 책임자들은 1930년대에 나일론 개발에서 성공했던 것이 단순히 기초 과학적 연구를 바탕으로 했기 때문만은 아니었다는 사실을 간과했던 것이다. 20세기에 들어오면서 기초 과학이 산업 연구에서 중요한 역할을 한 것은 사실이었지만, 실험실에서의 성공이 무조건 상업적 성공을 보장해 주지는 않았다. 나일론 개발 과정이 말해 주듯이, 처음 단계에서는 기초 과학이 연구 개발을 주도하지만 연구 결과가 실제로 생산으로 나타나 상업적 성공을 거두기까지는 매우 복잡한 과정을 거쳐야 한다.

한 세기에 걸친 듀폰 사의 연구 개발 과정이 보여 주는 것은 기업체의 연구 개발이 성공하기 위해서는 기초 과학뿐만이 아니라 개발된 상품이 상업적으로 성공하도록 수많은 공정 기술, 경영 기술도 함께 어우러져야 한다는 사실이다. 기업체에서 연구 개발이 성공하기 위해서는 기초 과학 중심의 연구 개발 정책과 상품 및 공정 개선을 위한 연구 개발 정책이 적절히 조화되어야 하며, 장기적 연구 개발과 단기적 연구 개발이 균형을 이루고, 대규모의 중앙 집중적인 연구 개발과 분산적·소규모적 연구 개발도 회사의 규모에 맞게 적절히 추진될 필요가 있다.

10장 | 첨단 과학 산업 단지의 성장

20세기 들어 과학 기술이 폭발적으로 발달하면서 과학 연구는 개별 연구 기관을 넘어서 일정한 지역을 포괄하는 거대한 대단위 연구 단지에서 이뤄지게 되었다. 즉 대학교 연구실, 산업체의 연구소, 국방 연구소 등 다양한 연구 시설들이 특정 지역으로 모여들면서 일종의 거대한 과학 산업 단지를 형성하게 되었다. 이제 과학 기술은 학술 연구의 차원을 넘어서 지역 개발 및 지역 혁신의 차원으로까지 발전했다. 20세기 후반에는 이런 거대한 테크노폴리스가 세계 도처에 나타나는데, 그 대표적인 예로는 매사추세츠 공과 대학(MIT) 주변의 루트 128(Route 128), 영국 케임브리지 대학교 주변의 케임브리지 사이언스 파크, 프랑스의 소피아-앙티폴리스, 마지막으로 스탠퍼드 대학교와 밀접한 관련을 맺으면서 20세기 전자 혁명을 주도했던 실리콘 밸리 등을 들 수 있다.

실리콘 밸리와 지역 혁신

미국의 실리콘 밸리는 그 주변의 스탠퍼드 대학교와 밀접한 연결을 맺으면서 캘리포니아 주의 팰러앨토, 서니베일, 샌타클라라, 산호세로 이어지는 지역에 형성된 연구 산업 단지이다.

실리콘 밸리에 혁신 클러스터가 만들어지는 데에는 무엇보다도 비전을 가진 인물의 강력한 리더십, 즉 스탠퍼드 대학교의 공대 학장이었던 프레더릭 에먼스 터먼(Frederick Emmons Terman, 1900~1982년)이 핵심적인 역할을 했다. 제2차 세계 대전 이후 스탠퍼드 대학교를 대표하는 첨단 연구소로는 마이크로웨이브 연구소(Microwave Laboratory)와 스탠퍼드 선형 가속기 센터(Stanford Linear Accelerator Center, SLAC), 전자 공학 연구소(Electronic Research Laboratory) 등을 들 수 있다. 이 첨단 연구소들은 모두 터먼 학장의 집요한 대학 육성 전략을 따라 이룩된 것이다. 터먼은 모든 분야에서 경쟁자였던 MIT를 따라잡으려고 한 것이 아니라, 경쟁자들이 등한시하고 있으며 또한 새로운 산업적, 정치적 연결이 가능한 몇몇 경쟁 가능한 분야만을 집중적이고 장기적으로 육성하는 계획을 수립했다. 실리콘 밸리의 형성은 바로 이 터먼의 스탠퍼드 대학교 육성 정책과 긴밀한 연결을 맺고 있었다.[1]

스탠퍼드 대학교의 성장

이미 1920년 스탠퍼드는 MIT의 물리학 교수였던 데이비드 로크 웹스터(David Locke Webster, 1888~1976년)를 임용해서 물리학과의 진흥을 도모한 적이 있었다. 그는 학과 강좌를 현대화하고 강한 연구 프로그램을 진행하는 등, 스탠퍼드의 발전에 많은 공헌을 했다. 그러나 그는 로런스, 밀리컨과 같은 버클리나 캘리포니아 공과 대학의 경쟁자들에 비해 공익 재단의 기금이나 기업의 용역을 확보하는 데에는 재주를 보이지 못했다. 한 예로 1935년에는 초고전압 엑스선 관 개발을 계획했지만, 기금을 확보하지 못해서 실패하기도 했다.[2]

1930년 당시 스탠퍼드 대학교의 레이 라이먼 윌버(Ray Lyman Wilbur, 1875~1949년) 총장은 MIT의 콤프턴 총장과는 달리 연방 정부의 지원을 철저히 배제했다. 당시 재선에 실패해 루스벨트에게 대통령직을 넘겨 준 후버 전 미국 대통령은 뉴딜 정책을 신랄하게 비판했는데, 그는 스탠퍼드 대학교의 재단과 긴밀한 연결을 맺고 있었다. 후버는 루스벨트가 대통령에 취임하자마자 자신의 충직한 친구이자 전 내무 장관이었던 윌버와 함께 워싱턴을 떠나 캘리포니아의 팰러앨토로 옮겼다. 그리하여 후버는 스탠퍼드 대학교의 재단 이사를 맡았고, 윌버는 총장으로 취임하게 되었다. 결국 후버와 친분이 두터웠던 윌버 총장은 루스벨트 대통령 재직 시에는 연방 정부와 긴밀한 협력 관계를 유지하지 않았다.

스탠퍼드 대학교 주변은 낙후 지역이었지만, 이미 디 포리스트가 3극 진공관을 발명했을 때부터 전자 공학 연구 전통이 자리 잡고 있었다. 스탠퍼드 대학교의 지원 아래 연방 전신 회사가 설립되었으며, 1920년대에는 해리스 라이언 등이 전기 공학 관련 벤처 기업을 창업하기도 했다.

스탠퍼드 대학교에서 본격적인 산학 협동이 이뤄진 분야는 마이크로웨이브 관련 산업이었다. 스탠퍼드의 마이크로웨이브 연구는 물리학과 전기 공학 모두에 관계하고 있었던 윌리엄 핸슨(William Hansen, 1909~1949년)에 의해서 시작되었다. 핸슨은 1936년 전자를 가속시킬 수 있는 정상파 전기장을 만들어 내는 장치인 럼바트론(Rhumbatron)을 개발했다. 핸슨의 이 림바트론은 마이크로웨이브를 생산·증폭·탐지하는 진공관인 클라이스트론(Klystron)이 1937년 스탠퍼드에서 최초로 나오는 데 중요한 다리가 된다. 이 장치는 러셀 배리언(Russell Varian, 1898~1959년)이 고안했지만, 그의 남동생인 시거드 배리언(Sigurd Varian, 1901~1961년), 핸슨, 웹스터 등과의 협동 작업의 산물이기도 했다.

클라이스트론은 곧 산업적, 군사적 중요성이 인정되어 스페리 자이로스코프(Sperry Gyroscope) 사가 후원자로 나섰다. 그러나 산학 협동 과정에서 스페리 사가 연구에 간섭하면서 특히 웹스터가 이에 불만을 갖게 되었고, 대학교 연구실과 산업체 사이에 충돌이 일어났다. 결국 웹스터는 1939년 12월 "과학과 특허는 물과 기름이 서로 섞이는 것보다 어울리기 어렵다."라는 말을 남기며 클라이스트론 계획에서 빠졌다. 그러나 다른 사람들은 이 계획에 계속 참여했다.

제2차 세계 대전 시기 스탠퍼드 과학자들은 팰러앨토를 떠나 로스앨러모스, MIT, 하버드 등의 국방 연구소에서 일하게 되었는데, 이런 국방 연구를 통해서 그들은 스탠퍼드의 발전에 연방 정부가 중요한 역할을 할 수 있음을 느끼기 시작했다. 즉 클라이스트론의 군사적 중요성을 강조해서 연방 정부로부터 적극적인 지원을 얻어 내고, 이런 지원을 바탕으로 기업의 간섭에서 자유로워지며, 결국에는 대학교에서 순수 학문 연구도 할 수 있게 되리라는 생각을 한 것이다. 그리하여 전쟁을 거치면서 연방 정부는 스탠퍼드 대학교의 새로운 후원자로 떠올랐다.[3]

프레더릭 터먼과 스탠퍼드 대학교의 개혁

클라이스트론은 스탠퍼드 대학교 물리학과만의 연구 주제가 아니었다. 전기 공학과에 있던 터먼에게도 이것은 중요한 연구 주제였다. 프레더릭 터먼은 저명한 스탠퍼드 심리학자 루이스 매디슨 터먼(Lewis Madison Terman, 1877~1956년)의 아들로 MIT의 부시 밑에서 배웠던 전기 공학자였다. 1930년대에 터먼은 줄곧 스탠퍼드에 통신 공학 분야의 연구 전통을 세우려고 노력했는데, 이 과정에서 물리학과의 핸슨과 협동 연구를 하게 되었다.[4]

전쟁 중 터먼은 스승인 부시의 추천으로 MIT 래드 랩(RAD Lab, Radiation Laboratory)의 하위 연구소로 하버드에 있는 전파 통신 연구소(Radio Research Laboratory)의 책임자로 일하면서 레이더 연구를 했다. 이미 클라이스트론의 개발 과정에서 물리학과 전자 공학의 협동 연구의 중요성을 절실히 느꼈던 그는, 이런 전쟁 기간 동안의 경험을 통해서 마이크로웨이브 전자 공학의 혁신은 물리학과 전기 공학의 학제 간 협력과 아울러 대학교, 산업체, 연방 정부 사이의 결합을 통해서만 이뤄진다는 믿음을 더욱 굳히게 된다.

1943년, 윌버가 총장 자리에서 물러나고 터먼의 죽마고우인 도널드 트레시더(Donald Tresidder, 1894~1948년)가 새로이 총장에 취임했다. 트레시더는 전임과는 달리 산업체와의 협력을 강조한 터먼과 핸슨의 마이크로웨이브 연구소 계획에 호감을 가지고 있었다. 트레시더 총장과의 좋은 관계 속에서 터먼은 1945년부터 무려 10년간 스탠퍼드 대학교의 공대 학장으로 있게 되는데, 이 기간 동안 터먼의 노력으로 스탠퍼드에서는 연구 구조의 일대 변화가 나타났다. 대학교 또한 비약적으로 성장해서, 마침내 이류 대학교라는 불명예를 씻고 MIT와 어깨를 겨룰 수 있는 일류 대학교로 발전하게 된다.[5]

1945년, 대학 본부는 마이크로웨이브 연구소의 설립을 승인했다.

이 연구소는 이학부에 소속을 두었지만, 공학부와 긴밀한 연결을 가지도록 구성되었다. 즉 물리학과에 있던 핸슨이 연구소 책임자로 임명되었고, 터먼의 학생이었던 에드워드 레너드 긴즈튼(Edward Leonard Ginzton, 1915~1998년)이 그 아래 직책을 맡았다. 이 연구소는 스탠퍼드에서 행해진 물리학과 전자 공학 사이의 학제 간 연구의 전형을 이루게 되었다. 1949년에 이르면 스탠퍼드 대학교 물리학과는 이 연구소 덕분에 해군 연구국(Office of Naval Research)을 비롯한 연방 정부의 지원으로 재정이 아주 풍족한 학과로 발전한다. 또한 스탠퍼드 물리학과에서는 연방 정부의 돈으로 응용 연구뿐만이 아니라 결과적으로는 순수 과학 연구의 꿈도 실현시킬 수 있었다.

마이크로웨이브 연구소가 명성을 얻어 감에 따라 터먼은 육·해·공군과 계속해서 더욱 많은 연구 계약을 맺게 되었고, 이런 재정적인 안정 속에서 후일 '스탠퍼드 전자 공학 연구소'라고 불리는 핵심적인 연구 프로그램을 진행할 수 있었다. 이런 성장을 바라보면서 1951년 터먼은 "이제 스탠퍼드의 전자 공학은 규모에서는 MIT에 뒤질지 몰라도, 그 질과 생산성에서는 미국에서 가장 중요한 중심지가 되었다."라고 자부했다.

스탠퍼드 선형 가속기 센터 건설

스탠퍼드 선형 가속기 센터라는 거대한 선형 가속기 연구소가 스탠퍼드에 만들어지는 데에는 핸슨의 럼바트론을 비롯해서 스탠퍼드의 개발품인 클라이스트론이 큰 몫을 했다. 전후에 핸슨, 긴즈튼과 그들의 학생들은 도파관(waveguide) 속에서 전자들을 가속하기 위해서 마이크로파를 이용하는 선형 가속기 건설 계획을 세우기 시작했다. 즉 핸슨은 1940년 일리노이 대학교의 도널드 윌리엄 커스트(Donald William Kerst, 1911~1993년)가 만든 가속 장치인 베타트론보다 전자를 더욱 강력하게 가속할 클라이스트론을 개발하려고 했던 것이다. 1947년에 핸슨이 최초로 만든 마크 I(Mark I) 선형 가속기는 3피트(약 90센티미터)의 관으로 되어 있었는데, 이것으로 그는 전자를 약 1.5메가볼트(150만 볼트)까지 가속할 수 있었다. 전후 마이크로웨이브 연구소에서는 기존의 20킬로와트급 클라이스트론을 훨씬 높은 30 내지 50메가와트급으로 발전시키고, 이것을 이용해서 전자를 10억 볼트 이상으로 가속할 수 있는 거대한 규모의 선형 가속기를 만들려는 계획을 추진하게 된다. 1949년 핸슨의 갑작스러운 죽음에도 불구하고 긴즈튼이 곧 그의 후임이 되면서, 이 계획은 오히려 더 가속화되었다.

연구소가 성장함에 따라 마이크로웨이브 연구소는 2개의 거대한 연구소로 나뉘었다. 하나는 옛 이름을 그대로 유지하면서 마이크로웨이브 관의 연구와 설계를 계속 담당하는 연구소로 발전했고, 다른 하나는 핵물리학 프로그램을 위해 거대한 입자 가속기를 이용하는 고에너지 물리학 연구소(High Energy Physics Laboratory)로 변모·발전했다. 1950년대 초에 이 고에너지 물리학 연구소는 로버트 호프스태터(Robert Hofstadter, 1915~1990년)와 볼프강 쿠르트 헤르만 파노프스키(Wolfgang Kurt Hermann Panofsky, 1919~2007년)를 추가로 끌어들여 1기가볼트(10억 볼트)의 마크 III(Mark III) 가속기 프로그램을 진행했다. 특히 호프스태터는 1954년 이 가속기를 이용해서 원자핵의 크기와 구조에 관해서 연구했으며 연구에 대한 공로로 1961년 노벨상을 받았다.

마크 III 가속기를 완성한 뒤, 스탠퍼드에서는 더욱더 거대한 가속기를 건설하려는 프로젝트 M(괴물(monster)의 앞글자)을 세웠다. 가속기의 규모가 점점 커지게 되면서, 이 계획은 이제 물리학과의 통제 범위를 훨씬 벗어나 심지어는 대학교의 차원도 넘어서고 있었다. 스탠퍼드의 과학자들은, 비록 연방 정부 기관인 원자력 위원회(Atomic Energy Commission, AEC)의 재정적 지원을 받는다 하더라도 될 수 있으면 국가 설비가 아니라 자신들이 연구 장치를 쉽게 통제할 수 있는 대학 설비를 세우기를 원했다. 그러나 길이가 2마일(약 4.8킬로미터)이 넘는 거대한 가속기를 만드는 데 엄청난 돈을 댄 원자력 위원회는 가속기 연구소가 국가 기관의 성격을 띠어서 자신들이 직접적인 통제를 가할 수 있기를 원했다. 1930년대에 클라이스트론이 개발될 때 물리학자와 산업체가 연구 프로그램의 통제 문제를 놓고 다투었는데, 이제는 연방 정부와 물리학자들이 연구의 자율성 문제를 놓고 힘겨루기를 하게 된 것이다.

엄청난 규모의 연구 장치를 세운다는 데에 물리학자들은 대체로 많은 기대를 가지고 있었지만, 일각에서는 우려의 목소리도 나타났다. 우선 유럽 공동 원자핵 연구소(Conseil Europeen pour la Recherche Nucleaire, CERN)에서 책임자로 일하던 펠릭스 블로흐(Felix Bloch, 1905~1983년)는 거대 규모의 물리학을 하면서 지금까지 대학교에서 하던 방식대로 연구를 하기란 불가능함을 잘 알고 있었다. 호프스태터도 마크 III 계획에서 얻은 경험으로 프로젝트 M을 국가 연구소로 조직하는 것을 반대했다. 만약 국가 연구소의 형태가 되면 마음대로 실험 장치를 사용할 수 없고, 거대한 중앙 관료 조직이 연구 프로그램을 통제할 것이라는 우려 때문이었다. 우려 반, 기대 반의 상황에서 프로젝트 M에 참여하는 물리학자, 학과, 대학 본부, 원자력 위원회 사이에는 밀고 당기는 긴

■ 스탠퍼드 선형 가속기 센터(Stanford Linear Accelerator Center, SLAC). 제2차 세계 대전 이후 스탠퍼드 대학교를 대표하는 첨단 연구소 가운데 하나인 스탠퍼드 선형 가속기 센터는 인근 실리콘 밸리의 형성과도 밀접한 관련이 있다. 산학 협력의 비전을 지닌 스탠퍼드 공과 대학 학장이었던 프레더릭 터먼을 비롯해 윌리엄 핸슨과 에드워드 긴즈튼 등은 일리노이 대학교의 도널드 커스트가 만든 가속 장치 베타트론보다 강력한 클라이스트론을 개발하고자 거대한 규모의 선형 가속기 계획을 추진해 나갔다.

장 관계가 조성되었고, 열띤 논쟁도 벌어졌다. 중심 주제는 크게 누가 가속기 연구소의 설계와 건설을 맡을 것인가, 연구 프로그램은 누가 통제할 것인가, 대학교와 가속기 연구소 가운데 누가 연구원들의 봉급을 지불할 것인가 하는 것들이었다.[6]

　1957년 호프스태터, 긴즈튼을 포함한 고에너지 물리학 연구소와 마이크로웨이브 연구소의 간부들은 서로 협의한 끝에 국방부, 국립 과학 재단(National Science Foundation, NSF), 원자력 위원회에 동시에 스탠퍼드 선형 가속기 센터의 건설 계획안을 제출했다. 결국 많은 토론 끝에 아이젠하워 대통령은 건설 계획을 허락했고, 1961년 스탠퍼드 선형 가속기 센터 건설 계획은 의회에서 승인을 받았다. 새로운 가속기 연구소가 '국가 연구소(national laboratory)'냐 아니면 '물리학과 연구소'냐 하는 문제는 기존의 물리학과 교수진 외에 독자적인 교수진을 갖춘 '국가 설비(national facility)'라는 형태로 스탠퍼드 선형 가속기 센터가 설립됨으로써 결판이 났다. 독자적인 교수진을 갖추게 된 것은 대학 교수라는 직함이 있어야 우수한 연구자를 가속기 센터로 끌어올 수가 있었기 때문이다. 물론 교수의 수는 스탠퍼드 대학교 본부가 통제했다. 1966년, 5년이라는 오랜 건설 기간 끝에 이 거대한 입자 가속기 연구소는 가동을 시작했다.

실리콘 밸리

　스탠퍼드 대학교의 '산업 단지(Industrial Park)'는 터먼의 계획에 따라 1951년에 공식적으로 그 문을 열었다. 이미 1938년 스탠퍼드 대학교 동창인 윌리엄 레딩턴 휴렛(William Redington Hewlett, 1913~2001년)과 데이비드 패커드(David Packard, 1912~1996년)는 터먼의 권유로 휴렛패커드(Hewlett-Packard) 사를 창립하고 팰러앨토에 입주해 있었다. 1951년 배리언 조합(Varian Associate)이 입주한 것을 필두로 제너럴 일렉트릭 사의 마이크로웨이브 부서가 입주했으며, 휴렛패커드 사도 1954년 옮겨오는 등 여러 기업이 스탠퍼드와의 산학 협동을 기대하면서 스탠퍼드 산업 단지 내의 부지를 임차해서 입주하게 된다. 하지만 1955년 터먼의 적극적인 권유로 윌리엄 쇼클리가 벨 전화 연구소를 떠나 팰러앨토에 쇼클리 반도체 회사를 세울 때까지는 스탠퍼드 산업 단지의 주요 업종은 반도체가 아닌 마이크로웨이브 산업이었다.

쇼클리는 1954년 자신의 발명을 상업화하고 회사를 세우기 위해 벨 연구소를 떠났다. 애초에 그는 보스턴에서 창업을 할 생각이었지만, 인근 대기업들이 투자를 하지 않았기 때문에 서부를 선택했다. 쇼클리 반도체 회사는 입주한 뒤 저마늄(게르마늄)을 이용한 쇼클리 다이오드를 생산했다. 이 다이오드는 무엇보다도 전화 산업에 이용될 가능성이 컸다.

다이오드 생산의 새로운 후보인 실리콘을 이용한 다이오드 기술은 저마늄보다 무척 힘이 들었고, 개발비 자체도 쇼클리 반도체 회사가 감당하기에는 너무 커다란 규모였다. 따라서 쇼클리는 실리콘 기술 개발을 주저했는데, 이때 쇼클리 반도체 연구소에서 실리콘 반도체를 연구하던 로버트 노튼 노이스(Robert Norton Noyce, 1927~1990년)를 비롯한 8명의 연구자들은 쇼클리 회사를 빠져나와 새로운 투자자를 찾았다. 쇼클리가 "8인의 배신자"라고 불렀던 이들은 마침내 페어차일드(Fairchild) 사진기 회사에 접근해서 1957년 팰러앨토에서 몇 킬로미터 떨어진 곳에 페어차일드 반도체 회사라는 새로운 회사를 차렸고, 여기서 실리콘 반도체를 생산하기 시작했다.

스탠퍼드 산업 단지는 이후 집적 회로와 마이크로프로세서 개발 등을 선도하면서 20세기 반도체 혁명을 주도했다. 1959년 텍사스 인스트루먼트(Texas Instrument) 사의 잭 킬비(Jack Kilby, 1923~2005년)와 페어차일드 사의 노이스는 최초의 집적 회로(Integrated circuit, IC)를 개발했다. 이후 IC는 더욱 집적화가 진행된 대규모 집적 회로(LSI)로 계속 발전되었다.[7]

1968년 페어차일드의 로버트 노이스와 그의 오랜 동료인 고든 얼무어(Gordon Earle Moore, 1929년~) 등이 주축이 되어서 NM Electronics가 창립되었고, 곧 앤드루 스티븐 그로브(Andrew Stephen Grove, 1936년~)가 합류해서 인텔(Intel, Integrated Electronics의 약어)이라는 회사가 실리콘 밸리에서 창립되었다. 인텔은 일본의 계산기 회사인 비지콤(Busicom)과의 계약을 바탕으로 스탠퍼드 대학교 화학과 교수였던 마시언 에드워드 테드 호프(Marcian Edward Ted Hoff, 1937년~)의 감독 아래 단일한 칩 속에 모든 연산과 논리 회로가 들어가는 특별한 목적의 칩을 개발했고, 마침내 1971년 11월 최초의 마이크로프로세서를 개발·시판하게 되었다. 최초의 마이크로프로세서 Intel 4004는 2250개의 트랜지스터를 집적한 것이었다.

결국 1957년 페어차일드 반도체 회사가 설립된 이후 20년 동안 스탠퍼드 대학교 주변에는 100여 개의 반도체 회사가 분할과 합병을 거듭하면서 생겨났고, 예전에 오렌지 농장들이 있었던 샌타클라라 지역에는 새로운 첨단 산업 단지인 '실리콘 밸리'가 형성되었다.[8] 1955년까지 7개였던 기업체 수가 1960년에는 32개, 1970년에는 70개, 1980년대에는 90여 개로 증가했다.

대개 지역에 핵심이 되는 스타 기업은 특정 지역의 혁신 클러스터 형성에 결정적인 역할을 하는데, 실리콘 밸리에서는 페어차일드 반도체 회사가 그 일을 맡았다. 1965년까지 페어차일드 사에 근무했던 기술자들은 새로운 회사 10개를 창업했다. 페어차일드 사의 창립 이후 20여 년 동안 설립된 80여 개의 주요 미국 반도체 회사 가운데 절반이 직·간접적으로 페어차일드 사로부터 갈라져 나간 것이었으며, 이들은 이 지역에 기술적 노하우를 전파하는 데 결정적인 기여를 했다.

실리콘 밸리의 형성 과정에서 기업들은 끝없이 분할과 합병을 거듭했고, 새로운 혁신적 기술의 개발과 함께 수많은 작은 기업들이 이합집산하는 모습을 보였다. 언뜻 보기엔 분산적이고 산만하기도 한 이런 문화적 풍토는 지역 혁신의 성공 요인으로 인식되어 상호 작용, 네트워킹, 학습 등의 개념이 지역 혁신의 핵심 요소로 자리를 잡게 되었다.

대학-정부-기업 복합체의 탄생

실리콘 밸리의 형성 과정에서 주도적인 역할을 한 것은 스탠퍼드 대학교만이 아니었다. 이 지역의 항공 산업 및 군부의 정책 역시 지역 산업 및 대학교를 변화시키는 데 큰 역할을 했다. 1954년부터 록히드 항공 회사의 미사일 부서가 서니베일에 있던 미국 항공 우주국의 전신인 미국 항공 자문 위원회(National Advisory Committee on Aeronautics) 연구소와 스탠피드의 전사 공학 연구소 근처에 자리를 잡았다. 이에 따라 이 지역은 극비 기밀이었던 미사일 연구를 비롯한 초고속 항공 역학 연구의 중심지로 부상했다.

한편 스탠퍼드 대학교에서는 이런 외부 조건에 부응하기 위해 항공 공학, 재료 공학 학과들을 개편해 나갔다. 더욱이 1957년 소련의 스푸트니크호가 발사된 뒤로는 우주 개발 경쟁이 불붙었고, 이에 따라 항공 기술과 아울러 트랜지스터를 비롯한 소형 반도체 기술이 급속도로 필요해지면서 실리콘 밸리의 기업들과 스탠퍼드 대학교에서는 군·산·학 협동 작업이 더욱 활발히 이뤄지게 되었다. 예를 들어 1961년 페어차일드 사는 미국 항공 우주국과 집적 회로 개발 계약을 체결했는데, 이것은 이 지역이 반도체 집적 회로의 중심지가 되는 데 기여했다. 실리콘 밸리의 형성에는 록히드 항공 회사, 국방부, 미국 항공 우주국 등도 일조한 것이다.

결국 마이크로웨이브 산업의 형성에서 보는 것처럼 스탠퍼드 대학교가 자신들의 연구 방향에 맞도록 지역 산업의 형성을 주도해 나가거나, 이것과는 반대로 항공 산업의 경우처럼 외부적 요구에 맞도록 대학교의 연구 방향을 적극적으로 변화시킴으로써 정부-기업-대학이 서로 연결되는 실리콘 밸리라는 거대한 첨단 과학 산업 단지가 형성되게 되었다.[9]

루트 128의 흥망

실리콘 밸리와 함께 적어도 1980년대까지 미국에서 쌍벽을 이루던 연구 산업 단지로는 루트 128을 들 수 있다. 루트 128은 MIT과 밀접한 연결을 맺으면서 보스턴 시 주변의 벌링턴, 렉싱턴, 월덤으로 이어지는 지역에 형성된 기업 밀집 연구 단지를 말한다.

미국의 동부와 서부를 대표하는 이 두 연구 단지는 제2차 세계 대전 이후 국방 연구와 첨단 과학 기술 연구를 바탕으로 급성장했다. 두 지역 모두 컴퓨터를 비롯한 정보 기술 산업 분야에서 세계적인 경쟁력을 지닌 곳이었지만, 1980년대에 위기를 겪으며 서로 다른 운명의 길을 가게 되었다. 실리콘 밸리는 당시 정보 통신 산업 분야에 불어닥친 위기를 잘 극복하고 1990년대에 지속적으로 발전한 반면, 루트 128은 서서히 경쟁력을 상실해 나갔다.

MIT 주변은 국방부로부터 많은 연구비를 받아 1940년대와 1950년대 사이에 전자 공학의 중심지로 부상했다. 제2차 세계 대전 이후에 루트 128은 전자 공학 분야에서 커다란 역할을 했지만, 진공관이 트랜지스터로 대체되면서 혁명적으로 성장하던 전자 공학 분야의 전환에 보수적이었다. 특히 레이턴(Raytheon) 사는 반도체 회사를 설립하자는 쇼클리의 제안을 거절했으며, 쇼클리는 캘리포니아 팰러앨토에 자신의 회사를 설립했다. MIT 주변의 회사들은 지나치게 관료화된 거대 기업들이 국방 관련 연구에 안주해 있었기 때문에, 새로운 기술 변화를 수용하는 데 상대적으로 둔했던 것이다.

또한 1980년대 레이건 행정부에서 군사 프로그램을 다시 정력적으로 추진할 때 MIT 주변의 기업들은 미래의 추세와 역행해 자신들의 전통적인 방식인 군수 시장과의 연계를 강화하는 방향으로 사업을 전개했다. 이런 군수 시장에 대한 과도한 의존은 1990년대 초 ㈜소련의 붕괴와 함께 냉전이 끝나자 심각한 위기를 맞으며 붕괴하기 시작했다.

스탠퍼드 대학교 주변의 실리콘 밸리와 MIT 주변의 루트 128이 서로 다른 운명을 걷게 된 것에 대해, 애너리 색서니언(AnnaLee Saxenian)과 같은 학자들은 분화된 지역의 기업 조직, 상호 학습을 가능하게 했던 네트워크 중심의 지역 문화가 커다란 역할을 했다고 주장한다.[10]

실리콘 밸리는 지역 네트워크 기반의 산업 시스템을 지니고 있었기 때문에 기업 집단들은 지속적인 집단 학습을 통해 외부 변화에 유연하게 적응할 수 있었다. 즉 이곳에서는 인텔, 휴렛패커드 등 상대적으로 작은 규모의 수많은 기업들이 분할과 합병을 거듭하면서 성장을 해 나갔고, 이 과정에서 비공식적인 교류를 포함한 수많은 상호 작용과 활발한 공동 실천 행위가 나타났다. 또한 밀도 높은 지역 사회 네트워크와 유연한 노동 시장은 기업 내의 실험 정신과 기업가 정신을 고무시켰다.

반면에 MIT 주변의 루트 128은 DEC(Digital Equipment Corporation)와 같이 자체적으로 통합된 거대 기업이 주였으며, 기업의 성장에 비밀과 특허 사용료가 중요한 역할을 했다. 이 지역의 기업은 서부와는 달리 중앙 집권적이고 안정화된 거대한 조직을 이루고 있었다. 이런 점에서 실리콘 밸리와 루트 128은 네트워크 중심의 분산 구조와 독립적인 기업 구조, 지역 네트워크 중심의 기업 시스템과 중앙 집권 구조 사이에 어떤 혁신 구조가 지역의 장기 발전에 효과적인가를 가늠하는 잣대라 할 것이다.

케임브리지 사이언스 파크 대 실리콘 밸리

과학 기술 단지의 발전에서 네트워킹과 상호 정보 교환 및 학습의 중요성은 영국의 대표적인 연구 단지인 케임브리지 사이언스 파크의 경험에서도 잘 드러나고 있다.[11] 이곳은 1970년 케임브리지 대학교가 부지와 건물을 제공하면서 트리니티 칼리지에서 설립한 첨단 과학 기술 단지였다. 케임브리지 대학교의 트리니티 칼리지는 뉴턴이 활동하던 곳으로, 이 칼리지 출신 노벨상 수상자의 수가 프랑스 전체보다 많을 정도로 세계에서 둘째가라면 서러워할 학술 기관이었다. 또한 주변에 아주 양호한 주거 시설이 있고, 국제 공항의 접근성도 뛰어나 기업의 유인성이 높고 우수한 인재들이 쉽게 모일 수 있는 곳이었다. 더불어 이 지역의 발전을 영국의 자존심 문제라고 생각한 영국 정부도 컴퓨터를 비롯한 여러 첨단 과학 기술 분야에 파격적인 지원을 아끼지 않았다. 이런 좋은 조건들에도 케임브리지 사이언스 파크는 미국의 실리콘 밸리와 비교할 때 상대적으로 몇몇 문제점을 안고 있었다.

우선 실리콘 밸리에서 각 기업들은 지역의 사회·정치적인 네트워크 속에 용해되어 상호 작용을 하면서 학습을 통해 지속적으로 성장한 반면, 케임브리지 사이언스 파크 내의 기업들은 각 혁신 주체들 사이의 사회적·기술적 상호 작용이 거의 없었다. 또한 실리콘 밸리의 벤처 산업이 자신들이 개발한 기술을 바탕으로 자생적으로 성장했다면, 영국의 벤처 자본들은 정부의 조세 혜택을 통해 거의 인위적으로 만들어진 것들이었다. 이렇듯 대학, 기업, 연구소 사이에 기술과 정보의 교환이 거의 없고, 기업 사이의 연결 고리도 취약하다면 제아무리 세계적인 대학교가 주변에 있다고 하더라도 성공적인 발전이 이뤄지기는 힘들었던 것이다.

실리콘 밸리의 지속적인 혁신과 창조적 파괴는 위기 때마다 돌파력을 발휘했다. 특히 네트워크 중심의 지역 문화와 분권화된 기업 조직을 지녔던 실리콘 밸리의 기업들은 지속적인 집단 학습을 통해 외부 변화에 유연하게 적응할 수 있었다. 이런 개방적 협력 네트워크는 지역 제도와 신뢰를 형성하는 반복된 상호 작용을 가능하게 하고, 동시에 경쟁 의식을 강화하는 문화를 형성함으로써 탈집중화된 공동 학습 과정의 증진과 지속적 혁신을 가져다 줬다.

쾌적한 주거 및 자연 환경 또한 우수한 핵심 인력 유인에 기여했다. 터먼이 박사 학위를 마쳤을 때 MIT에서 교수 임용 제의가 들어왔으나, 결핵 병력 때문에 그는 건강에 좋은 팰러앨토에 머물기를 원했고, 결국 스탠퍼드 대학교 교수가 되어 훗날 실리콘 밸리의 아버지라는 이름을 얻게 된다. 윌리엄 쇼클리 역시 동부에서 레이턴 사가 자신의 제안을 거절했을 때 노모가 캘리포니아에서 살고 있었기 때문에 터먼의 권유를 받아들여 팰러앨토에 반도체 회사를 차렸던 것이다.[12]

11장 | 정보 통신 혁명에서 인터넷까지

20세기는 인류가 정보를 저장하고 그것을 다른 곳으로 전달하는 통신 능력을 어느 때보다도 비약적으로 향상시킨 혁명기였다. 인간은 이미 2000년 전부터 언어와 문자, 종이를 발명해서 정보 처리 능력을 지속적으로 확장해 왔다. 19세기를 지나면서 인류는 이런 전통적인 정보 전달 수단 이외에 전기를 이용해서 정보를 전달하는 새로운 방법을 창안해 냈다.

1837년 윌리엄 포더질 쿡, 찰스 휘트스톤, 그리고 새뮤얼 모스 등은 각각 고유한 전신 체계를 발명해서 과거에는 상상도 못하는 빠른 속도로 소식을 전달하게 함으로써 정보 통신 분야에서 새로운 문을 열었다. 1876년에 그레이엄 벨과 엘리샤 그레이는 음성을 전기로 전달해서 서로 통화를 할 수 있게 만드는 전화를 발명하여, 부호만이 아닌 음성도 직접 전달할 수 있게 했다.

20세기 정보 통신 혁명 시대를 여는 데 가장 획기적인 기여를 했던 발명 가운데 하나는 19세기 말에 굴리엘모 마르코니와 페르디난트 브라운이 발명한 무선 전신이었다. 공간을 통해 전달되는 전파를 이용한 무선 전신의 발명으로 지구촌을 동시에 연결하는 무선 통신 시대가 가능하게 되었을 뿐만 아니라, 라디오나 텔레비전을 비롯한 매스 컴도 출현하게 되었다. 1920년 마르코니의 무선 전신 회사는 15킬로 와트의 출력으로 일일 음악 방송을 송출했으며, 1922년에는 영국의 BBC가 최초의 정규 방송 프로그램을 내보내게 되면서 무선 방송 매체는 20세기 인간의 생활을 크게 바꾸어 놓았다.

우주 개발과 위성 통신의 등장

로켓의 등장으로 문을 연 우주 개발은 무선 통신을 위성을 이용한 통신 시스템으로 확장시켰다. 20세기 초 당시 미개척 분야였던 로켓 분야를 개척해서 우주 시대를 연 선구자들은 러시아 과학자 콘스탄틴 예두아르도비치 치올콥스키(Konstantin Eduardovich Tsiolkowsky, 1857~1935년)와 미국의 과학자 로버트 허칭스 고더드였다. 1903년 치올콥스키는 『반작용 장치에 의한 우주 탐험(*Exploration of Space With Reactive Devices*)』이라는 책을 출판해서 항공 우주 분야에서 새로운 장을 열었다. 이 책에서 치올콥스키는 열전달, 우주 항해 장치, 연료 공급 유지를 비롯한 액체 연료 로켓에 관한 기초 이론과 설계 등을 선구적으로 다루어, 인간이 우주 여행을 할 수 있다는 이론적인 기초를 마련해 줬다. 치올콥스키의 이론적 작업은 고더드에 의해서 현실화되어 로켓 개발이 구체적으로 진행될 수 있게 되었다.

어린 시절 허버트 조지 웰스의 과학 소설을 읽고 많은 자극을 받았던 고더드는 1919년 『극한 고도에 도달하는 방법(*A Method of Reaching Extreme Altitude*)』이라는 현대 로켓 공학의 고전을 펴내 로켓 여행의 새로운 가능성을 열었다. 그 뒤 연구를 거듭한 고더드는 1935년 뉴멕시코 주 로즈웰의 연구 실험 작업장에서 액체 연료 로켓을 초음속으로 발사하는 데 최초로 성공하게 된다.

한편 유럽에서도 헝가리 태생의 독일인이었던 헤르만 율리우스 오베르트(Hermann Julius Oberth, 1894~1989년)가 1920년대 초에 『행성 간 우주로의 여행(Die Rakete zu den Planetenraumen)』이라는 책자를 펴내면서 많은 사람들이 우주 로켓 개발에 관심을 갖게끔 했다. 어린 시절 오베르트의 책자에서 많은 감명을 받았던 베르너 폰 브라운(Wernher von Braun, 1912~1977년)은 1932년 당시 독일군에서 고체 연료 로켓 연구 개발의 책임을 맡고 있었던 발터 로베르트 도른베르거(Walter Robert Dornberger, 1895~1980년)의 도움으로 베를린 근처에서 군사용 고체 연료 로켓을 개발하기 시작했다. 히틀러 집권 이후인 1936년 독일군은 발트 해 연안 페네뮌데 섬에 대규모의 군사용 로켓 연구 시설을 건설했으며, 이곳에서 도른베르거와 폰 브라운 팀은 A-4라는 장거리 로켓 개발에 착수했다. 6년에 걸친 작업 끝에 1942년 10월 3일, 최초의 장거리 군사용 로켓인 A-4가 성공적으로 발사되었다. 결국 이들의 연구는 V-2 로켓이라는 이름으로 제2차 세계 대전 종반 영국을 비롯한 연합군 측에 커다란 피해를 입히며 세상에 알려지게 된다.

1957년 10월에 성공적으로 발사된 소련 최초의 인공 위성 스푸트니크호는 미국과 소련 간의 우주 개발 경쟁을 비약적으로 가속화했다. 스푸트니크호는 미국인들에게 커다란 충격을 줬고, 마침내 1958년에는 우주 개발 전담 부서인 미국 항공 우주국(NASA)이 신설되었다. 비행기가 처음으로 전쟁에 모습을 드러냈던 1차 세계 대전 이전에 이미 미국에서는 미국 항공 자문 위원회라는 조직이 설립되어 정부의 항공 분야 연구에 대한 지원을 맡고 있었다. 이 항공 사문 위원회는 두 차례의 전

쟁을 거치는 동안 지속적으로 성장해서 NASA가 설립될 1958년 무렵
에는 무려 8000명을 고용하는 거대한 기관으로 발전했다. 한편 유럽
에서 활동하다가 미국으로 건너간 시어도어 폰 카르만은 1930년대부
터 캘리포니아 공과 대학에서 항공 공학을 발전시키고 있었다. 카르만
을 중심으로 한 캘리포니아 공과 대학 구겐하임 항공 연구소(Graduate
Aerospace Laboratories California Institute of Technology, GALCIT)가 모태가 되어
서 제2차 세계 대전 기간 중 캘리포니아 공과 대학에는 제트 추진 연
구소가 설립되었는데, 1958년경 이 제트 추진 연구소도 2800명을 고
용하는 거대한 연구소로 성장해 있었다. 이 연구소들과 함께 제2차 세
계 대전 이후 미국으로 건너간 폰 브라운을 비롯한 탄도 미사일 연구
진이 근간이 되어서, 스푸트니크 충격 이후 곧바로 NASA가 설립될 수
있었던 것이다.

　미국의 우주 개발은 발사체에 관한 연구뿐만이 아니라 여타 과
학 기술 분야의 성과를 총망라한 종합적인 노력으로 이뤄졌다. 우선
1958년 이전에 미국에서는 시카고 대학교의 존 심슨(John Simpson)의
우주선(cosmic ray) 연구, 아이오와 대학교 제임스 밴 앨런(James Van Allen,
1914~2006년)의 지구 공간 근처 전자기적 특성에 대한 연구 등 수많은 천
체 물리학적 기초 연구가 진행되어 우주 개발을 도왔다. 또한 미국의
우주 개발에는 록히드 사, 맥도널드 더글러스 사와 같은 굴지의 항공
전문 회사들이 관여했으며, 스탠퍼드 대학교와 긴밀한 연결을 맺으면
서 성장한 실리콘 밸리의 전자 회사들도 미국의 우주 개발에 발을 맞
춰 초소형 집적 회로를 개발하는 등 정부, 산업체, 대학교 등이 서로 결
합한 군·산·학 복합체의 모습을 띠면서 진척되었다. 미국의 우주 개
발 계획은 존 피츠제럴드 케네디(John Fitzgerald Kennedy, 1917~1963년) 대통

령의 공약 사업으로 이용되는 등 정치적 목적이 강하게 담긴 과학 정책이었으며, 더 나아가 천체 물리학, 전자 공학, 반도체 산업, 항공 산업, 대륙 간 탄도 미사일을 위시한 군사 무기 개발 등 광범위한 요소가 결합되면서 진행되었다.

이렇게 복합적인 성격을 지녔던 우주 개발 사업 가운데 일찍부터 상업화가 추진된 분야는 위성 통신이었다. 우주 개발은 대륙 간 텔레비전 방송과 무선 전화, 컴퓨터 통신으로 대변되는 위성 통신 시대의 개막도 알렸던 것이다. 인공 위성이 나타나기 훨씬 이전인 1945년에 이미 영국의 과학자 아서 찰스 클라크(Arthur Charles Clarke, 1917~2008년)는 「무선 세계(Wireless World)」라는 글에서 라디오 방송을 비롯한 무선 통신을 원활하게 하기 위해서 유인 인공 위성을 통신에 이용할 것을 제안했다. 당시 영국 행성 간 학회(British Interplanetary Society)의 간사였던 클라크는 고도 3만 5900킬로미터 상공에 인공 위성을 띄워 지구 자전과 같은 주기로 돌도록 해서 항상 지구 상공의 같은 위치에 머물게 함으로써 위성 통신이 가능하도록 할 것을 제안했다. 이 외에도 그는 적도 상공에서 120도 떨어진 곳에 인공 위성을 설치해서 지구 전체의 통신을 가능하게 할 것과 인공 위성의 동력으로 태양력을 이용하자는 제안도 했다.

1955년에는 미국의 과학 기술자인 존 로빈슨 피어스(John Robinson Pierce, 1910~2002년)가 다양한 종류의 무인 통신 위성에 관한 글을 발표했는데, 여기서 피어스는 지상에서 쏘아 올린 전파를 단순히 반사하는 수동 위성과 무선 전파를 수신하고 그것을 다시 증폭해서 전달하는 능동 위성 등 다양한 위성 통신 기술에 관해 상세하게 기술했다. 클라크의 선구적인 연구와 피어스의 연구로 이제 발사체 문제를 해결하

■ 세계 최초의 통신용 상업위성 텔스타 1호. 1962년 7월 10일에 발사된 텔스타 1호는 지름 88센티미터, 무게 77킬로그램의 상업 위성으로 지구로부터 1000킬로미터에서 6000킬로미터까지 떨어진 저고도 타원 궤도를 돌며 텔레비전 신호를 중계하는 역할을 맡았다. 다만 2시간 30분 만에 지구를 한 바퀴 도는 탓에 중계 시간의 한계가 20분이라는 점이 단점이었다. 비록 미국과 (구)소련이 위성 궤도에서 진행한 핵 실험으로 인해 6개월 만에 활동을 정지했지만, 최초의 통신 위성으로서 축구공, 음악 그룹, 위성(텔스타 18호)에 여전히 이름이 남아 있다.

기만 하면 위성 통신은 현실화될 수 있었다.

1958년 미국과 소련 간 우주 경쟁이 본격화되면서 통신 위성도 속속 개발되기 시작했다. 1962년 미국 전신 전화 회사가 발사한 텔스타(Telstar) 1호 위성은 텔레비전 방송과 대륙 간 무선 전화를 마이크로웨이브 파를 이용해서 전달하는 데 처음으로 성공했으며, 1964년 신콤(Syncom) 3호가 도쿄 올림픽 개막식을 텔레비전 방송으로 태평양 너머로 전송하는 데 성공하면서 위성 통신 및 위성 방송 시대의 개막을 알리게 된다.

암호 해독 기술의 발전과 컴퓨터의 등장

정보 통신 기술의 발전으로 인류는 수많은 정보를 공유할 수 있게 되었다. 하지만 전쟁과 국제 정치에서는 정보를 공유하기보다는 제한된 특정 사람들과의 통신을 보호하고 다른 사람들은 정보에 접근하지 못하게 해야 할 필요가 있다. 전신, 전화, 컴퓨터 통신망 같은 편리한 네트워크가 만들어질 때마다 각국의 정보 기관에서는 군사적 목적이나 국가의 이익을 위해 암호 기술을 발전시켰다. 다른 한편에서는 이에 부응해서 상대방의 정보를 알아내기 위한 암호 해독 기술도 발전하게 되었다.[1]

통신문을 암호화하는 가장 간단한 방법은 문자들의 위치를 바꾸거나 다른 문자나 숫자로 치환하는 것이다. 물론 실제 암호화에서는 이두 방법을 모두 사용하기도 하며, 심지어 복잡한 대수 방정식을 이용하기도 한다. 응용 가능성이 거의 없어 보이는 순수 수학 분야인 정수론이 암호학 분야에서는 커다란 역할을 한다. 한편 암호를 해독하는

가장 대표적인 방법은 자주 등장하는 문자의 빈도를 분석하는 것이
다. 예를 들어 각국의 알파벳 가운데 가장 많이 등장하는 문자를 가정
해서 이것을 바탕으로 해독을 시작하거나, 서로 비슷한 빈도로 등장
하는 단어들을 조합해서 해독하는 방식이다. 물론 이런 정보만으로는
암호문이 완전히 해독되지 않기 때문에 수많은 시행착오를 거쳐서 암
호를 해독한다.

전쟁 중의 통신 내용, 특히 국가의 안보와 직결되는 통신문이 적성
국에게 해독될 경우에는 전쟁에 패배할 가능성이 크다. 이에 따라 통
신 보안은 현대전의 핵심적인 요소가 되었다. 역사상 가장 유명했던
적국의 통신문 해독 사례로서는 1917년 1월 17일 독일의 외무 장관
아서 치머만(Arthur Zimmermann, 1864~1940년)이 워싱턴 주재 독일 대사에
게 보낸 암호 전문(코드0075로 명명된)을 영국이 중간에서 가로채 해독한
사건을 들 수 있다. 당시에 치머만이 주 워싱턴 대사를 통해 멕시코시
티로 보낸 이 전문에는 만약 멕시코가 미국과 전쟁을 선포한다면 텍
사스, 뉴멕시코, 애리조나 등 멕시코가 '빼앗긴' 영토를 멕시코에게 양
도하겠다는 내용이 포함되어 있었다. 영국은 이 암호 전문을 해독한
뒤 미국의 토머스 우드로 윌슨(Thomas Woodrow Wilson, 1856~1924년) 대통
령에게 알렸고, 분노한 미국이 한 달 뒤 제1차 세계 대전에 참전하게
되면서 전세는 독일에게 불리하게 기울었다.

태평양 전쟁 중인 1942년 6월 미국이 미드웨이 해전에서 승리함으
로써 전쟁의 판도를 뒤집어 놓은 이면에도 치열한 정보 전쟁이 숨어
있었다. 반면에 1943년 3월 독일군은 영국 상선들의 암호를 해독함으
로써 대서양에서의 전세를 유리하게 이끌었다. 영국과 미국은 독일 잠
수함들이 주고받는 암호를 해독한 뒤에야 잠수함들의 접선 장소에서

독일 잠수함들을 공격할 수 있었고, 이로써 대서양에서의 전세를 다시 역전시킬 수 있었다. 제2차 세계 대전에서도 암호 해독을 둘러싼 정보 전쟁은 전쟁의 승패를 좌우하는 결정적인 역할을 했다.

연필과 인간의 두뇌만을 사용해서 암호문을 만드는 과정은 매우 지루하고 느리며, 어떤 경우에는 실수로 엉뚱한 암호문을 만들 수도 있다. 따라서 낮은 수준의 보안을 요하는 암호 체계에서는 비교적 이용하기 쉬운 기계식 암호 장치가 사용된다. 대표적인 기계식 암호 장치에는 토머스 제퍼슨(Thomas Jefferson, 1743~1826년)이 고안해 낸 회전 디스크를 이용한 암호 기계가 있다. 실제로 미 육군은 1922년부터 1942년까지 이 방법을 이용해서 암호문을 전달했다.

양차 대전 사이에 독일은 무선이나 전화선을 이용해서 비밀 전문을 보내기 위해 자연어를 암호의 형태로 바꾸어 주는 기계를 개발했다. '에니그마(Enigma)'라고 불린 이 기계는 상업용과 군사용의 두 가지 형태로 개발되었는데, 상업용 기계는 이미 1927년 몇몇 기업에서 구입해 쓰기 시작했으며, 1928년 7월 15일부터는 독일군에서도 에니그마를 사용해서 무선국 사이에 비밀 전문을 전송하기 시작했다. 독일과 인접한 폴란드의 암호 해독 부서에서는 즉시 상업용 에니그마를 구입해서 독일의 암호를 해독하려고 노력했지만, 1932년까지는 암호문을 좀처럼 해독할 수 없었다. 이때 폴란드의 수학자 마리안 아담 레예프스키(Marian Adam Rejewski, 1905~1980년)가 이 과제를 떠맡게 되었고, 그는 수많은 노력 끝에 독일군의 암호문을 해독할 실마리를 찾아냈다. 그 뒤 폴란드는 더 많은 사람들을 이 계획에 투입해 암호 전문의 약 75퍼센트를 해독해 내었다. 해가 지나면서 폴란드 인들은 독일군 암호 전문을 해독하는 직업을 도울 기계를 제작하기도 했다.

제2차 세계 대전이 발발하기 바로 직전인 1939년 7월 25일과 26일 양일에 걸쳐 폴란드 인들은 영국, 프랑스 정보 요원들과 회의를 소집해서, 그때까지 자신들이 해 왔던 일들을 연합국 측에 알려 줬다. 폴란드 인들이 독일군의 암호를 해독했다는 것을 전해들은 영국과 프랑스의 정보 요원들은 깜짝 놀랐다. 자신들도 이미 오래전부터 독일군의 암호를 해독하려고 노력했으나, 만족할 만한 결과를 얻지 못했기 때문이었다. 폴란드 인들은 폴란드에서 만든 독일의 군사용 에니그마의 복제품을 영국에 전해 줬고, 이것으로 영국은 독일군 암호의 상당 부분을 해독할 수 있게 되었다.

전쟁 발발 후에도 독일은 자신들의 에니그마가 안전하다고 믿었으며, 형태는 같으면서 더욱 복잡한 기계를 사용하기 시작했다. 그들은 이 새로운 암호문 작성 기계를 '비밀 문서 작성기(Geheimschreiber)'라고 불렀다. 새로운 암호 기계가 나타남에 따라 영국은 폴란드에서 개발된 기술을 바탕으로 더욱 많은 인력과 장비를 동원해서 독일군의 새로운 암호 체계를 해독하려고 노력하게 되었다.

현대 사회에 커다란 영향을 미치고 있는 컴퓨터가 등장하는 데에도 암호 해독기 발달은 커다란 몫을 담당했다. 제2차 세계 대전 중 영국은 런던 근교의 블레츨리 파크(Bletchley Park)에서 많은 인력과 장비를 동원해서 독일군의 체계를 해독하려고 노력했다. 이 암호 해독 과정에서 현대 컴퓨터의 창시자 앨런 매시선 튜링(Alan Mathison Turing, 1912~1954년)은 20세기 후반 정보화 사회를 이끌어 갈 컴퓨터를 개발한다.[2]

튜링은 1931년 케임브리지의 킹스 칼리지에 입학해서 수학을 공부했다. 졸업한 뒤 튜링은 킹스 칼리지에 머물러 있다가 1936년부터 2년 간 미국의 프린스턴 대학교에서 존 폰 노이만과 함께 연구했다. 1938년 영국으로 돌아온 튜링은 제2차 세계 대전의 발발과 함께 자신의 수학 지식을 암호 해독에 활용하게 되었다. 독일군의 새로운 암호 체계를 해독하기 위해 노력한 결과, 1943년 1월 튜링은 토머스 해럴드 플라워스(Thomas Harold Flowers, 1905~1998년), 맥스웰 허먼 뉴먼(Maxwell Herman Alexander Newman, 1897~1984년) 등과 함께 과거의 기계식 해독기와는 다른 새로운 전자식 해독기를 개발하기 시작했다. 그 결과 1943년 12월경 세계 최초의 전자 계산기로 일컬어지는 '콜로서스(Colossus)'라는 기계가 가동되었다. 콜로서스에는 약 1800개의 진공관이 활용되었는데, 1초에 약 5000개의 글자를 종이 테이프를 통해 기계에 공급할 수 있었다.

이후 콜로서스는 계속 개량되어, 지상 최대의 작전으로 일컬어지는 연합국의 노르망디 상륙 작전이 개시되기 5일 전이었던 1944년 6월 1일에는 블레츨리 파크에 새로운 마크 II가 설치되어 작동을 시작하게 된다. 전쟁이 끝나기 전까지 블레츨리 파크에는 몇 대의 콜로서스가 추가로 설치되어 암호 해독에 이용되었으며, 성능도 1초에 2만 5000자를 처리하는 수준으로 향상되었다. 콜로서스는 현대적인 컴퓨터로 세상에 나타날 수 있었지만 전후에도 계속 암호 해독과 같은 특수한 용도로 쓰였으며, 그 정확한 형태는 비밀로 되어 사람들에게 알려지지 않았다. 32년의 공식적 침묵 끝에 1975년 10월에 와서야 영국 정부는 콜로서스의 사진을 일반에게 공개했다.

컴퓨터 통신망의 발전

20세기 정보 통신 혁명을 심화시킨 여러 요인 가운데 하나는 20세기 중반 이후 발전한 컴퓨터 시스템과 20세기를 통해서 꾸준하게 성장해 온 통신 체계의 결합을 꼽을 수 있다. 제2차 세계 대전 직후 존 폰 노이만이 구체적인 개념으로 제안한 저장 프로그램, 전자 컴퓨터의 출현은 정보의 저장 매체와 그 처리 방법에서 혁명적인 변화를 가져왔다. 본래 컴퓨터는 핵무기 개발, 암호 해독, 방공 체계 구축 등을 위해서 개발되었지만, 곧 광통신, 무선 통신, 더 나아가 위성 통신으로 대변되는 20세기 통신 혁명과 결합하면서 정보 통신 혁명을 주도해 나갔다.[3]

컴퓨터가 통신과 결합하면서 처음으로 나타난 것은 모뎀(Modem, modulator-demodulator)이었다. 모뎀이란 컴퓨터에서 사용하는 디지털 데이터를 전화선이 주로 이용하는 아날로그 신호로 바꾸어, 광범위하게 설치되어 있는 전화선으로 컴퓨터 통신을 가능하게 하는 장치이다. 모뎀은 1950년대 초에 미국 국방부가 MIT 링컨 연구소에게 의뢰한 방공망 시스템인 SAGE 계획을 통해서 개발되기 시작했다. 1958년 미국 연방 통신 위원회는 컴퓨터 사용자들이 모뎀을 이용해 공공 전화선으로 데이터를 전송하도록 허용했고, 이에 따라 모뎀을 사용하는 컴퓨터 통신망이 발전하기 시작했다.

하지만 모뎀을 컴퓨터 통신망의 주요 장치로 활용하기에는 많은 문제점이 있었다. 우선 값비싼 장거리 전화 요금은 모뎀이 컴퓨터 통신망의 주축으로 발전하려면 극복해야만 했던 가장 커다란 장애였다. 장거리 전화 시스템을 이용해서 컴퓨터 통신망을 구성하는 데 비용이 많이 드는 주된 이유는 전화가 데이터 전송보다는 음성 전달에 최적화되어 있기 때문이었다. 이 외에도 모뎀은 중앙 집중식 연결이어서 한 전화국이 파괴되면 그 전화국이 연결해 주는 모든 통신이 두절되기 때문에, 전시 상황을 염두에 둔다면 국방 전술상에서도 많은 문제점을 지니고 있었다. 이 문제를 극복하기 위해 미국 국방부의 지원을 받아 국방에 활용할 통신 시스템을 연구하던 미국의 과학 기술자들은 모뎀이 아닌 새로운 통신 기술을 모색하게 되었다.

아르파넷의 등장

컴퓨터 통신망은 곧 점점 고도로 발전하면서 마침내 세계적인 규모의 인터넷으로 발전하게 되었다. 인터넷은 1960년대 미국 국방부의 한 부서였던 첨단 연구 계획 위원회(Advanced Research Project Agency, ARPA)에서 연구하기 시작한 아르파넷(ARPAnet)에서 그 기원을 찾을 수 있다. 1960년대부터 미국 국방부는 핵전쟁을 비롯한 중대한 전쟁이 일어날 경우에도 컴퓨터들이 서로 작동하게 할 효과적인 방안을 찾았고, 이에 따라 새로운 컴퓨터 네트워크의 개발에 착수했다. 즉 여러 통신망 가운데 하나가 적의 공격으로 파괴되더라도 전체 시스템은 안정적으로 데이터를 전송할 수 있는 통신 체제의 구축이 시급한 문제로 부각되었고, 이런 문제를 해결하기 위해서 등장한 것이 바로 인터넷의 기원인 아르파넷이었다.

첨단 연구 계획 위원회는 1958년 스푸트니크 충격 이후 미국 내에서 국방 관련 첨단 연구를 더 체계적으로 진행시키기 위해 국방부 산하에 설립된 기관이었다. 계획 위원회는 자체로는 연구소를 가지고 있지 않았지만, 그 대신 대학교와 기업의 연구소에 연구 용역을 주고 그들과 맺은 연구 계약을 관리하는 프로젝트 매니저들로 이뤄져 있었다. 1960년대부터 이 기관에서는 행동 과학, 물성 과학, 탄도 미사일

개발 등과 같은 다양한 분야의 연구를 지원해 왔다.[4]

1962년부터 첨단 연구 계획 위원회는 정보 처리 기술실(Information Processing Techniques Office, IPTO)을 설립해서 컴퓨터 과학을 지원하기 시작했다. 당시 정보 처리 기술실은 컴퓨터 그래픽, 인공 지능, 시간 공유 운영 시스템(Time-sharing Operating System), 컴퓨터 네트워크 등 컴퓨터와 관련된 최첨단 분야를 지원했으며, 실제로 이 분야들이 체계적으로 자리를 잡는 데 많은 역할을 했다. 정보 처리 기술실의 초대 책임자는 조지프 칼 로브닛 릭라이더(Joseph Carl Robnett Licklider, 1915~1990년)였는데, 그는 하버드 대학교와 MIT 링컨 연구소에서 교수를 역임하고 BBN(Bolt Beranet and Newman) 사에서 정보 시스템과 공학 심리학 담당 부사장으로 일했던 사람이었다. 이미 1960년 '인간-컴퓨터 공생(Man-Computer Symbiosis)'에 관한 논문을 집필했던 릭라이더는 인간-컴퓨터 인터페이스 문제와 컴퓨터 네트워크의 가능성에 대해서 강한 믿음을 지니고 있었던 인물이기도 했다.

릭라이더의 계획을 계승한 사람은 항공 산업 업계와 NASA에서 시스템 공학자로 일했던 로버트 윌리엄 테일러(Robert William Taylor, 1932년~)였다. 그 역시 릭라이더가 추구했던 인간과 상호 작용하는 컴퓨터라는 생각에 크게 동감하던 인물이었으며, 컴퓨터 시스템에서 데이터 자원을 공유하는 문제에도 많은 관심을 가졌다.[5]

한편 1964년 RAND 연구소의 폴 배런(Paul Baran, 1926~2011년)은 『분산 통신에 관해서(On Distributed Communications)』라는 책자에서 기존의 전화나 모뎀과는 전혀 다른 새로운 통신 방식을 제안했다. 배런의 연구는 RAND 연구소에게 소련의 핵공격에서 살아남을 수 있는 통신 시스템을 개발해 달라고 한 미국 공군의 요구에 부응한 것이었다. 즉 전략적인 통신에서 '생존 가능성'이라는 개념이 중요시되면서 기존의 전화에서 많이 사용하던 회로 교환(Circuit Switching) 방식은 부적합한 것으로 드러냈고, 이에 따라 패킷 교환(Packet Switching)이라는 새로운 통신 방식이 제안되었던 것이다.

패킷 교환 방식은 데이터를 단번에 상대방에게 전달하는 것이 아니라 데이터를 작은 부분으로 나눈 다음 데이터 앞에 각각 상대방 목적지의 주소를 기록해 두어 패킷으로 목적지에 데이터를 전송하는 방식이었다. 물론 전화에 익숙해 있던 기존의 통신 분야 기술자들은 이 패킷 교환 방식의 한계를 지적하며 많은 저항을 보였다. 하지만 '생존 가능성'이 통신 시스템 구성에서 최우선으로 고려되면서, 결국 패킷 교환은 미국 국방부의 컴퓨터 통신 시스템인 아르파넷을 구성하는 골격으로 채택되게 된다.[6]

1965년 테일러는 MIT 링컨 연구소의 연구원이었던 로런스 로버츠(Lawrence Roberts, 1937년~)를 채용했다. 로버츠는 컴퓨터 네트워크 방식과 그에 수반되는 신호 교환 방식에 대해 고민하던 중 우연히 배런의 책을 읽고, 패킷 교환 방식과 이 방식이 채택하고 있는 분산적 통신 토폴로지를 채택하기로 마음먹었다. 그가 보기에도 이 방식은 국방부에서 요구하는 전략 통신망의 필요조건이었던 생존 가능성에 가장 잘 들어맞았기 때문이었다.

사실 RAND 연구소의 폴 배런뿐만 아니라 영국 국립 물리 연구소(National Physical Laboratory)의 도널드 데이비스(Donald Davies, 1924~2000년)도 분산 네트워크와 패킷 교환 방식에 대한 기본적인 생각을 독립적으로 창안해 냈다. 하지만 영국 국립 물리 연구소는 독자적으로 거대한 네트워크를 건설할 재원과 권한이 없었다. 재원과 권한을 가지고 있었던 영국 우정국(British Post Office)에서는 새로운 컴퓨터 기술에 무지했기 때문에 분산 네트워크와 패킷 교환 방식의 지속적인 개발에 나서지 않았다. 결국 인터넷이 처음 구현된 것은 첨단 연구 계획 위원회와 정보 처리 기술실을 통한 체계적이고 지속적인 연구 개발 정책을 추진할 수 있었던 미국에서였다.

마침내 1966년 정보 처리 기술실의 책임자인 로버트 테일러는 첨단 연구 계획 위원회와 계약을 맺은 컴퓨터 연구소들을 연결하는 새로운 네트워크를 만들 계획을 수립하기 시작했다. 테일러가 새로운 컴퓨터 네트워크를 만들려고 했던 일차적인 목적은, 우선 멀리 떨어져 있는 연구소들의 자원을 공유함으로써 계산 비용을 절감하고 컴퓨터들 사이에 데이터를 용이하게 전송하기 위한 것이었다. 1968년 테일러의 후임인 로런스 로버츠는 이 계획을 구체화해 나갔고, 이로부터 아르파 컴퓨터 네트워크(ARPA Computer Network), 즉 아르파넷이 등장하게 되었다.

1969년 아르파넷 사이에서는 최초의 패킷 교환이 시작되었다. 이것은 진정한 의미의 전국적인, 실시간, 상호적, 컴퓨터 정보 통신 네트워크(The nationwide, real-time, interactive, computer-based information network)였다. 이어 1970년부터 1972년까지 IMP(Interface Message Processor)를 비롯한 네트워크 하드웨어와 소프트웨어에 대한 체계적인 시험 가동이 시작되었다. IMP란 초창기 아르파넷을 구성하던 중요한 하드웨어로 주컴퓨터를 대신해서 전화를 걸고, 오류를 점검하며, 신호가 주어진 경로를 통해서 확실히 전달되었는가를 확인하는 핵심 프로세서였다. 마침내 1972년 10월, 워싱턴에서 열린 제1회 국제 컴퓨터 통신 회의에서 훗날 인터넷으로 발전해서 전 세계를 연결하게 될 아르파넷이 대중 앞에 첫선을 보였다.

아르파넷의 성장과 인터넷의 표준화

1973년 이후 아르파넷 팀은 서로 다른 컴퓨터 네트워크를 연결하는 새로운 프로그램을 진행시켰다. 우선 프로그램 매니저인 빈튼 서프(Vinton Cerf, 1943년~)와 로버트 칸(Robert Kahn, 1938년~)은 아르파넷과 위성 및 무선 네트워크를 연결할 수 있는 일련의 네트워킹 프로토콜을 발전시켰다. TCP/IP라고 불리게 된 이 통신 프로토콜은 이후 인터넷을 구성하는 주요 프로토콜이 된다. 초기 TCP(Transmission Control Protocol)에는 전송 방법을 통제하는 기능과 아울러 주소를 찾아가는 기능까지 포함되어 있었지만, 1980년을 전후해서 주소를 찾아가는 기능은 IP(Internet Protocol)이라는 새로운 프로토콜에서 수행하게 된다.

인터넷의 발전에 있어서 커다란 획을 그은 또 다른 역사적 사건은 무선 및 위성 통신 데이터 전송을 가능하게 한 알로하넷(ALOHANET)의 등장이었다. 1970년대 초 하와이 대학교의 노먼 에이브램슨(Norman Abramson, 1932년~) 연구 팀은 하와이의 여러 섬을 연결하는 데에는 기존의 케이블을 이용한 전화선이 불편하다는 것을 느끼고, 무선과 위성 통신을 이용해서 데이터를 전송할 계획을 세웠다. 1970~1971년 아르파넷의 개발을 담당했던 정보 처리 기술실의 로버츠는 이 패킷 무선 네트워크(packet radio network)를 아르파넷에 이용할 생각으로 이 계획을 지원했다. 알로하넷은 하와이의 7개 대학교 및 수많은 연구소들을 호놀룰루 근처의 대형 컴퓨터와 연결하기 위한 네트워크였다. 여기에는 MIT의 로버트 멜랑크톤 메트컬프(Robert Melancton Metcalfe, 1946년~)가 참여했는데, 그는 이 과정에서 이더넷(Ethernet)이라는 근거리 통신망에 핵심적인 시스템을 창안하기도 했나. 알로하넷의 경험에 자극을

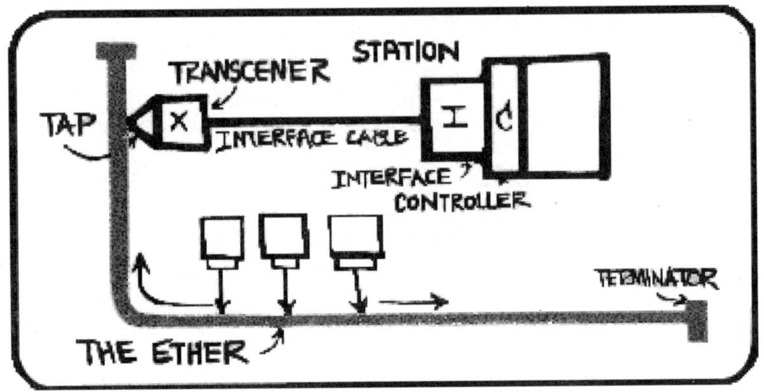

■ 로버트 메트컬프의 초기 이더넷. 하와이 대학교의 알로하넷 프로젝트에 참여한 MIT의 메트컬프가 창안한 시스템으로, 그는 이 시스템에 아인슈타인 이전 시기 과학자들이 빛의 매질로 가정했던 물질인 에테르의 이름을 따서 이더넷이란 이름을 붙였다. 메트컬프는 1979년에 네트워크 장치 업체인 3COM 사의 공동 설립자가 된다.

받아서 정보 처리 기술실의 로버트 칸은 첨단 연구 계획 위원회도 독자적인 패킷 무선 네트워크를 구축할 것을 결심하게 된다. 1975년 가을에는 대서양 패킷 위성 네트워크(Atlantic Packet Satellite Network) 혹은 SATNET이 구축되기 시작하는데, SATNET에는 영국 우정국과 노르웨이 무선국(Norwegian Telecommunication Authority)이 함께 참여해서 네트워크 연구와 지진에 관한 자료를 교환했다.[7]

그러나 그때까지 인터넷은 국제적인 공인을 받은 것이 아니고 단지 미국 내에서의 표준일 뿐이었다. 인터넷이 성장하고 있던 1970년대 당시 국제 표준을 결정할 국제적 권위를 갖춘 기관은 국제 전신 전화 자문 위원회(International Telegraph and Telephone Consultative Committee, CCITT)와 국제 표준화 기구(International Organization for Standardization, ISO)의 두 기구였다. 1865년 국가 간의 통신 정책을 조정하기 위해 국제 전기 통신 연합(International Telecommunication Union, ITU)의 한 부서로서 창립된 국제 전신 전화 자문 위원회는 1975년 X.25 권고안(recommendation)이 라는 프로토콜을 제안해서 미국의 TCT/IP에 도전장을 내놓았다. 하 지만 국제 표준화 기구는 TCP/IP나 X.25와 같은 구체적인 프로토콜 을 제시하지 않고 단지 7개의 층으로 된 프로토콜 기능만을 제시했 다.[8]

한편 아르파넷은 1970년대에 출현된 이더넷과 이를 바탕으로 한 근거리 통신망과 연결되어, 1980년대 초에 이르자 이 이더넷과 연결 된 수많은 워크스테이션들이 세계 도처에 나타났다. 더욱이 이 워크 스테이션들이 1969년 벨 전화 연구소에서 만들어진 뒤 계속해서 성 장을 해 오던 운영 체계인 유닉스(UNIX)를 사용하면서 근거리 통신망 (local area network, LAN)은 더욱더 강한 기능을 발휘하게 된다. 1980년 미 국 국방부는 이 TCP/IP를 국방부 네트워크의 공식적인 기본 프로토 콜로 정했으며, 1983년에는 버클리 유닉스 버전에 TCP/IP가 새롭게 포함되어 더 많은 사람들이 TCP/IP 프로토콜을 손쉽게 접할 수 있게 되었다. 이 외에도 유닉스는 대학가에서 사용하는 기본적인 운영 체계 (Operating System)였기 때문에 TCP/IP는 학술 통신망의 기본 프로토콜 이 되었고, 1980년대 중반 이후에는 상업용으로도 이 통신 프로토콜 을 사용하게 된다. 결국 1983년 초기의 이더넷을 약간 변형시킨 형태 로 근거리 통신망의 표준화가 이뤄지고, 1973년 이후 발전한 인터넷의 기본적인 통신 프로토콜 TCP/IP가 1983년에 이르러 인터넷 사용자 들의 합의를 통해 아르파넷의 유일한 통신 프로토콜이 되었다. 이때부 터 진정한 의미의 '인터넷'이 탄생하게 되었던 셈이다.

1983년 인디넷 프로토콜이 표준화된 이후 인터넷은 전자 메일

(e-mail), 파일 전송(FTP), 고퍼(Gopher), 네트워크 뉴스, 공개 게시판 등 다양한 용도로 주로 정부와 대기업, 그리고 수많은 학술 전산망을 통해 퍼져 나갔다. 1985년 미국 국립 과학 재단이 국립 과학 재단 네트워크(NSFNET)를 구축할 때도 이 첨단 연구 계획 위원회의 인터넷 프로토콜인 TCP/IP를 통신의 기본 프로토콜로 채택했다. 이에 따라 NSFNET는 인터넷의 기간 네트워크(backbone network) 역할을 하게 되었고, 더욱 급속도로 대중화되어 갔다.[9]

1989년 3월 스위스의 유럽 공동 원자핵 연구소(CERN)의 물리학자 팀 버너스리(Tim Berners-Lee, 1955년~)가 제안한 브라우저는 1990년 5월 월드 와이드 웹(World Wide Web)이라는 이름으로 구체화되었다. 이 새로운 통신 수단이 세계적으로 퍼지면서 인터넷은 단순한 문서 정보 교환을 넘어서 멀티미디어 정보 통신으로 범위를 넓힐 수 있게 되었다. 즉 월드 와이드 웹에서는 HTTP(Hyper Text Transfer Protocol)라는 새로운 응용 프로토콜을 사용해서 하이퍼 텍스트를 마우스로 간단히 눌러 세계의 네트워크를 연결할 수 있게 되었고 그 결과 인터넷은 더 대중에 가까워졌으며, 음성, 동영상 등 다양한 정보를 주고받는 멀티미디어 시대가 열리게 되었다.

3부 | 과학 기술은 국가를 등에 업고

12장 | 독일 제국의 과학 기술 연구 체계

19세기 말부터 20세기 초까지 독일 과학은 전 세계를 주도했다. 따라서 이 시기에 독일의 정부, 산업체, 대학, 지식인 집단 등이 과학에 보인 반응과 과학을 매개로 한 상호 간의 관계를 살펴보는 것은 20세기 과학에 미친 독일의 영향을 고려해 볼 때 현대 과학의 사회적 성격을 규명하는 데 중요한 작업 중 하나이다.

18세기 말까지 독일은 영국, 프랑스의 기준으로 볼 때 한마디로 후진국이었다. 독일은 전반적으로 빈곤했으며, 사회 경제적으로는 아직도 봉건 상태에 머물러 있었다. 정치적으로도 군소 국가로 분할되어 있었으며, 독일 민족 전체를 아울러 공통적인 요소라고는 단지 언어와 문화뿐이었다. 이런 상황에서 18세기와 19세기를 거치면서 형성되었던 전통적인 독일 지식인 집단은 세습 신분이나 재력보다는 교육과 지식을 바탕으로 사회적 지위를 얻은 일종의 비경제적 지식 부르주아(Bildungsbürgertum) 집단이었다.

독일의 전통적인 지식인들은 정치적·경제적 관심이 강했던 영국과 프랑스의 지식인들과는 본질적으로 성격이 달랐다. 독일 지식인들은 영국과 프랑스의 선진 지식인들이 선호했던 실용적·물질적인 지식보다는 추상적·형이상학적·미학적 지식에 더 관심이 많았다. 학문에 대한 관점에서도 그들은 인격 도야 및 전인적인 교양 형성을 강조하는 신인문주의 전통을 강하게 고수했으며, 정치적으로는 국가의 문화적 대표자로서 보수적인 경향을 띠고 있었다.[1]

대학 교육 개혁과 제도로서의 과학 기술

전반적으로 후진국이었던 독일의 상황이 크게 바뀌게 된 것은 나폴레옹 전쟁 시기를 통해서였다. 이때 군소 국가들은 프로이센을 중심으로 결집했으며, 길드 제도의 폐지를 비롯해서 중세적 잔재를 청산하려는 경제 체제의 개혁도 실시했다. 무엇보다도 이 당시 독일에서는 후진성에 대한 자각이 있었던 지식인들의 주도 아래 대학교 및 중등 학교 교육 개혁이 정력적으로 추진되었다. 당시 대학 개혁은 빌헬름 폰 훔볼트(Wilhelm von Humboldt, 1767~1835년)를 비롯한 신인문주의자들이 주도했다. 이들의 대학 개혁 노력으로 중세 대학의 잔재가 많이 남아 있던 독일 대학 내에서 철학부가 강화되었으며, 중등 교육 개혁으로 대학에 들어오는 학생들의 자질도 향상되었다. 이 무렵인 1809~1810년에 신설된 베를린 대학교는 당시 독일 대학 개혁의 선봉 역할을 했다.

이러한 신인문주의자들의 대학 개혁은 국가 권력과 독일적 철학 전통의 결합이라는 독특한 양상을 띠었으며, 이에 따라 19세기 독일 대학에서는 거의 절대적인 학문의 자유, 대학의 진리 탐구에 대한 헌신, 반실용주의, 넘치는 지적 활력 등이 전형적인 특징을 이루게 되었다. 특히 1809년 프로이센의 교육부 장관이 되어 교육 개혁을 주도했던 훔볼트의 교육 철학은 초기 독일 대학의 성격을 규정하는 데 결정적인 영향을 미쳤다. 훔볼트는 대학의 의무가 구태의연한 지식의 주입·전수가 아니라 적극적으로 새로운 진리를 추구하고 헌신하는 것이라고 주장하면서, 자유로운 연구와 상호 비판이 대학 교육에 꼭 필요하다고 생각했다. 이런 독일 대학의 개혁 분위기 속에서 교수는 곧 교육자이면서 연구자라는 새로운 근대적 사고방식이 나타났다.

자유분방하며 상호 비판적인 연구 전통은 문헌학(Philologie)을 중심으로 시작되었다. 문헌학에서 나타난 전통은 곧 인문학 및 고전학 분야 전체로 확대되었고, 이 분야들의 연구 세미나에서 행한 철저한 비판적 연구 전통은 1820년대 이후 자연 과학 분야에도 흡수되어 자연 과학 분야에서 체계적인 연구 분위기가 형성되는 데 기여했다. 한편 1820년대 이후 독일에는 프랑스의 엄밀하고 분석적인 과학 방법론이 서서히 도입되기 시작했다.

1825년 프랑스의 조제프 루이 게이뤼삭(Joseph Louis Gay-Lussac, 1778~1850년)에게서 엄밀한 분석 화학 방법을 배운 유스투스 프라이허 폰 리비히(Justus Freiherr von Liebig, 1803~1873년)는 기센 대학교 내에 유기 화학 연구실을 설립했으며, 1834년에는 카를 구스타프 야코프 야코비(Karl Gustav Jacob Jacobi, 1804~1851년)가 쾨니히스베르크 대학교에서 수학 세미나를 시작했다. 또한 베를린 대학교의 요하네스 페터 뮐러(Johannes Peter Müller, 1801~1858년)는 생리학, 해부학, 동물 분류학, 병리학 분야의 전통을 세워 나갔으며, 헤르만 폰 헬름홀츠는 처음에는 하이델베르크 대학교에서 생리학 전통을, 그리고 나중에는 베를린 대학교에서 물리학 분야의 연구 전통을 세워 나갔다.[2]

그러면 19세기 초반 독일 대학에서 다른 곳에서는 보기 드문 높은 과학적 생산성이 나타난 요인은 무엇이었는가? 우선 독일 대학 내에서 과학이 비약적으로 발전한 데에는 독일 대학이 지녔던 지방 분권 (decentralization)적 성격과 경쟁의 메커니즘이 중요한 역할을 했다. 즉 지방 분권적이라서 학문적 자유와 이동의 자유가 존재했기 때문에 대학 사이에 경쟁이 유발될 수 있었고, 이런 경쟁을 통해 수준이 높은 과학자 사회가 형성될 수 있었으며, 능력 있는 과학자들에게 그 능력에 상응하는 보상을 해 줌으로써 과학 연구에 동기를 부여했다는 것이다. 이러한 대학교 간의 경쟁은 1840년대까지는 기존 분야의 새로운 연구 성과의 전파에 기여했고, 1840년대 이후에는 과학자들이 가능성 있는 하위 분야(subfield)를 개척함으로써 과학이 더욱 세분화되고 전문 화하는 데 기여했다.

19세기 초반 독일에서 과학이 제도적으로 정착하게 된 데에는 지방 분권적인 경쟁의 메커니즘 못지않게 프로이센 국가의 대학 행정 장악과 그에 따르는 경쟁 기준의 변화 역시 많은 기여를 했다. 18세기 독일 대학교에서 교수의 임용과 승진을 평가할 때 중요하게 작용했던 것은 학생들의 수, 특정 대학 내의 교수 집단의 평가 혹은 지방 영주의 영향력 등이었다. 즉 교수의 임용과 승진에 있어서 무엇보다도 대학 내적인 (collegiate), 제도적인(institutional), 교육적인(teaching) 역할이 강조되었던 것이다.

그러나 나폴레옹 전쟁 이후 프로이센을 중심으로 독일의 국가들이 결집하면서 프로이센에서는 과거의 지방 영주가 지녔던 교육에 관한 권한을 정부가 행사하게 되었고, 이에 따라 교수의 임용과 승진의 기준을 국가가 정하게 되었다. 결국 프로이센 정부가 교육 정책에 직접 개입하게 되면서 임용과 승진에 있어서 특정 대학 내의 역할이나 지방 영주의 영향력은 현저하게 감소했고, 대신 학문적 업적에 바탕을 둔

학문 분야 내적 기준(disciplinary criteria)이 임용과 승진에 결정적으로
작용하게 되었다. 특히 대학에서 젊은 교수들과 사강사들은 학문적
업적을 기준으로 삼아 경쟁을 하게 되었고, 결과적으로 독일 대학의
학문의 질을 경쟁적으로 향상시키는 데 기여했던 것이다.

독일 통일과 교육 체제의 발전

1870년과 1914년 사이에 독일은 고도의 산업 사회로 탈바꿈했
다. 독일의 경제 성장은 이미 1870년 이전에 시작되었지만, 독일 제
국의 성립과 함께 성장이 가속되면서 1890년과 1915년 사이에 철
강 생산을 비롯한 독일의 산업 성장은 최고조에 달하게 된다. 빌헬
름 시대(빌헬름 2세가 통치했던 1890~1918년의 시기)에는 특히 과학을 기반으
로 해서 새롭게 생겨난 산업인 화학 공업과 전기 공업이 크게 발전했
다. 1850~1860년대에는 영국과 프랑스의 화학 염료 공업이 독일보
다 앞서 있었다. 그러나 1890년경에 이르면 바이어, 획스트(Höchst),
BASF(Badische Anilin Soda-Fabrik), 아그파(Agfa, A. G. für Anilin-Fabrikation) 등
을 비롯한 독일의 화학 염료 회사들이 세계의 염료 산업을 지배하게
된다.

이렇게 된 데에는 여러 요인이 있겠지만, 무엇보다 회사 내 산업적
연구의 제도적 정착이 큰 역할을 했다. 즉 1870년대 이후 독일의 화학
염료 회사들은 서로 경쟁적으로 대학교(Universität)나 고등 공업 학교
(Technische Hochschule)와 연결을 맺기 시작했다. 또한 통일 이후 독일 제
국은 자신들의 산업을 보호하기 위해서 특허법을 제정했는데, 특허법
이 발효되기 1년 진인 1876년 바이어 사에 대학교 연구실을 본뜬 산업

체 연구소가 최초로 설립되었다. 이런 연구소 설치 붐은 곧 다른 화학 염료 회사에도 확산되었다. 그리하여 1880년 중반 이후에는 산업체 내에 연구소가 제도적으로 정착되고, 발명의 제도화가 진행되어 독일 화학 공업이 성장하는 데 커다란 영향을 미치게 된다.

화학 공업과 더불어 빌헬름 시대에 급성장한 전기 공업은 새로운 전력 공급 체계를 바탕으로 독일 사회의 모습을 크게 바꾸어 놓았다. 1887년에는 독일 에디슨 전기 회사(Deutsche Edison Gesellschaft für Angewandte Elektricität)가 모체가 된 AEG(Allgemeine Elektricität-Gesellschaft) 사가 설립되면서 독일 전역에 전기가 본격적으로 공급되기 시작했다. 당시 독일의 대도시를 환하게 밝힌 전기는 과학 기술 진보와 새롭게 통일된 독일 제국의 활기찬 성장의 상징이었다. 빌헬름 시대에 나타난 이런 급격한 변화는 산업 구조의 변화뿐만 아니라 당시 독일인의 생활과 의식 구조에도 커다란 영향을 미쳤다.

빌헬름 시대에는 고도의 경제적·물질적 성장과 아울러 대학교와 특히 고등 공업 학교의 성장이 뚜렷하게 나타났다. 독일 대학교의 학생 수는 1885년 2만 7000명에서 1911년에는 거의 5만 6000명으로 증가했다. 고등 공업 학교 학생 수는 같은 기간 동안 3000명에서 1만 1000명으로 증가해 대학교보다 그 증가율이 더욱 높았다. 이러한 학생 수의 증가에 따라 전통적인 독일 지식인들은 교육 수준의 하락을 우려했으며, 자신들의 가치관과는 다른 새로운 사고방식을 지닌 대중 집단이 등장함에 따라 자신들의 전통적인 지위에 대한 위협을 느꼈다.

18세기와 19세기를 통해 독일에서 형성된 신인문주의적인 교육 전통 속에서 1870년 이전까지 독일의 모든 대학생들은 교양 교육의 일

환으로 김나지움에서 그리스 어와 라틴 어를 비롯한 고전어를 배워야
만 했다. 따라서 19세기 독일의 거의 모든 수학자들과 물리학자들도
신인문주의 전통 내에 있던 김나지움에서 수학과 자연 과학보다는 고
전어를 위주로 교육을 받았다. 게다가 당시 중등학교 내 수학과 자연
과학의 위치는 고전학을 비롯한 인문학에 비해 열악했다. 즉 중등학
교 내에서 수학이나 자연 과학 교사들은 승진을 비롯한 학교 내의 여
러 대우 면에서 고전학 교사들보다 심한 차별 대우를 받았다.

    19세기 중반 이후부터 독일에서는 그리스 어와 라틴 어를 가르치던
전통적인 김나지움 이외에, 그리스 어는 가르치지 않고 라틴 어만 가
르치는 '실업계 김나지움(Realgymnasium)', 고전어를 전혀 가르치지 않
는 '상급 실업 학교(Oberrealschule)' 등이 생겨났다. 실업계 김나지움에
서는 그리스 어 대신에 현대어와 약간의 수학, 자연 과학을 가르쳤고,
상급 실업 학교에서는 그 대체 정도가 더욱 컸다. 프로이센의 실업계
김나지움을 나온 학생들은 현대어와 자연 과학 전공을 위해 대학교에
진학할 자격이 인정되었고 1882년에는 같은 권한이 상급 실업 학교에
까지 확대되었지만, 1900년까지 대부분의 대학 교육직과 정부 요직은
이런 '실과 학교(Realanstalten)' 출신에게는 문호를 열지 않았다.

    고등 공업 학교 역시 19세기 내내 대학교와 동등한 지위를 부여받
지 못했다. 입학 자격에서도 전통적인 대학교보다 수준이 낮았고 교육
기간도 대학교보다 짧았다. 이에 따라 독자적으로 박사 학위를 수여
할 수도 없었으며 고등 공업 학교의 교수는 동료급의 대학 교수와 동
등한 대우를 받지 못했다. 이런 갈등 요소가 있었기 때문에 빌헬름 시
대의 급격한 경제적·사회적 변화 속에서 기존의 신인문주의 전통에
대한 강한 저항이 나타나게 되는데, 그 구체적인 형태로 중등 교육 및

대학 교육 개혁 운동이 거세게 일어났다. 교육계에서 이런 개혁 운동은 중등학교 수학 및 자연 과학 교사들, 고등 공업 학교의 기술자들이나 교수 요원들, 대학의 수학 및 물리학 교수들이 주도했다.[3]

알트호프의 대학 교육 개혁

대학 교수들 중에서 이런 개혁 운동을 가장 집요하고 영향력 있게 추진한 사람은 저명한 수학자 펠릭스 클라인이었다. 수학을 물리학이나 기술에 응용하는 데 큰 관심을 두었던 그는 빌헬름 시대의 대학교 및 중등 교육 개혁 과정에서 수학, 자연 과학, 공학의 통합이라는 자신의 생각을 관철하려고 노력했다. 클라인의 이런 개혁 활동은 그의 절친한 친구이며 프로이센 정부 관리였던 프리드리히 테오도어 알트호프와의 협력을 통해서 이뤄졌다. 알트호프는 1882년부터 1907년까지 무려 사반세기 동안 프로이센 교육부(Kultusministerium)의 고등 교육 및 대학 행정 책임자로 있으면서 빌헬름 시대의 교육 정책을 비롯한 과학, 문화 정책에 막대한 영향력을 행사했다.

알트호프는 수많은 양의 교육 행정 업무를 오랫동안 권위주의적이고 관료적이며 심지어는 전제적인 형태로 계속해서 추진했다. 그는 또한 황제를 직접 알현하며 황제 앞에서 계속 강연을 했고, 재무부(Finanzministerium)를 비롯한 다른 행정 부처 사람들과 개인적인 친분이 있었으며, 심지어는 의회도 움직일 수 있는 영향력을 지니고 있었다. 후에 그는 '과학의 중재자(moderator scientiarum)'라고 불렸는데, 프로이센의 대학 개혁과 고등 공업 학교의 급성장, 중등 교육의 개혁 등은 거의 대부분 그의 재직 중에 이뤄졌다.

독일 통일 후 교육은 제국의 관할 아래 있던 것이 아니라 개별 독일 국가에 맡겨져 있었다. 그러나 프로이센의 교육 개혁은 전체 독일어권 교육 정책의 변화에 커다란 의미가 있다. 우선 프로이센은 독일의 개별 국가들 중에서 가장 크고 영향력이 강했으며, 당시 21곳의 독일 대학교 중 10곳이 프로이센에 있었고, 1872년부터 1915년까지 세워진 23곳의 대학 물리학 연구소 중 10곳이 프로이센이 세운 것이었다. 또한 프로이센의 교육 정책은 다른 국가의 모범이 되었기 때문에 프로이센 교육 정책의 향방은 다른 개별 국가에도 커다란 영향을 미쳤다.

고등 공업 학교와 대학교의 통합을 추진하던 클라인은 공학자들과의 긴밀한 관계를 유지하기 위해 1895년 대학 교수의 신분으로 독일 공학자 협회(Verein Deutscher Ingenieure)에 회원으로 가입했으며, 공학자들에게도 박사 학위를 수여하고 고등 공업 학교가 박사 학위를 줄 수 있는 권한(Promotionsrecht)을 갖게 하기 위해 노력했다. 클라인과 알트호프의 끈질긴 노력과 황제의 호의 속에서 마침내 고등 공업 학교는 1899년 박사 학위를 수여할 수 있는 권한을 얻어 대학교와 '공과 대학(Technische Hochschule)'은 법적으로나마 동등한 대우를 받게 된다. 이와 더불어 중등 학교 교육 개혁도 더 강력하게 추진되었는데 그동안 차별 대우를 받던 실업계 김나지움과 상급 실업 학교도 이때를 즈음해 전통적인 김나지움과 동등한 대우를 받게 되었다.

이렇게 자연 과학과 수학을 강조하는 중등 교육 개혁은 프로이센 이외의 다른 독일어권 국가에도 파급되었으며, 20세기 초에 큰 활약을 하게 되는 물리학자들의 학창 시절 교육에 커다란 영향을 미쳤다. 1905년 26세의 젊은 나이에 에테르 개념과 고전 물리학의 절대 시공간 개념을 부정하고 광속도 불변의 원리와 새로운 동시성 개념을 바탕으로 특수 상대성 이론을 주창했던 아인슈타인에게 프로이센 교육 개혁의 영향을 받은 개혁 중등 학교인 스위스 아라우 칸톤 학교의 교육은 학문적 세계관과 독창적인 사고를 형성하는 데 큰 영향을 미쳤다. 또한 상대성 이론의 형성과 수용에 직간접적인 영향을 미쳤던 발터 리츠(Walter Ritz, 1878~1909년), 피터 조지프 윌리엄 디바이, 필리프 레나르트, 에밀 비헤르트 등도 개혁 중등 학교 출신이었다.

과학 연구의 제도화와 학문의 분화 그리고 경쟁 풍토의 정착

19세기 후반 독일의 물리학은 이론과 실험 분야에서 모두 높은 제도적 성장을 보였다. 19세기 중반까지 독일 대학교의 물리학 연구소는 교수의 개인적인 용돈(Taschengeld)으로 유지되던 사적인 '물리학 연구실(physikalisches Kabinett)'이 대부분이었다. 그러나 1870년부터 1895년까지 독일의 이러한 사적인 성격의 연구실은 근대적인 '물리학 연구소(physikalisches Institut)'로 바뀌게 된다. 국가의 재정 지원, 훌륭한 실험 시설, 강의실, 학생들의 실험 실습실, 한 명의 정교수(Ordinarius)와 한두 명의 부교수(Außerordinarius), 사강사, 조교(Assistent), 정기적인 세미나와 콜로키움 등이 갖추어지면서 물리학 연구소는 과학 연구가 제도적으로 정착하는 좋은 연구 여건이 되어 주었다.[4]

또한 19세기 후반에 이르러 물리학 내에는 이론 물리학과 실험 물리학으로 체계적인 분화가 일어났다. 물리학과 내에 물리학 정교수 자리가 늘어나는 한편 이론 물리학 부교수 자리가 생겨나기 시작했다. 막스 플랑크의 임용과 승진 과정은 이론 물리학 분야의 분화와 제도화 과정을 잘 보여 준다. 당시 베를린 대학교에서는 이론과 실험을 동시에 담당했던 구스타프 로베르트 키르히호프가 죽자 그의 자리를 이론을 전공하는 물리학자로 대체하려 했다. 이 과정에서 베를린 대학교는 당시 유명했던 루트비히 볼츠만과 하인리히 헤르츠를 끌어들이려 했으나 실패했다. 결국 그들보다는 명성이 낮은 막스 플랑크를 이론 물리학 담당 부교수로 임용했다. 이렇게 베를린 대학교는 실험 물리학을 가르치는 정교수 외에 이론을 가르치는 부교수가 있는 체계가 된다. 그 후 3년 뒤 플랑크는 정교수로 승진해 전임자인 키르히호프와 같은 직위에 올라갔다. 1894년 베를린 대학교 물리학과의 대부격이었던 헤르만 폰 헬름홀츠가 죽자, 플랑크는 헬름홀츠를 '보좌하는' 학자가 아니라 완전히 독자적인 위치를 굳힌 이론 물리학 교수가 되었다. 같은 해 베를린 대학교의 또 다른 물리학 교수인 아우구스트 쿤트(August Kundt, 1839~1894년)가 죽자 그의 후임으로 실험 물리학자인 에밀 가브리엘 바르부르크(Emil Gabriel Warburg, 1846~1931년)가 임용되어, 베를린 대학교에서는 이론 물리학과 실험 물리학의 분화가 제도적으로 정착되었다.

　이러한 제도적 정착과 더불어 독일 대학 내에서 형성된 치열한 경쟁적 구조에 힘입어 19세기 말 독일 대학은 높은 과학적 생산력을 보였다. 당시 독일의 교수들은 마치 요즈음의 프로 운동선수들과도 비슷하게 행동했다. 독일의 분권화된 교육 정책과 상이한 역사적 배경에 따르는 강한 지역 감정으로 인해서 개별 국가들은 우수한 교수들을 스카우트해 국가의 위신을 높이려고 했다. 또한 교수와 학생 모두에게 학문적 이동의 자유가 있었기 때문에 교수들은 좋은 연구 시설, 더 나은 직위, 높은 연봉이 보장되기만 하면 언제라도 자신들의 조수·학생들과 함께 집단 이주할 준비가 되어 있었다. 개별 국가들의 이러한 치열한 스카우트 경쟁은 교수들의 연구 의욕을 높이는 한 요인이 되었다.

또한 빌헬름 시대 독일에서는 급격한 산업화로 과학 기술 인력의 필요성이 급증했고, 더욱이 인구 증가로 인해 학생 수가 폭발적으로 증가했다. 대학교는 증가하는 학생 수를 감당하기 위해 사강사의 수를 계속 늘려 나갔다. 사강사는 대학 교수와는 달리 국가에게 완전히 채용된 교직자가 아니며, 대학교에 일시적으로 고용되어 강의 수나 학생 수에 따라 약간의 급료를 받고 있는 사람들이었다. 그들은 교수로 임용되기를 기다리는 사람들이었지만 경제적으로는 아주 어려운 생활을 하는 일종의 대학교 내 프롤레타리아였던 것이다. 학생 수가 증가함에 따라 사강사의 수도 계속 증가했지만, 엄격한 권위주의 사회 속에서 소수의 특권을 누리고 있었던 독일 대학의 교수들과 교육 당국은 이에 상응하는 교수 수의 증가를 계속 억제했기 때문에 사강사가 교수가 되기란 더욱 어려운 일이 되었다.

19세기 말과 20세기 초 독일 과학의 급성장은 이렇게 사강사들이 교수가 되기 위해 처절하게 경쟁을 하는 과정에서 얻어졌으며, 실제로 이 시기 과학사에서 중요한 업적의 상당수가 과학자들의 사강사 시절에 이뤄졌다. 예를 들어 특수 상대성 이론의 형성과 수용에 큰 역할을 했던 막스 아브라함, 막스 보른, 막스 폰 라우에 등도 사강사 시절에 상대성 이론에 관한 논문을 내놓았으며, 특히 라우에는 1912년 뮌헨 대학교 사강사 시절에 결정격자 내에서의 엑스선 회절 현상을 발견해 스승 막스 플랑크보다 먼저 노벨상을 받았다.

제국과 과학 기술의 결합

한편 19세기 말부터 독일에서는 제국 차원에서 지원한 거대 연구소들이 나타났다. 1887년 독일 전기 산업의 개척자인 에른스트 베르너 폰 지멘스(Ernst Werner von Siemens, 1816~1892년)의 개인적인 노력과 독일 제국 정부의 협력으로 제국 물리 기술 연구소(Physikalisch-Technische Reichsanstalt, PTR)가 설립되었다.[5] 특히 이 연구소의 설립에는 영국이나 프랑스의 산업 자본가들과는 달리 순수 물리학에 강한 애착을 가지고 새로운 연구소의 설립을 주창·지원했던 지멘스의 역할이 컸다. 독일 제국의 수도인 베를린에 위치하면서 국가의 산업 발전에 필요한 표준을 정하는 일을 주로 담당했던 이 연구소는 과학적·기술적·산업적 차원에서 독일 제국이 새로이 획득한 정치적인 힘과 권위의 상징이었다. 또한 이 연구소의 근처에는 샤를로텐부르크 공과 대학(Technische Hochschule Charlottenburg)이 있었는데, 빌헬름 시대 들어 제국 물리 기술 연구소와 샤를로텐부르크 공과 대학은 기존의 베를린 대학교와 함께 비약적으로 성장했고, 결과적으로 베를린은 세계 물리학의 중심이 되었다.

베를린에 위치한 이 세 물리학 연구소의 연구 성과가 합쳐져 이뤄낸 것이 현대 양자 물리학의 시발점이 되었던 막스 플랑크의 흑체 복사 이론이었다. 1894년 제국 물리 기술 연구소의 초대 소장이었던 헬름홀츠가 죽은 뒤 물리 실험실을 조직하고 관리하는 데 탁월한 재주가 있었던 실험 물리학자 프리드리히 빌헬름 게오르크 콜라우슈(Friedrich Wilhelm Georg Kohlrausch, 1840~1910년)가 헬름홀츠의 뒤를 이어 이 연구소를 맡게 되면서, 제국 물리 기술 연구소는 비약적으로 성장했다.

■ 제국 물리 기술 연구소. 왼쪽으로는 1879년 설립된 샤를로텐부르크 공과 대학이 보인다. 독일 제국이 새로이 획득한 정치적인 힘과 권위의 상징이었던 이 연구소는 빌헬름 시대 들어 비약적으로 성장하면서 베를린을 세계 물리학의 중심지로 자리 잡게 하는 역할을 했다.

이 시기에 제국 물리 기술 연구소와 샤를로텐부르크 공과 대학에서는 탁월한 능력을 지녔던 실험 물리학자들인 빌헬름 빈, 오토 리하르트 루머, 하인리히 루벤스, 페르디난트 쿠를바움 등이 정부의 재정적 지원을 비롯한 좋은 제도적 조건 속에서 연구 활동을 했다. 당시 급성장하던 독일 조명 산업에서는 필라멘트에서 방출되는 스펙트럼의 가시 영역과 가시 영역 밖의 전자기적 에너지 분포를 비롯한 복사 현상에 대한 더 넓은 이해를 원했는데, 제국 물리 기술 연구소의 유능한 실험 물리학자들은 조명 산업계의 이러한 현실적 요구에 제도적으로 부응하기 위해 복사 현상에 대한 면밀한 실험을 행했다. 제국 물리 기술 연구소와 샤를로텐부르크 공과 대학에 있던 실험 물리학자들의 엄밀한 실험 결과를 바탕으로 베를린 대학교의 이론 물리학 교수였던 막스 플랑크는 고전 물리학의 범위를 벗어난 새로운 흑체 복사 법칙과 작용 양자 개념을 얻어 냈다. 이 복사 법칙을 1905년 아인슈타인이 새롭게 제창한 광양자 가설로 재해석하면서 양자 불연속성이라는 새로운 양자 물리학 개념이 등장했던 것이다.

20세기 초 물리학을 뒤흔들었던 상대성 이론과 양자 물리학의 출현은 사회에서 격리된 과학자들의 활동만으로 이뤄진 것이 아니었다. 아인슈타인 상대성 이론의 형성에는 넓게는 프로이센의 중등 교육 개혁 운동이 관련되어 있었다. 또한 사강사들의 치열한 경쟁 속에서 상대성 이론은 새로운 주제로 제기되고 활발하게 논의되었으며, 결국 수용되어 시공간 개념을 바꾸어 놓았다. 양자 물리학의 문을 연 플랑크의 복사 법칙 역시 당시 독일의 이론 및 실험 물리학의 제도화, 제국 차원의 물리 연구소의 출현, 빌헬름 시대 조명 산업의 성장과 밀접한 연관이 있었다.

한편 빌헬름 시대에는 과학과 산업의 연결이 본격화되었고 이러한 상호 결합은 국가의 적극적 개입으로 더욱 강화되었다. 그런데 여기서 주목해야 할 점은 빌헬름 시대의 과학이 산업적·군사적 의미 이상을 지니고 있었다는 것이다. 독일 제국 내에서 과학은 국가의 명예와 위신 차원에서도 진흥·육성되었다. 모든 새로운 과학적·기술적 연구 성과에는 소위 '국가의 인장'이 찍혀서 따라다녔다. 1896년 초 뷔르츠부르크 대학교의 뢴트겐이 '새로운 종류의 광선'을 발견했다는 보고에 접한 카이저 빌헬름 2세는 이 새로운 발견을 치하하면서 다음과 같은 축하 전문을 보냈다. "본인은 우리의 조국 독일에 인류를 위한 커다란 축복이 될 새로운 과학의 승리를 안겨 준 하느님을 찬양합니다." 당시 대학 교수들이 오늘날의 프로 운동 선수들에 비견되는 성격을 지니고 있었다면, 세계를 놀라게 한 새로운 과학적 발견은 요즈음의 올림픽 금메달 획득 내지 세계 선수권 대회 우승에 해당되는 취급을 받았던 것이다. 빌헬름 시대의 과학 기술 발전은 이러한 국수주의적 발상과 맥을 같이 하고 있었다.

빌헬름 시대의 과학 기술은 산업뿐만이 아니라 국내외 정치·문화와도 밀접한 연결을 맺고 있었다. 독일의 물리학을 비롯한 정밀 과학은 대외 정책적인 차원에서 소위 '문화적 제국주의' 정책의 한 요소로 이용되었다.[6] 즉 독일은 제국주의 식민지 쟁탈 과정에서 외국의 경쟁자들을 문화적으로 압도하고 궁극적으로는 경제적·정치적 이득을 얻기 위해서 사모아, 중국 등지에 해외 과학 연구소를 설립하는 등 정밀 과학을 비롯한 추상적·문화적 활동을 대외 정책적으로 이용했던 것이다.

카이저 빌헬름 협회의 창립

과학의 중재자 알트호프는 죽기 얼마 전에 새로운 형태의 물리·화학 연구소를 세울 계획을 세웠다. 그는 유능한 젊은 과학자들이 대학에 임용된 뒤 강의를 비롯한 일상적인 교육 업무에 시간을 너무 빼앗겨 연구 활동에 많은 지장을 받고 있음을 잘 알고 있었다. 이런 문제점을 해결하기 위해서 알트호프는 과학자들이 강의에서 해방되어 전적으로 연구에만 전념할 수 있는 연구소를 만들어야 한다고 생각했다.

이런 계획은 그가 죽은 뒤인 1911년 카이저 빌헬름 협회(Kaiser-Wilhelm Gesellschaft, 현 막스 플랑크 과학 진흥 협회의 전신)의 설립으로 실현되었다. 이 협회의 기본 계획을 창안했으며 초대 회장이었던 아돌프 폰 하르낙(Adolf von Harnack, 1851~1930년)은 황제에게 제안한 설립 취지에서 기초 과학 연구는 산업 발전에 필수적이며 군사력과 과학은 위대한 독일을 지탱하는 두 기둥이라고 강조했다. 신학자이며 역사학자였던 하르낙은 이 보수적인 협회 내에서 전통적인 훔볼트식의 신인문주의 이념을 새로운 산업 사회의 요구, 세계의 군사 강국으로 부상하려 했던 독일 제국의 요구 등과 결합시키는 정치적인 재치가 있었다. 국가에 대한 충성심과 자신의 학문 분야에서 맡은 바 책임감이 강했던 보수적인 지도급 독일 지식인들은 정부의 엄청난 재정적 지원이 있었음에도, 정부의 간섭을 초기부터 배제하고 협회 운영의 자율성을 확보하는 데 성공했다. 당시 무명의 물리학자였던 젊은 아인슈타인이 플랑크와 발터 헤르만 네른스트의 노력으로 1913년에 새로이 설립된 카이저 빌헬름 물리학 연구소의 초대 소장에 임명된 것은 이런 모습을 잘 보여 준다. 프로이센의 재무부 장관은 아인슈타인이 이끄는 연구소에서 행하는 순수 물리학 연구가 어떻게 산업적·군사적 측면에서 국가를 도울 수 있는지 이해할 수 없었다. 그러나 보수적 지식인들과 정부와의 상호 신뢰와 공조 관계, 그리고 곧이어 발발한 제1차 세계 대전 덕택으로 순수 물리 분야에서도 협회의 자율성은 확보되었다.

막대한 자금 지원과 함께 학문적 자율성을 지닌 카이저 빌헬름 연구소의 설립으로 기존의 대학 내에서는 감당할 수 없었던 방사 화학(Radiochemie)을 비롯한 거대 규모의 과학도 가능하게 되었다. 그리하여 아인슈타인이 이끄는 물리학 연구소, 프리츠 하버(Fritz Haber, 1868~1934년)가 이끄는 물리 화학 연구소, 그 이후 계속적으로 이어지는 다른 연구소들의 설립으로 베를린은 세계 과학 중심지로서의 위치를 다시 한번

굳혔다. 제1차 세계 대전이 발발하기 직전까지 독일은 전 세계 과학을 주
도할 능력과 그 바탕이 되는 구조적 조건을 충분히 갖추고 있었다.

오늘날 독일의 3대 연구소 집단으로는 막스 플랑크 협회(Max Planck Gesellschaft), 헬름홀츠 연구 공동체(Helmholtz Gemeinschaft), 프라운호퍼 협회(Fraunhofer Gesellschaft)를 꼽을 수 있다. 우선 막스 플랑크 협회는 1911년 설립된 카이저 빌헬름 협회를 전쟁 후에 재건해 1948년에 창립되었다. 창립 당시 25개의 막스 플랑크 연구소(Max Planck Institut)로 시작해 현재 독일 전역에 연구소를 80여 개 보유하고 있다. 자연 과학, 의학, 인문 사회 과학을 포함해 기초 과학의 세계적인 연구소로서 설립 이후 지금까지 노벨상 수상자를 18명 배출했으며, 제2차 세계 대전 이전 카이저 빌헬름 협회 시절의 수상자까지 포함하면 33명에 이른다.

헬름홀츠 연구 공동체는 1958년 거대 장비 연구소가 설립되면서 시작되었다. 1970년 대형 연구 설비 연구 공동체(AGF)가 설립되었고, 이 조직이 확대되어 1995년 헬름홀츠 연구 공동체로 변경되었으며, 2001년 법인으로 출범했다. 약 2만 8000명의 과학 기술 종사자가 참여하는 독일 최대의 연구 집단으로 가속기 연구소, 항공 우주 연구소, 차세대 첨단 기술 연구소, 지구 환경, 보건 및 에너지 관련 연구소 등이 포함된 국가적인 차원의 거대 설비 연구를 담당하고 있다.

프라운호퍼 협회는 산업과 실생활에 직접 응용할 수 있는 분야의 연구소 집단으로 1949년부터 형성되기 시작했다. 최근 실용적인 연구가 중요시되면서 크게 확대되고 있는 독일의 대표적인 산학 협동 연구소 집단이다. 프라운호퍼 협회에는 80여 개의 연구 시설이 있는데, 그중 연구소는 60여 개이며 약 1만 5000명의 연구원들이 일하고 있다.

13장 | 과학의 미국식 발전

　20세기 과학을 주도했던 미국은 19세기 말과 20세기 초에 유럽에서 형성된 과학을 자신들의 조건에 맞도록 바꾸어 놓았다. 유럽에서 만들어진 물리 화학은 유럽보다는 오히려 미국에서 더욱 번성했으며, 고전 양자론과 양자 역학 등은 미국으로 건너가서는 미국적 토양 속에서 분자 물리학, 양자 화학, 고체 물리학 등과 같이 실험 과학과 밀접하게 연결되어 실용적인 성격을 지닌 학문들로 발전했다.

물리 화학을 만든 사람들

　흔히 물리 화학이라는 분야는 야코뷔스 헨리퀴스 반트호프(Jacobus Henricus van't Hoff, 1852~1911년), 스반테 아우구스트 아레니우스(Svante August Arrhenius, 1859~1927년), 프리드리히 빌헬름 오스트발트(Friedrich Wilhelm Ostwald, 1853~1932년), 이 세 사람이 만들었다고 말한다. 수많은 개혁의 움직임이 대개 주변부에서 싹트는 것처럼, 이 세 사람도 모두 당시 독일 과학의 주변부에서 자라났다. 우선 1852년에 태어난 반트호프는 네덜란드 출신이었고, 반트호프보다 일곱 살 아래였던 아레니우스는 스웨덴의 웁살라 대학교를 나왔다. 또한 러시아 발트 해의 국경과 맞닿은 독일 변방에서 자라난 오스트발트도 처음에는 대학교에서 자리를 잡지 못하고 고등 공업 학교를 떠돌다가, 1887년에야 비로소 라이프치히 대학교에 자리를 잡았다.[1]

물리 화학 분야를 만든 이 세 사람은 학문적으로도 서로 밀접하게 연결되어 있었다. 1884년부터 반트호프는 기체 법칙인 아보가드로 법칙, 보일의 법칙, 게이뤼삭의 법칙 등을 용액에 적용해서 자신의 삼투압 법칙을 만들어 나가고 있었다. 하지만 묽은 용액 속에서 비례 상수가 자꾸 변했기 때문에 일관된 삼투압 법칙을 찾는 데는 어려움이 많았다. 이때 아레니우스는 반트호프에게 보낸 편지에서 전해질은 수용액 속에서 양이옴과 음이온으로 전리된다는 자신의 전리설을 알려 줬고, 이 생각을 바탕으로 1887년 반트호프는 전해질 속 이온의 수를 써서 자신의 비례 상수를 해석함으로써 비로소 완전한 삼투압 법칙을 얻을 수 있었다. 이 논문은 같은 해 오스트발트가 주도해서 발간한 《물리 화학지(*Zeitschrift für physikalische Chemie*)》의 창간호에 실렸다. 한편 오스트발트는 아레니우스의 전리설을 바탕으로 1888년 1월 '희석의 법칙'을 발표했다. 이런 학문적 연결 속에서 형성된 이온주의 3인방들은 화학에서 이론과 수학의 역할을 강조했으며, 물리학과 화학이 통일될 수 있고 또한 통일되어야 한다는 믿음을 공유하고 있었다.

결국 아레니우스 이온설, 반트호트의 삼투압 법칙, 오스트발트의 희석의 법칙과 같은 중심 이론이 성립되고, 《물리 화학지》와 같은 물리 화학 전문 학술지나 오스트발트의 『일반 화학 교본』 같은 교과서가 만들어지고, 라이프치히 대학교의 오스트발트 연구실이 제도적으로 정착되어 가면서 물리 화학 분야는 점차로 그 모습을 갖추어 갔다. 이 과정에서 핵심적인 역할을 한 반트호프, 아레니우스, 오스트발트는 물리 화학이라는 분야를 만들었다고 해도 과언이 아니다.

라이프치히 대학교의 오스트발트 연구소는 그 뒤 발터 네른스트와 같은 우수한 제자들을 길러 냈고, 1897년 새 건물이 완공된 뒤로는 더욱 많은 학생들을 배출할 수 있었다. 오스트발트가 은퇴하는 1905년경에 이르자 물리 화학 분야는 여러 면에서 어느 정도 자리가 잡혀 갔다. 우선 독일에서는 베를린, 괴팅겐, 라이프치히 대학교에 물리 화학 교수 자리가 만들어졌으며, 오스트발트의 제자들은 하위직이기는 하지만 다른 많은 대학교와 고등 공업 학교 등에서 교직 자리를 얻을 수 있었다. 《물리 화학지》는 계속 번성해 나갔고, 물리 화학을 산업에 응용하려는 학술 단체도 생겼다. 영국에서는 윌리엄 램지(William Ramsay, 1852~1916년)와 제임스 워커(James Walker, 1863~1935년)가 중심이 되어 물리 화학의 학문적인 입지를 세웠으며, 아레니우스와 반트호프도 스웨덴과 네덜란드에서 연구 기반을 잡아 나갔다.

하지만 당시 유럽에서는 물리 화학의 성장을 막으려는 저항 세력도 만만치 않았다. 우선 독일에서는 기존의 대학교 내에서 막강한 힘을 행사했던 유기 화학자들이 오스트발트가 주동이 된 물리 화학을 곱지 않은 눈으로 봤고, 교육부 장관과 결탁해서 독일의 전 대학교에 물리 화학의 교수 자리가 늘어나는 것을 방해했다. 영국에서는 유기 화학자보다는 오히려 무기 화학자들의 저항이 심했으며, 프랑스에서는 독일과의 전쟁에서 패한 뒤 독일의 학위를 인정하지 않게 되면서 물리 화학의 전파가 어렵게 되었다. 물리 화학은 유럽에서 탄생했지만, 그 출생지에서 확산되는 데에는 많은 장애가 있었던 것이다. 이에 반해서 유럽에 비해 급성장을 하고 있었넌 미국의 대학은 물리 화학이라는 새로운 학문 분야가 자리를 잡기에 상대적으로 유리한 곳이었다.

신대륙으로 간 물리 화학

물리 화학을 제도화하려는 오스트발트의 꿈은 유럽이 아닌 미국에서 가장 잘 실현되었다. 오스트발트와 네른스트의 제자들은 미국의 매사추세츠 공과 대학, 하버드, 코넬, 위스콘신, 스탠퍼드, 컬럼비아, 존스 홉킨스 등의 대학교에서 자리를 잡았으며, 새로이 부상하고 있던 산업체의 연구실에서도 활동하는 데 성공했다. 이들 중에는 시어도어 윌리엄 리처즈(Theodore William Richards, 1868~1928년), 아서 애머스 노이스(Arthur Amos Noyes, 1866~1936년), 길버트 뉴턴 루이스(Gilbert Newton Lewis, 1875~1946년), 윌리스 로드니 휘트니, 어빙 랭뮤어 등과 같이 탁월한 물리 화학자들이 포함되어 있었다.

대체로 1908년 이전까지는 해리 클래어리 존스(Harry Clary Jones, 1865~1916년)가 이끄는 존스 홉킨스 대학교와 리처즈가 이끄는 하버드 대학교가 미국의 물리 화학을 이끌었다. 그 뒤 이 두 대학교의 영향력은 상대적으로 감소했고, 제1차 세계 대전이 발발하기 이전까지는 조지프 트레버(Joseph Trevor)와 와일더 뱅크로프트(Wilder Bancroft, 1867~1953년)가 이끄는 코넬 대학교와 노이스가 이끄는 매사추세츠 공과 대학이 중심 대학으로 부상하게 된다. 특히 노이스는 1919년 화학 공학자들과의 불화로 MIT를 떠나 캘리포니아 공과 대학으로 갈 때까지 윌리엄 데이비드 쿨리지, 루이스를 비롯한 수많은 우수한 연구자들을 모으고 수준 높은 기초 과학을 연구하여 MIT를 물리 화학의 중심지로 만들었다.

1903년에 문을 연 노이스의 물리 화학 연구소에서는 우선 강전해질이 오스트발트가 발견한 희석의 법칙에 따르지 않는 것에 주목하고, 이 비정상적인 현상을 설명하기 위해서 노력했다. 이런 문제를 해결하는 과정에서 그들은 전자의 이동으로 화학 결합을 설명하려는 톰슨의 전자 이론을 접하게 되었고, 화학 결합의 성질과 화학 결합에서 전자의 역할 등을 다루는 분자 구조에 관한 문제로 논의를 발전시켰다. 이 외에도 그들은 화학 평형을 이해하는 데 필수 불가결한 여러 기초 상수들로 화학 반응에 수반되는 자유 에너지를 측정하고, 그것을 표로 만드는 데 많은 노력을 기울였다.

한편 루이스는 1912년 버클리 대학교의 화학과 학과장으로 가게 되었고, 이때 윌리엄 브레이(William Bray)를 포함한 몇몇 학자들과 대학원생들도 함께 캘리포니아로 옮겨 갔다. 루이스는 MIT에서 자신들이 했던 연구 주제를 버클리에서 계속 발전시켰고, 이 과정에서 유명한 원자가 이론을 발표하게 된다.[2] 결국 루이스의 분자 구조 이론은 강전해질의 비정상적인 행동을 설명하려고 했던 노이스 물리 화학 연구소의 연구 전통 속에서 나타났던 것이다. 루이스의 이론은 당시 물리 화학자들이 산과 염기를 재정의하게 하는 등 많은 도움을 줬지만, 정작 루이스와 노이스를 비롯한 미국의 물리학자들은 강전해질의 문제는 해결하시 못했다. 이 문제는 1923년 유럽의 물리학자인 피터 조지프 윌리엄 디바이와 에리히 아르만트 아서 요제프 휙켈(Erich Armand Arthur Joseph Hückel, 1896~1980년)이 이온의 유동성에 영향을 미치는 강력한 이온 간 정전기력을 가정하고, 통계 역학을 포함한 복잡한 수학적 방법을 사용함으로써 해결했다.

한편 캘리포니아 공과 대학으로 옮겨간 노이스는 자신이 MIT에서 행했던 연구 프로그램을 그곳에 그대로 이식했고, 학생들에게 화학 평형에 관한 연구뿐만 아니라 엑스선과 전자 회절 기술, 분자 구조를 연구하기 위한 적외선 분광학 등에 관한 연구를 강조하는 등 물리학과의 광범위한 협동 연구를 추진했다. 양자 화학적 방법을 이용해서 화학 결합과 분자 구조의 이해에 대한 신지평을 열었던 라이너스 칼 폴링은 이런 토양에서 배출될 수 있었다.

그러면 물리 화학이 이렇게 미국에서 번성하게 된 요인은 무엇이었는가? 당시 물리 화학이 새로운 분야인 데다 다른 화학 분야보다 근본적인 문제를 다룬다는 매력이 있어 많은 유능한 사람들이 물리 화학을 전공하게 했을 것이라는 설명이 가능하다. 그러나 이것은 왜 독일을 비롯한 유럽이 아니라 유독 미국에서 물리 화학이 번성하게 되었느냐에 대해서는 완전한 설명이 되지 못한다.

물리 화학이 미국에서 번성하게 된 요인으로 우선 당시에 막 성장하기 시작했던 미국의 산업체에서 화학자들을 많이 필요로 했다는 것을 들 수 있다. 즉 제1차 세계 대전이 발발해 독일의 원료가 차단되어 미국의 산업체들이 독자적인 연구 개발을 해야만 했기 때문에, 화학자들이 산업체에서 새로운 역할을 할 수 있는 기회가 많아졌다. 제너럴 일렉트릭 연구소에서 활동했던 휘트니, 쿨리지, 랭뮤어 등의 예에서 보듯이, 물리 화학자들도 이런 과정에서 소외되지 않고 점차적으로 산업체 연구소에서 자신의 위치를 차지할 수 있었다. 이 외에도 1901년 창립된 워싱턴의 카네기 연구소가 처음 15년 동안 화학자들에게 지원했던 기금의 85퍼센트가 당시 새로운 분야였던 물리 화학에 돌아갔다는 것 역시 이 분야가 미국에서 자리를 잡는 데 중요한 역할을 했다.[3]

그러나 물리 화학이 미국에서 번성한 더 중요한 요인은 이 분야가 당시에 급격히 팽창하고 있던 미국 대학교들에서 성공적으로 자리를 잡을 수 있었기 때문이었다. 즉 급성장하던 미국 대학교에서는 학생들의 수가 급격히 늘고 있었고, 따라서 이들을 가르치는 일이 대학교 당국에게는 커다란 문제였다. 이때 물리 화학자들은 자신들이 물리 화학이라는 새로운 분야의 전문가일 뿐만 아니라, 많은 학생들에게 화학의 일반적인 개념을 가장 효과적으로 가르칠 수 있다는 것을 총장들과 학과장들에게 인식시킴으로써 대학교에서 자리를 잡는 데 성공했던 것이다.

양자 이론의 미국식 발전

보어의 원자 모형과 조머펠트의 일반화된 양자 조건을 바탕으로 해서 형성된 고전 양자론은 미국으로 건너가서는 실험 위주의 미국적 연구 전통과 합쳐져서 분자 구조에 대한 연구로 발전했다. 당시 유럽에서는 고전 양자론 분야의 연구가 분자 구조보다는 물리학의 좀 더 근본적인 문제와 연관된 원자 구조에 대한 연구에 집중되었다. 즉 유럽에서는 원자 구조에 대한 연구가 진척되면서 비정상 제이만 효과와 헬륨 원자가 보어와 조머펠트가 제기한 고전 양자론적 방법으로는 설명되지 않는다는 것이 인식되었고, 결국에는 고전 양자론의 문제를 극복하기 위해서 새로운 양자 역학이 출현하는 과정을 겪는다.

물론 유럽에서도 토르스텐 호이를링거(Torsten Heurlinger), 아돌프 크라처(Adolf Kratzer, 1893~1983년), 막스 보른 등의 과학자들이 띠 스펙트럼을 비롯한 분자 스펙트럼 구조를 고전 양자론과 결부해서 연구했던 것은 사실이다. 그러나 이들의 분자 구조 연구는 유럽 과학계에서 핵심적인 연구가 아니었고 오히려 주변적인 것이었다. 미국의 물리학-화학 공동체는 대략 1920년을 전후해서 형성되었는데, 이 시기에 미국인들은 유럽과 경쟁을 해야 하는 원자 구조 연구를 선택한 것이 아니라, 유럽 인들이 상대적으로 관심을 덜 집중했던 분자 구조 연구에 초점을 맞추었다.

미국에서 양자론을 이용한 분자 구조의 연구는 하버드 대학교의 에드윈 크로퍼드 켐블(Edwin Crawford Kemble, 1889~1984년)이 시작했다. 1916년 그는 덴마크의 물리 화학자 닐스 얀니크센 비에룸(Niels Janniksen Bjerrum, 1879~1958년)이 발전시킨 양자론적 분자 분광학을 바탕으로 원자, 분자 기체의 적외선 띠 스펙트럼의 구조를 해명하려고 했다. 켐블을 선두로 해서 1920년대에 이르면, 하버드 대학교에는 로버트 샌더슨 멀리컨(Robert Sanderson Mulliken, 1896~1986년), 조지 해리슨(George Harrison) 등과 같이 분자 구조에 관한 실험적·이론적 작업을 병행하는 일련의 집단들이 형성된다.

미국은 적외선 분광학 분야에서 이미 오랜 전통을 지니고 있었다. 1880년대에 코넬 대학교의 분광학자 어니스트 폭스 니콜스(Ernest Fox Nichols, 1869~1924년)는 적외선 측정 기술을 발전시켰고, 그의 학생이었던 윌리엄 웨버 코블렌츠(William Weber Coblentz, 1873~1962년)는 1905년 3권으로 된 적외선 분자 분광학 카탈로그까지 출판했다. 미시간 대학교에서는 해리슨 랜들(Harrison Randall)이 니콜스와 코블렌츠의 적외선 분광학 전통을 이어서 이 분야에서 수많은 제자들을 길러 내어, 1920년대에 이르면 미시간 대학교는 적외선 분광학 분야의 세계적인 연구 중심지가 된다. 한편 버클리 대학교에서도 레이먼드 세이어 버지(Raymond

Thayer Birge, 1887~1980년)를 중심으로 해서 제1차 세계 대전 이후 분자 구조를 연구하는 집단이 형성되어 갔다. 그리하여 버클리, 미시간, 하버드 대학교는 1920년대 초 미국의 양자론적 분자 구조 연구의 중심지가 되며, 이 대학교들을 중심으로 양자론을 연구하는 미국 내 물리학-화학 공동체가 형성되어 갔다.[4]

미국에서 양자론을 연구하는 과학 공동체가 형성되는 데에는 물리학과 화학에 대한 록펠러 재단의 지원이 커다란 역할을 했다. 당시 록펠러 재단에서는 박사 후 연구 장학생(Postdoctoral Fellow) 제도를 만들어, 젊은 과학자가 강의의 부담 없이 연구를 할 수 있도록 지원해 줬다. 록펠러 재단에서는 의학 이외의 분야, 특히 물리학과 화학을 중점적으로 지원했는데, 이 과정에서 분자 구조를 연구하려고 했던 미국의 젊은 화학자, 물리학자 들이 주된 혜택을 받았다. 즉 록펠러 재단의 기금은 미국에서 분자 과학이라는 새로운 연구 공동체가 형성되는 데 적지 않은 기여를 했다.[5]

분자 과학의 전개 과정에서도 미국의 과학자들은 특유의 실용주의적 태도를 보였다. 예를 들어 당시 유럽에서는 원자 스펙트럼을 설명하는 과정에서 1/2 양자수의 존재 여부를 두고 파울리, 하이젠베르크, 란데, 조머펠트, 보어를 비롯한 주도적인 양자 물리학자들이 이론적인 차원에서 많은 논쟁을 벌인 적이 있었다. 그러나 켐블과 버지 같은 미국 과학자들은 1/2 양자수가 과연 존재할 수 있는가 하는 이론적인 문제는 그다지 고민하지 않았고, 추정된 에너지 항을 잘 설명할 수 있다는 실험적인 근거만으로 별다른 저항 없이 1/2 양자수를 받아들였다.

미국의 분자 물리학자들은 유럽의 이론적 발전과는 별개로 자신들의 연구 전통 속에서 곧이어 유럽에서 나타나게 되는 양자 역학적인 설명에 해당하는 논의를 발전시켰다. 예컨대 멀리컨과 버지는 보어의 원자 내 전자 궤도에 관한 논의를 바탕으로 분자의 전자 궤도에 관한 독자적인 개념을 발전시켰다. 특히 멀리컨은 유럽에서 프리드리히 헤르만 훈트가 새로운 양자 역학을 바탕으로 분자 구조에 대한 설명을 하기 이전이었던 1926년에 이미 분자의 전자 배치 구조에 관한 핵심적인 생각을 전개하고 있었다. 즉 유럽에서는 원자 구조의 문제를 해결하기 위해 새로운 양자 역학을 개발하고 이것을 바탕으로 분자 구조의 문제를 다시 해결하려고 했지만, 미국에서는 고전 양자론 내에서 자신들의 주요 관심 분야인 분자 구조의 문제를 그들이 만족하는 범위 내에서 성공적으로 해결하고 있었던 것이다.

고전 양자론뿐만이 아니라 미국으로 전파된 양자 역학 역시 독일을 비롯한 유럽과는 상당히 다른 형태로 발전했다. 우선 미국인들의 실용주의적인 태도는 미국 과학자들이 양자 역학을 수용하는 방식에 많은 영향을 미쳤다. 미국인들은 유럽 과학자들이 많은 관심을 가지고 논쟁을 벌인 양자 역학의 문제였던 파동-입자 이중성, 시공간 개념의 비가시성과 비인과성 등에 관한 논쟁에는 별로 관심이 없었다.[6]

한 예로 하버드 대학교에서 박사 학위를 받고 1923년 말 박사 후 연구원 자격으로 유럽으로 가서 보어와 연구했던 존 클라크 슬레이터를 살펴보자. 유럽으로 건너간 슬레이터는 그곳에서 가상 진동자라는 새로운 개념을 창안했다. 당시 코펜하겐에 있던 보어는 슬레이터의 가상 진동자 개념을 접한 뒤, 그 개념을 원자 수준에서 에너지와 운동량 보존 법칙을 파기하는 자신의 생각과 합쳐 아인슈타인의 광양자 가설을 공격하는 논문으로 변형시켰다. 그 뒤 슬레이터와 공동 저자로 출판

된 보어의 아이디어는 아인슈타인의 광양자설을 확증하는 여러 실험
이 나타나면서 폐기되었지만, 슬레이터의 생각만은 유용한 것으로 드
러나 다시 부활했다.

유럽에서 이런 부정적인 경험을 했던 슬레이터는 미국에 온 뒤로 코
펜하겐 해석을 비롯한 여러 양자 역학의 철학적 논의에 냉담한 반응
을 보였으며, 심지어는 이런 쓸데없는 문제에만 집착하는 유럽으로는
이제 유학을 갈 필요가 없다고 자신의 제자들에게 설파했다. 그 역시
양자 역학을 배워서 그것을 발전시켰지만, 슬레이터의 관심사는 화학
과 관련이 깊었던 분자 과학 분야였다. 이런 경향은 슬레이터에게만
해당되는 예가 아니었고, 오히려 미국인들의 전반적인 견해를 대변하
고 있었다. 즉 미국 과학자들은 실험 과학과 밀접하게 연결되는 화학
이나 고체 현상 등에 이 새로운 양자 역학 체계를 응용하는 데 관심이
더 많았다.[7]

조작주의의 영향

미국 과학자들의 이런 태도는 당시 미국에서 유행했던 퍼시 윌리엄
스 브리지먼(Percy Williams Bridgman, 1882~1961년)의 조작주의와도 관련이
있다. 브리지먼에 따르면 모든 과학 개념의 의미는 그 개념의 적용 기
준을 마련해 주는 명확한 실험적 과정인 조작을 통해서만이 명확해질
수 있다. 예를 들어 '길이'라는 개념은 길이를 확정하는 일련의 조작
들을 지적함으로써 분명해진다는 것이다. 또한 조작주의적 입장에서
는 한 이론의 관찰 가능한 결과가 곧 그 이론이 지니는 의미, 즉 경험적
의미를 구성한다. 미국 과학자들은 이런 조작주의적인 생각을 바탕으

로 하이젠베르크의 불확정성 원리를 포함한 양자 역학의 철학적 딜레마는 더 이상 문제될 것이 없다고 봤다.

특히 브리지먼의 조작주의적 태도는 당시 하버드 출신의 과학자들을 포함한 미국 양자 물리학자들에게 커다란 영향을 미쳤다. 우선 브리지먼의 지도로 양자론에 관한 학위 논문을 썼던 켐블을 비롯해서, 브리지먼의 수업을 들었던 존 해즈브룩 밴블렉(John Hasbrouck Van Vleck, 1899~1980년), 브리지먼의 연구실에서 일했던 줄리어스 로버트 오펜하이머(Julius Robert Oppenheimer, 1904~1967년), 심지어는 슬레이터까지도 브리지먼의 영향을 받으면서 자랐다. 브리지먼의 영향력은 단지 하버드 대학교 출신들에게만 국한되지는 않았다. 캘리포니아 공과 대학의 화학자인 라이너스 폴링과 버클리에서 성장한 콘든의 저작에서도 브리지먼의 조작주의적 영향은 나타나고 있다.

이론과 실험의 결합

미국에서 양자 물리학이 실험과 밀접하게 연결된 형태로 발전하게 된 제도적인 요인 가운데 하나는 영국이나 독일과는 달리 미국 대학교에서는 이론 물리학자와 실험 물리학자가 같은 학과에 있었다는 점이다. 이에 따라 이론과 실험이 결합된 형태의 물리학이 성장했는데, 이것은 미국 이론 물리학의 경험적이고 실용주의적이며 도구적인 성격을 더욱 짙게 했다. 물론 유럽에서도 괴팅겐, 코펜하겐, 로마같이 이론 물리학자와 실험 물리학자가 함께 일한 곳도 있었다. 그러나 유럽에서 이것은 거의 하나의 예외였고, 미국의 경우에는 이론과 실험의 협력이 제도적인 규범의 형태를 띠고 있었다는 데서 그 결정적인 차이가 나타나는 것이다.

양자 물리학이 실험과 밀접하게 연결된 형태로 발전했다는 것과 함께 미국의 물리학이 화학과도 밀접한 관련을 맺으면서 발전했다는 것은 양자 화학이 미국에서 발전하게 되는 중요한 요인 가운데 하나이다. 고전 양자론의 미국식 발전에 대한 앞의 논의에서 봤듯이, 미국에서는 19세기 말부터 특히 분광학 분야를 중심으로 물리학과 화학을 함께 연구하는 전통이 있었다. 특히 캘리포니아 공과 대학에서는 밀리컨, 노이스, 헤일이 중심이 되어 이런 협동 연구가 활발하게 진행되었고, 이런 분위기 속에서 폴링의 양자 화학적 논의가 나타날 수 있었다. 슬레이터가 MIT의 물리학과 학과장이 된 뒤 (결국은 실패를 했지만)폴링을 MIT로 불러서 자신과 함께 공동 연구를 하려고 했던 것도 미국에서는 1930년대 초에도 물리학과 화학의 관계가 밀접했음을 말해 주고 있다.

미국 양자 화학 공동체의 형성

1930년대 초에 이르면 1920년대의 급격한 성장을 바탕으로 미국에는 곤든(프린스턴 대학교), 켐블(하버드 대학교), 슬레이터(매사추세츠 공과 대학), 데니슨(미시간 대학교), 멀리컨(시카고 대학교), 오펜하이머(버클리, 캘리포니아 공과 대학), 폴링(캘리포니아 공과 대학) 등으로 대변되는 양자 화학 내지 양자 물리학 공동체가 형성된다.

세간에는 아인슈타인이 건너온 뒤 미국에서 비로소 이론 물리학이 발전하게 되었다는 지극히 근거 없는 주장이 많이 떠돈다. 결론적으로 말해 1933년 이후에 미국으로 건너온 망명 과학자들이 미국의 이론 물리학 전통을 만들어 낸 것은 아니다. 앞에서 살펴본 바와 같이 그들이 건너오기 전에 이미 경험주의적 성격이 강한 미국의 이론 물리학 전통은 분명하게 확립되어 있었다. 망명 과학자들은 대개 미국 대학교의 흐름에 자신을 적응시켰을 뿐이다.

예를 들어 1936년 로버트 앤드루스 밀리컨은 미국으로 건너와 자리를 찾던 발터 엘자서(Walther Elsasser, 1904~1991년)에게 만약 당신이 핵 물리학이나 천체 물리학으로 자리를 잡으려 한다면 자리를 줄 수 없고, 지구 물리학을 하기를 원한다면 자리를 줄 수 있다고 말한 적이 있었다. 결국 엘자서는 캘리포니아 공과 대학에 남기 위해서 지구 물리학으로 전공을 바꾸어야만 했다. 또한 코넬 대학교의 한스 베테, 스탠퍼드 대학교의 펠릭스 블로흐, 조지 워싱턴 대학교의 에드워드 텔러와 조지 가모브, 퍼듀 대학교의 노르트하임, 듀크 대학교의 프리츠 볼프강 런던(Fritz Wolfgang London, 1900~1954년), 로체스터 대학교의 빅토르 프리드리히 바이스코프(Victor Frederick Weisskopf, 1908~2002년) 등에서 보듯, 망명 과학자들은 당시 이론 물리학 연구의 중심이었던 대학교들이 아니라 그것보다는 한 단계 낮은 대학교들에서 새로운 연구 센터를 만들어 나갔다.[8]

미국 과학계의 성과: 양자 전기 역학

제2차 세계 대전이 끝난 뒤 미국의 줄리언 시모어 슈윙거(Julian Seymour Schwinger, 1918~1994년), 리처드 필립스 파인만(Richard Philips Feynman, 1918~1988년), 프리먼 존 다이슨(Freeman John Dyson, 1923년~) 등은 새로운 양자 전기 역학(quantum electrodynamics)을 발전시켰다.[9] 그런데

이 미국 학자들(프리먼 다이슨은 영국 출신이다.)은 1930년대에 물리학자를 괴롭힌 상대론적 양자장론의 문제를 혁명적인 방법이 아니라 실용주의적이고 보수적인 방법으로 극복했다. 즉 디랙의 상대론적 방정식에 따라서 수소 스펙트럼의 미세 구조에 대한 설명이 불가능하다는 것이 윌리스 유진 램 주니어(Willis Eugene Lamb, jr., 1913~2008년)와 로버트 레더퍼드(Robert Retherford)의 실험을 통해서 밝혀지자 미국의 이론 물리학계는 이것을 문제 삼게 되었고, 이것에 따라 재규격화(renormalization) 이론이라는 대단히 복잡한 이론이 등장했다. 이때 슈윙거, 파인만, 다이슨 등이 고안한 계산 방법이 이 '램 이동(Ramb-shift)'를 놀랄 만큼 정확하게 계산하자 과학자들은 양자 전기 역학의 정확도에 의심을 품지 않았고, 이것은 원자핵 관련 현상에도 장 이론적인 설명이 가능하다

■ 양자 전기 역학의 아버지. 줄리언 슈윙거와 리처드 파인만. '램 이동'의 정확한 계산법을 고안해 낸 이들 덕분에 상대론적 양자장론 문제가 해결되고 양자 전기 역학이 새롭게 발전하게 되었다.

는 믿음을 새롭게 강화시켜 줬다.

상대론적 전기 역학 분야에서 위기가 올 때마다 1930년대에 파울리를 비롯한 독일 이론 물리학자들은 1920년대에 자신들이 해냈던 방식대로 새로운 시공간 개념과 운동 개념을 찾는 혁명적인 접근을 취했다. 보어 역시 그가 1920년대에 했던 대로 에너지 보존 법칙을 파기해서 이 문제를 해결하려고 했다. 그러나 1940년대의 미국 과학자들은 디랙의 상대론적 양자 역학의 위기에 유럽 학자들처럼 에너지 보존 법칙을 파기하거나 새로운 시공간 개념을 만드는 혁명적인 방법으로 대응하지 않았다. 대신 기존의 상대론적 양자 역학의 체계를 강화하고 실용적 차원에서 그것을 보완하는 방향으로 논의를 전개했던 것이다.

14장 | 대학과 국가: MIT와 칼텍

미국 대학은 지난 150년 동안 대략 세 차례의 커다란 변화를 겪었다. 그 첫 번째 변화는 19세기의 마지막 사반세기에 일어났다. 이 시기에 미국에서는 무상 토지 불하 운동(land grant movement)과 독일의 지성주의가 결합해 미국 도처에 수많은 대학들이 생겨났다. 이민자가 늘어남에 따라 학생 수도 급증했고, 이에 부응하듯 대학의 수도 급격히 증가했으며, 교육보다도 연구를 더욱 강조하는 새로운 유형의 연구 중심 대학도 생겨났다. 두 번째로 커다란 변화는 제2차 세계 대전 이후에 나타났다. 유사 이래 가장 커다란 세계 대전은 미국의 대학들을 국방 연구에 집중하게 만들었고 과학 기술자들은 엄청난 규모의 대형 프로젝트를 경험했다. 전쟁 중괴 전쟁 이후에 나타난 연방 정부의 파격적인 지원 아래 미국의 선두 대학들은 내부분 세계적인 연구 중심 대학으로 발전했다.[1] 마지막으로 가장 최근의 변화는 냉전 종식 후인 1990년대 이후에 나타났다. 이 시기에는 연방 정부의 지원이 급격히 감소하면서 대학에 대한 시장의 영향력이 급격히 커졌고, 이에 따라 대학의 상업화가 촉진되었다.[2]

연구 중심 대학의 태동

미국에서 구태의연한 지식의 전수가 아니라 학문 연구를 더욱 중시하는 연구 중심 대학의 이념을 처음으로 내세운 곳은 1876년에 설립된 존스 홉킨스 대학교였다. 이 대학은 새로운 대학교와 병원의 설립을 위해 700만 달러를 기부한 사업가 존스 홉킨스(Johns Hopkins, 1795~1873년)의 유언으로 설립되었는데, 당시 예일 대학교의 지리학 교수로 있다가 존스 홉킨스 대학교의 초대 총장이 된 대니얼 코이트 길먼(Daniel Coit Gilman, 1831~1908년)은 연구를 중시하는 독일 대학교를 본받아서 이런 새로운 유형의 대학을 미국에 정착시키려는 노력을 했다. 길먼은 1875년부터 1901년까지 무려 사반세기 동안 존스 홉킨스 대학교에서 총장으로 봉직했는데, 그는 연구의 지원을 대학 이념으로 내걸었으며 대학원을 중심으로 운영한다는 것을 강조하기 위해 처음에는 학부 과정도 만들지 않았다.

이런 분위기에서 초대 물리학과 학과장이 된 헨리 오거스터스 롤런드(Henry Augustus Rowland, 1848~1901년)는 연구를 위한 실험실을 꾸미기 위해 유럽을 돌아다니면서 연구에 필요한 실험 장비들을 직접 구입하기까지 하는 등 노력을 쏟았다. 이렇게 만들어진 연구소에서 에드윈 허버트 홀(Edwin Herbert Hall, 1855~1938년)은 박사 논문을 준비하는 동안 1879년 그의 이름이 붙여진 '홀 효과'를 발견했다.

1890년대에는 스탠퍼드 대학교와 시카고 대학교 등이 설립되면서 미국에 학문적 붐이 일어나게 되는데, 특히 시카고 대학교에서는 마이컬슨, 로버트 앤드루스 밀리컨, 아서 홀리 콤프턴으로 이어지는 실험 물리학 전통이 이때부터 시작되었다.[3] 그러나 19세기 후반에 이르기까지 미국의 과학 수준은 유럽보다 낙후되어 있었고, 강의나 교육에서 독립된 연구만을 위한 제도적 장치는 아직 요원한 실정이었다. 20세기에 들어와서야 미국에서는 과학 분야의 연구 중심 대학교가 본격적으로 등장하기 시작했는데, 그 대표적인 예가 미국의 캘리포니아 공과 대학(칼텍)과 매사추세츠 공과 대학(MIT)이였다.

MIT의 빛과 그림자

MIT는 남북 전쟁을 전후해서 새로운 공업 사회로 진입한 미국 사회에 부응하기 위해 1861년에 인가를 받아 1865년에 개교한 미국 명문 대학 가운데 하나이다. 이 대학은 1916년 학교의 위치를 보스턴에서 케임브리지로 옮길 때까지는 '보스턴 텍'이라는 이름으로 불렸는데, 한때 하버드 대학교가 이 MIT를 흡수하려고 시도한 적도 있었다.

초창기부터 MIT에서는 공학과 기초 과학 사이의 균형 맞추기가 연구 중심의 공과 대학으로 성장하는 데 주요 난제 가운데 하나였는데, 물리 화학과 화학 공학 사이의 대립이 그 좋은 예이다.[4] 20세기 초 MIT 화학과에는 서로 대립하던 두 연구소가 있었다. 1903년에 설립된 아서 노이스의 물리 화학 연구소에서는 수준 높은 기초 과학 연구를 수행하고 있었고, 이것에 반해서 1908년에 설립된 윌리엄 헐츠 워커(William Hultz Walker, 1869~1934년)의 응용 화학 연구소에서는 대학과 산업체 간의 협력을 적극적으로 추구하고 있었다. 당시에 화학 공학 분야는 아직 독립된 학과로 있지 않았으며, 따라서 워커와 노이스는 학과의 운영 문제를 놓고 서로 충돌했다. 처음에는 물리 화학 분야가 화학 공학보다 대학교 내에서 영향력이 컸으나, 1910년부터 역전되기 시작하면서 대학 내에서 워커의 발언권이 상대적으로 강해졌다. 전쟁으로 독일의 화학 원료 공급이 중단됨에 따라 미국의 각 기업체들은 독자적인 연구를 강화해야 했으며, 화학 공학 쪽의 계약 과제 역시 엄청나게 증가했기 때문이었다.

워커와 노이스 사이의 갈등은 날로 커져 갔지만, 매사추세츠 공과 대학 본부에서는 두 프로그램 가운데 어느 하나를 선택하지는 않았다. 그러나 이 둘 간의 갈등은 갈수록 심화되어, 1919년 봄 마침내 워커가 당시의 총장 리처드 콕번 매클로린(Richard Cockburn Maclaurin, 1870~1920년)에게 최후 통첩을 보내는 사태까지 벌어졌다. 일이 이 지경이 되자, 매클로린은 할 수 없이 노이스를 포기하고 워커를 선택해야만 했다.

이후 MIT는 응용 과학과 공학 프로그램을 강화하고 산업체와의 연대를 강화하는 정책을 펴게 된다. 이런 정책을 효율적으로 수행하기 위해서 1920년 1월 MIT에 산업 연구를 조정하고 기금을 확보하기 위한 산업 연구 협력부를 설립하는 것을 골자로 하는 소위 '기술 계획(Technology Plan)'이 추진되었는데, 이 부서의 책임자로 워커가 임명되었다. 워커는 강한 대중 캠페인과 공세적인 판매술을 발휘해서 첫해에만 무려 40만 달러의 기금을 확보했는데, 이 금액은 당시 MIT의 1년 예산이 170만 달러라는 것을 생각하면 상당한 액수였다.

이런 상황에서 1920년 매클로린 총장이 갑자기 죽고 워커가 권한 대행을 맡게 되면서, 잠시 MIT는 워커의 천하가 된다. 그러나 워커가 행한 산업체와의 마구잡이식 계약과 그의 독재적인 관리 성향에 교수진들이 집단적으로 반발해, 대학 운영 위원회는 1921년 1월 워커를 사임시켰다. 워커의 사임에도 불구하고 MIT에서는 산업체와 연결이 계속 강화되어 갔다. 1920대 초에 10만 달러였던 용역 과제가 1920년대 말에는 무려 27만 달러로 3배가량 증가했으며, 조지 이스트먼(George Eastman, 1854~1932년)을 비롯한 산업가들이 낸 기부금도 급속도로 증가해 이 기간 동안 MIT는 아주 부유한 사립 대학교로 발전했다.[5]

하지만 기초 과학 분야의 연구를 경시하고 산업적 연구에만 지나치게 편중한 데 따르는 부작용도 나타났다. 즉 기초 연구 분야 교수들의 이탈 현상이 나타나면서 대학의 명성에 적지 않은 손실을 입었다. 또한 대학 교수 수입의 약 절반이 외부의 산업 자문이나 연구에서 얻어져서, 대학이 마치 교수들의 대학 교육 외적인 돈벌이를 보조하는 모양새가 되었다. 게다가 연구 주제의 선정과 특허 문제에서도 산업체로부터 간섭이 심화되어 대학 자율성에 문제가 생기기 시작했다. 결국 1920년대에 MIT가 이뤄 낸 산업적 연구의 성공은 기초 과학을 희생하고 심각한 행정적인 문제를 만들어 내면서 가능했던 것이었다.

캘리포니아 공과 대학의 소수 정예주의

1920년대에 MIT가 산업 연구에 열을 올리고 기초 과학 분야를 경시하고 있는 동안 이 틈을 비집고 비약적으로 성장한 공과 대학이 있었는데, 바로 캘리포니아 공과 대학(California Institute of Technology, CIT), 즉 칼텍이었다. 제1차 세계 대전 이전에 캘리포니아 공과 대학은 '스룹 공과 대학'이라는 이름으로 불렸는데, 한 해에 10여 명의 엔지니어를 배출하는 건물 한 채뿐인 작은 학교였다. 목재왕인 아서 플레밍(Arthur Fleming)을 비롯한 패서디나와 로스앤젤레스의 은행, 석유, 부동산, 전기 업사 들이 이 대학 재단의 이사진을 이루고 있었다. 그러나 1907년 천체 물리학자 조지 엘러리 헤일(George Ellery Hale, 1868~1938년)이 이사로 가세하면서, 지방 대학인 스룹 공과 대학은 서서히 세계적인 대학으로 발돋움하기 시작했다. 헤일은 단광 태양 사진기의 발명가로서 태양 흑점, 홍염, 채층을 연구하고 태양 자기장의 존재를 증명한 당시 미국에서 영향력 있는 과학자였다. 또한 그는 카네기 기금을 바탕으로 1908년 윌슨 산의 60인치(약 1.5미터) 반사 망원경을 건설했고, 나중에는 록펠러 재단의 기금으로 팔로마 산 200인치(약 5미터) 천체 망원경의 건설도 지휘했던 인물이다.[6]

물리학, 화학, 천문학 사이의 협동 연구를 열정적으로 원했던 헤일은 자신이 건설한 윌슨 산 천문대와 효과적으로 협동 연구를 수행할 수 있는 방향으로 스룹 공과 대학의 개혁을 지속적으로 추진했다. 이 일을 위해서 그는 우선 MIT에 있던 노이스와 시카고에 있던 밀리컨을 캘리포니아로 불러오려고 노력했다. 이 세 사람들은 사회적·개인적·학문적으로 서로 조화가 가능했던 인물들이었다. 즉 그들은 우선 같은 나이 또래였으며, 인종적으로는 북유럽 백인 계통이었고, 계층적으로는 상류 사회 출신이었으며, 헤일의 협동 연구 및 학제 간 연구에 동감하던 사람들이었다. 더 나아가 이들은 국립 연구 회의(National Research Council)라는 조직을 통해 밀접하게 연결되어 있었다. 국립 연구 회의는 제1차 세계 대전 중에 헤일이 국방 연구를 도울 목적으로 윌슨 대통령을 설득해서 만든 국립 과학 아카데미 소속의 민간 단체였는데, 전후 이 단체는 록펠러 재단과 카네기 재단을 비롯한 공익 재단으로부터 재원을 얻어 기초 연구를 지원하는 단체로 변신하게 된다. 즉 이 단체는 양차 대전 사이에 오늘날의 미국 국립 과학 재단에 해당하는 역할을 했던 것이다.

마침내 1917년 1월 지역의 목재 사업자인 게이츠(C. W. Gates)의 기부 금으로 '게이츠 화학 연구소(Gates Chemical Laboratory)'가 스룹 공과 대학에 세워졌고, 1919년 워커와의 싸움에서 패배한 뒤 MIT를 떠난 노이스가 소장을 맡게 된다. 이때 노이스의 건의로 학교 명칭을 동부의 매사추세츠 공과 대학에 필적한다는 의미에서 '캘리포니아 공과 대학'으로 바꾸었다. 다음으로 헤일은 기름방울 실험으로 이미 명성을 날리고 있었던 밀리컨을 임용하기 위해서 미국 교수 임용 역사상 전대미문의 조건을 제시했다. 우선 밀리컨에게 대학 운영 위원회(Executive Council) 의장직과 물리학과 학과장 자리를 주고, 다른 대학 최고급 교수의 2배에 해당하는 초특급 봉급을 주기로 약속했다. 또한 은퇴한 의사인 브리지가 기증한 노먼 브리지 물리학 연구소(Norman Bridge Laboratory of Physics) 건물 한 동을 밀리컨에게 제공했고, 서던 캘리포니아 에디슨 회사가 기증한 100만 볼트급 고전압 연구소도 만들어 줬다. 이것에 덧붙여 재단 이사인 플레밍이 물리학과에 100만 달러, 그리고 대학 전체에 400만 달러의 증자를 했으며, 헤일은 윌슨 산 천문대의 사용 권리와 자신이 확보한 카네기 기금을 물리학과 화학 쪽으로도 돌릴 것을 약속했다.[7]

헤일의 이런 노력으로 마침내 1921년 가을 캘리포니아 공과 대학에 강력한 3인방이 집합하게 된다. 이들은 모두 각 대학교에 연구비를 나누어 주는 국립 연구 회의 안에서 영향력 있는 인물들이었으며, 밀리컨이 1923년에 노벨상을 받게 되는 것에서 보듯이 미국의 최고급 과학자들이었다. 그리고 윌슨 산 천문대는 당시 세계에서 가장 유명한 천문대였다. 밀리컨은 또 약 100명의 캘리포니아 남부 지역의 유지들로 구성된 '캘리포니아 공과 대학 후원회(California Institute Associate)'를 조직했다. 1년에 약 1000달러씩 10년 동안 후원해 주면, 대학에서는 그 보상으로 대학의 강연을 포함한 각종 행사에 이들을 초청하기로 했다. 이 후원회는 불과 1년 만에 정원을 다 모을 수 있었는데, 이들이 낸 매년 10만 달러의 기금은 약 200만 달러의 증여에 해당하는 역할을 했다.

공학과 기초 과학 사이에 갈등이 있었던 MIT와는 달리 캘리포니아 공과 대학에서는 기초 과학과 공학 분야가 처음부터 긴밀하게 협력해 나갔다. 또한 1920년대에 록펠러 재단의 위클리프 로즈(Wickliffe Rose)가 내건 각 대학교에 대한 연구 지원 정책은 "가장 높게 발전한 분야들을 더 높게(Making the peaks higher)"라는 것이었는데, 소수 정예를 내세운 캘리포니아 공과 대학은 이 정책에 가장 합당한 조건을 갖춘 대학교였고, 실제로 물리학과 천문학 분야에서 많은 연구비를 얻을 수 있었다.

더 나아가 헤일은 1925년 생물학과를 맡을 적임자로 토머스 헌트 모건에게 접근했다. 당시 컬럼비아 대학교에 있던 그는 초파리 연구로 유명한 유전학의 대가였다. 헤일은 모건에게 집요하게 접근해 결국은 임용에 성공했는데, 이 역시 물리학과 화학의 협동 연구를 염두에 둔 것이었다. 또한 지역적인 불리함을 극복하기 위해서 동부 지역과의 긴밀한 연결을 유지하고, 더 나아가 헨드릭 안톤 로런츠(1921~1923년), 찰스 골튼 다윈(Charles Galton Darwin, 1922~1923년), 파울 에렌페스트(1923년), 찬드라세카라 벵카타 라만(Chandrasekhara Venkata Raman, 1924년), 아르놀트 조머펠트(1928년), 알베르트 아인슈타인(1931~1932년)과 같은 유럽의 우수한 과학자들을 초빙해서 연구와 강의를 맡겼다.

이런 우수한 연구 조건 속에서 캘리포니아 공과 대학은 짧은 시간 내에 우수한 학생과 연구자를 모으는 데 성공해, 마침내 비약적 성장을 하게 된다. 밀리컨이 이끄는 물리학 분야에서는 칼 데이비드 앤더슨(Carl David Anderson, 1905~1991년)이 양전자를 발견해 노벨상을 받았으며, 노이스가 이끄는 화학과는 엑스선 결정학과 양자 화학, 생유기 화학의 중심지가 되어 여기에서 노벨상을 두 번이나 받은 라이너스 폴링이 배출되었다. 또한 모건이 이끄는 생물학과에서는 막스 델브뤼크를 위시한 파지 그룹의 분자 생물학자들이 모여들었고, 유럽에서 건너온 시어도어 폰 카르만은 캘리포니아 공과 대학을 항공 공학의 중심지로 발전시켰다. 카르만은 1920년대에 캘리포니아 공과 대학에 구겐하임 항공 연구소를 설립했는데, 이 곳을 모태로 제2차 세계 대전 기간 중에는 제트 추진 연구소가 설립되었다. 이 연구소는 1958년 소련의 스푸트니크 충격 이후 미국 항공 우주국의 설립에 주춧돌이 되었다. 결국 1930년대에 이르면 목표로 삼았던 MIT가 오히려 캘리포니아 공과 대학을 본받으려고 하는 역전 현상이 벌어진다.

MIT의 개혁을 낳은 연방 정부와 대학의 결합

캘리포니아 공과 대학의 비약적 성장을 목격한 MIT에서도 1930년대에 이르러 강력한 개혁의 움직임이 일어났다. 1930년 7월 1일, 당시 프린스턴 대학교 물리학과 학과장이었던 칼 테일러 콤프턴(Karl Taylor Compton, 1887~1954년)이 42세의 젊은 나이로 MIT의 새 총장으로 취임했다. 그는 콤프턴 효과로 유명한 아서 콤프턴의 형이었는데, 1930년부터 1948년까지 무려 18년간을 MIT에서 총장으로 있으면서 오늘날의 MIT를 만드는 데 결정적인 역할을 한 사람으로 평가되고 있다.

콤프턴은 취임 후 대대적인 개혁을 단행했다. 당시 미국은 대공황기였기 때문에 대학에서도 산업체로부터의 연구 용역이 급격히 감소하던 시기였다. 이런 상황에서 콤프턴 총장은 기업이 아닌 새로운 형태의 후원자를 물색했다. 연방 정부가 기업을 대신할 새로운 후원자로 떠올랐고, 콤프턴 총장은 1933~1935년에 루스벨트 대통령의 과학 자문 위원회(Science Advisory Board) 위원장을 맡으면서 연방 정부에 접근했다.[8]

콤프턴은 우선 대학 본부가 단위 연구소들이 따로따로 운영하던 산업적 연구 용역을 산학 협력단(Division of Cooperation)이라는 단일 부서로 통합하고 총장이 직접 통제하게 했다. 또한 교수들의 임용과 승진·포상에 있어서 독창적 연구에 우선권을 주고 과도한 자문 활동에는 불이익을 주는 식의 가이드라인을 채택해, 교수들이 과도한 자문 활동보다는 높은 수준의 독창적 연구와 교육에 힘쓰도록 유도했다. 또한 기업이 비밀로 요구하는 계약 과제에는 상당히 높은 간접 경비(overhead charge)를 물려서, 이 기금으로 기초 과학 분야를 포함한 대학의 모든 교수들을 공평하게 지원했다. 학생 교육에 있어서도 콤프턴은 선발 요건을 강화해서 우수한 학생을 뽑았으며, 학부 교육에서는 기초 과학 과목을 강화했다. 또한 각 단위 학과들도 과감하게 물갈이했다. 우선 젊고 유능한 분자 물리학자인 존 슬레이터를 하버드에서 불러와 물리학과 학과장을 맡겼으며, 위클리프 로즈의 후임으로 록펠러 재단의 학술 지원을 맡은 워런 위버의 신임을 얻고 있던 생물리학자 프랜시스 슈미트(Francis Schmitt, 1903~1995년)에게 접근해 '생물 공학과'의 신설과 생물학과의 재건을 시도했다. 당시 워런 위버는 로즈의 1920년대 지원 정책을 수정해서 록펠러 재단의 중점 지원 분야를 소위 '생명 과정(vital process)' 혹은 '분자 생물학' 분야와 같은 학제 간 분야로 전환했다. 모건과 델브뤼크가 중심이 된 캘리포니아 공과 대학은 이미 이런 지원 정책에 알맞은 체제를 갖추었지만, 실용 위주의 학문인 식품 공학과 세균학을 위주로 했던 MIT는 록펠러 재단의 지원을 얻어 내기에는 상당히 불리했다. 따라서 콤프턴은 기존의 생물학 분야를 물리학과 화학 등과 결합된 새로운 형태의 생물학과로 바꾸고, 완전히 새로운 학제 간 학문 분야인 생물 공학과를 신설하려고 했다. 콤프턴의 이런 시도는 록펠러 재단의 변화하는 연구비 지원 정책에 적극적이고 능동적으로 대응하기 위함이었다. 결국 슈미트는 1941년 MIT에 새로 만들어진 생물 공학과의 주임 교수가 되었다.[9]

콤프턴의 이런 개혁의 수혜는 기초 과학 분야뿐만이 아니라, 결국에는 과학에 기초한 공학 연구에도 미쳐서 공학 분야도 발전되게 된다. 특히 콤프턴은 라운드 힐(Round Hill)의 연구 팀을 강력히 지원했는데, 여기서는 에드워드 볼스(Edward Bowles)의 지휘 아래 마이크로파 통신을 비롯한 전기 공학, 항공 공학, 물리학, 기상학 등을 연구했다.

제2차 세계 대전과 연구 중심 대학의 확산

1940년 루스벨트 대통령은 '국방 연구 회의(National Defense Research Council)'를 창설하고 콤프턴을 위원으로, MIT의 전기 공학자로서 공대 학장과 부총장을 지냈던 배너바 부시(Vannevar Bush, 1890~1974년)를 위원장으로 임명했다.[10] 1년 뒤에 루스벨트는 부시를 '과학 연구 개발국(Office of Scientific Research and Development)'의 국장으로 임명했는데, 연방 정부에 대한 부시와 콤프턴의 이런 강한 영향력을 바탕으로 MIT에는 마이크로파와 레이더 장비를 연구하는 래드 랩이 설립되었다.

제2차 세계 대전 중에 미국의 각 대학은 국방 연구에 전념했다. 캘리포니아 공과 대학은 고체 연료 로켓을, 존스 홉킨스 대학교는 근접 신관을 개발했으며, 시카고 대학교는 아서 콤프턴을 중심으로 맨해튼 계획에 참가해서 플루토늄 제조를 도왔다. MIT도 역시 원자 폭탄 개발에 참가했지만, 더욱 중요하고 비중이 있었던 연구는 래드 랩을 중심으로 한 레이더 장비 연구였다.

이 래드 랩은 규모도 엄청났는데, 1944년 무렵에는 4000명 이상의 물리학자, 엔지니어, 기능공 들을 고용하는 거대 연구소로 성장했다. 이처럼 전쟁은 과학자들에게는 집단으로 일하는 것에 익숙해지게 하고, 또한 대학교의 역할을 교육보다는 연구가 주가 되게 해서 대학교의 연구 규모와 조직을 근본적으로 변화시켰다. 더 나아가 제2차 세계 대전과 그 이후 냉전 시기의 국방 연구는 MIT의 성격을 근본적으로 바꾸어 놓았다. 즉 대학이 연구 중심 대학, 대학원 중심 대학으로 탈바꿈하게 된 것이다.

전후에도 MIT에서는 콤프턴의 후임자인 제임스 킬리언(James Killian, 1948~1957년 총장 역임), 줄리어스 스트래튼(Julius Stratton, 1957~1966년 총장 역임) 등이 연방 정부와의 연대 강화를 밑거름으로 과학에 바탕을 둔 공과 대학교를 만들려는 콤프턴의 정책을 그대로 계승했다. 1945년 설립된 전자 공학 연구소에서는 래드 랩의 과학자들을 흡수해 기초 연구와 응용 연구를 결합하는 연구 프로그램을 진행했으며, 새로이 생긴 서보 연구소에서는 수치 조절 공작 기계와 디지털 컴퓨터를 개발했다. 물론 국방 연구는 전쟁이 끝난 뒤엔 급속하게 감소했으나, 곧 회복세로 돌아섰다. 링컨 연구소(Lincoln Laboratory)와 계기 연구소

(Instrumentation Laboratory)의 부상이 이것을 말해 준다. 설립 초기에 링컨 연구소에서는 SAGE 방공 체계를, 계기 연구소에서는 관성 유도 시스템을 개발했다.[11] 훗날 이 두 연구소는 MIT의 주요 국방 연구소로 자리를 잡게 된다.

한국 전쟁 이후 냉전 체계가 고착되면서 연방 정부와 대학 간의 연결 관계가 전쟁 전에 못지않게 강화되었고, 이에 따라 1955년부터는 연방 정부로부터 대학이 얻어 낸 연구 용역비가 전쟁 중의 수준을 능가하기 시작했다. 또한 교수 봉급의 절반가량을 연방 정부가 간접적으로 지급해 1939년과 1958년 사이에 MIT는 교수 수를 2배로 늘릴 수 있었고, 제럴드 재커라이어스(Jerrold Zacharias, 1905~1986년), 브루노 베네데토 로시(Bruno Benedetto Rossi, 1905~1993년), 빅토르 바이스코프 등과 같은 우수한 연구자도 확보했다. MIT는 1950년에 창설된 미국 국립 과학 재단의 설립에도 적극적으로 개입했는데, 이처럼 연방 정부와 대학 간의 협력을 추구했던 콤프턴의 정책은 무려 30년 이상 추진되면서 20세기 후반의 MIT 대학 구조가 만들어지는 데 결정적인 역할을 했다.[12]

대학의 국방 연구에 대한 비판

전후에 나타난 냉전 시기의 군비 경쟁에는 미국 유수의 대학들과 산업체들이 밀접하게 연관되어 있었다. 즉 MIT에서는 방공망 체계의 건설을 비롯한 많은 국방 연구가 진행되었으며, 스탠퍼드와 실리콘 밸리는 우주 개발과 미사일 개발의 긴밀한 연관 아래 성장했고, 버클리, 시카고, 프린스턴 등의 대학교와 듀폰 사를 비롯한 여러 산업체들은 핵무기 개발에 활발하게 참여했다. 핵잠수함 계획, 핵발전소 계획, 핵융합 발전 계획 등도 이런 군·산·학 복합체가 주도한 것이었다.[13]

그러나 1960년대 후반 미국에서는 베트남 전쟁이 심화되면서 펜타곤과 대학 간의 연결을 비롯한 군·산·학 복합체에 대한 비판이 고조되었다. 『일차원적 인간』(1964년)의 저자인 마르쿠제는 거대한 기술 관리 체계가 인간을 소외시키고 있다고 주장하면서, 문명 비판적인 차원에서 거대 기술 체계를 비판했다. 1969년 3월 4일 48명의 MIT 교수진들은 미국 과학의 군사화를 경고하고 나섰다. 곧이어 스탠퍼드 대학교에서도 전쟁 연구를 반대하는 학생들과 교수들의 서명 운동이 일어났다. 이것은 제2차 세계 대전 이후 미국 대학교의 구조에 대한 근본적인 반성의 목소리였다. 물론 이들의 문제 제기는 당시 미국 사회를 지배하고 있던 거대한 군·산·학 복합체의 위세에 밀려 현실화되지는 못했지만, 인간을 위한 과학 기술을 추구하고자 하는 새로운 가치관을 정립한 운동이었다고 평가되고 있다.

연구 중심 대학에서의 교육 문제

연구 중심 대학은 본래 교육보다는 연구를 중시하면서 성장했다. 하지만 그 과정에서 문제점도 생겼다. 교수 임용과 승진 기준이 지나치게 연구 분야에만 치중되면서 교수들이 교육을 등한시하고 오직 자신의 연구 논문에만 집중했던 것이다. 결국 미국의 연구 중심 대학에서는 이 문제에 대한 반성과 함께 몇몇 개혁 움직임이 나타나기 시작했다. 가장 두드러진 변화는 대학을 교육과 학생 선택권을 강화하는 쪽으로 개혁하는 학생 중심의 연구 중심 대학(Student-Centered Research

Universities)의 출현이었다. 대표적인 예로는 1992년과 1995년에 각각 학생 중심의 교육 개혁을 시작한 시러큐스 대학교와 애리조나 대학교를 들 수 있다.

이 시기에 공학 분야에서는 기존에 강조되던 분석적 능력 이외에 통합적 능력을 강조하는 경향이 나타나 대학 교육이 과거의 이론 중심 교육에서 실제적·통합적 교육을 강조하는 모습으로 변화했다. 그리하여 미국의 여러 연구 중심 대학에서는 기존의 교육 방식에 변화를 꾀해 다양한 형태의 교수 및 학습 개발 센터를 설립하고 학부 교육을 강화하는 개혁을 시도했다.[14] 그 흐름의 일환으로, 우선 각 대학들은 고객 중심의 새로운 학습 공동체(learning community)를 창출한다는 구호 아래 교수와의 긴밀한 공동 작업 및 튜터 방식의 교수법을 도입하고 학생 중심의 교과 과정을 개발하려고 노력했다.

예컨대 대학은 그동안 통용되던 해묵은 전통적인 기초 과목을 그대로 이수하기보다는 핵심 문제 해결 능력(core competence)을 함양하는 것을 목표로 해서 더욱 세분화된 학제 간 프로그램과 집중적인 소규모의 학습 조직을 제공하고 학생들에게 더 강력한 지적, 장인적 열정을 불러일으키도록 배려했다. 예를 들어 환경, 자원, 에너지, 질병, 식량, 세계화 등 지구촌 현안에 대비할 수 있도록 과학 기술과 인문 사회 과학이 연결된 새로운 교과목을 개발했으며, 학생들에게 해외 연수 및 교육 여행의 기회를 주고, 기업체를 비롯해서 외부 기관에 의뢰하는 인턴십(outside internship) 활동을 강화하는 등 학생들이 대학교를 떠나 스스로 외부 세계에 대한 체험을 할 수 있도록 유도했다.

이 외에도 독립적이고 개별적인 교육을 강조해, 학생들이 스스로 자신이 공부할 코스를 만들고 자신의 전공을 디자인하거나 복수전

공을 하게 하는 독립적 교육 프로그램도 시도되었다. 신입생들에게는 앞으로 자신이 선택할 분야에 대한 이해를 높이기 위해 다양한 포럼과 통합 세미나를 제공했고, 졸업생들에게는 자신이 배운 내용을 실제로 사회에 활용할 수 있도록 완성품의 형태로 만드는 캡스턴 경험(capstone experience)을 할 수 있도록 배려했다.

대학의 상업화와 대학의 위상 변화

캘리포니아 공과 대학과 MIT의 성장 과정에서 우리가 파악할 수 있는 것은 공과 대학의 발전에서 기초 과학과 공학 사이의 균형 유지가 매우 중요하다는 것이며, 연방 정부의 지원과 산업체와의 협력 가운데 어디에 더 치중할 것인가도 대학의 중요한 성장 전략 가운데 하나였다는 점이다. 1990년대 냉전 시대가 종식됨에 따라 미국에서는 연방 정부의 국방 연구 투자가 급격히 감소했고, 그 결과 정부와 대학 간의 협력 관계에 문제가 발생했다. 이에 따라 MIT를 비롯한 미국의 각 대학에서는 산업체와의 재결합을 통해 이 새로운 변화에 대응하려고 노력했으며 대학의 상업화 문제도 다시금 부상되기 시작했다.

1980년에 제정된 바이-돌 법안(Bayh-Dole Act)은 대학 및 연구자들에게 연방 정부에서 지원하는 연구비로 특허 연구를 할 수 있도록 허용함으로써 미국에서 대학이 상업화될 수 있는 전기를 마련했다.[15]

1980년대 이후에 미국에서는 연구 중심 대학들이 상업화되면서 대학의 역할 및 위상에 대한 긍정적, 부정적 측면이 동시에 나타나고 있다.[16] 즉 수요자 및 시장 중심의 대학 운영 과정에서 대학은 재정의 확대, 우수 학생 모집, 첨단 연구 능력의 향상, 경제 성장에 대한 능동적 기여의 측면에서 긍정적인 성과를 거두었다. 즉 1990년대 이후의 연방 정부 재정 삭감에도 불구하고 미국의 연구 중심 대학들은 '분산되고 다원화되며 경쟁적인 환경(decentralized, pluralistic, competitive environment)' 속에서 급속도로 변화하는 시장 조건에 적응하는 놀라운 구조적인 역량과 글로벌한 경쟁 우위(competitive advantage)를 보여 줬다.[17] 하지만 이 과정에서 등록금이 엄청나게 인상되어 학생들의 부담이 증가했고, 공공의 목적에 기여하는 대학의 사명도 퇴색했다. 또한 대학의 독립성 및 학문의 자율성이 훼손되었고, 지식에 대한 공정한 중재자로서의 위상도 흔들리기 시작했다.[18]

대학의 상업화가 점점 가시화되고 있고, 이런 추세가 대학에 변화를 요구하고 있는 지금 대학의 구조 개혁 과정에서는 지식을 강조하는 전통적 대학의 역할과 실용적 기여를 강조하는 새로운 역할 사이에 나타나는 긴장 관계를 슬기롭게 조율할 필요가 있다. 최근에 나타난 새로운 연구 개발 경향을 반영해 대학을 새롭게 변화시키기 위해서는 대학의 연구 문화와 산업체의 요구를 적절히 조화시킨 새로운 산학 협력 모형이 창출되어야 한다.

하지만 대학에는 산출된 지식이 산업체로 이전하기 쉬운 구조를 지닌 학문 분야기 있는 반면, 문화적 이실성으로 산학 협력이 다소 힘든 분야도 동시에 존재한다. 이런 자별성에 대한 이해를 바탕으로 대학의 새로운 위상을 정립하고, 분야별, 대학별로 특성화된 적절한 연구 및 교육 유형을 선택해야 한다. 이깃을 위해서는 인문학 혹은 기초 과학 분야의 집단적 반발에 대한 폭넓은 이해가 필요하며, 지식과 돈으로 대별되는 대학의 양대 기능을 적절히 조화시켜 대학의 구조 개혁을 통한 기술 이전 기능을 활성화해야 한다.

　　대학의 산학 협력을 유도할 때에도 1920년대의 MIT가 기초 연구를 경시하며 산학 협력만을 강조하다가 대공황 이후 경험했던 쓰라린 좌절의 역사를 되풀이해서는 안 될 것이다. 따라서 앞으로 학교 기업의 운영과 새로운 형태의 산학 협력을 추진할 때에도 대학 본래의 기능을 지속적으로 수행하면서 대학의 역할을 새롭게 재정립하는 방향으로 나아가야 한다. 특히 합리적이고 안정적인 정부의 재정 지원은 대학의 상업화가 부당한 형태로 진행되는 것을 보완할 수 있는 주요한 정책 수단이다.[19] 대학 상업화의 긍정적인 측면을 잘 활용해 경쟁력을 높이는 동시에, 지식과 학문의 공정한 중재자로서의 대학의 위상 역시 드높이는 것이 이제 대학 개혁의 핵심으로 자리 잡게 되었다.

15장 | 과학 기술과 국방 연구

1933년 핵물리학자인 러더퍼드가 원자 에너지의 산업적 이용 가능성은 요원하다고 언급한 것에서 알 수 있듯이, 1930년대 말까지도 원자 에너지의 이용은 아직 시기상조라고 생각되었다. 그러다가 1938년 말에 독일의 오토 한과 슈트라스만이 우라늄 핵분열의 산물인 바륨을 발견하고, 다음해 1월 6일 이것을 발표하면서 사태는 돌변했다. 우라늄 핵분열 발견은 발표되자마자 급속히 퍼졌고 과학자들은 곧바로 이와 관련된 글을 발표했다. 한과 오랫동안 함께 연구했다가 우라늄 핵분열 발견 직전에 독일을 떠나 스웨덴의 스톡홀름에 있던 리제 마이트너는 한에게서 핵분열 발견 소식을 듣고 크리스마스 휴가를 이용해 그녀를 방문한 오토 프리슈와 함께 1월 16일 공동으로 이에 관련된 글을 《네이처》에 보냈다. 미국의 프린스턴 고등 연구소에서 머물고 있던 보어 또한 이 소식을 전해 듣고 1월 20일에 같은 《네이처》에 핵분열과 관련된 글을 발표했다. 불과 한 달도 안 되는 사이에 핵분열 소식이 지구를 완전히 한 바퀴 돈 셈이다. 프랑스 과학자들도 이 소식에 민감한 반응을 보였다. 1939년 4월 파리의 졸리오퀴리 연구 팀은 우라늄 238에서 느린 연쇄 반응의 가능성을 확인하고, 원자력 에너지를 이용할 목적으로 특허까지 출원했다.

한편 당시 미국에 있던 레오 질라르드(Leo Szilard, 1898~1964년)를 비롯한 망명 과학자들은 나치 독일이 원자 무기를 만들 가능성이 있다고 생각하고, 졸리오퀴리를 비롯한 핵 분야 과학자들에게 무분별한 논문 발표를 자제해 줄 것을 호소했다. 1939년 8월 질라르드, 아인슈타인, 부시 등은 독일 과학자들이 원자 폭탄을 만들지 모르기 때문에 정부의 주의 깊고 가능한 한 빠른 행동이 요구된다는 서한을 루스벨트에게 전달했다. 이들의 건의에 따라 미국에서는 1939년 10월 핵 문제 자문 기관인 '우라늄 위원회(Uranium Committee)'가 구성되었다. 그러나 미국은 1941년 12월 진주만 공격 이전까지는 핵 개발을 그다지 심각하게 생각하지 않았다.[1]

영국과 미국의 핵 개발

우라늄 핵분열이 발견된 직후 영국의 윌리엄 로런스 브래그와 조지 패짓 톰슨(George Paget Thomson, 1892~1975년) 등은 벨기에령 콩고(현 콩고 민주 공화국)에서 우라늄을 빨리 구입해야 한다고 주장하면서, 영국 정부에 핵 개발의 중요성을 강조했다. 그러나 이 당시 영국의 정치가들은 이들의 주장에 별 반응을 보이지 않았다.

1939년 9월 1일 나치가 전격전(Blitzkrieg)으로 폴란드를 침공하면서 제2차 세계 대전이 시작되었다. 이어 나치 독일은 1940년 4월에 덴마크와 노르웨이를 침공했으며, 한 달 뒤에는 벨기에와 네덜란드를 침공했다. 벨기에가 독일에 점령되자, 벨기에령 콩고의 우라늄이 나치의 수중에 들어갈 처지에 놓이게 되었다. 이런 상황에서 1940년 봄 오토 프리슈와 루돌프 에른스트 파이얼스(Rudolf Ernst Peierls, 1907~1995년) 두 과학자는 원자 폭탄의 실행 가능성이 충분히 있음을 강조하는 보고서를 구체적으로 제시했다. 즉 순수 우라늄 235에는 충분히 빠른 연쇄 반응이 존재하며, 5킬로그램의 폭탄은 다이너마이트 수천 톤의 위력을 가진다는 것이었다. 이들은 또한 우라늄 235(자연 상태에는 0.7퍼센트만 존재)를 분리할 수 있는 공업적 방법까지 제안했다. 이 보고서에 자극을 받아 영국은 핵무기를 개발하기 위한 구체적인 기구인 '모드 위원회(Maud Committee)'를 신설하기에 이른다.

'모드 위원회'는 1941년 여름 마침내 우라늄 235의 폭탄 가능성을 정부에 매우 명확하게 보고했다. 이에 정치가들이 적극적으로 원자 폭탄 개발에 관심을 보이기 시작하면서 연구가 가속되었다. 그러나 영국은 공습 가능 지역이기 때문에 이런 거대한 계획을 수행하기에는 부적합하다는 의견이 제시되었고, 그 대신 미국이나 캐나다가 원자 폭탄 개발에 적합하다는 결정이 내려졌다. 영미 공동 원자 폭탄 개발 계획은 이런 과정에서 등장하게 되었던 것이다.

미국은 전쟁 초기부터 국방 과학 연구 기관을 설립해서 주로 레이더 개발에 주력했으나, 진주만 기습 이후에는 원자 폭탄 개발에도 본격적으로 나섰다. 미국에서는 우라늄 235 외에 자연에 더 풍부하게 존재하는 우라늄 238을 이용해서 만들 수 있는 또 다른 핵 물질을 개발했다. 1940년 5월 캘리포니아 주립 대학교(버클리)의 에드윈 매티슨 맥밀런(Edwin Mattison McMillan, 1907~1991년)과 필립 호지 에이벌슨(Philip Hauge Abelson, 1913~2004년)은 우라늄보다 원자 번호가 큰 원자 번호 93의 넵투늄을 발견했고, 이어서 1941년 2월 버클리의 젊은 화학자인 글렌 시보그는 에밀리오 세그레와 함께 플루토늄을 발견했다. 더욱이 세

그레와 시보그는 1941년 5월 느린 중성자에 의한 플루토늄의 단면적이 우라늄 235의 1.7배라는 놀라운 사실을 계산해 냈다. 이제 우라늄 238을 핵변환해 만들 수 있는 플루토늄도 원자 폭탄 제조가 가능하다는 것이 확인되면서, 핵무기 제조의 가능성은 더욱 높아졌다.

미국의 원자 폭탄 개발 계획은 맨해튼 계획이라는 이름으로 구체화되었다. 이 계획은 거대한 생산 설비의 운영과 보안 문제 때문에 미국 육군이 주도했는데, 자문으로는 과학 연구 개발국(Office of Scientific Research and Development, OSRD) 국장인 부시, 하버드 총장이며 국방 연구 위원회(National Defense Research Committee, NDRC) 위원장인 제임스 브라이언트 코넌트(James Bryant Conant, 1893~1978년), MIT 총장인 칼 콤프턴 등이 임명되었고, 이 외에도 버클리, 시카고, 컬럼비아 대학교의 원자 물리학자들이 깊이 관여했다.

1942년 9월 이 계획의 책임자로 임명된 레슬리 리처드 그로브즈 주니어(Leslie Richard Groves, Jr., 1896~1970년) 장군은 미국의 여러 대학, 연구소, 산업체, 군대 등을 총동원해서 이 거대한 계획을 진행했다. 우선 시카고에서는 원자로를 이용해서 우라늄 238로부터 플루토늄을 생산하는 일을 맡았다. 여기서는 1927년 노벨상을 받은 아서 콤프턴이 이끄는 금속 연구소(Metallurgical Laboratory)가 중심이 되어 페르미, 유진 폴 위그너(Eugene Paul Wigner, 1902~1995년), 질라르드, 프랑크 등 많은 망명 과학자들이 연구에 참가했다. 이 외에 미국의 거대한 화학 회사인 듀폰 사도 커다란 역할을 했다. 플루토늄은 매우 독성이 강하고 취급하기도 힘들었다. 또한 무기를 만들기 위해서는 짧은 시간 내에 많은 양을 생산해야 한다. 듀폰 사는 이런 문제를 해결하는 데 자신들의 화학 공업에서의 경험을 십분 발휘했다. 결국 1944년 말부터 미국 서부에 핸퍼드 생산용 원자로(Hanford Production Reactor)가 플루토늄을 대량 생산하기 위해서 가동되기 시작했다.

테네시 강 유역 개발 계획(Tennessee Valley Authority, TVA) 계획으로 많은 전력을 생산하고 있던 곳인 테네시 주의 오크리지에서는 우라늄 235의 분리 농축을 맡았다. 이곳에서는 1934년 중수소의 발견으로 노벨상을 받은 해럴드 클레이턴 유리(Harold Clayton Urey, 1893~1981년)의 지도 아래 기체 확산법(gaseous diffusion method)을 이용해서 우라늄 생산을 위한 연구를 했다. 여기서도 건설 회사인 켈로그(M.W. Kellogg) 사, 카바이드 앤드 카본 케미컬(Carbide and Carbon Chemical) 사를 비롯한 미국 굴지의 회사들이 공장 건설에 참여했다.[2]

한편 맨해튼 계획과는 별도로 오크리지에 있던 필립 에이벌슨은 미국 해군의 지원을 받아 열 확산법(thermal-diffusion method)을 이용해서 우라늄 235를 분리 농축하고 있었는데, 그로브즈는 에이벌슨의 이 열 확산법도 맨해튼 계획에 끌어들였다. 이 외에도 로런스가 중심이 된 전자기 분리법이 오크리지와 버클리의 방사 연구소(Radiation Laboratory)에서 진행되었다. 결과를 놓고 보면, 원자 폭탄 제조에서 이 방법의 공헌도는 다른 방법보다 무척 낮았다.

로스앨러모스 연구소와 오펜하이머

이렇게 해서 모아진 우라늄 235와 플루토늄은 폭탄 제조를 위해 뉴멕시코 주의 로스앨러모스로 다시 모아졌다. 여기서는 로버트 오펜하이머의 책임 아래 원자 폭탄의 설계와 조립을 맡았는데, 1944년 가을에 이르게 되면 로스앨러모스에는 거대한 실험실이 설치되고 약 3000명의 기술자가 모여들게 된다. 오펜하이머는 여기서 탁월한 능력을 발휘해 이 계획을 성공적으로 이끄는 데 커다란 역할을 했다. 그는 여기에 모인 많은 젊은 학자들에게 자신의 일이 조국을 위해서 무척 중요하다는 사명감을 갖게 했으며, 과학자들에게는 개인의 창조적인 능력을 살려 주는 방향으로 연구를 하게 하면서도 원자 폭탄의 제조라는 극비의 구체적인 목표를 달성하는 데 도움이 되도록 그들을 효과적으로 동원했다. 여기에 참가했던 과학자들은 대부분 원자 폭탄이 거의 완성될 단계까지 자신들이 하고 있는 일이 대량 살상 무기를 개발하는 것임을 눈치를 채지 못했다고 한다.

애초에 이곳에서는 핵 물질을 임계 질량 이하의 2개로 나눈 다음 빠른 속도로 서로 충돌시켜 임계 질량이 넘게 만들어 기폭을 시키는 소위 '포격 결합' 방법으로 원자 폭탄을 제조하려고 했다. 그러나 1944년 7월에 이르러 이 방법이 우라늄은 가능하지만 플루토늄에는 불가능하다는 것이 드러났다. 즉 플루토늄의 경우에는 어느 정도의 크기가 되면 중성자를 방출하면서 스스로 분열을 하게 되고, 이때 만들어진 중성자들이 조기에 핵폭발을 일으켜서 폭탄이 불발될 가능성이 있다는 것이 알려진 것이다. 만약 포격 결합 방식에서 소요되는 충돌 시간보다 이 자발적 핵분열에 걸리는 시간이 더 짧을 경우에는 원자 폭탄이 불발될 위험성이 크다는 것이었다. 이렇듯 1944년 말까지도 전반적인 차원에서 핵무기 개발 계획은 불확실했고 성공 여부도 의심스러웠다. 다행히 우라늄 235로 폭탄을 만드는 것에는 문제가 없었으나, 이 경우에는 활용 가능한 우라늄 235의 양이 너무 적어서 1945년 여름까지도 핵 실험에 사용할 1개밖에는 만들지 못할 상황이었다.[3]

이런 위기 상황이 닥치자 로스앨러모스에서는 포격 결합 프로젝

■ 세계 최초의 원자 폭탄, 리틀 보이(위)와 팻 맨(아래). 맨해튼 계획을 통해 만들어진 이 두 원자 폭탄은 세계에 엄청난 충격을 주면서 제2차 세계 대전을 종결지었다. 리틀 보이와 팻 맨은 각각 루스벨트 대통령과 처칠 수상을 뜻하는 단어이다.

트를 즉각 포기하고, 과학 기술자들을 총동원해서 빠른 시일 내에 새
로운 방법을 찾아내지 않으면 안 되게 되었다. 이런 문제에 대한 해결
책으로 젊은 물리학자인 세스 헨리 네더마이어(Seth Henry Neddermeyer,
1907~1988년)는 강력한 폭발물을 플루토늄 둘레에서 폭발시킴으로써
플루토늄을 순간적으로 압축시켜 터뜨리는, 소위 내파(implosion) 방법
을 발명했다. 이 방법에 폭탄 전문가들은 처음에는 무척 회의적이었지
만, 헝가리 태생의 수학자 존 폰 노이만의 계산으로 이 방법이 가능하
다는 것이 확인된 뒤에는 원자 폭탄 제작에 적극적으로 채택되었다.

그리하여 1945년 7월까지 우라늄 235로 만든 폭탄(Little Boy) 1개와
플루토늄으로 만든 폭탄(Fat Man) 2개가 제작되어, 마침내 1945년 7월
16일에는 뉴멕시코 주 사막에서 플루토늄으로 만든 폭탄을 사용한
역사상 최초의 핵 실험이 성공적으로 실시되었다. 핵 실험이 성공하자
마자 핵무기는 곧바로 전쟁에 사용되었다. 8월 6일 일본 히로시마에
우라늄 235로 만든 폭탄이 투하되어 최소 10만 명이 사망했으며 건물
7만 채가 반파 이상의 피해를 입었다. 8월 9일에는 나가사키에 남은 나
머지 하나도 투하되어 1945년 말까지 7만 명이 사망했다. 그 결과 8월
10일에는 워싱턴으로 일본의 항복 제의가 도달했고, 8월 15일 마침내
일본은 무조건 항복을 했다.

독일의 미국의 핵 개발 경쟁

한편 독일에서도 1942년 당시 우라늄 연구가 영국과 미국의 수준
이상으로 진행되었다. 하이젠베르크를 비롯해서 핵 개발에 참가했던
독일 과학자들의 주장에 따르면, 그들은 자신들의 조국을 위해 군사

무기를 개발하는 일에는 참여했지만, 그 과정에서 나치가 핵무기를 보유하지 못하도록 소극적인 태업을 했다고 한다. 즉 자신들이 나치가 핵무기를 개발하지 못하도록 교묘하게 방해해서 결국 나치가 핵무기를 보유하지 못했다는 것이다. 이들의 주장을 어느 정도 믿어야 할지는 판단하기 힘든 역사적 과제이지만, 나치가 핵무기를 만들지 못한 결정적인 이유가 꼭 하이젠베르크를 비롯한 양심적인 독일 과학자들의 방해 공작 때문만은 아니었다.

우라늄 개발을 결정할 당시인 1942년 전쟁 상황은 독일에게 유리했으며, 따라서 독일의 지도부는 전쟁이 일찍 끝나리라고 생각했다. 이런 판단에서 오랜 시간이 걸리고 많은 자원이 요구되는 원자 폭탄 개발 같은 계획을 추진할 필요성은 절실하지 않았다. 또 다른 요인으로는 하이젠베르크가 주도한 독일의 핵 개발 팀은 주로 이론 물리학자들이 주도했기 때문에 우라늄의 연구를 실험실 수준에서 곧바로 거대한 생산 설비가 요구되는 산업적·군사적 수준으로 발전시킬 배경이 부족했다는 것이다. 이것은 이론 물리학자들뿐만이 아니라 실험 물리학자, 화학자, 공학자, 그리고 거대한 설비의 건설 경험이 많았던 산업가들이 함께 참가해서 성공할 수 있었던 미국과 비교해 볼 때 상당히 불리한 조건이었다.

원자 폭탄 개발이 미국에서 성공한 것은 단순히 원자 폭탄의 원리를 아는 물리학자가 있었기 때문만은 아니었다. 그것은 활용이 가능한 수많은 자원이 풍부하게 있었다는 물질적 조건, 대학에서 이론 분야와 실험 분야가 비교적 같은 문제를 가지고 활동했고 물리학자와 화학자들이 서로 같은 연구소에서 함께 활동했다는 제도적인 측면, 과학자가 공학자와 밀접하게 연결되어 있었다는 미국 과학의 실용주의적인 성격, 제1차 세계 대전 이후 정치가와 효과적으로 협력할 수 있었던 과학 행정가들이 꾸준히 성장해 왔으며, 1930년대 이래 산업체와 정부 기관 내에 테네시 강 유역 개발 계획을 비롯한 거대한 계획에 참가한 경험이 있었던 기획 전문가들이 존재했다는 역사적 조건과 같이 미국만이 지녔던 독특한 과학적·산업적·정치적 구조 속에서나 가능했던 것이다.[4]

과학자들의 원폭 투하 저지 운동

핵무기는 과학 기술자들이 만들었지만 일단 만들어진 다음에 핵무기의 투하를 결정하는 과정에서는 과학자보다는 정치가, 군부를 비롯한 다른 이해 당사자들이 더 많은 영향을 미쳤다.[5] 1945년 5월 8일 독일이 항복했을 때 원자 폭탄 제조는 거의 끝나가고 있었다. 일본은 아직 항복을 하지 않고 심하게 저항하고 있었지만, 일본에게는 원자 폭탄을 제조할 능력이 없었다. 따라서 원자 폭탄을 만든 과학자들은 원자 폭탄의 오용을 우려하기 시작했다.

그러나 군부는 의회와의 문제(이미 많은 예산을 지출했음.)로 원자 폭탄 사용을 당연히 원했고, 또한 원자 폭탄이 전쟁 전략을 혁명적으로 바꾸어 놓을 것이며 '이상적인' 조건 아래서의 원자 폭탄 사용은 가치 있는 군사적·전술적 데이터를 제공할 것이라고 생각했다. 예를 들어 그로브즈 장군은 핵무기 완성 후 그것이 바로 전쟁에 사용될 것을 전혀 의심치 않았으며, 오히려 완성 전에 일본이 항복할 것을 우려했다.

한편 미국의 해리 트루먼(Harry Truman, 1884~1972년) 대통령은 최소의 희생으로 태평양 전쟁을 조속히 끝내기를 원했다. 당시 정보로는 일본 본토를 침공하면 항복 시까지 미국인 약 100만 명이 희생되리라고 예상되고 있었다. 일본을 항복시킬 다른 가능성으로는 소련의 전쟁 개입, 항복 조건의 명문화, 원자 폭탄 사용이라는 세 가지가 있었다. 1945년 봄까지 트루먼은 얄타 협정에 따라서 소련의 전쟁 개입을 희망했으며, 그의 측근들은 항복 조건의 명문화도 고려하고 있었다.

이 당시 과학자들의 원자 폭탄 투하 저지 노력은 대체로 비조직적이고, 산발적이었다. 그렇지만 그중에서 가장 조직적인 원자 폭탄 투하 반대 운동을 폈던 사람은 아이러니컬하게도 1939년 핵무기 개발 계획의 필요성을 가장 강조했던 질라르드였다. 질라르드의 노력으로 1945년 6월 11일 시카고 과학자들이 중심이 되고, 제임스 프랑크가 의장으로서 서명한 소위 '프랑크 보고서(Franck Report)'가 작성되었다. 이 보고서에서 과학자들은 국제적인 통제가 없으면 핵전쟁의 파국에 들어간다고 우려하고, 일본에 사전 경고 없이 무인도 같은 적절한 목표에 핵무기를 사용해서 일종의 무력 시위로 항복을 유도하자는 안을 내놓았다.

이런 과학자들의 주장은 부시나 코넌트 등으로 구성된 핵 운용 자문 위원회에는 전달되었으나, 트루먼에게 전달되기 전에 핵무기 실험이 성공하게 된다. 이와 동시에 항복 조건을 명문화한 포츠담 선언이 발표되었는데, 일본은 이것을 거부했다. 이 상황에서 트루먼과 스팀슨은 전쟁을 끝내고 향후의 미국-소련 관계에서 주도권을 잡기 위해 실험을 마친 군부가 투하 계획을 올리자 바로 결재했다. 즉 그들은 원자 폭탄 투하의 여파를 그리 심각하게 생각하지는 않았음이 분명하다.

전후의 핵 운용 문제

전후에 핵무기의 가공할 위력이 인식되면서 이것을 운영·관리하는 것이 커다란 문제로 대두되었다. 이 문제 해결을 위해서 1945년 12월 20일 브라이언 맥마흔(Brien McMahon, 1903~1952년) 상원 의원이 마련한 맥마흔 법안(McMahon Bill)이 미국 의회 상원에 제출되었다. 이것은 맨해튼 계획의 전후 통제 및 모든 핵 관계를 통제할 민간 기구인 원자력 위원회의 설립을 목적으로 하는 법안이었다. 본래의 법안대로라면 원자력 위원회는 군부가 배제된 민간 기구였다. 그러나 보수 성향의 상원 의원들이 제출한 수정안에서 군사적 관계가 삽입되어, 핵 통제 기구에 군부가 재등장하게 된다. 그리하여 1946년 말까지 맨해튼 계획의 생산 설비들은 원자력 위원회로 이관되었는데, 이 위원회의 책임자 자리는 맨해튼 계획에 참가한 과학자가 아니라 테네시 강 유역 개발 계획의 책임자였던 데이비드 엘리 릴리엔탈(David Eli Lilienthal, 1899~1981년)에게 맡겨졌다. 이것은 그가 거대한 규모의 기술 체계를 지원하고 운영한 경험이 있는 사람이었음이 중시된 결과였다.

한편 트루먼은 제2차 세계 대전 중 루스벨트 대통령의 전시 경제 자문이었던 버나드 맨스 바루크(Bernard Mannes Baruch, 1870~1965년)을 국제 연합 원자력 위원회 위원장으로 임명하고, 미국이 국제적 권위에서 핵을 독점해야 한다는 내용의 소위 '바루크 계획(Baruch Plan)'을 마련했다. 이 계획은 미국과의 대결을 의식하고 있던 소련에 커다란 정치적 위협을 줬지만, 소련의 핵 개발로 결국 실패로 돌아가게 된다.[6] 소련은 이미 1942년 과학 아카데미 안에 우라늄 연구소를 설립하고 원자 폭탄을 연구하고 있었다. 더욱이 1944년과 1945년 초 사이에 스파이 클라우스 푹스(Klaus Fuchs, 1911~1988년)를 통해서 맨해튼 계획의 진행 사항을 소상히 알고 있었으며, 원자 폭탄 투하 이후에는 더욱 핵 개발에 전력 질주하고 있었다. 1949년 8월 결국 소련도 핵 실험에 성공했다.

수소 폭탄 개발과 과학자들의 반응

수소 폭탄의 개발에서는 원자 폭탄과는 달리 전후의 복잡한 정치적 상황이 맞물려서 개발 이전부터 매우 복잡한 기술적·전략적·윤리적 문제가 대두되었다. 이에 따라 과학자들의 수소 폭탄 개발에 대한 반응도 매우 복잡하게 나타났고, 많은 과학자들이 일관된 태도가 아닌 상당 부분 우왕좌왕하는 모습을 보였다.[7]

우선 1942년부터 1945년 8월 핵 투하 전까지, 과학자들은 수소 폭탄도 염두에 두었지만 일단 폭탄 제조가 더욱 용이했기 때문에 원자 폭탄에 더 치중하고 있었다. 이때는 중수소를 이용한 수소 폭탄 프로그램에 직접 관계하던 에드워드 텔러뿐만이 아니라, 나중에 수소 폭탄 개발에 반대를 표명했던 오펜하이머, 페르미, 베테 등도 단지 가설적인 수준에서만 수소 폭탄 개발을 생각하고 있었다.

그러나 히로시마에 원자 폭탄이 투하된 이후에는 오펜하이머, 로런스, 콤프턴, 페르미는 수소 폭탄 개발에 반대하게 되었고, 1946년 겨울 오펜하이머와 텔러 사이에 불화가 생긴 것에서 보듯이 핵 관련 과학자들 사이에서 수소 폭탄 개발을 두고 서로 이견이 나타나기 시작했다. 특히 헝가리 태생의 이론 물리학자였던 텔러는 나치보다도 소련을 더 불신했으며, 핵무기를 더욱 발전시키는 것이 미국 안보에 필수적이라고 생각했다.

1946년 12월 '바루크 계획'이 실패하고 냉전 체제가 점점 공고해지면서 과학자들의 태도에는 다시 한번 변화가 왔다. 페르미는 폭탄 연구를 강조했으며, 오펜하이머와 코넌트는 마지못해 지지했고, 콤프턴은 이전에 주장했던 수소 폭탄 개발 반대 의견을 취소했다. 당시에 수소 폭탄 개발은 광범위한 재무장 계획의 하나로 인식되어, 과학자들이 이 문제만을 끄집어 내서 반대하지는 않았다.

1949년 8월 소련의 첫 핵무기가 터진 이후에 상황은 더욱 복잡하게 돌아가기 시작했다. 과학자 집단은 크게 찬성파와 반대파의 두 쪽으로 갈라졌다. 로런스, 텔러, 루이스 월터 앨버레즈(Luis Walter Alverez, 1911~1988년) 등의 과학자들은 미국이 소련의 위협에 수소 폭탄 개발로 대응해야 한다는 명분을 내세워 폭탄 개발에 적극 찬성하면서 구체적인 로비 활동에 들어가기 시작했다. 로런스와 앨버레즈는 맥마흔 상원 의원과 접촉하면서 수소 폭탄 개발을 강조했으며, 특히 텔러는 전략적인 근거뿐만이 아니라 과학적인 근거로도 열 원자 폭탄 제조를 열심히 주장했다. 텔러는 수소 폭탄 개발에서 마주친 결정적인 기술적 문제를 해결했을 뿐 아니라 수소 폭탄 제조를 위한 연구를 담당할 새로운 국방 연구소를 설립하는 데에도 커다란 영향을 미쳤기 때문에, 훗날 '수소 폭탄 개발의 아버지'라 불리게 된다. 이에 반해서 코넌트와 오펜하이머 등은 미국-소련 간의 군비 경쟁을 우려해서 수소 폭탄 개발에 반대했다. 과학자들 사이의 이런 대립 상황 속에서 1950년 1월 31일 트루먼 대통령은 정부 내 측근들의 의견을 종합한 뒤 수소 폭탄 개발을 천명했다. 트루먼의 열핵폭탄 개발 계획이 발표되자 질라르드, 릴리엔탈(전 원자력 위원회 위원장), 아인슈타인, 라이너스 폴링, 유리를 위시한 대부분의 유명 과학자들이 반대했다. 그러나 푹스의 핵 스파이 사건이 공개되고, 급기야 한국 전쟁이 터지면서 정치적인 분위기는 수소 폭탄 개발 쪽으로 더욱 기울게 된다.

마침내 1951년 텔러와 스타니슬라우 마르친 울람(Stanislaw Marcin Ulam, 1909~1984년)은 원자 폭탄에서 방출되는 엑스선을 이용해서 수소 동위 원소를 압축시키는 일종의 '방사 내파(radiation implosion)' 방식을 창안해서 수소 폭탄 개발에서 최대 걸림돌이었던 기술적 문제를 해결했다. 플루토늄 원자 폭탄의 내파 방식에서는 재래식 폭탄이 기폭에 이용되었지만, 이제 수소 폭탄에서는 원자 폭탄을 기폭에 이용하기에 이른 것이다. 이쯤 되자 많은 과학자들은 이제 수소 폭탄 개발은 기술적으로 가능하며, 따라서 더 이상의 반대는 무익하다고 생각하게 되었다. 그리하여 이전에는 수소 폭탄 개발을 반대하던 많은 과학자들이 다시 개발 작업에 관여하기 시작했다. 페르미, 이지도어 아이작 라비(Isidor Isaac Rabi, 1898~1988년), 베테가 수소 폭탄 개발에 참여했으며, 오펜하이머도 개발 자체는 인정하게 된다. 또한 기왕에 수소 폭탄이 기술적으로 가능하게 되었다면, 이제는 미국이 소련과의 개발 경쟁에서 이겨야 한다고 생각하는 사람도 많아졌다. 이후 수소 폭탄 개발은 반대가 거의 없이 순식간에 진행되어 갔다. 1952년 11월 1일 최초의 수소 폭탄 실험인 '마이크 실험'이 태평양의 마셜 군노에서 성공석으로 실시되었나. 그너나 이 수소 폭탄 실험은 비행기에는 탑재할 수 없는 습식 폭탄으로 실시된 것이었다.

수소 폭탄 연구는 1954년 1월 아이젠하워가 향후 미국의 기본적인 핵 전략이 될 대량 보복 전략을 발표하면서 더욱 급진전되었다. 1954년 3월에는 비행기에 탑재할 수 있으며 실전에 활용 가능한 수소 폭탄으로는 최초의 실험인 '브라보 실험'이 태평양에서 성공적으로 실시되었다. 이것은 15메가톤급으로 히로시마에 투하된 원자 폭탄(12.5킬로톤급)의 1000배가 넘는 위력을 가진 것이었다. 이 실험은 이후 국제적인 핵실험 반대 운동이 일어나게 하는 기폭제 역할을 했다. 더욱이 1955년 11월에는 소련도 수소 폭탄 개발에 성공함으로써, 인류를 파멸로 이끌 수 있는 핵전쟁의 위험이 더욱더 가까이 오고야 말았다.

16장 | 노벨상으로 가는 길

　노벨상은 다이너마이트를 발명해 거부가 된 알프레드 베른하르드 노벨(Alfred Bernhard Nobel, 1833~1896년)의 유언으로 제정된 상으로, 과학 분야에서는 물리학, 화학, 생리·의학 3개 분야를 시상한다.[1] 이 상은 인류의 복리 증진과 과학에서 가장 커다란 업적을 남긴 최근의 '발견', '발명' 혹은 '개선' 등을 해낸 사람에게 주어진다. 1901년부터 수여하기 시작한 노벨상은 지난 2000년까지 100년 동안 노벨 물리학상 17개국 162명, 노벨 화학상 19개국 135명, 노벨 생리·의학상 20개국 172명 등 총 27개국 469명에게 주어졌다.[2]

　노벨은 유언에서 과학 분야의 노벨상 선정에 관한 일체의 사항을 스웨덴 왕립 과학 아카데미와 왕립 카롤린스카 의학 연구소(의과 대학)에 위임했다.[3] 그의 유언에 따라 첫 수상자를 내기까지는 5년이 걸렸다. 한편 노벨상은 국적에 관계없이 살아 있는 사람에게만 수여된다. 더 정확히 말하자면, 모든 수상자는 추천을 받을 낭시뿐만이 아니라 상을 받는 순간에도 살아 있어야 한다. 여태까지 노벨상을 죽은 사람에게 추서한 적은 없었다. 하지만 최근 노벨상 수상 발표 이전에 죽은 사람도 수상자로 선정하는 사례가 나타났다. 랄프 마빈 슈타인만

(Ralph Marvin Steinman, 1943~2011년)은 2011년 체내 면역 시스템을 총괄하는 '수지상 세포(dendritic cell)'를 발견한 공로로 노벨 생리·의학상 수상자로 발표되었다. 그는 발표 며칠 전에 이미 세상을 떠난 뒤였다. 그러나 수상자로 선정된 뒤 사망했음을 이유로 들어, 카롤린스카 의과 대학의 노벨 회의(Nobel Assembly)는 이례적으로 그에게 노벨 생리·의학상을 추서하기로 했다.

노벨 물리학상과 화학상은 스웨덴 왕립 과학 아카데미에서, 그리고 생리·의학상은 카롤린스카 의과 대학에서 선정한다. 회원수 약 350명의 스웨덴 왕립 과학 아카데미는 선정을 담당할 노벨상 위원회 위원을 아카데미 총간사의 주재로 선임하는데, 이 노벨상 위원회는 5명으로 구성하며, 3년 임기에 70세 미만의 경우 3번까지 연임이 가능하다.

노벨 생리·의학상(생리학상 혹은 의학상으로 생리학과 의학상이 아니다.)은 50명으로 구성되는 카롤린스카 의과 대학의 노벨 회의에서 선출한다. 카롤린스카 의과 대학에서도 과학 아카데미와 마찬가지로 3년 임기의 5명(65세 정년)으로 구성된 노벨상 위원회를 선임하고 수상자 선정에 필요한 실무를 담당하게 한다.

스웨덴 과학 아카데미에서는 노벨 물리학상과 화학상 이외에 '알프레드 노벨을 추모하는 경제학 분야의 스웨덴 은행상(the Bank of Sweden Prize in Economic Sciences in Memory of Alfred Nobel)'도 선정한다. 이 상은 흔히들 노벨 경제학상이라고 부르지만, 본래 노벨상은 아니며 노벨 재단 및 관련 기관 내에서조차 이 분야를 노벨상이라는 이름으로 선정하는 것에 많은 논란이 있었다. 하지만 노벨 경제학상도 선정 절차는 다른 노벨 과학상과 유사하다.

노벨상에는 과학 분야 이외에도 노벨 문학상과 노벨 평화상이 있다. 노벨 문학상은 스웨덴 아카데미에서 선정하며, 평화상은 스웨덴이 아닌 노르웨이에서 선정한다. 과거의 역사적인 경험으로 스웨덴과 노르웨이 양국 간의 국민적 감정은 좋은 편이 아니지만, 노벨은 스웨덴이 아닌 노르웨이에서 노벨 평화상을 선정하라는 유언을 남겼다.

노벨상의 운용 자금을 관리하는 노벨 재단은 기금의 관리에만 권한과 책임이 있을 뿐 선정 과정에는 결코 개입할 수 없다. 즉 노벨상의 상금 액수는 노벨 재단이 정하지만, 수상자의 선정은 전적으로 스웨덴 왕립 과학 아카데미와 카롤린스카 의과 대학교의 권한이다. 노벨상이 1901년 처음 수여되었을 당시에는 약 4만 2000달러씩을 상금으로 지급했는데, 그 뒤 노벨 재단의 수익금에 따라 상금은 계속 변화했다. 예컨대 2001년 노벨 재단의 기금은 3억 4700만 달러이며, 노벨상 상금은 분야별로 약 100만 달러(약 10억 원)에 달했다.

노벨상 위원회와 노벨상 선정

노벨상 선정의 공정성에 문제가 있다는 것은 지난 한 세기 동안 수없이 지적되어 왔다. 노벨상을 탈 만한 사람이 타지 못한 사례가 많았다는 점이라든지, 상당히 많은 노벨상 수상자들이 자신의 수상 내용이 자신의 최고 업적이 아니라고 술회하고 있다는 점은 과연 노벨상이 제대로 공정하게 수여되었는가에 대해 의문을 던지는 근거가 된다. 실제로 노벨상의 선정 과정에는 스웨덴 과학계의 중심 인물이었던 노벨상 위원회 위원들의 과학에 대한 태도가 커다란 영향을 미쳤다. 노벨상 위원회의 기록은 명문화된 규정에 따라 50년이 지나야 학술 목적 등으로 이용하기 위해 공개힐 수 있다. 따라시 20세기 초빈에 노벨싱

이 어떤 방식으로 운영되었는지는 학술적인 연구를 통해 밝혀지고 있다.[4]

우선 초기 노벨 화학상 수상자 가운데 물리 화학 분야에 수상자가 많은 것은 노벨상 위원회의 일원이었던 아레니우스의 영향력과 무관하지 않았다. 1880년대 이후 야코뷔스 반트호프, 스반테 아레니우스, 빌헬름 오스트발트 등 소위 '이온주의자'들로 불리는 과학자들은 열역학과 같은 물리학적 방법을 화학에 적용해 물리 화학이라는 새로운 분야를 정립하려고 노력했다. 아레니우스는 자신이 노벨상 위원회 위원이 된 뒤 어떻게 해서든 자신을 포함한 이 분야의 과학자들에게 노벨상을 주어 그 분야를 확고하게 다지려 했다. 이런 의도가 작용해서 최초의 노벨 화학상 수상자는 반트호프로 선정되었다.

아레니우스는 물리 화학 분야를 기존 유기 화학 등과는 다른 새로운 학문으로 정립하려는 전략의 하나로 자신은 노벨 물리학상을 받고 싶어 했다. 비록 이런 소망이 실현되지는 않았지만, 1903년 아레니우스는 전리 이론으로 노벨 화학상을 수상했다. 노벨상을 타고 나자 아레니우스는 '이온주의' 3인방 가운데 마지막 사람인 오스트발트의 노벨상 수상을 집요하게 추진했고, 결국 1909년 오스트발트도 노벨상을 받았다. 이렇게 물리 화학 분야의 노벨상 수상에 아레니우스가 미친 영향력은 오스트발트의 제자인 네른스트가 1921년 열화학에 대한 공로로 노벨 화학상을 받을 때까지 계속된다.

초기 노벨 물리학상 위원회 위원 5명 가운데 베른하르트 하셀베리(Bernhard Hasselberg), 로버트 탈렌(Robert Thalén), 안더스 요나스 옹스트룀(Anders Jonas Ångström, 1814~1874년) 3명은 당시 스웨덴 웁살라 대학교의 실험 물리학적 전통을 강하게 대변하고 있던 인물이었다. 이들은 제1차 세계 대전 이후까지도 초기 노벨 물리학상의 성격을 규정하는 데 커다란 영향력을 행사했다. 즉 초기 수상자들은 대부분 실험 물리학에서의 공헌으로 노벨상을 받았다. 예를 들어 뢴트겐이 1901년 새로운 광선의 발견으로 첫 노벨상을 받은 것을 필두로 해서, 1902년 이론 물리학자인 로런츠는 제이만과 함께 복사선에 관한 자장의 영향에 관한 연구로, 다음 해 베크렐과 퀴리 부부는 방사선 발견으로, 유명한 이론 물리학자이기도 한 존 윌리엄 스트럿 레일리 남작(Third Baron Rayleigh, John William Strutt, 1842~1919년)은 1904년 아르곤 발견으로, 레나르트와 톰슨은 음극선과 전기 방전에 관한 연구로, 이론 물리학자인 막스 폰 라우에는 1914년 결정을 이용한 엑스선 회절 실험으로 노벨상을 받았다.

이렇게 초기 노벨 물리학상이 실험 물리학에 치중해서 선정된 것은 노벨 물리학상 위원회의 의식적인 계획의 반영이었다. 위원회의 한 사람이었던 하셀베리는 그무렵 국제 도량형 위원회의 스웨덴 대표였는데, 특히 정밀한 측정에 관심이 많았다. 그는 마이컬슨을 노벨상 후보로 열렬히 지지했는데, 그 이유는 마이컬슨이 간섭계를 발명해서 물리량 측정 기술에 놀라운 진보를 가져왔고 그 업적이 자신의 관심과 맞아 떨어졌기 때문이다. 마이컬슨을 평가하는 하셀베리의 보고서에는 마이컬슨의 간섭계가 가져온 물리 상수의 정밀도 향상에 대해서는 아주 장황하게 언급되어 있는 반면에, 아인슈타인의 상대성 이론과 관련이 있는 마이컬슨-몰리 실험에 대해서는 단 한 문장밖에 나오지 않는다. 이것으로도 그의 선정 의도를 충분히 짐작할 수 있다.

한편 막스 플랑크가 그렇게 오랫동안 수많은 사람의 추천을 받았으면서도 노벨 물리학상을 왜 그토록 늦게 수상했는지 많은 사람들은 의혹을 제기해 왔다. 이것도 역시 당시 스웨덴 과학의 맥락에서 초기 노벨상의 성격을 살펴볼 수 있는 좋은 예가 된다. 플랑크는 1900년 흑체 복사를 설명하기 위해서 에너지 양자에 관한 역사적인 논문을 발표했다. 그러나 그의 에너지 양자 개념은 발표 당시에는 세상 사람들의 주목을 거의 받지 못했고, 플랑크 자신도 물리학의 혁명보다는 개선을 원했다는 점에서 양자론적 변혁은 그에게는 원하지 않은 혁명이었다.

1905년 아인슈타인이 광양자설을 발표하면서 플랑크 상수의 의미는 더욱 구체화되었고, 에너지 양자의 불연속성은 이제 분명한 형태로 나타났다. 더욱이 1907년부터 빈-플랑크의 복사 법칙이 비열의 문제에 적용되면서 수많은 실험적 사실과 연결되었고, 이에 따라 과학자 사이에서는 점차로 양자 불연속 개념이 받아들여지기 시작했다. 그런데 이런 분위기는 1907년부터 노벨 물리학상 후보로 계속 지명되고 있던 이론 물리학자인 플랑크에게 노벨상을 수여하도록 작용한 것이 아니라, 오히려 실험 물리학자인 빈에게 1911년 새로운 복사 법칙을 발견한 공로로 노벨상을 받게 하도록 작용했다. 플랑크에 대한 거센 지명 압력에도 불구하고 노벨상 위원회는 양자 물리학의 진전을 계속 주시하는 한편, 양자 불연속 개념의 문제점이 해결될지도 모른다는 희망을 가지고 계속 수상을 연기해 왔던 것이다.

1913년 보어의 원자 모형에서 플랑크의 가설이 사용되었고, 그 후 분광학 분야에서 양자론이 광범위하게 응용되고 있었지만, 노벨상 위원회는 양자론에 대해서만은 거의 선입관적인 회의를 표명했다. 예를 들어 1918년 아레니우스는 "양자론은 아직도 만족스러운 완성 상태에 이르지 않았다."라는 보고서를 제출했다. 1919년에 와서야 노벨상 위원회는 플랑크에게 '에너지 양자의 발견으로 물리학 진보에 공헌한 공적을 인정해서' 노벨 물리학상을 수여했다. 그러나 이때에도 위원회는 플랑크의 업적이 가지는 이론적 중요성을 강조한 것은 아니었다. 오히려 위원회는 원자 성질의 연구에서 플랑크 상수가 지니는 보편 상수적인 의미를 특히 강조해서, 양자 개념의 형성 과정에 플랑크가 기여한 측면에 대해서는 여전히 미심쩍게 생각하고 있었다.

새로운 과학 이론에 보수적이었던 스웨덴 과학계의 태도는 아인슈타인의 수상 과정에서 더욱 분명하게 나타난다. 아인슈타인은 1910년 오스트발트를 통해 특수 상대성 이론으로 노벨상 후보로 처음 지명된 뒤, 제1차 세계 대전을 거치면서 후보로 추천되는 빈도가 늘어 가고 있었다. 또한 추천 분야도 상대론을 비롯해서, 브라운 운동, 고체의 비열, 양자론 등 여러 분야로 계속 확대되는 추세였다. 더구나 1919년 일식 관측 실험 이후에는 아인슈타인에 대한 후보 추천이 더욱 쇄도했다. 그러나 전쟁 이후에도 노벨 물리학상 위원회는 여전히 보수적인 실험 물리학자들이 독점하고 있었다. 그들은 관측의 정확도에 대한 반론이 나올 수 있기 때문에 1919년 일식 관측 실험이 아인슈타인의 이론을 입증할 결정적인 증거는 아니라고 생각했다. 심지어는 상대성 이론을 수용하느냐 아니냐는 단순한 믿음의 문제이지 과학적인 문제는 아니라는 견해까지 나왔다.

한편 1920년 아인슈타인은 광전 효과에 대한 업적으로는 처음으로 노벨상 후보에 올랐다. 곧이어 1921년은 노벨상 위원회가 아인슈타인의 업적을 인정하게 되는 전환점이 되는 해였다. 우선 아레니우스에 의해 아인슈타인의 광전 효과에 대한 긍정적인 보고서가 처음으로 제출되었다. 또한 보어와 함께 연구한 경험이 있던 카를 빌헬름 오젠(Carl

Wilhelm Oseen, 1879~1944년)이 1922년에 작성한 보고서에서는 이미 노벨상을 수상한 플랑크를 언급하면서, 플랑크 상수와 관련되어 있는 아인슈타인의 업적을 높이 평가했다. 노벨상 위원회는 오젠의 이런 평가를 상당히 긍정적으로 받아들였다. 이런 평가가 모태가 되어 아인슈타인은 이월된 1921년의 노벨 물리학상을 1922년에 수상하게 된다. 그러나 아인슈타인에 대한 수상 근거는 그의 주된 업적인 상대성 이론이 아니라, "이론 물리학, 그중에서도 특히 광전 효과의 발견에 대한 기여"로 못 박아서 발표되었다.

플랑크와 아인슈타인의 수상 과정은 노벨상 위원회가 새로운 혁명적인 이론을 취급할 때 보였던 의사 결정 유형을 따르고 있다. 즉 모든 새로운 발견이나 현상은 어느 정도 이론 의존적인 성격이 있고, 따라서 어떤 이론을 선택하느냐에 따라 그 관측이나 실험은 전혀 다른 결론을 낼 수 있음에도, 노벨상 위원회는 계속 전통적인 물리학의 이론적 근거로만 새로운 혁명적 이론을 보아 왔던 것이다. 초기 노벨상 위원회가 혁명적 이론에 보수적인 태도를 보인 것은 이론 물리학이 취약했던 당시 스웨덴의 상황에서는 어쩌면 당연한 일인지도 모른다.

아인슈타인이 노벨상을 받은 뒤 위원회의 상황은 급변했다. 하셀베리가 죽은 뒤 1923년 오젠이 그 후임이 되었고, 이어서 엑스선 분광학 분야의 권위자인 칼 만네 예오리 시그반(Karl Manne Georg Siegbahn, 1886~1978년)이 여기에 가세했다. 이들에 의해서 노벨상 선정 과정에서 이론과 실험을 동시에 다루는 원자 물리학이 강조되었고, 노벨상 위원회는 실험 물리학을 지나치게 강조하는 편견에서 벗어날 수 있게 되었다.

노벨상의 최종 결정 과정을 둘러싼 논쟁

노벨상 수상자는 10월 초에 열리는 수상자 선정을 위한 최종 투표에서 다수결로 선정한다. 노벨 물리학상과 화학상은 과학 아카데미 회원 전원(350명)이 투표권을 가지지만, 실제로는 150명 정도가 투표에 참여한다고 한다. 아카데미 회원 가운데에는 외국인도 있지만, 스웨덴 왕립 과학 아카데미에서 외국인 회원은 투표권과 발언권이 전혀 없는 명예직이다. 생리·의학상은 카롤린스카 의과 대학에 있는 노벨 회의의 50인 전문가에게 최종 투표권이 있다.

노벨 물리학상, 화학상, 생리·의학상의 최종 결정 구조를 비교하면 약간의 차이를 발견할 수 있다. 노벨 물리학상, 화학상의 경우는 아카데미 회원들이 대개 평균 연령이 많고 인원도 많으며 구체적인 사안에 대해서는 사실상 비전공 자격인 회원들이므로 노벨상 위원회 위원과 분과 위원이 올린 후보자가 바뀔 가능성이 거의 없다. 반면에 노벨 생리·의학상은 노벨 회의가 전문적인 젊은 학자들로 구성되어 있어 이들이 실질적인 결정권자이다.

노벨상 100년을 되돌아볼 때, 최종 투표에서 후보가 바뀐 몇몇 사례가 나타나기도 했다. 특히 자료가 일반에 공개된 시기까지 최종 선정 과정을 면밀히 살펴보면 과학 아카데미 전체 회의에서 공정성에 문제가 제기될 만한 경우가 과거에 분명히 있었음을 알 수 있다.

1912년 당시 초전도체를 발견한 네덜란드 과학자 헤이커 카메를링 오너스(Heike Kamerlingh Onnes, 1853~1926년)는 노벨상 위원회가 추천한 유력한 물리학상 후보자였다. 하지만 스웨덴 인이며 자동 등대 장치 발명가로서 수상이 있기 얼마 전에 실험 중 폭발 사고로 실명한 닐스 구스타프 달렌(Nils Gustaf Dalén, 1869~1937년)이 과학 아카데미 전체 회의에서 뜻밖의 동정표를 얻어 그해의 노벨 물리학상을 수상했다. 오너스는 결국 다음 해인 1913년에 상을 받았다. 1908년 노벨상 위원회와 물리 분과는 막스 플랑크를 물리학상 후보로 추천했지만, 과학 아카데미가 천연색 사진 발명가 조나스 페르디난트 가브리엘 리프만(Jonas Ferdinard Gabriel Lippmann, 1845~1921년)으로 바꾸어 수상자를 선택했다. 1945년 오토 한의 경우도 과학 아카데미가 노벨상 위원회의 결정을 번복한 예에 해당한다. 당시 노벨상 위원회와 분과는 핵분열 분야에 대한 수상 유보를 주장했지만, 과학 아카데미가 공동 연구를 했던 리제 마이트너와 프리츠 슈트라스만을 제외하고 오토 한만을 수상자로 선택했다.

노벨상은 어떻게 국제적 명성을 얻었는가?

과학 분야에서 노벨상은 다른 어떤 상보다도 국제적인 명성을 지니고 있다. 즉 상금의 액수는 차치하더라도 상을 받는 자체만으로도 많은 사람들은 명예와 지위 상승 효과를 얻는다. 노벨상은 어떻게 해서 이런 국제적인 명성을 얻게 되었을까?

노벨상이 국제적인 명성을 얻게 된 첫 번째 요인으로는 상 자체가 지닌 개방성을 들지 않을 수 없다.[5] 노벨상은 처음부터 수상자 선정 과정에서 세계 각국의 전문가들로부터 추천을 받았으며, 전 세계에서 정보를 구했다. 선정을 위한 규칙을 제정할 때 되도록이면 제한을 적게 둔 것도 노벨상이 국제적인 명성을 확보하는 데 도움이 되었다. 초창기부터 노벨상 위원회는 상금이 국외로 빠져나가는 것을 걱정하지 않았으며 국가와 상관없이 창의적이고 인류에 도움이 되는 연구를 한 과학자에게 상을 수여하는 방침을 세웠다. 이런 원칙 때문에 당시 스웨덴 국왕은 노벨상에 관심이 없었으며, 돈이 다른 나라로 나가는 것을 달갑지 않게 생각하기도 했다.

노벨의 유언에 따라 재단 자금의 40퍼센트에 해당하는 큰돈을 노벨 연구소에 학술 연구 목적으로 지원하고, 스웨덴 과학자들이 국제적인 학문 수준을 유지하려고 노력한 것도 노벨상의 권위를 유지하는 데 커다란 역할을 했다. 국제적인 수준의 포상 제도를 유지하기 위해서는 상을 수여하는 기관에 관여하는 학자들이 먼저 국제적인 수준의 연구를 해야 한다고 생각한 노벨의 선견지명이 돋보인 대목이다.

첫 수상자로 뢴트겐이 선정된 것도 이후 노벨상의 이미지 형성에 결정적으로 기여했다. 당시에 독일 과학자 뢴트겐은 학계가 모두 인정하는 탁월한 연구 업적을 냈을 뿐만 아니라 대중적으로도 상당히 알려진 인물이었기 때문이다.

엄청난 상금 액수도 노벨상 수상의 권위를 높이는 데 기여했다. 노벨상은 규정에 의해 재단 수익금 가운데 60퍼센트 이상을 상금으로 지출하게 되어 있다. 이 돈은 서구의 교수나 박사급 연구자가 평균적으로 받는 연봉의 예닐곱 배에 해당한다.

수상과 연관해 다양한 과학 문화를 확산시킨 것도 노벨상의 국제적 명성을 대중에게 널리 알리는 데 기여했다. 노벨 재단은 단순히 시상식만을 준비한 것이 아니라 아예 노벨 주간을 설정해 대중 강연, 화려한 연회 등의 여러 가지 흥미로운 행사를 마련함으로써 노벨상에 대한 사회적 관심을 증폭시켰다. 이런 행사를 통해 과학의 내용을 잘 모르는 일반 대중도 노벨상을 알게 되었고 많은 관심을 갖게 되었다.

노벨 과학상을 노벨 문학상과 함께 수여하는 것도 대중의 관심을 고취하는 요인이 되었다. 노벨상 가운데 가장 대중적으로 알려진 상은 문학상이었다. 노벨 문학상의 수상 소식이 알려지면 세계 각국은 수상작을 번역해 베스트셀러로 만들었고, 일반 대중이 직접 접할 수 있었다. 이런 형태의 참여와 접근성이 문학상뿐만 아니라 노벨 과학상과 같은 다른 노벨상의 인기도 유지시켜 주는 요인으로 작용했다.

마지막으로 100년이 넘은 기간 동안 훌륭한 과학자들이 거의 대부분 노벨상을 수상했다는 사실도 상의 권위를 지속적으로 유지하는 주요 원천이 되고 있다. 만약 뢴트겐이 상을 받은 이후에 논란이 많은 인물이 계속 수상했다면 어떤 과학자도 노벨상을 달갑지 않게 생각했을 것이다. 훌륭하고 존경할 만한 과학자가 상을 받는 모습을 많은 사람들이 목격함으로써 이 대열에 합류하는 일을 영광스럽게 여기게 된 것도 노벨상의 권위를 장기간에 걸쳐 높여 준 요소가 되었다.

노벨상이 세계적인 권위를 지니게 되면서 스웨덴은 노벨상 덕분에 많은 이익을 보고 있다. 우선 스웨덴은 세계 각국의 최신 정보를 가만히 앉아서 받아보고 있다. 왜냐하면 세계적 학자들이 노벨상을 염두에 두고 자신이 행한 창의적인 최신 연구를 스스로 노벨상 위원회에 보내기 때문이다. 이런 최신 정보로 스웨덴은 기업 및 국가 전략을 수립할 때 엄청난 이득을 보고 있다. 또한 세계 최고급 연구원들이 노벨상 위원회 관련 학자에게 인지도를 높이기 위해 자발적으로 스웨덴에 와서 연구하기를 원하기 때문에 카롤린스카 의과 대학과 노벨 연구소에는 항상 수준 높은 세계적인 과학자들로 북적댄다. 해마다 10월이면 세계의 이목이 스웨덴으로 집중되면서 국가 이미지가 개선되고 위상이 높아지는 것도 스웨덴이 노벨상을 통해 얻고 있는 중요한 이득이다.

노벨상과 사제 관계

노벨상은 스승과 제자가 공동으로 수상하게 되는 상관 관계가 상당히 강한 특징을 지니고 있다. 노벨상 수상자의 절반 이상이 노벨상을 받았거나 나중에 받게 되는 과학자 밑에서 공부한 학생, 또는 공동 연구자라는 사실이 이것을 말해 준다. 또한 노벨상 수상자를 배출하는 대학이나 연구 기관도 상당히 집중되어 나타나고 있다. 이렇듯 초엘리트(ultra-elite)들은 대개 스승과 제자로 이어지는 강한 사회적 전승 형태를 띠면서 서로 연결된다. 노벨상을 타는 스승 밑에서 노벨상을 받을 제자가 나올 확률이 상당히 높다. 반대로 노벨상 수상자가 없는 국가나 연구 기관에서는 최초의 수상자를 배출하기가 무척 힘들다. 하지만 일단 자생적으로 수상자를 배출했다면 또다시 노벨상이 나올 개연성은 상당히 높다.

1972년까지 미국에서 그들의 연구를 통해 노벨상을 받은 92명의 수상자 중에서 반 이상인 48명은 선배 수상자 밑에서 학생, 박사 과정, 후배 연구자로 함께 일했던 사람들이다.[6] 미국에서 48명의 노벨상 수상자들은 총 71명의 노벨상 수상자 스승들 밑에서 일했다. 최종 노벨상 수상자들 중 루이스 월터 앨비레즈, 한스 베네, 존 바딘, 막스 델브뤼크, 오언 체인벌린(Owen Chamberlain, 1920~2006년), 이지도어 아이작 라비, 하르 고빈드 코라나(Har Gobind Khorana), 제임스 왓슨 등 8명은 총 2명의 스승을 각각 두었다. 에밀리오 세그레, 클린턴 조지프 데이비슨, 허버트 스펜서 개서(Herbert Spencer Grasser, 1888~1963년), 로저 데이비드 콘버그(Roger David Kornberg, 1947년~), 라이너스 폴링, 조지 월드(George Wald, 1906~1997년) 6명은 총 3명의 스승을 각각 두었으며, 펠릭스 블로흐는

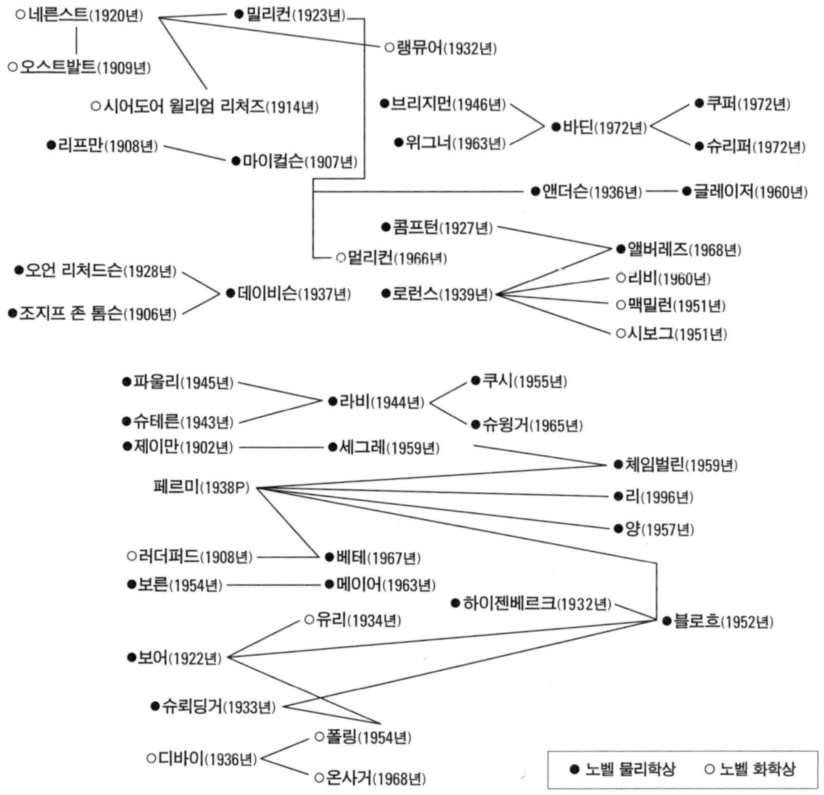

■ 노벨상을 수상한 물리학 및 물리 화학자들(1901~1972년)의 사제 관계 계보.

총 4명의 스승을 두었다.

10명의 노벨상 수상자들은 총 30명의 미국 노벨상 수상자를 배출하는 데 도움을 줬다. 인공 방사성 물질을 만든 엔리코 페르미는 6명의 미국 노벨상 수상자들과 연결되어 있다. 어니스트 올랜도 로런스(Ernest Orlando Lawrence, 1901~1958년)와 닐스 보어는 각각 4명의 미국 노벨상 수상자들을 길러냈으며, 네른스트와 오토 프리츠 마이어호프(Otto

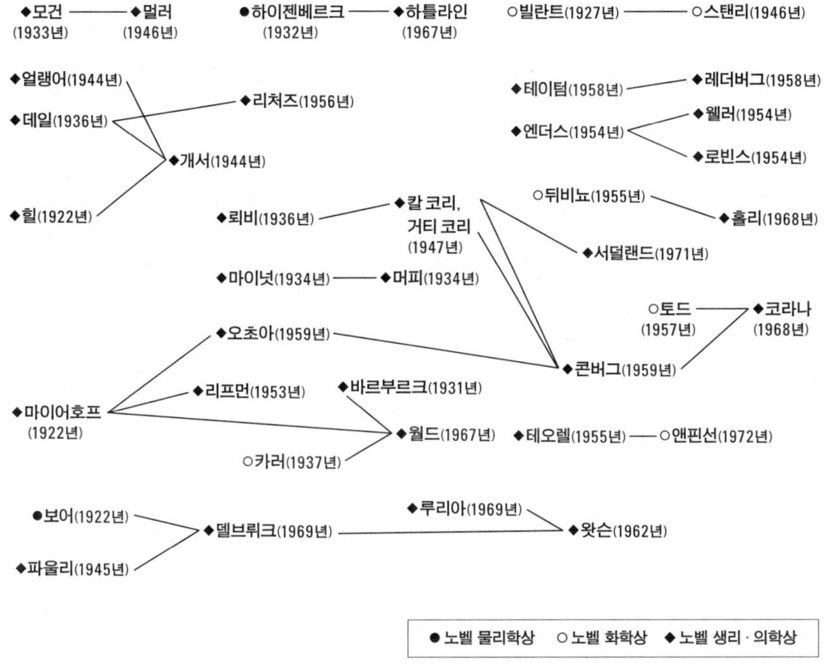

■ 노벨상을 수상한 생화학 및 생물학자들(1901~1972년)의 사제 관계 계보.

Fritz Meyerhof, 1884~1951년)는 각각 3명, 그리고 라비, 슈뢰딩거, 디바이, 헨리 핼릿 데일(Henry Hallett Dale, 1875~1968년), 존 프랭클린 엔더스(John Franklin Enders, 1897~1985년)는 각각 2명의 노벨상 수상자들을 가르쳤다.

스승과 제자 계보에서 가장 긴 관계는 다섯 세대를 걸쳐 연결된다. 화학 분야에서의 노벨상 수상자인 빌헬름 오스트발트(1909년 수상)는 독일의 물리 화학자인 발터 네른스트(1920년)를 가르쳤으며, 네른스트는 미국 최초의 노벨상 수상자인 물리학자 로버트 밀리컨(1923년)을 지도했다. 그리고 밀리컨은 캘리포니아 공과 대학에 재임하면서 칼 앤더슨(1936년)을 지도하게 되었고, 앤더슨은 아원자 입자 연구를 위해 거품

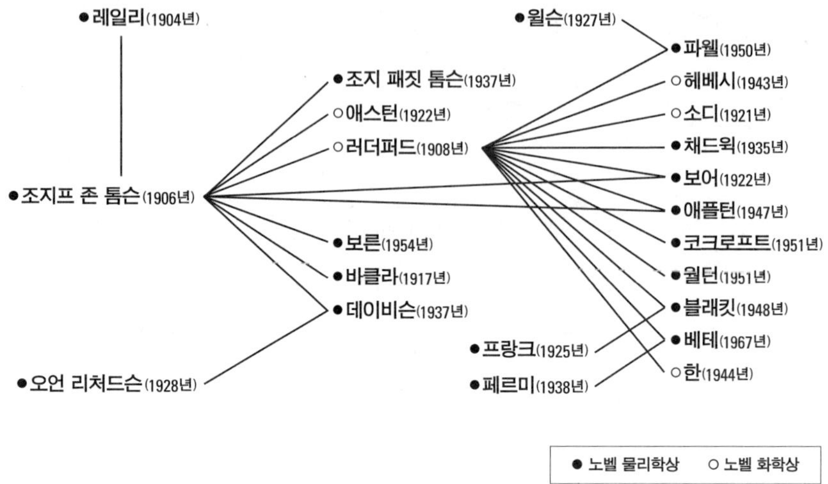

■ 조지프 존 톰슨과 어니스트 러더퍼드 계열의 노벨상 수상자들(1901~1972년)

상자(Bubble Chamber)를 발명해서 1960년 노벨상을 받은 도널드 아서 글레이저(Donald Arthur Glaser, 1926년~)를 가르쳤다. 다섯 세대를 넘은 노벨상 수상 계보는 거의 반세기에 걸쳐서 진행되었다.

위 그림은 세계적으로 가장 많은 노벨 과학상 수상자(총 17명)를 배출한 영국 캐번디시 연구소의 조지프 존 톰슨과 어니스트 러더퍼드가 어떤 제자들을 교육했는지를 잘 보여 주고 있다.

다른 과학 분야의 엘리트 그룹들과 마찬가지로 노벨상 수상자들은 비교적 적은 수의 대학에 소속되어 연구한다. 이런 집중 현상은 미래의 과학자들이 연구 기관의 명성을 찾는 경향 때문에 나타난다. 박사 과정을 마치고 성공적으로 과학자로서의 연구 생활을 수행하기 위해서는 세계적인 명성을 가진 대학교나 연구소가 매우 유리하기 때문이다. 노벨상 수상자들의 계보는 장래가 유망한 젊은 과학자와 경험 많

은 스승 과학자들의 상호 연구 결과라고 생각할 수 있다. 노벨상 수상
자들의 계보 추적에서 가장 놀라운 사실 중 하나는 미래의 초엘리트
집단이 그들의 경력에서 매우 이른 시기에 과학자들의 연결망에 명확
하게 소속된다는 것이다.

노벨 과학상에 버금가는 상들

2011년 현재 세계 28개국이 노벨 과학상을 받았으나 대한민국은
단 한 명의 노벨 과학상 수상자도 배출하지 못하고 있다. 노벨 과학상
은 분명 과학 분야에서 자타가 공인하는 세계 최고의 상인 것은 분명
하다. 하지만 현재 세계 각국에는 이 외에도 노벨 과학상에 버금가는
상들이 매우 많다.

■ 울프 물리학상 및 울프 화학상

울프상(Wolf Prize)은 1978년 독일계 유대 인 발명가이자 이스라엘의
주(駐) 쿠바 대사를 지낸 바 있는 리카르도 울프(Ricardo Wolf)와 프란시
스카 울프(Francisca Wolf)에서 시작되었다. 이 상은 인종, 피부색, 종교,
성별, 정치적 시삭과 관계없이 인류의 이익과 우호 관계 증진에 기여한
사람들 중에서, 살아 있는 과학자와 예술가 들에게 이스라엘 수상이
매년 수여한다. 모두 6개 부문으로 나뉘어 있으며, 농학, 화학, 수학, 의
학, 물리학, 그리고 예술 부문은 건축, 음악, 미술, 소사 분야 안에서 놀
아가며 매년 시상한다. 수상자에게는 상장과 미화 10만 달러(약 1억 원)
의 상금이 주어진다.

물리학과 화학 부문에서 울프상은 노벨상 다음으로 명성이 있는 상

으로 평가받는다. 울프 재단은 내부적으로 노벨 과학상을 이미 받은
사람을 수상자 후보군에서 제외하는 것으로 알려져 있다. 따라서 울
프상은 스스로를 노벨 과학상 다음가는 권위를 지닌 상이라고 자평
하는 것으로 보인다. 울프상을 수상한 사람들 가운데 노벨상을 수상
한 경우가 있었다. 2008년 노벨 물리학상을 받은 난부 요이치로(南部陽
一郎, 1921년~)는 1994~1995년에 울프 물리학상을 받았다. 2007년에 노
벨 물리학상을 받은 프랑스의 알베르 페르(Albert Fert, 1938년~)와 독일의
페터 그륀베르크(Peter Grünberg, 1939년~)는 2006~2007년에 울프 물리
학상을 수상했다. 의학 분야는 노벨상과 래스커상 다음으로, 즉 세 번
째로 평가되는 상이다. 수학 분야에서는 노벨상이 없으므로, 필즈상
다음으로 유명하다.[7]

■ 앨버트 래스커 기초 의학상

래스커 의학상(Lasker Medical Research Award)은 미국의 앨버트 앤드 메
리 래스커 재단이 수여하는 상으로 상금 액수는 적지만 노벨상에 버
금가는 권위를 지닌 상이다. 기초 의학상, 임상 의학상, 특별 공적상 등
3개 분야에 매년 수여하는데, 기초 의학상 수상자들 가운데 상당수
는 노벨 생리·의학상, 노벨 화학상을 수상하게 되며, 심지어는 특수
전자 현미경을 발명한 에른스트 아우구스트 프리드리히 루스카(Ernst
August Friedrich Ruska, 1906~1988년)처럼 노벨 물리학상까지 받는 사례도
있다(1986년 수상). 예를 들어 2007년에 노벨 생리·의학상을 수상한 마
리오 카페치(Mario Capecchi, 1937년~), 마틴 에번스(Martin Evans, 1941년~), 올
리버 스미시스(Oliver Smithies, 1925년~)는 2001년에 래스커 기초 의학상
을 수상했다. 2004년에 이스라엘에서 노벨 화학상을 처음으로 수상

했던 2명의 학자들은 2000년에 래스커 기초 의학상을 수상했다. 노벨 위원회에서는 래스커 위원들의 판단에 많이 의존하고, 또한 래스커 위원들도 노벨 위원회의 결정에 많이 의존하는 것으로 보인다.[8]

앨버트 래스커 기초 의학상은 노벨 의학상에 앞서 받는 경우가 많다. 지금까지 거의 절반에 이르는 수상자들이 노벨상을 받았다.[9]

■ 크라포드상

노벨상 수상 분야 이외에 탁월한 연구 업적에 수여하는 크라포드상(Crafoord Prize)은 1980년 안나그레타 크라포드(Anna-Greta Crafoord)와 홀거 크라포드(Holger Crafoord)가 스웨덴 과학 아카데미에 기부한 금액으로 만들어졌다. 주로 전 세계의 기초 과학 연구를 진흥하기 위해 기금이 활용되며, 수학 및 천문학, 지구 과학, 생명 과학(특히 생태학 분야) 등 노벨상에서 제외된 분야의 업적에 상을 수여한다.

1982년부터 매년 수여하며, 복잡계 이론의 창시자인 에드워드 노턴 로런츠(Edward Norton Lorenz, 1917~2008년, 1983년 수상)를 비롯해서 생태학의 세계적 권위자인 유진 플레전츠 오덤(Eugene Pleasants Odum, 1913~2002년)과 하워드 토머스 오덤(Howard Thomas Odum, 1924~2002년, 1987년 수상) 등 노벨상에서 분야가 누락된 세계적인 기초 과학자들이 수상했다. 상금은 노벨상의 절반 정도인 약 50만 달러(약 5억 원) 수준이다.

■ 필즈상

필즈상(Fields Medal)은 4년마다 개최되는 국제 수학자 회의(International Congress of Mathematicians, ICM)에서 수학의 새로운 분야 개척에 공헌한 40세 이하의 젊은 수학자 2~4명에게 수여하는 상이다. 노벨 과학상은 수학에는 수여하지 않기 때문에 사실상 수학 분야의 '노벨상'으로 통한다. 상의 이름은 상의 제정에 헌신한 캐나다 수학자 존 찰스 필즈(John Charles Fields, 1863~1932년)의 이름을 딴것이다. 1936년 핀란드의 라르스 발레리안 알포르스(Lars Valerian Ahlfors, 1907~1996년)와 미국의 제시 더글러스(Jesse Douglas, 1897~1965년)가 첫 수상자였으며, 1950년 이후로는 4년마다 규칙적으로 수여하는 것으로 정착되었다.

■ 아벨상

아벨상(Abel Prize)은 5차 방정식 이상은 대수적 방법으로 일반해를 구할 수 없음을 증명한 노르웨이 수학자 닐스 헨리크 아벨 탄생 200주년을 기념해 제정된 상으로 컴퓨터 과학의 수학적 측면, 수리 물리학, 확률, 수리 분석과 통계학, 과학의 수학적 응용 등 수학 및 수리 과학 분야에서 탁월한 업적을 남긴 사람에게 수여한다. 아벨상은 2002년 1월 노르웨이 학술원에서 제정했고 2003년 6월 3일 처음으로 수상자가 배출되었다. 노르웨이 학술원에서 임명하는 아벨 위원회(Abel Committee)가 수상자를 결정하고, 노르웨이 국왕이 시상한다. 상금은 90만 달러(약 9억 원) 이상으로 거의 노벨상과 맞먹는다. 필즈상과는 달리 아벨상은 나이 제한 없이 수상자를 결정하며, 적격자가 없는 때를 제외하고는 매년 수상을 원칙으로 한다.

변화가 요구되는 노벨상

노벨상은 지난 100년 동안 정치적 격변과 사회 변화 속에서도 최고의 인물들을 선정하며 높은 권위를 유지해 왔다. 하지만 100년이 지난 지금 과학 분야의 노벨상은 과거와는 완연히 달라진 과학 활동의 양상 때문에 새로운 변화를 요구받고 있다. 우선 현재의 노벨상은 수상 분야 자체에 문제가 있다. 노벨이 살던 시기의 관점에서 보면 수학은 순수한 학문 분야라서 인류의 삶의 질 향상에 구체적으로 기여하지는 않는 것처럼 여겨졌다. 수학이 노벨상 수상 분야에서 제외되었던 것은 바로 이런 이유 때문이었다. 수학 분야가 빠진 것은 말할 것도 없고, 수상 분야로 물리학과 화학이 명시되는 바람에 지구 과학과 천문학은 계속 수상에서 불이익을 받았다. 이런 이유로 현대 수학의 공리적 기초를 세운 힐베르트, 저장 프로그램 전자 컴퓨터의 발달에 기여한 존 폰 노이만, 사이버네틱스를 창시한 위너가 노벨상과는 상관없는 인물이 되었고, 아서 스탠리 에딩턴이나 에드윈 파월 허블 같은 유명한 천문학자도 수상에서 제외되었다.

20세기 후반에 와서 다양한 학문 분야가 서로 합쳐져서 기존 학문 분야 어디에도 속하지 않는 새로운 분야가 많이 나타났다는 것도 노벨상이 물리학, 화학, 생리·의학 분야에 대한 수상만으로 최고의 과학자를 빠짐없이 선정하기 힘들게 하고 있다. 예를 들어 몬테카를로 시늉내기(Monte-Carlo simulation)와 같은 분야는 수학, 물리학, 화학, 생명, 천문, 컴퓨터 공학 등 다양한 현대 과학의 여러 영역에서 영향력을 발휘하고 있다. 하지만 현재까지 이 분야는 노벨상과는 인연이 없었다.

물리학, 화학, 생명 등 단위 분야의 발전 과정에서도 다양한 학문 분야들이 융합되어 발전하는 방식이 더욱 보편화되었다. 예를 들어 모든 물질 구성 요소와 상호 작용을 통일적으로 이해하려는 통일 이론 가운데 하나인 초끈 이론은 고에너지 물리학 분야뿐만 아니라 대수 기하학과 같은 수학, 우주론을 비롯한 천문학 등과 상호 영향을 주고받으며 복합적으로 발전하고 있다. 만약 노벨상 위원회가 현재의 수상 분야 기준을 고수하면서 이 새로운 통일 이론을 완성한 사람에게 노벨상을 주려고 한다면 적지 않은 고민에 봉착하게 될 것이다.

죽은 사람에게는 노벨상을 수여하지 않는다는 규정도 노벨상이 최고의 과학자 모두에게 수여되지는 않았다는 근거가 된다. 원자 번호를 원자핵의 전하량에 의해 재정의한 영국의 과학자 모즐리는 제1차 세계 대전 중 터키 전선에서 전사하는 바람에 노벨상을 받지 못했고, 1944년 DNA가 유전 과정을 지배하는 핵심 물질이라는 것을 밝힌 오즈월드 시오도어 에이버리는 왓슨, 크릭, 윌킨스가 노벨상을 받을 때까지 살지 못하고 죽어서 결국 노벨상을 타지 못했다. 2000년 노벨 물리학상 수상자에는 집적 회로를 발명한 텍사스 인스트루먼트 사의 캑 킬비가 포함되어 있었다. 집적 회로는 킬비 이외에도 페어차일드 반도체의 로버트 노이스가 킬비와 독립적으로 거의 동시에 개발한 것이었다. 하지만 노이스는 1990년에 죽는 바람에 수상에서 제외되고 말았다.

과학 분야 노벨상은 개인에 대한 수상을 원칙으로 하며 각 분야에서 최대 3인까지만 상을 수여하고 있다. 하지만 20세기 후반에 이르러 과학 연구 자체가 점점 공동 연구의 형태를 띠어 가면서, 노벨상 위원회는 점점 개인에 대한 수상만을 고집하기 힘들어졌다. 예를 들어 쿼크의 발견과 같은 거대 과학 연구에서는 한 연구에 무려 수백 명이 동시에 참가하고 있다. 이 가운데 과연 누구에게 노벨상을 수여하는가 하는 것은 아주 어려운 문제다. 몇 년 전부터 물리, 화학, 생리·의학 등 3개 분야에서는 3명씩 무려 9명이 노벨상을 받았다. 이처럼 수상 인원이 점점 많아지는 것도 최근에 나타난 집단 연구의 보편화를 부분적으로 반영한 것이라고 볼 수 있다.

국가별	수상자 수(명)	비율(%)
미국	241	43.7
영국	79	14.3
독일	65	11.8
프랑스	31	5.6
스위스, 스웨덴	각 16(32)	각 2.9(5.8)
일본	14	2.5
네덜란드	13	2.4
러시아	12	2.2
덴마크, 캐나다	각 9(18)	각 1.6(3.3)
오스트리아	8	1.5
이탈리아, 오스트레일리아	각 6(12)	각 1.1(2.2)
벨기에	5	0.9
이스라엘	4	0.7
중국	3	0.5
아르헨티나, 헝가리, 체코	각 2(6)	각 0.4(1.1)
핀란드, 인도, 아일랜드, 노르웨이, 파키스탄, 포르투갈, 스페인, 남아공	각 1(8)	각 0.2(1.5)
계 28개국	551	100

지금까지 세계 28개국이 노벨 과학상을 받았으나 우리는 현재 단 한 명의 노벨 과학상 수상자도 배출하지 못하고 있다. 이스라엘은 지난 2004년에 2명의 수상자를 배출해 28번째 수상국이 되었다. 이스라엘은 파키스탄이 1979년 27번째 수상국이 된 이래 무려 25년 만에 탄생한 신흥 수상국이다.

2000년 이후 일본과 이스라엘의 노벨 과학상 수상자가 꾸준하게 증가하고 있다. 일본은 1901년에서 1999년까지 99년 동안 불과 5명의 수상자만을 배출했다. 하지만 2000년 이후 11년 동인 9명의 노벨 과학상 수상자들을 배출했다. 수상 당시 미국 국적을 가졌기에 제외되었던 난부 요이치로까지 포함하면 10명으로, 평균적으로 거의 매년 노벨 과학상을 배출한 셈이다. 이스라엘은 2004년 2명, 2009년 1명, 2011년 1명으로 불과 7년 만에 4명의 노벨 과학상 수상자를 배출하며 노벨 과학상 신흥 강국으로 등장했다.

4부 | 과학 성찰의 새로운 진화

17장 | 과학 기술은 언제나 변화한다

지난 20세기 내내 엄청난 발전을 거듭해 온 과학 기술은 적어도 1980년대 이후 변화의 조짐이 구체화되기 시작했고, 이제 새로운 변화를 요구받고 있다. 제2차 세계 대전 이후 과학 기술은 국가와 기업 발전 전략의 핵심을 차지하게 되었고, 그 증대된 위상만큼이나 사회로부터의 새로운 요구를 수용하며 변신하는 노력을 해야 했다.

세계적인 차원에서 과학 기술이 산업에서 중요한 역할을 하게 된 것은 19세기 말부터였다. 1876년 독일의 화학 회사인 바이어 사는 세계 최초로 기업 내부에 연구소를 설립했는데, 이것은 기업의 과학 기술 연구 개발 방식 가운데 가장 고전적인 형태로 기록되어 있다. 바이어 사에 이어 획스트, 바스프, 아그파 사 등의 화학 공업 회사들도 기업체 연구소를 설립했으며, 1900년에는 전기 산업체인 제너럴 일렉트릭 사에서도 기업체 내에 연구소를 만들면서 전기 공학 분야에서도 산업적 연구가 시작되었다. 이 시기의 연구 개발은 주로 대학교의 실험실을 모방해서 이루어졌고, 연구 개발의 주체도 대개 대학 교수들과 그가 배출한 학생들이 담당했다.

1930년대에 캐러더스라는 한 화학자가 실험실에서 개발한 합성 섬유가 나일론이라는 이름으로 상품화되어 엄청난 부가 가치를 창출하면서 소위 듀폰 사의 나일론 신화가 창조되었다. 이 나일론 신화에 이어진 레이더 및 원자 폭탄의 개발은 기초 과학의 잠재력을 전 인류에게 보여 줬으며, 이제 과학 기술은 그 무한한 가능성을 사회 속에 더욱 강하게 각인시켰다. 결국 나일론 신화는 기초 과학→응용 과학→산업화로 이어지는 '선형 연구 개발 모형'이 형성되는 데 커다란 역할을 했다.

선형 연구 개발 모형의 출현과 새로운 도전

선형 연구 개발 모형은 제2차 세계 대전 중 국방 연구를 담당했던 배너바 부시에 의해 더 구체적인 형태로 발전했다. 1945년 7월 부시는 트루먼 대통령에게 전후 미국의 과학 정책에 가장 커다란 영향을 미치게 될 34쪽의 보고서를 제출했다.[1] 「과학, 끝없는 미개척 지대(Science, the Endless Frontier)」라는 제목의 이 보고서에서 부시는 미국은 항상 새로운 미개척 분야에 도전하는 정신을 원천 삼아 발전했으며, 이제 공간적 미개척지는 거의 사라졌지만 과학의 미개척지는 아직 남아 있고 미국 정부는 바로 이 미개척 영역의 탐구를 지원하는 것을 국가의 기본 정책으로 해야 한다고 주장했다. 또한 부시는 새로운 상품, 산업, 직업 들이 끊임없이 자연에 대한 새로운 지식을 요구하고 있으며, 이 새로운 지식은 기초 과학 연구를 통해서만 얻을 수 있다는 점을 강조했다.

기초 과학의 연구를 통해 국가의 번영과 안전 보장을 도모하려고 했던 부시의 꿈은 냉전 시대를 거치면서 미국의 과학 기술 정책에 분명하게 구현되었다. 우선 부시는 보고서에서 국가의 과학 기술 발전을 위해 국립 연구 재단(National Research Foundation)을 설립할 것을 제안했는데, 그의 건의는 그 뒤 5년 동안의 논쟁을 거쳐 1950년 미국 국립 과학 재단의 설립으로 구체화되었다.[2] 국립 과학 재단, 국립 보건원(National Institute of Health, NIH), 군부로 대변되는 연방 정부와의 긴밀한 협력 관계 속에서 세계 대전 이후 MIT를 비롯한 미국의 연구 중심 대학들은 국방 과학 연구와 이 연구에 수반된 기초 과학 연구를 통해 엄청난 규모로 성장했다.

한편 제2차 세계 대전 중 원자 폭탄과 레이더를 개발하는 과정에서 연구 개발 관리의 중요성이 새롭게 조명되었다. 전쟁 경험을 통해 임무 중심의 프로젝트 및 연구 과제 관리의 중요성이 인식되었고, 이런 체계적인 연구 관리 방식은 우주 개발, 수소 폭탄 개발과 같은 국방 연구에서 그 진가를 발휘했다. 이렇게 제2차 세계 대전 이후의 과학 기술 연구 개발 전략은 주로 선형 연구 개발 모형으로 기초 과학에 대한 체계적인 관리를 통해 산업적 성과를 이룩하는 것을 특징으로 했다.

하지만 1990년대에 들어와서 핵무기와 같은 무기 경쟁에 바탕을 둔 냉전이 종식되고, 정보 통신 혁명 및 생명 과학 기술의 놀라운 발전을 주축으로 하는 새로운 지식 기반 사회가 출현하면서 부시가 제창한 '끝없는 미개척 지대'의 논리는 도전을 받게 되었다.

기초 과학에 대한 태도의 변화

최근에 와서 몇몇 연구자들은 근본 연구(fundamental research), 전략 연구(strategic research), 목적 수행 연구(directed research)라는 새로운 유형의 연구 방식을 제안하기도 하며, 순수 기초 연구, 전략적 응용 연구, 전술적 상업화 연구 등으로 연구 방식을 새롭게 구분하기도 한다. 이런 새로운 구분을 바탕으로 정책 입안자들은 연구들이 서로 중첩되어 전개한다고 해석해 기초 연구를 둘러싼 선형 모형의 문제점을 극복하려고 한다. 선형 모형이 퇴조를 보이면서 20세기 후반에 와서 기초 과학을 바라보는 태도에서 변화가 생기기 시작했다. 이 변화에 따라 과학 기술 연구 개발 모형은 단선적인 선형 모형에서 기초 연구, 응용 연구, 상업화들이 서로 얽힌 역동적 모형(Dynamic Model)으로 바뀌게 되었다.

도널드 스토크스(Donald Stokes)의 파스퇴르형 연구 유형에 대한 분석은 기초 과학과 기술 혁신에 관한 새로운 관점을 제시하고 있다.[3] 스토크스는 기초 연구를 분석함에 있어서 보어형의 순수 기초 연구, 에디슨형의 순수 응용 연구 이외에 응용을 염두에 둔 기초 연구인 파스퇴르형 연구 방식에 주목할 필요가 있다고 지적했다. 파스퇴르의 발효 연구 및 자연 발생설을 논박한 연구 등은 순수 연구였지만, 당시의 농업 및 의료, 위생의 영역에서 엄청난 응용 가능성을 동시에 지니는 것이었다. 파스퇴르에게 이 두 측면은 서로 시간적으로 분리되어 있지 않고 거의 동시에 이뤄졌다. 파스퇴르형 연구 유형은 에너지 산업을 염두에 두었던 켈빈 경의 열역학 및 전자기학 연구, 제너럴 일렉트릭 사에서 산업적 연구를 하다가 노벨 화학상까지 받은 랭뮤어의 연구 등과도 일맥상통하는 것이었다.

한편 과학사 학자 제럴드 홀턴(Gerald Holton, 1922년~)은 토머스 제퍼슨이 지원한 루이스와 클라크의 미국 서부 탐사 연구가 자연의 근본 지식을 탐구하는 뉴턴적인 전통과 실용적인 목적을 성취하기 위해 자연을 연구하는 베이컨적인 전통을 결합한 새로운 형태의 연구 방식이라고 주장하고 있다.[4] 홀턴은 과학 지식만을 목적으로 하는 연구를 막스 플랑크가 언급한 감각 세계에 대한 지적 지배권을 목적으로 한 연구와 같은 유형으로 보고, 이것을 뉴턴 양식(Newtonian mode)이라고 불렀다. 반면에 자연의 신비를 밝혀내어 유용하게 이용하려는 목적의 연구를 베이컨 양식(Baconian mode)이라고 불렀다.

미국 서부에 산재되어 있는 광물, 암석, 동식물에 대한 연구는 당장의 성과를 요구하지 않았다는 점에서 일단 기초 연구에 해당한다고 할 수 있다. 하지만 제퍼슨은 이런 연구가 미국 사회에 미칠 중요성을 염두에 두면서 연구를 지원했기 때문에 홀턴은 이런 유형의 과학 연구를 뉴턴 양식도 아니고 베이컨 양식도 아닌 복합된 형태의 제퍼슨 양식(Jeffersonian mode)이라고 불렀다.

이처럼 기초 과학 연구를 보어형의 창의적 근본 연구, 산업적 응용을 염두에 둔 파스퇴르형 연구, 국가적 이해 관계와 결합된 제퍼슨형 기초 연구를 모두 망라한 다양한 측면에서 추진해야 한다는 것은 최근에 나타난 기초 과학 연구 개발 전략의 중요한 변화 가운데 하나이다.

융합 기술의 일상화 및 비연속적 혁신

20세기 후반 이후 과학 기술 분야에서 나타나고 있는 가장 두드러진 현상 가운데 하나는 융합 기술의 출현이 일반화되었다는 것이다. 이에 따라 기술 혁신도 비연속적인 형태를 띠고 나타나게 되었다.

20세기를 통해 과학 기술 세계관을 지배하던 통일 과학 내지 환원주의적인 세계관과 거대한 기술 시스템은 1960년대부터 심각한 도전을 받게 되었다. 이런 일련의 변화는 1960년대부터 나타나기 시작한 일련의 문명사적 변화와 밀접한 연관을 맺고 있었다. 이 시기는 베트남 전쟁, 민권 운동이 강하게 부상되었고, 이에 따라 서구의 기술 관료 체계와 과학 기술 체계에 대한 근본적인 회의가 나타나던 시기였다. 20세기 후반을 풍미했던 생태주의의 포문을 연 레이철 카슨의 『침묵의 봄』(1962년)과 마르쿠제의 『일차원적 인간』(1964년)이 바로 이 시기에 나타났다. 과학 철학에서도 쿤의 『과학 혁명의 구조』(1962년)가 출간되면서 탈경험주의, 패러다임 변화, 공약 불가능성 같은 개념이 철학계에서 새로운 변화를 이끌어 갔다.

전반적으로 이 시기에는 통일 과학에 대한 반환원주의의 저항이 시작되었다고 할 수 있으며, 과학 기술에 대한 의존도가 커지면 커질수록 과학 기술이 사회에 미치는 영향력도 함께 증대되었다. 냉전이 깊어지면서 군부는 기초 과학을 지원하면서도 자신들의 군사적 목적을 과학 기술에 반영하도록 노력했고, 과학 기술은 서서히 요구에 부응하는 형태로 체질이 변화되었다. 더욱이 미국이 개발한 기초 과학의 발전 대열에 무임 승차해 미국을 압박하기 시작하던 일본 기업의 도전을 겪으면서 미국의 과학 기술은 필요에 따라 연구 개발을 하는 디자인 시대로 접어들게 되었다. 이런 일련의 변화는 산업계에서 전통적인 굴뚝 산업의 퇴조와 새로운 지식 산업의 등장으로 나타났으며, 산업 생산 체계에서도 대량 생산은 위기를 맞이했고, 고객의 개성에 부합됨을 강조하는 다품종 소량 생산 체계 및 유연 생산 방식으로 전환되었다.

1960년대부터 과학 기술 분야에서는 초분야적 융합 과정이 나타났으며, 원자 물리학이 지녔던 통일 과학의 지위가 약화되고 복합적인 현상을 다루는 응용 분야들의 국소적 자율성이 강조되기 시작했다. 또한 이 시기에는 과학과 기술의 구분도 모호하게 되는데, 입자 가속기 연구를 비롯한 거대 과학 분야에서 협동 연구를 보편화한 것도 이런 변화에 부분적으로 일조했다. 이 시대에 등장하거나 각광을 받기 시작한 과학 분야로는 분자 생물학 분야와 고체 물리학 분야를 들 수 있으며, 공학 분야로는 군부의 지원을 바탕으로 엄청나게 성장하던 양자 전자 공학 분야를 들 수 있다. 고체 물리학, 양자 전자 공학 분야에 대한 엄청난 지원을 바탕으로 20세기 후반에 나타난 대표적인 발명품인 컴퓨터가 등장하게 되었던 것이다.

초분야적 융합화가 나타나고 응용 분야들이 자신들의 자율성을 강조하기 시작한 이 시기에 기업의 연구 개발 전략에서도 커다란 변화가 나타났다. 트랜지스터의 개발, 나일론의 개발 등에서 기초 과학의 힘을 실감했던 기업체에서는 과학 기술을 기업의 핵심 전략으로 삼고 광범위한 연구 개발을 진행시켰다. 하지만 1970년대에 이르러 기초 과학에 바탕을 둔 기업의 연구 전략은 서서히 한계를 드러내기 시작했다. 마침내 1970년대와 1980년대를 거치면서 AT&T, 듀폰, IBM 등 연구 개발에 엄청난 투자를 했던 세계의 대표적인 기업들은 기초 과학에 바탕을 둔 연구 개발 전략을 수정하기에 이른다.

21세기에 이르러 과학 기술은 단순히 결합, 통합, 학제 간 협력 차원을 넘어서 아예 새로운 융합의 단계로 발전하는 모습을 보이고 있다. 최근에 나오는 나노 기술, 나노-바이오 기술, 생물 정보학(bioinformatics) 등은 바로 이런 경향을 보여 주는 대표적인 학문 분야라고 할 수 있다. 융합 기술 시대에는 통일 과학이나 학문적 추상화, 과학에 기반을 둔 기술의 승리는 더 이상 보장되지 않는다. 즉 과학에서 새로운 미개척 분야를 여는 것은 실험실 그 자체이며, 인류의 사회적 요구와 자연 그 자체의 도전에 부응하며 지금까지는 나타나지 않았던 새로운 학문 세계가 끊임없이 창출되는 것이 일반적이다. 결국 융합 기술의 시대는 정량과 정성, 이론과 실제, 지연과 인공에 대한 새로운 사고방식, 즉 새로

운 과학 철학을 우리에게 요구하고 있는 것이다.[5]

융합화의 시대는 연구 개발의 모습에도 많은 변화를 가져왔다. 우선 기초, 응용, 산업화로 이어지는 배너바 부시의 선형 연구 개발 모형이 붕괴되었고, 산업과 응용, 기초 사이에 아주 복잡한 상호 작용이 존재한다는 것이 분명해졌다. 미국의 경우 연구 중심 대학을 지원하는 기관이 연방 정부에서 민간 기업체로 바뀌는 변화가 나타났고, 대학은 시대적 변화에 부응해 자구책을 마련하면서 대학 내 학과의 분화 및 학문 분야의 융합화가 촉진되었다.

융합 기술 분야의 구체적 사례: 나노 기술

과학 기술의 융합화는 현재 다양한 분야에서 이뤄지고 있다. 학문 융합화를 보여 주는 한 예로서 재료 과학 속에서 어떻게 나노 기술이라는 미래 과학 기술이 등장하게 되었는가를 살펴보자.[6]

물질이나 기계를 분자 혹은 원자의 크기로 만드는 신기술인 나노 기술은 우리의 미래를 바꾸어 놓을 기술로 주목을 받고 있다. 나노 기술의 사전적 정의는 나노미터(10억분의 1미터) 길이 수준의 물질을 통제해 물질, 장치, 시스템을 만들거나 이용하는 것을 말한다. 이제 인류는 분자와 원자를 하나하나 집어내어 집을 짓고, 대문에 이름을 새기고, 물건이나 장치를 만드는 놀라운 시대에 접어들었다. 이 나노미터 영역을 다루는 분야로는 고체 물리학, 화학, 재료 공학, 화학 공학 등 물성 과학의 대부분이 포함된다. 대개 과학자들이 말하는 나노 기술은 10~100나노미터 수준에서 이뤄진다. 이 영역에는 여러 생체 분자, 다이아몬드, 수많은 분자 집합체 들이 포함되기 때문에 앞으로 이 물질들을 하나하나 움직이는 기술들이 개발되면 그 응용 가능성은 그야 말로 무궁무진할 것이다.

미국에서 신소재 공학과 나노 기술이 등장하는 과정은 새로운 융합 분야가 형성되는 모습을 진단하는 좋은 예를 제공하고 있다. 우선 소재 과학 분야는 금속학, 기계 공학, 화학 공학, 전기 공학, 고체 물리, 전자 공학 등 다양한 분야가 서로 통합되어 만들어진 분야이다. 소재 과학의 가장 오래된 형태는 금속학이었으며, 이 분야는 엑스선과 같은 실험적 도구와 양자 역학적 방법론으로 무장하면서 고체 물리학으로 발전했다.

재료 과학은 냉전 기간 중, 특히 스푸트니크 충격 이후에 국방부의 엄청난 지원 아래 광범위한 학제 간 분야로 발전했다. 1970년대부터 1990년에 이르는 동안 재료 과학은 다양한 분야들 사이의 상호 교섭을 통해 신소재 공학이라는 하나의 학문 분야를 만들어 나갔다. 그 와중에 1980년대 미국의 기술을 결합해 미국을 강하게 추적하던 일본 기업의 도전은 미국에 많은 충격을 줬다. 특히 전자 산업이나 자동차 산업에서 일본이 거둔 성공은 스푸트니크호처럼 미국인들의 자존심을 건드렸다. 이런 도전에 대처하기 위해 미국의 학문 공동체들은 사회의 새로운 요구에 적극적으로 대응하고 대학과 기업체와의 연대를 더욱 강화하게 되었다. 이때 신소재 공학 분야의 과학자들은 기조 과학의 기존 성과에 다양한 사회적 요구 및 경험을 결합시켜 과거에는 존재하지 않았던 새로운 물질을 만들어 나갔다. 그리하여 신소재 공학 분야의 과학자들은 사회적 요구에 부응해서 다양한 물질을 디자인했고, 인간의 필요에 부응하는 소재를 개발하게 되면서 복합 소재라는 말이 이 분야 개발품의 대명시가 되었다.

하지만 1990년대를 통해 신소재 공학 집단은 스푸트니크와 일본보다도 더욱 심각한 도전의 대상을 '발견'했다. 과거에 소재 과학자들은 자연에 이미 존재하는 고효율, 다기능 소재를 찾아내려 했지만, 이제 과학 기술자들은 자연 어디에도 존재하지 않는 새로운 소재를 찾아 나섰던 것이다.

1959년 리처드 파인만이 브리태니커 백과사전에서 예언한 모형은 이제 주사 투과 현미경(Scanning Tunneling Microscope, STM)과 원자 현미경(Atomic Force Microscope) 등을 통해 현실에 나타났다. 실험 도구는 새로운 분야의 출현에 핵심적인 기반이 되었고, 원자나 분자를 하나하나씩 움직여 지금까지는 존재하지 않았던 새로운 물질과 장치를 만드는 시대가 도래했다. 1990년 페터 지펜펠트(Peter Zippenfeld)는 크세논 원자들 속에 IBM 로고를 만들어 내었다. 얇은 웨이퍼에서 실리콘 결정을 얻어 내는 마이크로 방식의 소재 개발은 원자 집단에서 시작하는 나노 스케일 소재 개발로 대체되었다.

나노 스케일 이외에, 신소재 공학 관련 과학 기술자들이 생명체를 디자인하는 새로운 바이오 소재에 관심을 가지게 된 것도 1990년대 이후에 나타난 중대한 변화 가운데 하나였다. 그리하여 신소재 공학 분야는 생명 공학과 인공 지능을 비롯한 컴퓨터 공학에 대한 분야까지 확대되면서 각자의 분야가 지닌 영역이라는 의미가 없어지고 명실상부한 융합의 시대가 등장했다. 즉 학문 통합으로 새로이 나타났던 신소재 공학 분야도 분야 자체의 구분이 무의미해지면서 계속 나노 스케일의 다양한 학문 분야와 융합되어 끊임없이 새로운 분야가 만들어지는 것이 일반화된 것이다.

연구 개발 전략의 새로운 변화

과학 기술이 연구 개발을 결정하는 일방적인 방식에 한계가 있다는 생각은 이미 1960년대부터 나타나기 시작했다. 100년에 걸친 듀폰 사의 연구 개발 역사는 이 점을 잘 보여 주고 있다. 1930년대에 연구 개발한 나일론으로 엄청난 돈을 벌어들인 듀폰 사는 1945년 이후 1970년대까지 기초 과학 중심의 선형적 연구 개발 모형을 기업의 기본 전략으로 채택했다. 과학에 바탕을 둔 기업의 신상품 개발 전략에 따라 듀폰은 '새로운 나일론'을 개발하기 위해 기초 과학 분야의 연구 개발에 엄청난 돈을 쏟아 부었다. 하지만 전후 20여 년 이상의 중장기적인 성과를 놓고 볼 때 새로운 생산품으로 측정된 연구 개발의 생산성은 그다지 크게 증가하지 않았다.

1970년대 이후 듀폰의 경영진들은 자유방임적인 기초 과학 중심의 연구 개발 전략을 포기했다. 듀폰의 이런 변화는 곧 다른 회사에도 파급되었고, 기업의 연구 개발 전략에도 커다란 변화를 가져왔다.

1980년대를 거치면서 미국 전신 전화 회사, IBM 등 연구 개발에 엄청난 투자를 했던 세계의 대표적인 기업들은 기초 과학에 바탕을 둔 연구 개발 전략을 수정하기에 이르렀다. 이 시기 이후 수요 중심의 연구 개발, 연구 수명 주기의 고려, 수요와 위험도를 고려한 연구 개발의 적절한 포트폴리오 등이 연구 개발 전략 수립에 고려해야 할 핵심 사항으로 떠올랐다.

이런 일련의 변화를 통해 기초 과학의 연구가 응용 연구, 산업적 연구로 이어진다는 부시의 선형 모형은 한계를 드러냈다. 부시의 선형 모형의 한계점을 지적한 비선형 연구 개발 모형의 한 예로는 기초 과학, 응용 과학, 상업화가 서로 얽혀 있는 체인-링크 가설(chain-link hypothesis)을 들 수 있다.[7] 체인 링크 가설에서는 연구 기관과 대학의 활동 영역인 연구 이외에 현재의 지식 수준을 나타내는 각종 과학 기술 자료와 시장 및 기업의 설계, 생산, 판매 활동 등을 모두 엮어 체인-링크 모형을 구성하고 이것을 바탕으로 기술 혁신의 과정을 설명하고 있다. 즉 이 모형에서는 연구 개발은 실제로는 잠재 시장에 대한 파악, 발명 및 기본 설계, 상세 설계 및 검사, 재설계 및 생산, 시장 출하의 다양한 과정이 서로 연결되어 기술 혁신을 촉진하는 것으로 간주한다. 부시의 선형 모형과는 달리 이 가설에서는 산업계, 연구소, 대학 간의 효과적인 연계와 기초 과학, 응용과학, 산업적 응용 사이의 복합적 연결이 중요한 정책 과정이 된다.

1990년대를 통해 인터넷 및 바이오 혁명이 일어나면서 과거와는 다른 완전히 새로운 형태의 연구 개발 전략이 등장했다. 우선 이 시대의 연구 개발 관리 방식에서는 연구 논문, 특허 등과 같은 형식지뿐만이 아니라 말로나 글로 표현할 수 없는 암묵적 지식도 중요시하고 있다. 이 외에도 최근에 논의되고 있는 연구 개발 전략에서는 기술 혁신을 복합적인 전개로 설명하면서 수십 년 동안 발전한 새로운 학습 이론을 적극적으로 활용하고 있다. 전통적인 학습 모형에서 학습이란 가르치는 사람이 정합적인 개념을 배우는 사람에게 알기 쉽게 설명하는 선형적인 과정이었다. 배너바 부시의 선형 모형은 암묵적으로 이런 입장을 기본으로 채택했다. 하지만 최근의 학습 이론에서는 이런 정합성보다도 실제로 행하고 대화하는 과정이 학습과 혁신에서 중요하다고 본다.

새로운 학습 이론에서는 특정 개념에 대한 정확한 이해가 제품의 사용이나 기계, 장비의 실행 과정에서 발생하는 '사용을 통한 학습', '실행을 통한 학습', 그리고 여러 상이한 주체들 사이의 공식적 혹은 비공식적인 '상호 작용을 통한 학습' 같은 다양한 실천을 통해서 얻어진다고 본다. 이런 상호 작용을 통한 학습 이론은 최근 연구 개발 전략에서 아주 중요한 위치를 차지하고 있다. 즉 새로운 발상의 전환은 다양한 실천적 학습을 통해서 나오기 때문에 학습이 바로 혁신의 원천이라는 것이다. 다양한 학습 과정을 통해 주어진 문제에 대한 새로운 해결책을 모색하고, 다양한 아이디어를 융합하고 수정하는 과정에서 새로운 혁신이 창출된다.

클러스터와 혁신

상호 작용에 의한 학습 이론은 신산업 지구 이론과 결합되면서 혁신 클러스터 이론으로 발전했다. 클러스터란 지리적으로 인접하고 있는 연계 기업, 특정 영역의 연관 기관 등이 유사성과 보완성을 가지고 연결된 집단을 지칭한다. 즉 특정 분야에서 경쟁과 동시에 협력 관계인 기업, 전문 공급 업체, 관련 산업의 기업 등과, 대학, 공인 기관, 기업 연합회 등의 기관들의 결집체를 뜻한다. 클러스터의 대표적인 예로는 이탈리아의 가죽 신발 및 가죽 패션 클러스터, 캘리포니아의 실리콘 밸리 등을 들 수 있는데, 이 클러스터 이론은 산업 경쟁력 이론과 밀접하게 연관을 맺으면서 발전했다.

클러스터는 혁신 과정에서 여러 이점을 지니고 있다. 즉 고객의 새로운 욕구와 동향을 빨리 감지할 수 있으며, 새롭게 부각되는 기술, 공정, 물류 정보를 쉽게 입수할 수 있다. 또한 클리스터 내 구성원들 사이

의 지속적인 관계, 잦은 방문, 만남 등을 통해 혁신 과정을 조기에 일관성 있게 학습할 수 있다.[8]

　지역 산업의 발전을 위한 혁신 클러스터는 지식의 창출(대학교, 기업, 연구소), 확산(지원·중개 기관), 활용 부문(산업체)이 일정 지역 내에 입지해 긴밀한 상호 협력 시스템을 구축한 형태를 말한다. 혁신 클러스터 이론에서는 연구 개발(Research and Development, R&D)은 '연구 및 사업화(Research and Business Development, R&BD)'로 그 의미가 확장된다. 그리하여 연구 개발 과정에서는 대학 및 연구소에서 만들어지는 지식만이 아니라 창업 지원, 정보 공유 및 교류, 금융, 회계, 세제, 마케팅과 같은 글로벌 지원 체계, 심지어는 주거 및 휴양과 같은 정주 여건 개선도 중요한 의미를 지니게 되었다.

18장 | 거대 과학의 시대

    제2차 세계 대전 이후에 발전된 과학의 가장 두드러진 특징 가운데 하나는 거대 규모의 연구를 바탕으로 하는 소위 '거대 과학'의 출현이라 할 수 있다. 즉 과거에는 개인이나 작은 집단이 수행하던 연구가 수십, 수백 명의 과학자들이 팀을 짜서 서로 협동해서 연구하는 식으로 발전했다. 전쟁 중에 진행된 원자 폭탄 개발은 이러한 거대 과학 출현의 바탕이 되었는데, 전쟁 후에 살짝 주춤하다가 한국 전쟁 이후 냉전 체계가 심화되면서 정부, 대학, 연구소, 군부, 산업체가 서로 연결되어 추진되는 거대 규모의 과학이 세계 도처에서 나타나게 된다. 수백 명의 박사급 과학자들이 거대한 입자 가속기를 이용해서 함께 연구에 참가한 쿼크 발견 계획, 미국 항공 우주국의 우주 개발과 연결되어 발전한 허블 우주 망원경 계획, 어마어마한 연구비가 투자되면서 진행된 인간 유전체 해독 계획, 제어 핵융합 연구 개발 계획 등 수많은 거대 규모의 연구가 이 시기에 나타났다.[1] 거대 과학 연구가 구체적으로 어떻게 진행되었는지를 살펴보기 위해 우선 가속기 연구의 출현 과정을 알아보자.

빅토리아 시대의 연구 문화

오늘날 미시 세계 입자들의 궤적을 추적하는 데에는 1952년 미시간 대학교의 도널드 글레이저가 발명한 거품 상자가 유용하게 쓰이고 있다. 이 거품 상자의 원조는 구름 상자(cloud chamber), 혹은 안개 상자(Nebelkammer)로 1930년대 이후 우주선(cosmic ray) 분야에서 원자 구성 입자를 발견하는 데 결정적인 공헌을 했던 장치였다. 구름 상자는 영국의 과학자 찰스 톰슨 리스 윌슨(Charles Thomson Rees Wilson, 1869~1959년)이 발명했다. 윌슨의 구름 상자는 원자 물리학 실험 분야가 발전하는 데 결정적인 공헌을 했지만, 윌슨 자신은 원자 물리학과는 거리가 먼 기상학에서 활동했던 과학자였다. 70여 년에 걸친 긴 학문 여정 속에서 윌슨은 언제나 날씨와 관련된 연구 활동을 이어 나갔다.

원자 물리학 분야에서 쓰이는 구름 상자가 기상학을 연구하던 윌슨을 통해서 등장한 과정을 이해하기 위해서는 우선 윌슨이 성장한 빅토리아 시대의 학문적 특성에 대해서 알 필요가 있다. 빅토리아 시대의 과학자들은 그 어느 시대보다도 자연 현상을 실험실에서 재현하는 데 몰두했다. 빅토리아 시대 사람들에게 자연 현상 탐구는 비단 과학자들에게만 한정된 일은 아니었다. 빅토리아 시대의 탐험가들은 사막, 정글, 남극과 북극의 빙산을 탐험했으며, 화가들은 폭풍우, 산림, 절벽, 폭포 등을 화폭에 재현하려고 많은 노력을 기울였다. 특히 빅토리아 시대의 과학자들은 기상학과 광학 분야에서 자연 현상을 모방하고 재현하는 모방 실험(mimetic experimentation)에 열중했다. 즉 그들은 푸른 하늘, 먼지, 구름, 안개, 비, 천둥, 번개 등의 기상학 현상을 실험실에서 실제로 재현하기 위해 노력했던 것이다. 윌슨의 구름 상자는 빅토리아 시대의 이런 모방 실험 전통에서 나온 것이었다. 원자 물리학 분야에 유용하게 쓰일 수 있는 형태의 구름 상자는 1911년이 되서야 등장하게 되지만, 윌슨의 이 작업은 1890년대 그가 기상학 분야에서 추구했던 모방 실험의 결과로부터 나온 것이었다.[2]

스코틀랜드 출신인 윌슨은 15세에 맨체스터에 있는 빅토리아 대학 교의 오웬스 칼리지에 다닐 때부터 방학을 이용해서 스코틀랜드 산악 지역을 탐험했다. 스코틀랜드의 수려한 산하를 답사하면서 윌슨은 자 연을 있는 그대로 정확하게 기술하고 그것을 재현하는 소위 훔볼트식 의 과학 연구 방식에 심취하게 되었다. 무엇보다도 그는 다른 많은 빅 토리아 시대의 사람들처럼 형제들과 함께 사진기를 가지고 이 아름다 운 자연 경관과 구름을 사진으로 찍곤 했다. 1927년 아서 홀리 콤프턴 과 함께 고에너지 광양자 산란 연구에 대한 공로로 노벨상을 수상하 면서 윌슨은 당시 북부 산악 지대에서 느낀 바를 다음과 같이 적었다. "1894년 9월 나는 벤네비스 산 정상에 있는 기상대에서 몇 주를 보냈 다. 태양이 언덕마루 주변의 구름 위에 비출 때 보였던 놀라운 광학 현 상, 특히 태양 코로나 주변이나 언덕마루에 드리워진 그림자 주변의 색 고리, 혹은 안개나 구름 위의 후광 등에 대한 관찰 등은 내 관심을 크게 자극했고, 나로 하여금 그것들을 실험실에서 모방하도록 했다." 벤네비스 산을 여행하는 동안 윌슨이 관찰했던 광학적, 전기적 현상 은 윌슨에게 강한 인상을 남겼고, 그것은 그가 이후 평생 동안 하게 될 과학 연구 목표가 되었다. 1959년 죽기 직전까지 기상 광학과 대기 전 기는 그의 핵심 연구 과제였다.

윌슨 이전에도 몇몇 과학자들이 구름을 만드는 실험을 했는데, 그 가운데에서 스코틀랜드 물리학지 존 에이트컨(John Aitken, 1839~1919년)

의 실험이 윌슨에게 가장 큰 영향을 미쳤다. 에이트컨은 윌슨과 마찬가지로 스코틀랜드 인으로서 벤네비스 산에서 연구했던 사람이었다. 당시 에이트컨은 구름 실험을 통해서 과포화 상태의 공기 중에서 먼지 입자가 물방울을 응결시키는 핵으로 작용한다고 결론을 내렸다. 또한 그는 1888년 과포화 공기의 응결을 연구하기 위해서 공기 중 먼지 입자의 수를 세는 소위 먼지 상자(dust chamber)를 고안해 내었는데, 에이트컨의 이 먼지 상자는 윌슨의 구름 상자의 원형이 되었다. 스코틀랜드에서 기상학 현상에 강한 인상을 받고 돌아온 윌슨은 구름의 광학적 현상을 연구하기 시작했다.

윌슨은 에이트컨과 유사한 팽창 장치를 이용해서 수증기를 응결시켜 벤네비스에서 봤던 색 고리 모양의 광학 현상을 발견할 수 있었다. 1895년 3월에 그는 먼지 없는 공기 속에서 수증기가 응결하는 최초의 실험 장치를 만들었다. 이 실험에서 윌슨은 응결을 위한 팽창비(expansion rate, 여기서 팽창비는 팽창 후의 부피와 팽창 전의 부피의 상대적 비율로 정의된다.)를 찾아내려고 노력했고, 초기 온도가 섭씨 16.7도일 때 임계 팽창비가 1.258이라는 것을 알아내었다. 이것보다 낮은 팽창비에서는 먼지가 없는 공기 중에서 응결이 생기지 않는다는 것도 발견했다. 윌슨은 이렇게 임계 팽창비를 정확하게 측정해 가는 과정에서 대륙에서 발견되는 새로운 '광선'들도 구름 상자를 이용해서 연구할 수 있었다.

윌슨이 구름 상자를 연구하던 캐번디시 연구소에서는 1884년부터 조지프 존 톰슨이 소장으로 있으면서 물질의 근본 구성을 연구하는 분석적 연구 전통이 이미 확립되어 있었다. 이런 전통은 훔볼트적이며 형태론적인 모방 실험 전통과는 상당히 차이가 나는 것이었다. 윌슨이 기상학적 전통에서 개발한 실험 장치는 캐번디시의 분석적인 연구 전통에 속했던 과학자들이 사용하게 되었고, 결국 구름 상자는 원자 세계를 연구하는 장치로 태어날 수 있었다. 즉 훗날 원자 물리학 분야에서 훌륭하게 사용되었던 윌슨의 구름 상자는 물질의 구성을 연구하는 캐번디시의 분석적 연구 전통과 자연 현상을 실험실에서 재현하는 빅토리아 시대 모방 실험의 전통이 합쳐서 나온 것이라고 할 수 있다. 윌슨은 1888년부터 1892년까지 케임브리지 학생으로서, 그리고 1895년부터는 캐번디시 연구소의 연구원으로 일하면서 물질의 구조를 연구하는 물리학자들의 방식을 배웠다. 더구나 당시 케임브리지 대학교는 이온과 같은 기본적인 전하량을 가정해서 물질을 연구하던 거의 유일한 장소였다. 이리하여 케임브리지의 이온 물리학 전통은 자연스럽게 윌슨의 구름 상자 발명과 궤를 같이 하게 된다.

엑스선 발견과 윌슨의 구름 상자

1896년 연초 벽두부터 전 세계 과학자들은 독일의 빌헬름 콘라트 뢴트겐이 발견한 새로운 종류의 광선 소식에 흥분을 감추지 못하고 있었다. 뢴트겐이 찍은 반지를 낀 자기 부인의 사진은 논문 발표와 함께 전 세계로 퍼져 나갔고, 수많은 과학자들이 소위 '광선 물리학'이라는 새로운 분야에 뛰어들기 시작했다. 뢴트겐의 새로운 광선 발견 소식을 접한 윌슨은 이 광선을 자신이 만든 구름 상자에 쏘아 보기를 원했다. 윌슨은 1896년 톰슨의 조수인 에버릿(Ebeneezer Everett)에게 엑스선 관을 빌려 이것을 자신의 구름 상자에 투사했다. 이 실험에서 윌슨은 엑스선으로 인해 형성된 핵 주위에 응결이 생기는 팽창비가 1.25임을 발견했다. 또한 그는 1896년 3월에 발견된 우라늄선도 엑스선과 마찬가지로 팽창비 1.25에서 응결을 증가시키는 것을 발견했다. 우라늄선과 엑스선에서 모두 같은 팽창비에서 짙은 안개가 생기는 것을 확인한 윌슨은 응결핵이 이 새로운 광선으로 인해 생기는 이온들의 작용에 의한 것이라고 생각하게 되었다.

1898년 말 윌슨은 그동안의 실험 결과를 정리해서《철학 회보 (*Philosophical Transactions*)》에 하나의 긴 논문으로 발표했다.[3] 이 논문에서 윌슨은 엑스선, 우라늄선, 자외선, 그리고 다른 기작을 통해 기체속에서 응결핵이 형성되는 과정을 체계적으로 다루었다. 하지만 윌슨은 이런 체계적인 실험이 자신이 본래 의도했던 방향에서 벗어나고 있음을 느꼈다. 즉 구름 상자를 이용해서 체계적으로 실험을 하는 동안 윌슨의 장치는 대기 현상을 재현하는 장치가 아니라 이온들의 성질을 연구하는 장치로 전락해 버렸던 것이다. 훗날 윌슨의 구름 상자가 원자 구성 입자 연구에 커다란 역할을 하게 되는 것을 감안하면 이런 변화는 과학 발전에 바람직한 것으로 생각될 수도 있다. 하지만 기상학 자체에 관심이 더 많았던 윌슨에게 이것은 원래 목적한 바가 아니었다. 결국 윌슨은 구름 상자가 천둥이나 번개와 같은 자연 현상을 탐구하는 데 도움이 되지 않는다고 생각하면서, 구름 상자를 포기하고 이온화를 측정하는 전기적 장치인 검전기를 새로운 실험 장치로 채택하게 된다. 이후 윌슨의 주요 관심사는 대기 전기 연구가 되었고, 1910년 12월까지는 구름 상자와 거리가 먼 곳에서 연구 활동을 했다.

빗방울이 형성되는 것을 연구하기 위해서는 형성 과정을 실제로 사진을 찍어 보는 것도 중요하다. 윌슨은 이미 오래전부터 구름과 같은 자연 현상을 사진으로 찍곤 했다. 1908년 윌슨은 당시에 아서 메이슨 워딩턴(Arthur Mason Worthington, 1852~1916년)이 출판한『물 튀김 연구(*A*

Study of Splashes)』에 나오는 물방울과 물이 튀기는 모습을 고속으로 촬영한 사진에 많은 흥미를 느꼈다. 윌슨은 다시금 구름 현상을 실험실에서 재현해서 그것을 촬영하고 싶어 했다. 즉 사진기를 이용해서 음전하 입자와 양전하 입자가 서로 결합해서 구름이 형성되는 과정을 순간적으로 포착하기를 원했던 것이다. 결국 사진 기술을 이용해서 비가 생성되는 과정을 조사하려는 의도로 말미암아 윌슨은 기상학에서 다시 이온 물리학으로 연구의 방향을 바꿀 수 있었고, 이 과정에서 구름 상자가 입자의 궤적을 촬영하는 장치로 쓰이게 되었다.

1910년 12월 윌슨은 다시 자신의 구름 상자로 돌아왔다. 그는 이온화된 입자들을 이용해서 구름이 형성되는 과정을 연구했고, 이 과정에서 이온화된 입자들의 궤적을 실제로 볼 수 있게 하는 구름 상자가 탄생되었다. 1911년 4월 윌슨은 알파 입자, 베타 입자, 감마선, 엑스선 등이 지나가는 모습을 포착한 희미한 사진을 발표했다.[4] 이어 다음 해인 1912년 윌슨은 이 입자들의 궤적에 대한 아주 선명한 사진을 얻을 수 있었다.[5] 특히 알파 입자가 물질과 충돌해서 휘는 모습을 잘 보여준 선명한 사진은 당시 윌리엄 헨리 브래그가 예측했던 알파 입자 궤적과 일치하는 것으로 많은 과학자에게 구름 상자의 잠재적인 위력을 인식하게 했다.

구름 상자가 과학자 사이에 급속도로 퍼지게 된 데에는 케임브리시 대학교와 밀접한 관련을 맺으면서 과학 실험 장치를 제작·판매해 왔던 케임브리시 과학 기기 회사(The Cambridge Scientific Instrument Company)의 역할도 컸다. 윌슨의 구름 상자가 나온 바로 이듬해인 1913년 케임브리지 과학 기기 회사는 상업용 구름 상자를 판매하기 시작했고, 많은 과학자들이 이 장치를 쉽게 이용할 수 있게 되었다.

월슨의 구름 상자는 캐번디시 연구소에서 패트릭 블래킷(Patrick Blackett, 1897~1974년)을 비롯한 여러 사람들의 손을 거치면서 계속 발전해 나갔다. 1924년 한스 가이거와 발터 보테는 광양자의 존재를 확인하기 위한 실험용으로 새로운 동시 계수법에 의한 실험 장치를 고안했다. 동시 계수법은 1928년 가이거와 뮐러가 개발한 더욱 민감한 계수기와 결합하면서 우주선 연구 분야에서 핵심적인 장치가 되었다.

1930년 이탈리아의 물리학자 브루노 로시는 2중 동시 계수기보다 발달된 형태인 3중 동시 계수기를 개발했는데, 그의 전자 공학적 기법은 주세페 오키알리니(Giuseppe Ochialini, 1907~1993년)에게 전수되었다. 1931년 오키알리니는 케임브리지에 도착해서 블래킷을 도와 전자 공학적인 동시 계수 장치를 구름 상자와 결합시켰다. 이제 우주선이 구름 상자에 도착하면 이 신호를 전자 공학적 장치가 감지해서 정확한 시간에 구름 상자를 팽창시켜 사진을 찍을 수 있게 되었다. 블래킷과 오키알리니는 전자 공학적으로 조절되는 이 새로운 구름 상자를 이용해서 칼 데이비드 앤더슨이 양전자를 확인한 직후에 바로 우주선에서 양전자의 존재와 디랙 이론의 유효성을 확인했다.[6] 그리하여 월슨의 구름 상자는 블래킷의 개량을 거쳐 오키알리니의 전자 공학적 기법이 결합되면서 우주선 및 고에너지 분야의 연구에 엄청난 위력을 발휘하는 장치로 다시 태어나게 되었던 것이다.

로런스 버클리 연구소의 성장

로런스 버클리 연구소(Lawrence Berkeley Laboratory) 혹은 그 전신이었던 방사 연구소는 입자 가속 장치인 사이클로트론을 발명한 어니스트

올랜도 로런스가 버클리 대학교 물리학과의 작은 연구실을 거대한 입자 가속기 연구소로 발전시켰던 과학사상 중요한 의미를 지닌 연구소이다. 제2차 세계 대전 이전에 이 연구소는 미국의 거대 과학이 지니는 여러 형태의 존재 양식을 마련해 놓음으로써 전후 거대 과학 연구 보편화의 길을 열었다.[7]

이런 거대한 연구소가 출현하려면 물질적 자원, 돈, 인력, 기술력 등 여러 가지 조건이 만족되어야 했는데, 로런스는 이런 모든 것을 자신에게 주어진 여건으로부터 결합해 내는 놀라운 재능을 지닌 사람이었다. 우선 로런스의 방사 연구소의 핵심 실험 장치인 사이클로트론부터가 이 연구소를 둘러싸고 있었던 고전압 기술, 무선 공학, 기계 공학 등과 같은 기술적 조건이 아니었으면 만들어지지 못했을 것이다.[8]

19세기 중반 시작된 골드 러시(gold rush) 이후 캘리포니아에서는 광산업이 급속도로 성장했고, 전력 소비가 많은 광산업의 특성상 이곳에서는 20세기 초부터 수많은 수력 발전소가 생겨났으며 산업체와 대학교에 산학 협동을 통해 다양한 고전압 기술이 축적되어 있었다. 사이클로트론의 원리와 유사했던 공진 가속 방법은 이미 1928년 독일 아헨의 롤프 비더뢰(Rolf Wideroe, 1902~1996년)가 고안했고, 가속 장치를 사용해서 처음으로 핵변환을 일으켰던 캐번디시의 어니스트 토머스 신턴 월턴(Ernest Thomas Sinton Walton, 1903~1995년)도 이 방법으로 가속기를 만들려고 했다. 그러나 사이클로트론이 개발되기까지는 아직 가속 입자 집속 기술을 포함한 수많은 기술적인 문제가 해결되어야만 했다.

캘리포니아의 무선 공학과 기계 공학은 로런스와 밀턴 스탠리 리빙스턴(Milton Stanley Livingston, 1906~1986년)에게 사이클로트론을 만들기 위해서 필요했던 거대하고 강력한 전자석의 제작을 가능하게 했다. 당시 팰러앨토에 있던 연방 전신 회사(Federal Telegraph Company)는 대륙 간 무선 통신을 위해서 거대한 풀젠 아크 발생기(Poulsen arc generator)를 개발했는데, 발생기에 사용했던 84톤의 거대한 자석을 로런스에게 제공했다. 캘리포니아의 발달된 수력 발전 기술을 대변하는 기계 제작 회사인 펠튼 수차 회사(Pelton Waterwheel Company)는 이 자석을 1931년 12월 제작된 최초의 27인치 사이클로트론을 만드는 데 사용할 수 있도록 개량해 줬다. 이 외에도 캘리포니아에서 발달했던 무선 기술은 로런스에게 사이클로트론에서 양성자를 가속하기 위해서 필요한 강력한 고주파(radio frequency) 전기장을 만들어 줬다. 당시 로런스의 학생이었던 리빙스턴과 데이비드 슬론(David Sloan)은 가속 장치를 위해 고주파 발진기를 만들었는데, 이때 팰러앨토의 고주파관 제작자였던 찰스 리튼(Charles Litton)이 발진기의 고주파관을 제작했던 것이다.

록펠러 재단을 위시한 크고 작은 공익 재단들도 로런스의 연구소가 성장하는 데 커다란 도움을 줬다. 당시 록펠러 재단에서는 암 연구와 치료에 많은 관심이 있었고, 로런스는 자신의 연구소에서 중성자를 이용한 치료법을 연구하게 함으로써 공익 재단과도 긴밀한 연결을 맺을 수 있었다. 공익 재단 못지않게 캘리포니아 주 정부도 로런스의 방사 연구소 재정의 상당 부분을 지원했으며, 심지어는 연방 정부도 국립 암 자문 위원회를 통해서 로런스의 연구소를 지원했다. 제2차 세계 대전 이전에도 연방 정부는 부분적이나마 대학의 연구를 지원했다. 전쟁은 단지 그 규모만을 엄청나게 확대했을 뿐이다. 또한 미국에서 거대 과학이 출현하는 데에는 거대 규모의 작업에 대한 미국인들의 열의도 크게 작용했다. 즉 로런스의 방사 연구소가 성장한 배경에는 금문교, 후버 댐, 엠파이어 스테이트 빌딩과 같이 세계에서 가장 커

다란 것을 만들어 국가적인 자부심을 느끼려고 했던 미국인들의 문화
적 심성도 크게 작용했던 것이다.

이외에도 대공황기와 같이 경제적으로 어려운 시절에 이런 거대한
연구소가 성장할 수 있었던 이면에는 당시에 연구소에서 가속기를 만
드는 방법을 배우기 위해서 거의 무보수로 일했던 학생, 박사 연구원,
객원 연구원들의 희생도 숨어 있었다. 이들의 값싼 노동은 재정 형편
이 어려웠던 시절에 연구소가 지속적으로 성장하는 데 적지 않은 기
여를 했다. 물론 이들은 이곳에서 배운 가속기에 관한 지식을 미국의
다른 지역과 유럽, 일본 등 세계 여러 나라로 전파했으며, 가속기를 바
탕으로 한 거대 과학 연구가 전 세계로 퍼지는 데 커다란 역할을 했다.

중성자, 양전자, 인공 방사성, 뮤온의 발견과 같은 1930년대에 이뤄
진 놀라운 발견들은 가속기를 이용한 성과는 아니었다. 당시에는 우
주선 연구가 고에너지 물리학에서 중요한 연구 수단으로 자리 잡고 있
었다. 하지만 1940년에 이르면 37인치(약 94센티미터)와 60인치(약 152센티
미터) 크기로 발전한 사이클로트론이 안정성과 효율 면에서 고에너지
물리학 연구에 훨씬 우수하다는 것이 입증된다. 이것을 이용해서 과학
자들은 탄소-14에 대한 성공적인 연구를 할 수 있었고, 특히 1942년
캘리포니아 주립 대학교(버클리)의 시보그는 우라늄 235 외의 또 다른
핵무기 제조 원료인 플루토늄을 최초로 분리해 내는 데 성공했다.[9]

버클리의 방사 연구소와 같은 거대 연구소가 출현함에 따라 과학
연구 방식도 지금까지와는 다른 새로운 모습을 띠게 된다. 우선 방사
연구소가 계속 성장하면서, 이곳에서는 과학과 기술의 구별이 점점
더 모호해지기 시작했다. 즉 과학을 연구하기 위해서 사이클로트론을
개발했지만, 진행 과정에서 무선 공학·진공 공학·기계 공학적 지식이

과학적 지식과 함께 어우러져 진행되었고, 특허도 많이 출원되었다. 또한 다른 연구소가 사이클로트론을 만들 때 여기서 쓰던 변압기, 검파기, 전송선, 발진기, 전극, 진공 상자, 펌프, 검측기 같은 것을 만들었던 사람들의 도움이 필요하게 되었던 것처럼 가속기 연구소 자체가 하나의 기술의 종합체였다.

과학과 기술의 구분이 불분명해지면서 가속기 연구소에서는 기존의 학문 분야 사이의 경계도 모호해졌고, 소위 다목적(multi purpose) 연구, 학제 간(interdisciplinary) 연구, 혹은 다분야 간(multi disciplinary) 연구라는 새로운 형태의 연구 활동이 출현하게 되었다. 화학자, 생물학자, 의사들이 질병을 치료하기 위해서 새로운 방사성 물질, 고전압 엑스선, 중성자 빔을 이용하려고 몰려들었고, 방사 화학, 방사 생물학, 핵물리학, 핵의학 등이 서로 결합된 완전히 새로운 학제 간 분야인 핵 과학이 탄생했다. 또한 가속기 연구소는 과거의 과학 연구에는 존재하지 않던 새로운 군대식 위계 질서와 중앙 집권적인 과학 연구 관리 체계를 만들어 냈다.

제2차 세계 대전이 터지고 연방 정부의 국방 연구가 본격화되면서, 로런스의 방사 연구소는 엄청난 양적 팽창을 하게 된다. 즉 로런스의 지휘로 원자 폭탄의 개발에 적극적으로 참가하면서 국가의 엄청난 재정 지원을 받게 되었던 것이다. 물론 이런 성장은 주로 수많은 산업 기술자들이 추가된 기술상의 비대화를 의미했으며, 그 전체적인 골격은 이미 전쟁 전에 형성되어 있었다.

유럽 공동 원자핵 연구소의 출현

전후 유럽에서도 스위스에 유럽 공동 원자핵 연구소라는 거대한 가속기 연구소가 나타났다.[10] 1949년 말경에 이르면 유럽의 몇몇 핵 과학자들은 다국적 협력의 가능성을 신중하게 검토하게 되는데, 가장 주도적이었던 사람은 프랑스 원자력 위원회의 총 책임자 라울 도트뤼(Raoul Dautry, 1880~1951년)였다. 1949년 12월 그는 스위스에서 열린 유럽 문화 회의에서 유럽에 핵 과학 연구소를 설립하기 위한 기초 연구를 하자는 결의안을 통과시켰다. 그 뒤 미국의 유네스코 대표인 이지도어 아이작 라비도 피렌체에서 열린 유네스코 연례 회의에서 유럽에 핵 과학 연구소를 포함해서 한두 개 정도의 연구소를 설립하자는 결의안을 제출했는데, 이것이 1950년 6월 유네스코 총회에서 채택되었다. 이 결의안에 따라 프랑스의 루 코와르스키(Lew Kowarski, 1907~1979년), 피에르빅토르 오제(Pierre-Victor Auger, 1899~1993년), 도트뤼, 이탈리아의 에도아르도 아말디 등을 포함한 유럽의 여러 과학자들은 이 유럽 공동 연구소의 설립 문제를 구체적으로 토론했고, 마침내 1950년 12월 세계에서 가장 강력한 가속기를 건설하자고 제안하게 된다. 이때 원자로 계획은 군사상·산입상의 문제를 포함한 정치직인 결정 때문에 배제되있다.

그리하여 주로 오제의 노력에 의해서 이 문제는 1951년 12월 유네스코가 소집한 유럽 국가 간 회의에 제출되었고, 1952년 2월 15일에는 영국을 제외한 국가들이 모여 유럽 공동 연구소의 설립을 구체화하는 공식적인 협정에 서명해서 임시 유럽 공동 원자핵 연구소 위원회가 만들어지게 된다. 이 임시 유럽 공동 원자핵 연구소 위원회는 그 해 10월 연구소의 위치를 제네바로 정했고, 1952년 미국 브룩헤이브 연구소에서 발표된 새로운 교대 집속(alternating gradient focussing) 방법, 혹은 강 집속(strong focussing) 방법을 채택한 25~30기가볼트(250~300억 전자볼트) 의 양성자 싱크로트론(Proton Synchrotron)을 건설하기로 결정했다. 이후 1953년 7월에는 영국이 합류했고, 마침내 1954년 유럽 공동 원자핵 연구소가 정식으로 출범한다.

미국과 유럽의 차이

유럽 공동 원자핵 연구소는 제2차 세계 대전 이후 유럽이 미국과 경 쟁하려면 한 나라의 힘만으로는 이 엄청난 연구를 감당할 수 없기 때 문에 정치가들과 연대해 공동으로 세워졌다고 흔히들 알고 있다. 그러 나 이 연구소는 결과적으로는 미국과 경쟁을 하게 되었지만, 처음부터 미국 과학과 대항하기 위한 의도로 만들어진 것은 아니었다. 우선 유 럽 공동 원자핵 연구소는 유럽에서 나타난 다국적인 과학 프로그램 가운데 최초의 시도였다. 만약 유럽에서 우주 계획이 핵물리 연구소보 다 먼저 논의되었더라면, 유럽 공동 원자핵 연구소는 아주 작은 규모 로, 혹은 아주 뒤늦게 생겼을 것이다. 또한 유럽 공동 원자핵 연구소는 핵 개발과 밀접한 관계가 있던 미국의 브룩헤이븐 국립 연구소와는 달 리 군사적 이해 관계 때문에 성립한 것은 아니었다. 유럽 공동 원자핵 연구소는 아주 부자연스럽게 탄생한 국제 연구 조직이었고, 이런 연구 조직이 나타날 수 있었던 것은 이것이 유럽 주요 국가의 정치적·군사 적 균형을 방해하지 않았기 때문이었다. 즉 유럽 공동 원자핵 연구소 는 기초 연구에 중점을 두기로 계획되었기 때문에 당시 군부를 포함 한 이해 당사자들은 이 연구소가 군사적 균형을 포함한 국가의 이해

■ 유럽 공동 원자핵 연구소의 전경. 오른쪽 아래 도시 안에 있는 제일 작은 원이 양성자 싱크로트론(Proton Synchrotron, PS), 가장 큰 원이 대형 하드론 충돌기(Large Hadron Collider, LHC)이다. 유럽 최초의 다국적 과학 프로그램으로서 순수 기초 과학에서 많은 업적을 이룬 이 연구소는 현재 LHC로 '신의 입자' 힉스 보손 탐색에 도전하고 있다.

관계에 영향을 거의 미치지 않을 것으로 생각했다.[11]

미국의 경우 로런스 버클리 연구소, 브룩헤이븐 국립 연구소 등은 국가적 차원의 지원을 받으며 성장하거나 혹은 탄생했기 때문에 군사적·산업적 요구를 수용해야 했다. 따라서 기초 과학과 산업적·군사적 요구에 맞는 공학 연구를 결합하는 실용적인 형태로 발전했으며, 연구소의 형태도 상당히 중앙 집권적인 성격을 띠었다. 그러나 유럽 공동 원자핵 연구소는 애초부터 국제적인 성격을 지녔기 때문에 개별 국가들의 연구가 자율성이 인정되었고, 따라서 연구 조직도 비교적 분산적인 성격을 띠었으며, 순수 연구를 주로 했다. 또한 공학자와 과학자가 혼재되어 있던 미국과는 달리, 유럽에서는 아직 과학자와 공학자들의 활동이 상대적으로 구분되어 있었기 때문에 서로를 간섭하지 않고 독립적으로 활동할 수 있었다.

한편 유럽 공동 원자핵 연구소에서는 미국보다 더 큰 것을 만들어야 한다는 생각에서 가속기 건설에서도 항상 필요한 것보다 더 크게 만드는 과대 설계를 했다. 또한 당장의 이용 가능성보다는 좀 늦게 만들더라도 기술적 완벽성을 지니고 순수 과학적 입장에서 더 필요한 장치를 만들려고 했다. 유럽 공동 원자핵 연구소가 1952년 건설 기간이 길더라도 이제 막 나온 가장 최신의 싱크로트론을 만들려고 했던 것과, 1958년 양성자 싱크로트론에 사용할 거품 상자를 가능한 한 크게 만들기로 한 것은 이런 성격을 잘 말해 준다.[12]

1952년 미시간 대학교의 도널드 글레이저가 발명한 거품 상자는 액화수소를 이용하는 장치로서 기존의 구름 상자보다 우수한 최신의 가속기 검출 장치였다. 애초에 유럽 공동 원자핵 연구소에서는 90센티미터의 거품 상자를 만들 계획을 세웠었다. 이 정도 규모라면 1960년에 완공 예정인 28기가볼트 양성자 싱크로트론의 건설과 때를 맞춰 완성할 수 있었다.

그런데 1957년 당시 미국에서는 버클리의 루이스 월터 앨버레즈가 이보다 더 커다란 1.8미터의 거품 상자를 만들고 있었다. 따라서 미국의 검출 장치보다 더 좋고, 또한 순수 과학 차원에서도 유리한 것을 만들어야 한다는 생각으로 2미터짜리 거품 상자를 만들자는 의견이 대두되었다. 이때 실험 물리학자들은 될 수 있으면 빨리 실험을 하고 싶은 생각에서 작은 거품 상자 쪽을 원했으나, 이론 물리학자와 그 장치를 건설할 공학자들은 늦더라도 커다란 것을 만들기를 원했다. 이들 사이의 힘겨루기 결과 1958년 유럽 공동 원자핵 연구소의 책임자들은 2미터짜리 거품 상자를 선택했고, 이에 따라 완공이 늦어지는 바람에 유럽 공동 원자핵 연구소의 양성자 싱크로트론은 완성된 뒤 1년 동안은 검출기인 거품 상자가 없는 상태였다. 2미터 거품 상자는 1964년이 돼서야 비로소 정상 가동을 할 수 있었다. 조금 늦더라도 더 완벽한 장치를 만들려는 유럽 공동 원자핵 연구소의 이런 의도는, 미국과는 달리 실용적인 문제에 덜 신경을 쓰고 순수 기초 연구를 할 수 있었던 연구소의 여건과 어우러져서 1960년대에서 1970년대 사이에 유럽 공동 원자핵 연구소가 기초 과학 분야에서 좋은 업적을 많이 내는 요인으로 작용했다.

거대 과학의 특징

가속기와 같은 거대 규모의 과학 연구에서는 엄청난 연구비를 필요로 하기 때문에 정치·경제적인 요인이 과학 연구를 크게 제한한다. 그한 예로 1990년대 냉전이 종식되고 국방 연구가 퇴조하면서 초전도 초대형 가속기(Superconducting Supercollider, SSC) 계획이 폐기된 것을 들수 있다.[13] 1988년 레이건 대통령이 승인한 이 가속기 건설 사업은 역사상 가장 큰 과학 프로젝트 가운데 하나였다. 이 가속기는 텍사스 주에 있는 자동차 경주로 형태의 길이 53마일(약85킬로미터)짜리 터널을 따라 작동하도록 설계되었으며, 완공까지 약 80억 달러(약8조 4000억 원)가들고 10년이 걸릴 것으로 예상되었다.

그 이름대로 초대형 프로젝트이다 보니 일을 추진하는 사람들에게

과장이 있을 수밖에 없었다. 뉴저지 주 출신 공화당원으로 미국 하원의 과학, 우주 및 기술 위원장을 맡고 있던 로버트 로(Robert Roe) 의원은 "초전도 초대형 가속기 건설이 성공한다면, 우리는 이 세상에 영원한 지식의 혁신을 일으킬 수 있다."라고 선언했다. 80억 달러는 너무나도 큰돈이었기 때문에 과학자들, 특히 물리학자들 사이에서도 의견이 엇갈렸다. 초전도 초대형 가속기를 지원하는 정치인 가운데 많은 사람이 서로 다른 이유로 그것에 눈독을 들였다. 일부 정치인은 초전도 초대형 가속기를 국가적 명예로 받아들였고, 다른 정치인은 일자리를 창출하기 위한 수단으로 또는 순전히 지역 선거 전략의 일환으로 생각했다.

초전도 초대형 가속기 프로젝트는 과학적 주장과는 거의 관계없는 정치적 압력으로 예산상의 고려에서 밀려났다. 1990년대 초의 깊어지는 불황과 연방 정부의 재정 위기 상황에서, 그리고 특별히 관련 예산의 상당 부분이 텍사스 주에서 사용될 것이었기 때문에, 수십억 달러가 드는 초전도 초대형 가속기 프로젝트는 정치적 흥정거리로 전락하고 말았다. 가속기 건설 예산은 계속해서 우선 순위에서 밀려났다. 결국 이 계획이 중단되자, 새로운 통일장 이론의 검증을 필요로 했던 고에너지 물리학 분야에서는 과학 활동이 크게 위축되었다.

거대 과학 분야에서는 연구 자체도 실험 기구에 대한 의존성이 과거와는 비교도 안 될 정도로 커지게 된다. 만약 어떤 연구소에 거대한 거품 상자가 있다고 가정해 보자. 한 연구자가 자신의 연구에는 거품 상자보다 다른 탐지 장치가 더 좋다고 하더라도 마음대로 실험 장치를 바꿀 수는 없다. 그 행위 자체가 엄청난 연구비를 필요로 하고, 장기적인 연구소의 계획과 맞아떨어져야 하기 때문이다. 오히려 자신이 소속되어 있는 연구소의 설비에 맞게 연구를 바꾸는 편이 현명하다. 결국 거대 규모의 과학 활동에서는 일단 설치된 실험 장치가 그곳에 있는 과학자들의 장기적인 연구 활동을 제한하게 된다. 이렇게 거대 규모의 연구에서는 과학자들이 과거처럼 자유롭게 자신의 연구 주제를 선택하지 못하고, 거대한 연구 조직의 위계 속에서 연구 활동을 하는 것이 관례가 된다.[14]

거대 과학 연구 활동의 또 다른 특징은 기술자가 실험 과정에서 단순한 보조 차원을 넘어서 매우 중요한 역할을 하며, 이에 따라 연구소의 정책 결정 과정에서도 상당한 영향력을 미치게 되었다는 것이다. 기계의 역할이 커지면서 실험에서 기계와 인간의 관계에도 변화가 오기 시작했다. 과거에는 주로 인간이 중심이 되어 기계를 조작하며 능동적으로 실험을 했으나, 이제는 측정 자체도 컴퓨터와 같은 고도의 기계가 대신하는 경우가 많아졌고, 이런 고도의 측정 기구에서 나오는 데이터를 분석하는 것이 활동의 대부분을 차지하게 되었다. 실험 행위 자체도 과학자와 실제 측정 장치와의 구체적인 접촉이 아니라, 과학자와 데이터 처리 장치와의 간접적인 대화로 변하게 된 것이다. 또한 이런 행위는 거의 대개가 매일같이 반복되는 틀에 박힌 활동이 된다. 따라서 몇몇 과학자들은 이런 활동이 창조성을 박탈한다고 생각하면서 거대 과학 연구에 싫증을 느끼기도 한다. 실제로 거품 상자를 발명해서 노벨상을 받았던 글레이저는 자신의 거품 상자를 개선하는 과정에서 나타났던 이런 반복적인 과학 활동에 회의를 느끼고 물리학을 떠나 분자 생물학으로 연구 분야를 옮겨 버렸다. 결국 거대한 관료 조직 내에서 제한을 받으면서 연구를 해야 하며, 또한 일상적으로 반복되는 일을 해야 하는 말단의 과학자들에게 어떻게 창조적이고 자율적인 과학 활동 환경을 줄 것인가가 거대 과학이 해결해야 할 중대한 과제로 남게 되었다.

■ 물리 과학과 생명 과학의 운명의 대결 ■
초전도 초대형 가속기와 인간 유전체 계획

20세기 말에 과학계의 판도를 바꾼 가장 커다란 사건으로는 기본 입자 세계를 연구하기 위한 초전도 초대형 가속기 계획이 폐기되고 인간의 유전체 지도를 만들려는 인간 유전체 계획이 추진된 것을 들 수 있다.[15] 이 두 계획은 각각 고에너지 물리학과 분자 생물학을 대변하는 것으로서 모두 다 엄청난 연구비와 수많은 연구 인력이 투입되는 거대 과학 계획이었다.

1990년대 초 초전도 초대형 가속기 건설 계획에는 향후 10여 년에 걸쳐 약 60억 달러(약 6조 3000억 원)가 소요될 것으로 추정되었으며, 인간 유전체 계획도 전체적으로는 이에 상응하는 비용이 소요될 예정이었다. 과학자들은 이 계획의 성사 여부에 자신의 분야의 사활을 걸고 정치적 로비에 혼신의 힘을 쏟았다. 초전도 초대형 가속기 계획 당사자들은 이 계획이 우주와 물질의 신비를 해명할뿐더러 거대한 장치를 만들기 위한 첨단 기술 개발로 고체 물리학을 비롯한 여타 공학 분야에도 기여할 것이라고 주장하며 정치가들을 설득했다. 또한 인간 유전체 계획 당사자들은 30억 개의 유전 정보를 담고 있는 약 10만 개의 유전체에 관한 유전자 지도를 체계적으로 작성하는 이 연구가 완료되면 불치병인 암의 치료와 신약 개발에 획기적인 전기가 마련될 수도 있다고 정책 관계자들에게 호소했다.

치열한 로비 경쟁의 결과, 초전도 초대형 가속기 건설 계획은 1993년에 폐기되었고 반면에 인간 유전체 계획은 살아남았다. 전후 미국 정부는 국가 안보를 염두에 두고 고에너지 물리학을 지원했는데, 냉전 종식 이후 명분이 사라졌던 것이다. 또한 1960년대와는 달리 1990년대에 들어와 산업체와의 협력을 통해 급성장했던 고체 물리학자 집단이 고에너지 물리학자 집단의 독주를 그냥 좌시하지만은 않았던 것도 계획을 실현하지 못한 하나의 이유로 작용했다.

　반면에 인간 유전체 계획이 살아남은 이유는 해당 분야의 과학자들이 이 계획이 신약 개발 및 난치병 치료와 같이 인간의 생활과 밀접한 곳에서 도움이 되며, 21세기 생명 공학 분야에서 미국이 주도권을 잡기 위해서라도 절실히 필요하다는 사실을 정치가들에게 잘 설득시켰기 때문이었다. 인간의 유전체를 규명하는 작업은 이 계획의 성사 여부와 관계없이 당시에 이미 광범위하게 진행되고 있었다. 또한 인간 유전체 계획에서는 생명 윤리 문제에도 전체 예산의 3~5퍼센트를 배정하는 등 과학과 사회 문제에도 세심한 관심을 보였다.

　초전도 초대형 가속기 계획의 몰락과 인간 유전체 계획의 성공은 과학계에 나타날 커다란 지각 변동을 예고했다. 20세기 중반 이후 기본 입자 물리학이나 고에너지 물리학이 과학계를 주도했던 것은 전후 냉전 체계와 미국-소련 간의 군비 경쟁이 결정적인 역할을 했다. 하지만 이제는 군사력 우위로 세계를 통제하려는 방식보다는 반도체, 정보 통신, 생명 공학 등 21세기에 우리 삶의 핵심을 차지할 첨단 지식을 바탕으로 세계의 주도권을 잡으려는 움직임이 본격화되있고, 과학노 이 움직임에 부응해야만 살아남는 시대가 되었다.

19장 | 환경 사상의 부상

20세기 중반 이후, 합리적이고 분석적인 과학 기술을 바탕으로 더 나은 사회를 건설할 수 있다는 생각은 점차로 한계를 드러내기 시작했다. 우선 합리적 이성의 결과물이었던 핵무기는 핵전쟁의 위기를 고조시키면서 인류의 존립 자체를 위협했다. 또한 자연을 인위적으로 조작해서 인간에게 유익한 지식을 얻을 수 있다는 근대적인 실험 정신은 진행 과정에서 본래의 의도와는 달리 환경의 파괴라는 심각한 문제를 불러일으켰다.

오늘날 우리 주변에서 목격되는 환경주의 운동과 그 사상적 바탕은 아주 다양한 뿌리를 지니고 있으며, 진행 방식 역시 매우 복합적인 운동의 형태를 띤다.[1] 과거 200년 동안 환경 사상은 심미석 환경 보전주의, 자원의 효율적 활용을 위한 자원 관리의 이념과 자원 재생의 필요성, 기술 문명의 발전에 따른 기술 유토피아 이데올로기, 산업 독극물의 확산과 도시 산업적 차원의 환경주의에 대한 인식, 토지 및 야생 동식물을 바라보는 새로운 윤리 의식, 사회주의 이념과 환경 정의, 심지어는 독일의 국가 사회주의 운동과도 맥을 같이 하면서 전개되었다.[2]

미국 환경 보전 운동의 태동

다른 나라와 마찬가지로 미국의 환경주의 사상 역시 매우 다양한 배경 속에서 성장했다. 미국의 환경 운동 가운데 가장 오래된 역사를 지니고 있는 전통은 다른 나라와 마찬가지로 자연 보호 내지 환경 보전 운동이었다. 개척 시대 이래로 미국인들은 줄곧 자연 환경을 바꾸어 가면서 미국 사회를 건설해 왔고, 이 과정에서 미국의 산림, 초원, 야생 동식물 자원들은 엄청나게 파괴되었다.

남북 전쟁 이후 미국의 기업가들이 사적인 이익을 얻기 위해 산림 자원을 비롯한 자연 자원을 개발함으로써 자연 환경의 훼손이 미국 대륙의 곳곳에서 나타났다. 이에 따라 1870년대부터 연방 정부는 국립 공원법을 제정하고 국립 공원에서 수렵을 금지하는 등 삼림과 야생 동식물의 보호에 적극적으로 나서게 된다. 이에 따라 1872년 와이오밍 지역의 옐로스톤(Yellowstone) 지역을 국립 공원으로 지정하는 법이 제정되었고, 1885년에는 뉴욕 주도 산림 보전 지역을 설정하는 내용을 법률에 명시했다. 1891년 미국 의회는 산림 보호법(Forest Reserve Act)을 통과시켜 125만 에이커(약 5000제곱킬로미터)를 보전 대상 자연림으로 지정했다. 또한 미국 농림부는 산림학자인 기포드 핀초트(Gifford Pinchot, 1865~1946년)를 채용해서 1897년 산림 관리법(Forest Management Act)을 마련했다.

1889년 예일 대학교를 졸업한 핀초트는 프랑스 낭시의 국립 산림 학교와 독일, 스위스, 오스트리아 등에서 공부했다. 1892년 미국으로 돌아온 핀초트는 미국에서 최초로 산림에 대한 체계적인 관리 작업을 시작했다. 핀초트의 환경 보전 사상은 지질학자이자 고고학자인 윌리엄 존 맥기(William John McGee, 1853~1912년)로부터 많은 영향을 받았다. 1883년부터 1893년까지 지질 조사국(Geological Survey)에서 일했던 맥기는 공공 이익을 위한 과학적이고 체계적인 환경 관리를 강조했던 인물이었다. 맥기가 제안한, 환경에 대한 민주주의적 해석에 의하면 환경은 가장 오랫동안 가장 많은 사람들에게 이익이 되도록 관리해야 했다.

이 시대에는 환경 보전과 관련된 민간 단체들도 많이 설립되었다. 1892년 존 뮤어(John Muir, 1838~1914년)가 창립한 시에라 클럽(Sierra Club)과 1905년 창립된 오듀본 협회(National Audubon Society)는 이 시기에 미개발된 자연 환경을 보전하기 위한 활동을 한 대표적인 단체들이었다. 1901년에는 열렬한 환경 보호론자였던 시어도어 루스벨트(Theodore Roosevelt, 1858~1919년)가 대통령으로 취임했다. 그는 대통령으로 재직하는 동안이었던 1905년 핀초트의 주도 아래 농무부 산하에 산림 자원을 보호, 관리할 산림청(Forest Service)을 신설했으며, 1903년에는 뮤어와 함께 요세미티 지역으로 함께 캠핑 여행을 떠날 정도로 환경 보전 프로그램을 정력적으로 추진했다. 이런 이유 때문에 많은 사람들은 이 시기가 미국 환경 보전의 황금기였다고 평가하고 있다.

민간 환경 단체가 지녔던 환경 보전 사상은 환경 보전이라는 면에서는 정부의 활동과 일치하는 면이 많았지만, 정부 관리들이 지니고 있던 공리주의적인 환경 보전 사상과는 차별화된 면도 있었다. 우선 이 시대의 대표적인 환경 운동가였던 뮤어는 자연 자체의 아름다움은 자연을 경제적 이득을 위해 이용하는 것보다 더 값지다고 설파했다. 그리하여 심미적인 자연 보전 사상을 주장한 환경주의자들은 요세미티 국립 공원 주변의 개발 사업을 둘러싸고 정부 측과 논쟁을 벌이기도 했다. 당시 정부는 요세미티 국립 공원에 있는 헤츠헤치 계곡 (Hetch Hetchy Valley)에 댐을 건설해서 샌프란시스코 지역에 전기와 물을 공급하는 계획을 세웠는데, 존 뮤어와 로버트 언더우드 존슨(Robert Underwood Johnson, 1853~1937년)으로 대표되는 심미적 환경 보전주의자들은 이런 계획이 경제적 이득만을 내세운 환경 정책이라고 비판하고, 요세미티 지역이 지니는 경제적 이득보나는 자연 그 자체로서의 아름다움이 인간을 위해 더욱 값진 것이라고 주장했다.

미국의 환경 보전 운동은 20세기 초 혁신주의 시대(Progressive Era)의 시대적 배경과 밀접한 연결을 맺고 있다. 이 시대의 미국 혁신주의는 남북 전쟁 이후의 급격한 산업화와 도시화로 제기된 문제들에 다양한 집단들이 대응하면서 나타났다.[3] 전반적으로 이 시대의 혁신주의 운동은 개인주의와 자유 방임 경제에 대한 반발로서 산업과 재정을 대중의 통제 아래 두기 위해 정부의 권한을 강화하는 일종의 국가적 차원의 개혁 운동이었다. 환경에 대한 연방 정부의 통제가 강화되는 혁신주의 시대의 환경 보전 운동은 민주주의적 사상과 연방 정부 권한 강화 움직임과 밀접하게 연관되어 있다.

로더릭 프레이저 내시(Roderick Frazier Nash, 1853~1937년)를 비롯한 몇몇 학자들은 20세기 초 혁신주의 시대에 환경 보전 사상이 급부상한 요인을 대략 3가지 차원에서 이야기하고 있다. 첫째, 맥기와 핀초트에게 나타나는 것처럼 다수를 이롭게 한다는 민주주의적 관점에서 이 시기 환경 보전 운동이 힘을 받았다는 것이다. 당시 몇몇 선구자적인 기획 입안자 내지 기술자들 사이에서 퍼져 있었던 과학적 관리와 효율성 제고에 대한 열정 역시 환경 보전 사상이 성장하는 데 커다란 영향을 줬다. 마지막으로, 개척 시대가 끝나고 산업화가 추진되면서 제한

된 자원의 고갈을 염려하는 미국인들의 태도가 이 시기 환경 보전에 관심을 가지게 했다.[4]

자연과 생명에 대한 새로운 윤리 의식

1913년 헤츠헤치 댐 건설 반대 운동이 실패로 막을 내리고, 그 이듬해 뮤어가 세상을 떠난 뒤 미국의 환경 운동은 천연림 보전의 차원을 넘어 야생 동식물 보전으로 확대 발전하기 시작했다. 야생 동식물 보전 운동은 1930년대에 야생 동식물 협회(Wilderness Society)라는 새로운 단체가 설립되는 것으로 초창기 환경 운동의 절정을 이루었다. 로버트 마셜(Robert Marshall, 1901~1939년)과 알도 레오폴드(Aldo Leopold, 1887~1948년)는 이 야생 동식물 협회가 창립되는 데 주동적인 역할을 했으며, 토지 및 야생 동식물을 바라보는 새로운 윤리 의식과 책임감을 강조했던 인물들이었다.[5]

워싱턴의 유명한 로펌 소속 변호사의 아들이었던 로버트 마셜은 어려서부터 소수 인권 보호, 차별 해소, 공민권 옹호 등을 포함하는 자유주의적 가치관을 지니며 성장했다. 숲의 보전에 많은 관심을 두었던 아버지의 영향을 받으면서 성상한 마셜은 하버드 대학교에서 산림학으로 석사를 하고, 존스 홉킨스 대학교에서 식물 병리학으로 박사 학위를 취득했다. 졸업 후 그는 미국 산림청에 근무하면서 인간 문명에 의해 산림이 무차별하게 파괴되는 것에 우려를 느꼈고, 천연 원시림 보호에 많은 노력을 기울였다. 특히 그는 뉴딜 기간 동안 미국 산림 정책의 방향에 커다란 영향을 미쳤다.

마셜은 정부에서 일했음에도 불구하고 정부가 추진하던 환경 정책에 한계를 느끼고 더 진보적인 차원에서 환경 보전 운동을 전개했다. 그는 산림 자원의 이용에 치중하는 산림청의 개발 선호 입장과 원시림을 그대로 보전하기보다는 휴양지 형태로 개발하려고 하는 국립공원 관리 협회의 개발 위주 정책에 강한 비판을 가했다. 마셜은 정부의 이런 실용주의적 정책이 궁극적으로는 야생 동식물 자원의 무차별 이용과 자연 파괴를 야기한다고 우려했다. 무엇보다도 마셜은 숲이 지닌 심미적인 중요성을 강조했으며, 숲의 가장 커다란 가치는 물질적인 것이 아니라 오히려 정신적인 것이라고 생각했다.

마셜은 『인민의 숲(*The People's Forest*)』에서 무분별한 상업적 산림 이용을 가능하게 하는 사유림 제도를 전반적으로 비판하는 한편, 숲이 지닌 공유적 성격을 강조했다. 초록색 유토피아를 표방한 그는 국가의 숲 정책에 사회 정의와 환경적 비전을 결합시켰다. 그는 저소득층을 위해 공유림으로 가는 교통비를 보조하고 낮은 계층의 사람들도 거의 최소한의 비용으로 교외에서 자연을 즐길 수 있도록 했다. 또한 흑인 및 유대 인과 같은 소수 인종을 차별하는 산림 정책도 바꾸어 나갔으며, 도심 주변에 더 많은 휴양림을 확보했다.

인간이 토지 및 야생 동식물을 바라보는 새로운 윤리 의식을 지녀야 함을 강조한 레오폴드는 뉴저지 주의 로런스빌 학교와 예일 대학교에서 조류학을 공부한 사람이었다. 1908년 학교를 졸업한 그는 핀초트 가의 기금으로 1900년에 문을 열었으며 당시 미국 산림학 연구의 중심지였던 예일의 산림 대학원에서 산림학을 공부했다. 1909년 미국 산림청에 취직한 레오폴드는 산림 및 야생 동물 전문가로서 본격적인 인생을 시작하게 되었다. 산림청에 근무하는 동안 그는 산림을 가꾸고 사냥감을 관리하는 협소한 자연 보존의 관점을 넘어 생태계 전체를 염려하는 더 넓은 차원의 환경 보전 운동의 관점을 지니게 되었다.

탐험과 사냥을 좋아했던 레오폴드는 무엇보다도 야생 동물에 많은 관심을 두었다. 1933년 레오폴드는 야생 동물 사냥 관리에 관한 책을 집필해, 수렵이나 낚시 등도 무차별적인 남획으로 번져서는 안 되며 지속 가능한 범위 내에서 조심스럽게 관리되어야 함을 강조했다. 야생 동물에 대한 관심을 통해 레오폴드는 자연림과 토지에 대한 이해를 넓힐 수 있었다. 그는 1924년 위스콘신 주립 대학교(매디슨)의 임산물 연구소 부소장이, 1933년에는 위스콘신 주립 대학교의 수렵 관리학 교수가 되었다.

레오폴드가 생애 마지막 10년 동안 집필했고 사후에 출판되어 많은 사람들에게 영향을 줬던 『샌드 카운티 역서(A Sand County Almanac)』에는 토지 윤리의 중요성과 대규모적 휴양지 개발에 반대하는 그의 태도가 잘 나타나 있다. 야생 생물과 토지에 대한 레오폴드의 사랑은 생태계의 보전에 필요한 인간의 책무에 관한 철학적 견해로 발전했다. 레오폴드는 자연 보전이란 인간과 토지, 동물 사이의 조화 상태라고 생각했던 사람이었다. 그는 우리 인간이 토지에 대한 '생태학적 양심(ecological conscience)'을 가지고 토지를 사용하는 윤리 의식을 지녀야 한다고 주장했다. 즉 자연에서 모든 생명체가 조화롭게 살아가기 위해서는 인간뿐만이 아니라 토지와 동물 사이에 조화로운 황금률(The Golden Rule)을 적용해야 한다는 것이다. 이처럼 레오폴드의 토지 윤리에는 토지에 대한 인간의 의무감과 함께 깊은 생태학적인 통찰도 담겨 있었다.

앨리스 해밀턴과 직업병 연구

한편 19세기 중반 이후 미국에서는 산업화가 급속도로 추진되었고, 이에 따라 20세기에 접어들면서 자연 보호 차원을 떠난 새로운 형태의 환경 운동이 나타났다. 공장 및 작업장에서 발생하는 위험한 화학 물질을 연구했던 앨리스 해밀턴(Alice Hamilton, 1869~1970년)의 활동은 그 대표적인 예라고 할 수 있다.

앨리스 해밀턴은 미국 최초의 도시, 산업 환경주의자로 평가되는 인물이다. 미시간 의과 대학에서 의학을 공부했던 해밀턴은 대학을 졸업한 뒤 노스웨스턴 여자 의과 대학의 병리학 교수를 지내면서 시카고를 중심으로 활동하게 되었다. 이곳에서 그녀는 보건, 환경, 정치가 서로 어떻게 관련을 맺는가에 대해서 많은 경험을 얻었는데, 특히 당시에 사람들이 거의 관심을 기울이지 않았던 산업체에서 발생하는 직업병에 관심을 갖게 되었다. 그 뒤 수십 년 동안 해밀턴은 미국의 산업 독극물을 포함한 직업 재해에 관해 광범위한 연구 업적을 남겼다. 그리하여 그녀는 단순히 작업장 독극물뿐만이 아니라 도시 공해 문제에 대해서도 선도적인 역할을 했던 것이다. 1919년 해밀턴은 하버드 의과 대학이 산업 보건학 과정을 신설함에 따라 하버드 의과 대학의 산업 의학 조교수가 되었다. 의과 대학에 재직 중이던 1925년 해밀턴은 이제는 고전의 반열에 오른 『미국의 산업 독극물(Industrial Poisons in the United States)』을 출판했다.

해밀턴은 환경 문제를 도시 이외 지역의 자연 보호 운동을 넘어서 도시적 차원으로 확대시킨 선구자였다. 산업체에서 생산된 독극물은 단지 공장의 노동자와 도시에 사는 사람들에게만 해당되는 것은 아니었다. 20세기 후반에 이르러 산업체에서 생산된 여러 화학 약품들이 인간을 넘어서 생태계의 파괴로까지 이어지면서 환경 문제는 다시 한 번 새로운 변화를 겪게 된다.

살충제의 개발과 남용

20세기 인류는 농산물의 생산 증대를 위해 병충해 방제에 힘을 기울였고, 수많은 농약을 사용하기 시작했다. 하지만 병충해를 죽이는 농약 자체가 농작물과 심지어는 인체에도 매우 유독했기 때문에 적절한 농약의 선택과 효과적인 살포 방법이 문제가 되기 시작했다. 1930년대와 1940년대에 비소와 납 계열의 살충제가 광범위하게 살포되었는데, 이에 따라 농작물과 토양에 다량의 독성 물질이 남게 되었으며 토양의 생산력도 현저하게 감소되었다. 이러던 차에 1940년대에 와서 농작물과 인체에 피해를 적게 주는 새로운 살충제들이 발견되어 제2차 세계 대전을 거치면서 병충해 방제를 위해 화학 살충제가 전 세계적으로 더욱 광범위하게 사용되게 된다. 이 시기에 나타난 수많은 화학 살충제 가운데 가장 광범위하게 사용된 것은 유기 염소제인 디클로로디페닐트리클로로에탄(dichlorodiphenyltrichloroethane, DDT)이었다.

1939년 스위스의 화학자 파울 헤르만 뮐러(Paul Hermann Muller, 1899~1965년)는 DDT의 놀라운 살충 효과를 처음으로 확인했다. 이 물질은 이미 1873년 오트마 차이들러(Othmar Zeidler, 1859~1911년)가 처음으로 발견했지만, 당시에는 이 물질의 생리학적인 작용에 대해 거의 알지 못했다. 1899년 스위스에서 태어난 뮐러는 1925년 바젤 대학교에서 화학으로 박사 학위를 받았는데, 이때 부전공으로 식물학과 물리 화학을 공부했다. 대학교를 졸업한 뒤 그는 스위스의 염료 회사인 가이기(Geigy) 사에 화학 연구원으로 들어가서 자신의 최대 업적인 살충제에 대한 연구를 하게 된다. 식물학에 관심이 있었던 뮐러는 1935년부터 이상적인 기준을 갖춘 살충제를 찾기 시작했다. 이때 그가 이상적이라고 생각했던 기준은 우선 곤충에게는 매우 강하고 빠른 독성 작용을 보이지만 식물과 온혈 동물에게는 거의 독성이 없고, 냄새도 없고 효과가 오래 지속되며 값이 싼 살충제였다.

곤충에게 영향을 주는 수많은 화합 물질을 연구한 뮐러는 곤충이 독극물을 흡수하는 방식은 온혈 동물과는 완전히 다르기 때문에 안전한 살충제를 발견하는 것이 가능하다고 믿었다. 그는 페닐 에탄의 염소 유도체에 관심을 집중했고, 마침내 1939년 9월 파리를 이용해서 자신이 애초에 설정했던 거의 모든 기준을 만족하는 살충제를 발견했다. 뮐러는 이 살충제가 파리 이외의 다른 곤충에도 효과가 있다는 것을 확인하고 DDT라고 이름 붙여서, 1940년 3월 스위스에서 특허를 출원했다. 이듬해인 1941년 DDT는 스위스에 엄습한 콜로라도감자딱정벌레(Colorado potato beetle, *Leptinotarsa decemlineata*)를 성공적으로 퇴치하면서 효능이 입증되기 시작했다.

DDT는 1942년 초에 처음으로 시장에 나타났는데, 곧 그 가치를 인정받았다. 전쟁 중이었던 당시에는 열대 지방에서 많은 전투가 벌어졌고, 질병을 옮기는 곤충들을 박멸하는 데 DDT는 아주 효과적인 살충제로 여겨졌다. 더구나 DDT가 사용되던 초기에는 인간에게는 어떠한 피해도 없는 것으로 나타났다. 전후에는 지중해 지역에 만연한 말라리아모기(아노펠레스(*Anopheles*) 속의 모기)를 박멸하는 데 널리 사용되었고, 실제로 말라리아의 발생은 현저하게 감소했다. 이 공로로 뮐러는

1948년 노벨 생리·의학상을 받았다.

레이첼 카슨의 『침묵의 봄』

뮐러는 이상적인 살충제에 대한 기준을 마련할 때 생명체 내에서 화학 물질이 위험한 상태로까지 축적될 수 있다는 점을 고려하지 않았다. 하지만 DDT의 사용량이 증대하면서 이 화학 물질이 대단히 안정해서 몇몇 동물의 체내에서 분해되지 않고 아주 위험한 수준까지 축적된다는 것이 밝혀졌고, 수많은 논쟁이 일어나게 되었다. 또한 살충제의 남용은 곤충이 화학 살충제에 내성을 갖게 되는 결과를 낳았다. 이에 DDT보다 더 독성이 강한 알드린(Aldrin), 디엘드린(Dieldrin), 말라티온(Malathion), 파라티온(Parathion) 등이 개발되었고, 내성이 생긴 곤충들을 죽이기 위해 더욱 많은 살충제가 필요해져서 화학 살충제에 의한 자연 질서의 파괴가 인간, 포유류, 조류 등을 포함한 생태계에 총체적인 위기를 몰고 올 것이라는 우려까지 나타나게 되었던 것이다. 1962년에 대규모의 화학 공업 공장에서 생산된 살충제로 동식물의 환경을 비롯한 생태계가 파괴되어 급기야 그것을 만든 인간에게 치명적인 영향을 미칠 것임을 경고해서 커다란 파문을 일으킨 사람은 바로 미국의 해양 생물학자 레이첼 카슨이었다.[6]

카슨의 경고는 1962년 6월 16일 《뉴요커(New Yorker)》에 곧이어 출판될 책의 요약판이 연재되기 시작하면서 커다란 반향을 일으켰다. 기사가 나오자마자 시민과 몇몇 과학자들, 심지어는 케네디 대통령이 있던 백악관에서도 찬사가 쏟아졌다. 하지만 이와 같은 찬사와 함께 카슨이 살충제에 대한 극히 부정적인 면만 부각시켰다는 비판도 여기저기서 잇따랐다. 우선 농무부 내의 관리들은 카슨의 공격에 분개했으며, 살충제를 생산하는 산업체에서도 카슨의 주장이 아직 검증되지 않은 편파적인 것이라고 맹렬히 비난했다. 8월 초가 되자 클로르데인을 생산하는 화학 회사에서는 만약 카슨의 글을 책으로 출판할 경우에는 명예 훼손으로 고소하겠다는 내용의 편지를 호튼 머플린(Houghton Mufflin) 출판사로 보내 협박했다. 이런 협박과 항의에도 불구하고 호튼 머플린 출판사는 예정대로 1962년 9월 27일 카슨의 책을 출판했고, 곧 그해 가을에 이 책은 60만 부가 팔리며 베스트셀러 1위에 올랐다.

1962년 7월 카슨의 경고를 전해들은 케네디 대통령은 과학 자문 위원이었던 제롬 버트 와이즈너(Jerome Bert Wiesner, 1915~1994년)에게 살충제의 사용 실태에 대한 조사를 하기 위해 대통령 과학 자문 위원회에 특별 패널을 구성하도록 지시했다. 이어 8월 29일에 있었던 기자 회견에서 케네디 대통령은 카슨이 비판했던 문제점에 대해서 더 철저하게 조사할 것을 다짐했다. 카슨의 경고에 대한 대통령의 관심은 책의 영향력을 더욱 극대화했다. 그리하여 살충제 사용은 공공 정책의 문제로까지 비화되었다.

한편 1962년 말 컬럼비아 방송사(CBS)는 돌아오는 봄에 카슨의 책에 대한 특별 프로그램을 기획한다고 발표했다. 이때를 즈음해서 정부의 살충제 살포 계획에 대한 항의 편지가 이어졌고, 오듀본 협회와 같은 환경 단체에는 신규 가입자가 증가했다. 또한 의회 내에서도 서서히 이 문제에 관심을 가지는 사람들이 나타나기 시작했다. 특별 프로그램을 철회하도록 협박하는 정체불명의 편지가 CBS로 전달되는 등 반대파들의 집요한 공세와 함께 마지막 순간에 몇몇 기업 스폰서들이 빠져나가는 우여곡절을 겪은 끝에 1963년 4월 3일 특별 프로그램 「레이철 카슨의 침묵의 봄」은 마침내 방영되었다.

　살충제 문제를 다룬 CBS의 특별 프로그램은 대중 사회에 커다란 반향을 일으켰다. 방송이 나간 다음날 코네티컷 주의 에이브러햄 리비코프(Abraham Ribicoff) 상원 위원은 연방 정부의 살충제 통제 프로그램을 포함해 환경 오염에 관한 의회 조사를 시작하겠다고 발표했다. 5월 15일 백악관은 오랫동안 기다렸던 대통령 과학 자문회의 보고서를 내놓았다. '살충제 사용'에 관한 자문회의 보고서에서는 많은 정부 관리와 산업체 관계자들이 염려한 만큼 살충제 사용의 문제점을 심하게 지적하지는 않았고, 과학적 판단에 관한 내용도 상당히 조심스러워하는 모습이 역력했다. 하지만 전체적으로 보아 그들의 논조는 분명히 카슨을 옹호한 것이었다. 그날 발행된《크리스천 사이언스 모니터》는 첫머리 기사에서 레이철 카슨의 입장이 대통령 과학 자문 위원회의 보고서로 옹호되었다고 보도했다.

　그녀의 입장이 받아들여지면서 카슨은 전 세계의 학술, 문예, 과학 단체로부터 수많은 상과 훈장을 받았다. 하지만 카슨은『침묵의 봄』을 집필하던 1960년부터 이미 자신이 유방암에 걸려 있음을 알고 있었다. 1964년 4월 14일 카슨은 메릴랜드 주 실버스프링의 자택에서 56세의 나이로 세상을 떠났다. 훗날 1980년 지미 키터 대통령은 미국 정부가 민간인에게 수여하는 가장 영예로운 심훈위 자유 훈장(Medal of Freedom)을 카슨에게 추서했다.

환경 운동의 세계적 확산

　카슨의 책은 대중 사이에서 유례없는 커다란 반향을 일으켰고, 오

늘날 미국에서 환경 운동으로 알려진 일련의 움직임이 시작되는 기폭
제가 되었다. 1962년 이후 기존의 자연 보전 단체 이외에 수많은 환경
단체들이 결성되었으며, 환경 문제에 대한 열띤 논쟁도 벌어졌다.[7]

1966년 중세 기술사가인 린 타운센드 화이트 주니어(Lynn Townsend
White, Jr., 1907~1987년)는 미국 과학 진흥 협회에서 발표한 「우리 생태적
위기의 역사적 근원(The Historical Roots of Our Ecologic Crisis)」이라는 글에
서 서구의 과학 기술로 인한 자연 파괴가 신은 인간이 자연을 이용하
도록 허락했다고 믿었던 성경적 자연관과 연관되어 있다고 주장해서
많은 사람들의 주목을 받았다.[8] 이 주장 이후 기독교적 윤리 이외에 다
른 문명권의 자연관이 주목을 받게 되었고, 특히 기계론적인 서구 철
학에 삭상한 지식인들 가운데 몇몇은 동양의 유기체적이고 생태주의
적 세계관에서 새로운 돌파구를 찾고자 하기도 했다.

현대의 환경 위기를 기독교 신학과 연결시키려는 움직임이 나타나
자 기독교 측에서도 환경 보호와 성경을 연결하려는 새로운 대안적 노
력이 등장했다. 기독교도들은 성경의 본래 의미는 신이 인간에게 자연
을 마음대로 약탈하게끔 허용한 것이 아니라 인간에게 신의 창조물인
자연을 잘 보호하고 관리하라는 책무를 부여한 것이라고 주장하고 있
다. 미국의 교육자, 소설가이며 농부인 웬덜 베리는 이런 기독교 청지
기론의 대표적 옹호자이다.[9]

1968년 생물학자 폴 랠프 엘리히(Paul Ralph Ehrlich, 1932년~)는 『인
구 폭탄(The Population Bomb)』이라는 책을 출판해서 환경 문제를 비롯
한 사회 문제의 원인이 폭발적으로 증가하는 인구 증가에 있다는 맬
서스주의적 입장을 부활시켰다. 이 주장에 대해서 베리 코모너(Barry
Commoner, 1917년~)는 엘리히의 맬서스주의를 비판하면서 환경 오염은

인구 증가뿐만이 아니라 기업들의 에너지 과다 사용 등 다양한 요인에서 생긴다는 점을 지적했다.

1970년 4월 22일 제1회 지구의 날 행사가 미국에서 열렸고, 이것은 미국 환경 운동 역사에 커다란 영향을 준 기점이 되었다. 1972년 미국 정부는 DDT 사용을 금지했고, 1974년에는 디엘드린을, 1975년에는 클로르데인과 헵타클로르 같이 분해가 잘 되지 않는 유기 염소계 농약의 사용을 금지했다. 하지만 농약 규제가 심해질 것을 눈치챈 미국의 살충제 제조 회사들은 재빠르게 규제가 그리 심하지 않은 제3세계와 같은 개발 도상국에서 새로운 판로를 개척했고, 살충제로 인한 환경 파괴가 개발 도상국으로 이전되면서 환경 문제는 새로운 차원으로 접어들었다.

20세기 후반에 일어난 환경 문제에 대한 관심은 비단 미국에서만 고조된 것은 아니었다. 유럽과 아시아에서도 환경 문제는 대중의 핵심적인 관심사로 부상했다. 이미 1953년경부터 일본 미나마타 만에서는 이곳 일본 질소 비료 회사에서 배출된 수은이 지역의 물고기 및 어패류에 축적되었고, 결과적으로 이것을 먹은 사람들에게 근육, 시각, 뇌 기능 장애 같은 소위 '미나마타 병'이라는 심각한 중금속 중독 증세를 야기하고 있었다. 미나마타 시민과 화학 회사 사이의 환경 분쟁은 세계적인 환경 운동과 연결되어 그 뒤 오랫동안 사회적 물의를 일으키며 진행되었는데, 이 미나마타 환경 오염 사건은 일본에서 환경 운동이 부상하는 기폭제 역할을 했다.

미국, 영국, 독일, 일본 등 세계 각국에서 환경 재앙이 지속적으로 발생하면서 이제 환경 문제는 국제적인 관심사가 되었다. 1972년에는 스톡홀름에서 최초로 국제 연합(United Nations, UN) 환경 회의가 열려 지구가 보유하고 있는 자원의 양과 인구 팽창에 관한 논의를 전개했다. 또한 1972년 출판된 로마 클럽 보고서『성장의 한계(*The Limits to Growth*)』라는 책은 경제 성장과 환경 문제를 동시에 해결하고자 하는 '지속 가능한 사회(Sustainable Society)'를 추구하는 움직임을 활성화하는 데 선구자 역할을 했다.

'지속 가능한 발전(Sustainable Development)'이라는 개념은 허먼 데일리(Herman Daly, 1938년~)의 『정상 상태 경제학(*The Steady-State Economy*)』(1973년)에서 그 기원을 찾을 수 있다. 데일리는 존 스튜어트 밀의 사상을 부활시켜 생태계의 하위 체계로서 최소한의 소비로 안락한 생활 수준을 유지할 수 있는, 정상 상태 경제에 바탕을 둔 새로운 사회 체제를 제안했다.[10] 국제 연합의 후원 아래 1983년 조직된 브른틀랜드 위원회(Brundtland Commission)에서는 1987년『우리 공동의 미래(*Our Common Future*)』를 출판했는데, 여기에서 지속 가능한 발전 개념을 분명하게 제안했다. 이 지속 가능한 발전 개념은 곧 생태학적으로 건강하고 지속 가능한 발전 개념(Environmentally Sound and Sustainable Development, ESSD)으로 확대 발전되었다.

지구적 규모의 환경 문제

현대에 들어와서 부상된 지구촌 환경 문제는 크게 오존층 파괴, 온실 기체 증가에 따르는 지구 온난화, 대기 오염으로 인한 산성비 현상, 열대 우림의 파괴 및 이와 연관된 생물 종 다양성의 감소 등을 들 수 있다.

우선 20세기에 산업이 급속도로 발전하면서 화석 연료의 사용이 급증하고, 이에 따라 대기 중으로 배출되는 이산화탄소의 양이 급증하면서 지구 온난화가 심각한 문제로 대두되었다. 대기 중으로 배출된 이산화탄소가 적외선을 흡수함으로써 온실 효과(greenhouse effect)를 가져올 수 있다는 것은 이미 1896년 스웨덴의 과학자 스반테 아레니우스가 지적한 바 있다. 1940년대에 산업체 연구원이었던 가이 스튜어트 캘린더(Guy Stewart Callendar, 1898~1964년)라는 학자는 아레니우스의 이 연구를 다시 시작했으나, 당시 그의 연구는 기상학자들의 주목을 받지 못했다.

1950년대 중반 이후 이론 물리학자 길버트 노먼 플래스(Gilbert Norman Plass, 1920~2004년), 화학자 한스 수에스(Hans Suess, 1909~1993년), 해양학자 로저 리벨(Roger Revelle, 1909~1991년) 등 다양한 분야의 학자들이 미 해군의 지원을 받아 연구하면서 부수적으로 이 온실 효과와 관련된 연구를 진행했다.[11] 1958년 수에스와 리벨은 국제 지구 관측년(International Geophysical Year) 프로그램의 지원을 받아 지구 온실 효과를 측정할 계획을 세우고 이 연구를 담당할 연구원을 고용했는데, 그가 바로 젊은 지구 화학자 찰스 데이비드 킬링(Charles David Keeling, 1928~2005년)이었다. 킬링은 남극에서 2년간 측정을 한 끝에 1960년 대기 중의 이산화탄소 증가가 온실 효과를 가져와서 지구 기온을 상승시킨다는 것을 분명하게 밝혀냈다. 온실 효과도 지구 기온이 상승된다는 것이 확인되면서, 1965년 미국 대통령 자문 위원회에서는 온실 효과를 국가적인 관심이 필요한 환경 문제로 채택하기에 이르렀다.

듀폰 사가 산업용으로 개발한 물질인 프레온, 즉 클로로플루오르카본(chorofluorocarbon, CFC) 기체들도 지구 환경을 심각하게 변화시킬 수 있는 것으로 나타났다. 1974년 6월 캘리포니아 대학교(어바인)의 화학자인 마리오 호세 몰리나(Mario José Molina, 1943년~)와 프랭크 셔우드 롤런드(Frank Sherwood Rowland, 1927년~)는 《네이처》에 CFC 기체들의 안정성은 산업용으로 장점일 수 있으나 그 물질을 성층권에 그대로 도달하게 해 오존층을 파괴할 수 있다는 주장을 발표했다.[12] 즉 성층권에 올라가서 태양 복사로 CFC 기체들이 분해되어, 반응하는 염소가 분리됨으로써 오존을 대량으로 파괴하는 연쇄 반응이 일어날 수 있다는 것이다. 대기 중의 오존층이 파괴되면 태양의 자외선이 직접 지표면에 도달해 피부암을 유발하고 생태계에 많은 변화를 초래할 수 있다.

1976년과 1978년 미국 과학 아카데미(National Academy of Sciences)는 이들의 발견에 동의하고, 미국 내에서 CFC로 만든 에어로졸의 사용을 금지했다. 더욱이 1985년 영국의 남극 대륙 조사단이 1984년 9월과 10월 사이에 남극 대륙 성층권의 오존이 40퍼센트 감소했다는 조사 결과를 발표하고, 위성 자료가 이와 같은 오존 구멍을 확인함으로써 CFC 기체들로 인한 오존층 파괴 문제는 세계적인 관심을 모으게 되었다. 1987년 국제 연합은 몬트리올 의정서에서 오존층을 파괴하는 기체들을 금지하는 협정을 맺기에 이른다.

글로벌 환경주의의 태동에 대해서는 다양한 측면에서 그 기원을 찾아볼 수 있다. 우선 앨프리드 크로스비(Alfred Crosby, 1931년~)는 그의 저서 『생태 제국주의』에서 유럽의 제국주의적 팽창이 인간에 의한 정치, 경제, 군사적 팽창이었을 뿐만이 아니라 다양한 신대륙 생명체들의 생물학적 정복과 동시에 이뤄졌다는 점을 지적하고 있다.[13] 즉 구대륙에 기원을 두고 있는 유럽 인, 동물, 병원균 및 미생물, 잡초 등은 상호 작용하면서 신세계의 원주민들은 물론 그곳에서 다양한 생태계를 유지하던 토착종을 몰아내었고, 유럽의 팽창은 결과적으로 생태학적인 성격을 지니고 있다는 것이다.

도널드 휴즈(Donald Hughes, 1915~1960년)는 생태계의 위기는 우리 시대의 문제만이 아니며, 신석기 시대 이후 인간이 정착 생활을 하면서 인간의 문명사 속에서 지속적으로 진행되어 온 것으로 봤다. 그는 고대 지중해 연안의 문명들이 겪었던 환경 문제와 그로 인한 문명의 몰락을 추적하면서 글로벌 환경 문제를 지역이라는 공간 차원만이 아니라 역사적인 시간 차원으로 확대했다.[14]

리처드 그로브는 글로벌 환경 보호주의의 기원을 1800년대를 전후해서 네덜란드, 프랑스, 영국 해양 제국에 속해 있었던 전문적 과학자 집단의 네트워크에서 찾고 있다.[15] 그로브는 해양 제국의 식민지에서 활동하던 과학자 집단들은 지역 및 세계적인 차원에서 자원의 제한성을 분명히 인식했던 최초의 집단이었다고 주장한다. 그로브는 해양 군도의 환경 파괴와 글로벌 환경 사상의 태동을 연결시켰을 뿐만 아니라 동인도 회사의 의료 활동과 인도에서의 국가 환경주의 출현도 연결시켰다.

시스템 생태학의 등장

생태계(Ecosystem)라는 말은 1930년대 중반 영국의 식물 생태학자 아서 조지 탠슬리(Arthur George Tansley, 1871~1955년)가 처음으로 창안했다. 생태학이라는 분야는 탠슬리, 유진 플레전스 오덤과 하워드 토머스 오덤, 프레더릭 에드워드 클레먼츠(Frederic Edward Clements, 1874~1945년), 찰스 엘튼(Charles Elton, 1900~1991년), 조지 에블린 허친슨(George Evelyn Hutchinson, 1903~1991년), 레이먼드 라우렐 린더먼(Raymond Lauvel Lindeman,

1915~1941년) 등에 의해서 20세기 중반을 거치면서 성립되었다. 특히 1950년대에 시스템 생태학(Ecosystem Ecology)을 발전시킨 유진 오덤과 그의 형제였던 하워드 오덤은 생태계를 기능적으로 연결된 부분들로 구성된 자기 조절 단위로 간주하는 '사이버네틱스(Cybernetics)' 관점을 선호했는데, 그들의 이런 전일주의적 관점은 당시에 사회학에서 원용하던 유기체주의와 제2차 세계 대전 이후를 풍미했던 기술 유토피아적인 이데올로기에 바탕을 두고 있었다.[16]

제2차 세계 대전 이후 시스템 생태학 분야가 발전하게 되는 데에는 방사성 물질을 추적해 생태계 내에서 물질과 에너지의 흐름을 파악할 수 있도록 해 준 핵 과학의 발전이 커다란 영향을 미쳤다.[17] 유진과 하워드 오덤 형제는 제2차 세계 대전 이후에 원자력 위원회(Atomic Energy Commission)의 도움을 받아 핵 실험이 행해지던 에니웨톡 환초(Eniwetok Atoll)에서 생태계의 에너지 흐름에 대한 연구를 했다. 또 한편으로 원자력 위원회의 연구소인 미국 테네시 주의 오크리지 국립 연구소(Oak Ridge National Laboratory) 역시 스탠리 아우어바흐(Stanley Auerbach, 1922~2004년)를 중심으로 시스템 생태학 분야의 발전에 커다란 역할을 했다. 그들은 핵 실험을 하는 동안 혹은 핵전쟁이 발생한 뒤에 나타날 생태학적인 변화를 예측하기 위해서 시스템 생태학을 연구했다.

더욱이 1968년부터 1976년에 이르는 동안 미국 정부는 국립 과학 재단을 통해서 국제 생물학 프로그램(International Biological Program)이라는 거대 연구 계획을 지원했는데, 이것으로 생태학은 제2차 세계 대전 이후 성장한 거대 과학의 일원이 되었다. 미국 정부의 지원 아래 진행된 이 생태학 연구는 1970년대 중반 이후 정부가 이 계획을 실패로 판정함으로써 중지되었다. 하지만 1950년대 이후 이미 전문적인 학문으로 자리를 잡기 시작했던 시스템 생태학은 1960년대와 1970년대를 거쳐 원자력 위원회와 미국 국립 과학 재단 등 정부의 지원 아래 확고한 위치를 점할 수 있게 되었다.

20장 | 과학 기술과 예술의 만남

　아주 오래전부터 과학 기술과 예술은 인류 문명과 함께 발전해 왔다. 합리적이고 보편적인 세계관을 추구하는 이론 과학이 출현하는 데에는 사물을 추상적으로 묘사하고 기록할 수 있는 문자의 발명이 커다란 역할을 했다. 이 문자의 발명은 예술적인 관점에서 본다면 일종의 그래픽 예술의 역사로도 파악할 수 있다.[1] 실제로 고대 중국의 한자나 아랍 문자는 단순히 정보를 전달하는 수단으로서뿐만이 아니라 예술의 대상으로도 발전했다. 수와 대칭성의 발견은 수학의 기원과 밀접한 관련이 있지만, 마찬가지로 대칭 문양의 발전과 연결지을 수도 있다. 또한 도자기, 금은 세공품, 유리 제조의 발전에서 보듯이 문명의 발생 과정에서도 예술은 기술과 밀접한 관련을 맺으면서 발전했다.

　이렇듯 과학 기술과 예술은 서로 발전 과정을 공유하고 있으며, 새로움을 만들어 내는 창조 과정을 통해 성장했다. 이것들은 모두 인류 문명의 중요한 작업이었고, 새로운 양식을 창안하기 위해서 장인적 노력을 수반한다는 측면에서 공통점을 지니고 있었다.

과학 기술과 예술의 통합

피타고라스 이래로 수학과 음악은 동일한 차원에서 논의되었다. 피타고라스는 만물의 근원을 물질이 아닌 수(number)로 보고 음계를 정수들의 비례 관계와 연결함으로써 서양의 피타고라스 화성학을 탄생시켰다. 단순성과 대칭성도 과학과 예술을 연결하는 중요한 요소가 되었다. 기하학에서 단순과 대칭이 중요한 역할을 하듯이 고대 예술가들도 자신들의 작품 속에서 조화와 균형을 추구했다.

단순하고 아름다운 것은 진리에 가까운 것인가 하는 질문은 단순성의 신화라는 명제로 철학의 오랜 주제가 되기도 했다. 플라톤은 우주를 구성하는 5원소를 4, 6, 8, 12, 20면체라는 다섯 정다면체와 연결시켰다.[2] 수리 과학의 기초를 제시했던 플라톤의 세계관은 오늘날 10차원, 혹은 11차원으로 우주의 모든 힘과 기본 입자들을 통일하려는 초끈 이론이나 막 우주론에서도 그대로 나타나고 있다. 20세기 초의 저명한 여성 수학자였던 뇌터는 대칭성이 존재하면, 거기에 상응하는 물리적 보존 법칙이 존재한다는 이른바 '뇌터 정리'를 발표했다. 이렇듯 대칭성의 발견은 현대 물리학에서도 중요한 의미를 지니고 있다.

르네상스 시대에도 인문주의자들과 장인, 예술가 들은 서로 긴밀한 교류를 가지면서 과학 기술과 예술의 통합적인 세계를 구축했다. 르네상스 시대의 대표적인 명문이었던 메디치 가의 후원 아래 과학 기술과 예술은 새로운 융합을 통해 수많은 창의적인 생각과 과학 발명품, 불멸의 예술 작품들을 탄생시킬 수 있었다.

르네상스 시대의 위대한 건축가 필리포 브루넬레스키(Filippo Brunelleschi, 1377~1446년)는 유클리드 원근법을 활용했으며, 금세공 기술, 조각, 축성, 수리공사, 기구 제작 등 과학 기술과 예술 분야 모두에서 탁월한 능력을 발휘했다. 르네상스의 융합적 인간형은 화가, 발명가, 기술자, 해부학자의 역할을 수행했던 레오나르도 다 빈치에서 그 분명한 모습을 찾아볼 수 있다. 미술 분야에서 「모나리자」와 같은 불후의 명작을 남긴 그는 낙하산, 방적 기계, 선반, 천공기, 바람 방아, 비행기를 고안했던 기술자이기도 했다.

근대 천문학의 형성 과정에 크게 기여한 천문학자 케플러 역시 우주적 질서와 기하학, 그리고 음악을 서로 연결시킨 과학자였다. 우선 케플러는 기하학적인 원소 개념을 제시했던 플라톤의 이념을 계승해 태양계 내 행성의 운동을 정다면체가 내접·외접하는 형태로 이해했다. 행성의 공전 주기와 태양에서 행성까지의 거리 관계를 나타낸 케플러 제3법칙은 '조화의 법칙'으로 명명되었다. 이렇듯 케플러는 플라톤적 세계관을 바탕으로 음계와 수학, 그리고 우주의 질서를 서로 연결했다.

과학과 문학, 그 대립의 시작

그러나 근대 과학이 출현한 이후에 과학 기술과 문학, 예술이 항상 친화적인 모습만 보였던 것은 아니었다. 특히 뉴턴이 완성한 근대 과학의 성공에 따라 과학에 대한 믿음이 커지고 심지어는 과학 지상주의적 태도가 널리 퍼지면서 문학을 비롯한 인문 분야에서 과학주의를 경계하는 움직임이 종종 나타났다. 예를 들어 대인국과 소인국의 이야기로 많은 사람들에게 사랑을 받아 온 조너선 스위프트(Jonathan Swift, 1667~1745년)의 풍자 소설 『걸리버 여행기(The Gulliver's Travles)』(1726년)는 당시 뉴턴이 주도했던 왕립 학회 과학자들의 행동을 신랄하게 비판하려는 의도를 포함하고 있다. 대인국과 소인국에서 걸리버가 경험했던 내용은 서로 엄청난 차이가 있었음에도 불구하고 뉴턴주의자들은 이런 차이점을 무시하고 거대한 우주를 아주 작은 입자들의 운동으로 설명하려는 편협한 생각을 하고 있다고 스위프트는 풍자하고 있다.

뉴턴주의는 18세기 유럽의 대표적인 시대정신이었으며, 합리적이고 과학적인 태도를 중시했던 계몽 사조에 커다란 영향을 미쳤다. 한편으로 계몽 사조기 동안 문화, 예술 전반에 나타난 낭만주의에서는 문화 예술 분야가 과학 기술에 보인 경계, 우려, 비판의 분위기가 잘 드러나고 있다. 루소나 디드로와 같은 몇몇 사상가들은 수학화되고 기계론적인 근대 과학이 인간의 욕구와 감정 등과는 무관해지면서 자연으로부터 조화, 생명, 신비, 멋 같은 것들을 제거해 버렸다고 비판했다.

독일 낭만주의자들도 프랑스의 유물론적이고 분석적인 경향에 반발하는 모습을 보였다. 노발리스를 위시한 독일의 낭만주의 문학자와 셸링과 같은 자연 철학자들은 당시 프랑스를 풍미했던 수리적, 분석적인 과학 기술을 비판하고, 자연 친화적이고 유기체적인 새로운 세계관을 문학에서 구현하려고 노력했다.

우리는 독일의 대문호 요한 볼프강 폰 괴테(Johann Wolfgang von Goethe, 1749~1832년)의 삶에서 과학과 문학 사이에서 방황했던 한 진지한 지식인의 인생 역정을 느낄 수 있다. 대학 시절부터 문학과 미술에 심취했던 괴테는 과학 기술, 연금술, 신비 사상에도 관심을 지니고 있었다. 『젊은 베르테르의 슬픔(*Die Leiden des jungen Werthers*)』(1774년)을 출판해 소위 '질풍노도의 시대'의 기수가 된 그는 바이마르 공국에 살면서부터 자연의 숨은 비밀을 찾기 위해 광물학, 식물학, 해부학, 지질학 등의 과학에 몰두했다. 식물의 모든 부분은 원형 잎이 변형되어 생겼다고 주장했던 그의 『식물 변태론(*Die Metamorphose der Pflanzen*)』(1790년)과 뉴턴의 색 이론을 주관과 객관의 통합으로 극복하려고 했던 『색채론(*Zur Farbenlehre*)』(1801년)은 이런 노력의 산물이었다.

지식과 권력을 위해 악마 메피스토펠레스에게 자신의 영혼을 판 독일의 마술사, 점성술사인 파우스트를 소재로 괴테가 평생에 걸쳐 완성한 『파우스트(*Faust*)』(제1부 1808년, 제2부 1832년)에는 과학과 문학 사이에 존재했던 팽팽한 긴장과 그 긴장을 통합하려는 노력이 담겨 있다. 이 작품에는 근대 과학 기술과 인문 사상을 재평가하기 위한 그리스 로마 문화의 재현, 과학 기술이 지닌 두 얼굴의 모습, 탐구와 구원의 문제 등 서구 문명이 잠재되어 있는 다양한 갈등 요소들이 혼재되어 나타나고 있다.

도해서를 통해 본 객관성의 역사

도해서(atlas)는 회화라는 예술 작품의 한 장르로도 볼 수 있고, 동시에 자연에 대한 과학적인 연구 결과물로서도 볼 수 있는 이중성을 지니고 있다. 도해서의 객관성을 둘러싼 논쟁 역시 과학과 예술 사이의 긴장 관계를 살펴볼 수 있는 좋은 도구가 된다. 로레인 대스턴(Lorraine Daston)과 피터 루이스 갤리슨의 최근 연구는 18세기와 20세기 사이 과학 관련 도감을 바라보는 태도에 많은 변화가 있었으며, 자연의 객관성의 대한 이미지도 시대에 따라 서로 달랐음을 보여 주고 있다.

우선 18세기에 만들어진 자연 분야의 도해서에서 가장 중요하게 여긴 것은 자연에 숨겨진 원형(archetype)을 밝히는 일이었다. 18세기 학자들에게는 자연의 평범한 모습만이 아니라 개별적인 현상을 최소한 개념적으로라도 유도할 수 있는 기본 유형을 밝히는 것이 아주 중요했다. 이런 원형 자체는 객관성을 나타내는 기본이 되는 경험을 초월하는 것은 아니었다. 괴테 역시 이 원형들이 관찰에서 유도되고 관찰로 검증된다고 봤다. 자연의 원형을 밝히는 작업에는 괴테의『식물 변태론』에서 보는 바와 같이 보통 사람들과는 다른 천재적인 안목이 필요했다. 자연의 본래 모습(truth-to-nature)을 밝히려는 이런 인식 방식은 해부학, 식물학, 광물학, 동물학 분야에서 수많은 노력과 심사숙고 끝에 이미지를 형성시키는 것으로 18세기부터 19세기 초에 이르기까지 자연에 대한 인식 태도의 주류를 이루었다.[3]

사진술과 기계적 객관성

객관성의 이념은 19세기를 거치면서 작가의 주관이 철저하게 배제된 기계적 재현을 의미하는 형태로 변형되었다.[4] 산업 혁명으로 인한 급격한 사회 변화와 도구적 과학의 힘을 강하게 느꼈던 당시의 지식인들은 과학과 예술의 영역을 철저하게 구별했다. 이에 따라 당시의 과학자들과 예술가들은 서로 상대방의 영역을 거의 극단적인 형태로 대비시키곤 했다.

기계적 객관성(mechanical objectivity)의 관점은 곧 과학적 표현의 이상으로 간주되었고, 20세기 중반에 이르기까지 과학을 인문학 혹은 사회 과학과 구별짓는 주요 요인으로 작용했다. 이제 과학 기술은 문학, 예술과 분명히 구별되는 영역으로 남게 되었고 과학은 주관적 가치 판단이 전혀 개입할 수 없는 형태의 학문이 되어 갔다. 반대로 자연을 기계적으로 재현하는 것은 예술이 될 수 없었다.

사진이 처음 등장했을 때 자연을 그대로 재현하는 사진을 예술로 인정할 것인가를 두고 많은 논란이 있었다. 1859년 프랑스 사진 협회는 프랑스 예술부(Ministry of Fine Arts)에 소속되었다. 이에 따라 샹젤리제 궁에서 매년 개최되는 회화 살롱과 더불어 사진 협회의 전시도 인가되었다.[5] 프랑스의 시인이자 비평가인 샤를 피에르 보들레르(Charles Pierre Baudelaire, 1821~1867년)는 1859년 파리 살롱을 비평하면서 사진과 예술과의 관계를 다음과 같이 말했다. "만약 사진술이 몇몇 기능에서 예술을 보완하도록 허용된다면 예술을 밀어 내게 되거나 혹은 예술이나 사진 모두 부패하게 될 것이다. …… 이제 사진은 과학과 예술의 하인이라는 본연의 의무로 되돌아가야 할 때이다. 즉 문예를 창조하거나 대신할 수 없는 인쇄술이나 속기술과 같이 단순한 일만 하는 겸손한 하인으로 머물러야만 한다. …… 만약 손으로 만져서는 알 수 없는 정신과 상상의 세계를, 그것도 인간 영혼에 상당한 보탬이 될 때만이 가치를 지니는 영역을 사진이 침해하도록 허용한다면, 사진은 우리에게 최악의 해가 될 것이다."[6]

1862년 5월에는 몇몇 미술가들이 사진이 예술 복제 분야에 침투함으로써 초래될 불이익에 대비해 판화가 협회를 발족시켰고, 또 11월에는 장 오귀스트 도미니크 앵그르(Jean Auguste Dominique Ingres, 1780~1867년), 이폴리트 플랑드랭(Hippolyte Flandrin, 1809~1864년) 등 당대 유명한 미술가들이 사진의 예술 편입에 반대하는 탄원서에 서명했다.[7] 그들은 사진이 영혼이 없는 기계적인 공정일 뿐이며 회화와는 결코 비교될 수 없다고 주장했다. 이렇게 기계적 객관성의 이념이 사회 내에서 극단적인 형태로 자리 잡으면서 과학과 예술의 대비는 더욱 심화되었다.

두 문화

19세기 초 과학자들과 예술가들은 서로 상대방의 영역을 거의 극단적인 형태로 대비시켰다. 즉 인문학과 예술 분야는 창의적이고 인간의 주관이 개입하는 사고 영역에 속했으며, 과학저 에토스는 그런 충동을 엄격하게 억제할 필요가 있었다. 또한 과학적 방법은 철저하게 기술, 공업 발전, 계급 유동성과 관련지어졌고, 제도화된 인문학과 예술은 전통의 보전, 사회 질서, 소박한 가치의 보존과 연결되었다.

당시 전위적인 모더니스트들은 제도권 예술과 기성 문학에 맞서 엑스선, 상대성 이론, 라디오, 비행기로 대변되는 선진 과학 기술 사고 방식을 지향함으로써 기존 학계에 반기를 들었다. 이 두 영역 사이에서 인식된 차이점은 새롭게 부상한 강력한 '과학'이라는 영역을 통해 '인문학과 예술'이라는 문화적 범주를 동요하게 하는 데에 활용되었다.

과학사 학자 피터 루이스 갤리슨은 현대 사회에서 나타나는 과학 기술과 문학, 예술 분야 사이의 엄격한 구분은 19세기와 20세기 초의 역사적 상황과 밀접하게 연관되어 있다고 주장하고 있다. 그는 1959년 찰스 퍼시 스노(Charles Percy Snow, 1905~1980년)가 행한 '두 문화'에 관한 연설이 문학과 과학 사이에서 누적되었던 오랜 양극적인 관계를 극명하게 보여 준다고 말한다. 스노에게 두 문화들은 분명히 상이하며, 불균등한 것이다. 즉 과학적 에토스는 전도유망하고 진보적이며 미래지향적인 반면에, 문학적 전통은 쇠락해 가는 엘리트 집단의 편협한 문화를 나타내고 있다. 스노의 견해에 대한 구체적인 수용 여부와 상관없이 그가 사용한 '두 문화'라는 용어가 널리 회자되었다는 것만으로 당시에 문학과 과학 사이에 존재하는 커다란 간격을 많은 사람들이 인식하고 있었다는 것은 분명하다.

에펠탑, 두 문화 충돌의 현장

　과학 기술의 발전에 위협을 느낀 문학, 예술인들의 강한 반발은 파리를 상징하는 유명한 철제 건축물인 에펠탑의 설립 과정에서 잘 드러난다. 파리의 센 강가에 위치한 이 에펠탑은 1887년 프랑스 혁명 100주년 기념으로 개최될 파리 만국 박람회를 위해 알렉상드르 구스타브 에펠(Alexandre Gustave Eiffel, 1832~1923년)이 만들었다. 구스타브 에펠은 본래 철교를 만드는 전문가였는데, 그는 자신이 철교 시공에서 축적한 기술적 역량을 이 거대한 철탑 예술품을 만드는 데 활용했다. 에펠은 이 거대한 탑을 건설하고 난 뒤 '철의 마술사'라는 별칭을 얻게 되었다.[8]

　하지만 오늘날의 명성을 얻기까지 에펠탑이 순탄한 길만을 걸어 온 것은 아니었다. 1887년 파리 만국 박람회를 위해 탑이 건설되기 시작하자, 많은 예술가와 전통을 존중하는 사람들은 파리의 하늘을 침해하는 이 건설 계획에 수많은 비난을 하고 나섰다. 당시에 이 탑은 '심지 없는 촛불', '오만한 철 세공' 등의 모욕적인 비난을 받았으며, 심지어 알렉상드르 뒤마(Alexandre Dumas, 1824~1895년), 기 드 모파상(Guy de Maupassant, 1850~1893년) 등 300여 명의 지식인이 에펠탑의 건설에 반대하는 탄원서를 제출하기까지 했다. 만국 박람회가 끝난 뒤에 에펠탑은 과학 기술의 위력에 거부감을 느낀 문화 예술인들에 의해 파리의 흉물로 치부되어 끊임없이 철거의 위기에 맞부딪혔다. 급기야 1909년 이 에펠탑은 거의 허물어질 운명에 처했지만, 당시 첨단 과학 기술 장비였던 무선 전신의 안테나로 사용될 수 있다는 점 때문에 간신히 사형 선고만은 면했다. 이렇게 과학 기술 발전의 상징물로 철제 건축물의 역사에 커다란 획을 그은 에펠탑은 과학 기술의 힘과 문화 예술의 대립의 현장이 되면서 수많은 우여곡절을 거쳐 오늘날 세계에서 사람들이 가장 많이 찾는 관광 명소로 자리 잡았다.

과학 기술과 문학 예술 사이의 경계 허물기

19세기에 형성되기 시작한 기계적 객관성의 이념은 제2차 산업 혁명을 거치면서 20세기까지 지속되었다. 하지만 20세기 중반 이후에 컴퓨터, 거품 상자, 전자 현미경, 원자 현미경 등 다양한 측정 및 정보 처리 수단이 부상되었고, 미시 세계를 기술하고 분석하는 미시 물리학의 연구 방식 내에서 이미지(image) 전통과 논리(logic) 전통은 서로 연결되었다.[9] 또한 거품 상자에서 나타나는 수많은 입자들의 궤적을 분석하고, 컴퓨터와 자기 공명 장치를 이용한 뇌자도, 주사 터널 현미경과 같은 다양한 원자 현미경이 보여 주는 나노 단위의 분자 구조 등을 올바르게 이해하기 위해서는 현상에 대한 기계적인 재현만으로는 충분하지 않다는 것이 인식되었고 이에 따라 숙달된 과학자들의 판단이 중요한 요소로 부상되게 되었다.

과학 기술과 연관된 다양한 다이어그램이나 사진, 도판에 대한 주관적인 판단이 중시되면서 기계적 객관성의 이념은 서서히 무너지기 시작했다. 결국 사진을 다루는 많은 과학 분야에서, 특히 실험실 내의 구체적인 실천 과정에서 기계적 사진에 대한 해석이 중요시되었고, 이에 따라 기계적 객관성과는 구별되는 소위 '해석적 객관성(interpretative objectivity)'이 부상하게 된 것이다.

1960년대에 이르러 문학, 예술과 과학 사이의 차이점을 인정하면서도 그 유사성을 탐구하려는 새로운 작업들이 등장했다. 예를 들어 역사학자이자 과학 철학자인 쿤은『과학 혁명의 구조』와 일련의 논문을 통해 과학적 생산물을 조심스럽게 '사회학적'인 방식으로 취급해, 과학과 인문학, 사회 과학 모두를 인간 행동의 산물로 만들었다. 하지만 예술가에게 그림과 미학적 기준은 그 자체가 목적이었던 반면, 쿤에게 그것은 목적을 위한 단순한 수단이었다. 즉 쿤의 논의 속에는 수동적인 자연을 기록하는 능동적 주체자로서의 예술가와 자연의 변화를 수동적으로 기록하는 과학자라는 양분법이 여전히 지배하고 있었다.

20세기 후반에 이르러 예술과 과학의 구분에 관한 두려움이 완화되면서 둘을 연결하려는 다양한 시도가 나타났다. 1950년대에 이미 에르빈 파노프스키(Erwin Panofsky, 1892~1968년)는 갈릴레오가 망원경으로 관찰한 달의 분화구를 해석하면서 명암 대조법(chiaroscuro)이라는 회화 전통의 영향을 받아 분화구를 그렸다고 주장했다.[10] 린다 달림플 헨더슨(Linda Dalrymple Henderson)은 비유클리드 기하학에 관한 예술가들의 창조적인 오독과 재작업에 관한 결정적인 연대기를 저술해, 르네상스에서 19세기에 이르기까지 유럽에서 시각 예술과 과학에 대한 관심 사이의 깊은 연관성을 보여 줬다.[11] 또한 마틴 켐프(Martin Kemp)는 필리포 브루넬레스키(Filippo Brunelleschi, 1377~1446년) 시대에서 조르주 피에르 쇠라(Georges Pierre Seurat, 1859~1891년) 시대에 이르기까지 예술가의 광학에 대한 연구를 도표로 보여 줬다.[12] 제임스 엘킨스(James Elkins)와 바버라 마리아 스태퍼드(Babara Maria Stafford)와 같은 미술사가들은 예술사에서 그림과 이미지의 관계를 연결시키는 다양한 작업을 수행했다.[13] 최근에는 과학 기술의 발전으로 인간의 감각 경험이 확대되면서 이런 확장된 감각이 미술에 미치는 영향을 다각도에서 살펴보는 다양한 시도들이 나타나고 있다.[14]

현대 물리학과 현대 미술의 유사성

현대 예술가와 과학자 들은 보이지 않는 실체를 표현하려고 헌신적으로 노력하는 가운데, 서로 유사한 길을 밟아 왔다.[15] 즉 충실한 표현이란 자연 세계의 특징을 더 알기 쉽게 보여 주는 것도 아니고, 그들이 다루는 대상을 그저 복제하는 것도 아니다. 만약 어떤 모형, 이론, 그림이 참으로 좋은 모형, 이론, 그림이라면 그것들은 대상을 좀 더 흥미롭고 정밀하며, 가능하면 보편적으로 묘사해 주는 구조적 특징을 지니고 있어야 한다.

폴 세잔(Paul Cézanne, 1839~1906년), 마르셀 뒤샹(Marcel Duchamp, 1887~1968년), 피터르 코르넬리스 몬드리안(Pieter Cornelis Mondrian, 1872~1944년) 등의 예술가들은 원자에는 관심이 없었다. 하지만 이 예술가들은 러더퍼드, 보어, 하이젠베르크와 같은 물리학자들처럼 보이지 않는 대상들을 그려 내어 보여 주는 데 관심을 두었다. 원자 물리학자처럼 이 예술가들도 활용 가능한 수단들을 체계적으로 사용했고, 그것을 새로운 방식으로 재구성함으로써 놀라운 성과를 거두었던 것이다. 그들은 자신들의 새로운 표현에 앞선 선배 예술가들이 이룬 업적뿐만이 아니라 다른 목적으로 개발된 다양한 기술들, 심지어는 자신의 영역을 넘어선 수학적 통찰까지도 활용했다. 그들의 작업은 이미지의 구성 요소들을 조심스럽게 해체한 다음 캔버스 위에 그 요소들을 하나씩 배치하는 과학적인 방식과 유사했다.

1917년 남성용 변기를 「샘」이라는 제목으로 출품해 커다란 파문을 일으켰던 뒤샹은 작가의 정신적 선택이 바로 예술의 본질임을 제기한 일련의 '레디메이드(ready-made)' 작품을 선보임으로써 전통적인 미술과는 다른 차원의 새로운 개념 미술을 제시해 현대 미술사에 커다란 영향을 줬다. 하지만 상상력이 풍부했던 이 전위 예술가는 과학 기술의 발전과 어우러져 태어나는 새로운 스타일의 미술에도 많은 관심을 기울였다.

뒤샹의 작품 속에서 우리는 과학과 예술과의 밀접한 연관성을 알 수 있다. 뒤샹은 달리는 말의 모습을 연속 사진으로 찍은 에티엔 쥘 마레(Étienne Jules Marey, 1830~1904년)의 책에서 또 하나의 차원인 시간을 표현할 실마리를 잡아냈다. 마레의 책에 자극을 받아 그는 움직임을 그림으로 표현할 수 있는 정밀한 과학적 토대를 마련하고자 노력했다. 이것을 위해 뒤샹은 움직이는 대상을 표현하는 시각 언어를 개발했고, 이것을 캔버스에 직접 기호로 나타내려고 다양한 시도를 했다. 심지어 뒤샹은 자신의 새로운 회화 프로그램을 추진하기 위해 기하학까지 공부하면서 움직임에 관한 논의와 네 번째 차원인 시간을 융합하려고 노력했다. 1912년 겨울에 뒤샹이 그린 「계단을 내려오는 누드, 2번」은 치밀한 예술 프로그램을 통해 그의 새로운 시각 언어로 만들어진 그림이었다.

뒤샹이 1915년부터 1923년까지 8년에 걸쳐 만든 「독신자들에게 발가벗겨진 신부, 조차도(La Mariée Mise À Nu Par Ses Célibataires, Meme)」 혹은 「큰 유리(Large Glass)」는 당시에 이뤄진 과학적 발견, 사진술, 과학적 장치 등의 영향을 받은 작품이었다.[16] 2.7미터의 유리 패널 2개로 이뤄

진 이 작품에는 전통적인 유성 페인트나 도료 이외에도 납 와이어, 납 포일, 알루미늄 포일, 나무, 강철 프레임과 같이 당시 미술계에서는 익숙하지 않은 물질들이 포함되어 있다. 1911년부터 뒤샹은 엑스선, 방사선, 전자와 같이 보이지 않는 실체를 밝히는 과학 기술 장치와 지식에 많은 관심을 가지고 있었다. 그는 인간과 기계와의 관계에 관심을 가졌으며, 윌리엄 크룩스, 니콜라 테슬라 등 과학 기술자들의 작업에도 관심을 보였다. 당시의 과학 기술적 성과들은 「큰 유리」를 만드는 데 그대로 반영되었다. 결국 뒤샹은 자동인형, 자동차, 무선 전신 및 라디오, 전등 등 당시의 과학 기술 성과를 활용해 "장난치는 과학 기술(Playful Science and Technlogy)"을 작품에 구현했던 것이다.

예술적 창의성과 과학적 창의성

과학과 예술에서 창의성의 기원에 대한 연구를 해 온 아서 밀러는 예술적 창의성과 과학적 창의성의 유사점과 차이점을 다음과 같이 말하고 있다.[17] "예술적 창조성과 과학적 창의성 사이에는 근본적인 차이가 있다. 예술가는 작품 속에서 자신의 마음과 영혼을 드러내지만, 과학자는 진문적인 논문에서 자신의 감징이나 징신 상태를 드러내지는 않는다." 우리는 아인슈타인이 쓴 1905년의 논문에서 그의 가정 문세나 정신 상태에 관해서 아무 것도 알 수 없다. 반면에 빈센트 반 고흐

◀ 뒤샹, 「독신자들에게 발가벗겨진 신부, 조차도」(1915~1923년). 1911년부터 엑스선, 방사선, 전자와 같이 보이지 않는 실체와 관련한 과학 기술 장치에 관심을 뒀던 뒤샹은 당시의 과학적 발견과 장치를 작품에 반영했다. 이 작품에 사용된 알루미늄과 납 포일, 강철 프레임 등의 재료는 당시 미술계에서 극히 새로운 시도였다.

의 「별이 빛나는 밤」은 거의 자서전적이다. 열정의 순간에 고뇌의 절정을 아름답게 캔버스에 옮긴 이 그림에서, 고흐가 그려낸 비구상에 가까운 세상의 모습은 절절한 외로움에 울부짖고 있다.

화가는 감상자에게 그림을 마치 과학처럼 해석하기를 요구한다는 점에서 과학자와 유사점이 있다. 다만 과학 논문에 대한 해석은 자의적인 형태가 적고 해석의 여지가 아주 제한적이지만, 예술 작품에서는 다양한 해석이 가능하다는 측면에서만 차이가 있다. 과학과 예술 사이의 차이점이 분명하더라도 과학과 예술은 모두 창조적 활동이며, 치밀하게 계산된 계획 아래 수행된다는 면에서 공통점이 있다.

현대 예술가와 과학자 들은 창의적 작업 과정 가운데 서로 유사한 길을 밟아 왔다. 파블로 피카소(Pablo Picasso, 1881~1973년)는 「아비뇽의 아가씨들(Les Demoiselles d'Avignon)」(1907년)에서 빛과 기하학, 시점 등을 아주 치밀하게 계산해 작품을 만들었다. 세잔 역시 다중 시점의 작품을 구상할 계획을 세우고 주의 깊게 계산된 전략에 따라 자신의 그림을 그렸다. 과학적 발견과 마찬가지로 예술 작품은 새로운 창조의 과정이며, 이 두 분야 모두에서 창의적인 생각이 중요하다.

피카소 미술과 과학

피카소의 「아비뇽의 아가씨들」은 과학과 예술의 관계를 살펴볼 수 있는 좋은 예이다. 입체주의 회화의 출현에 커다란 영향을 준 것으로 평가되어 온 이 그림의 배경을 두고 많은 예술사가들은 다양한 해석을 내어 놓고 있다. 우선 이 그림은 1906년 앙리 마티스(Henri Matisse, 1869~1954년)가 아프리카 그림을 피카소에게 보여 준 뒤에 그려졌다는 점에서 아프리카 미술의 영향이 보인다. 피카소가 이 그림을 그린 배경에는 세잔, 엘 그레코(El Greco, 1541~1614년), 앵그르의 영향도 언급되고 있으며, 마티스, 앙드레 드랭(André Derain, 1880~1954년)과의 경쟁도 영향을 미친 것으로 알려졌다. 이 그림은 주로 입체파의 출현과 연관시켜 많이 언급되었으나 1972년 레오 스타인버그(Leo Steinberg)가 「철학적 매음굴」이라는 논문에서 이 그림이 성적인 주제를 다루었다고 주장하면서 새로운 해석도 등장했다. 윌리엄 루빈(William Rubin)은 프로이트적인 분석을 통해 이 그림에서 피카소가 내면의 죽음에 대한 불안을 표현하려 했다고 주장했다. 즉 이 그림에는 섹스와 죽음, 에로스와 타나토스, 아름다움과 추함이 교차되는 불안 의식이 표현되어 있다는 것이다.[18]

웅크린 여자의 얼굴 그림은 훗날 입체파의 기하학적 언어로 발전되었다. 아서 밀러는 피카소가 프랑스 수학자 모리스 프랭세(Maurice Princet, 1875~1973년)를 통해 4차원 기하학의 영향을 받았다고 주장하고 있다.[19] 프랭세는 뒤샹, 피카소, 장 메챙제(Jean Metzinger, 1883~1956년) 등과 접촉했는데, 피카소를 비롯한 당시의 화가들은 그를 통해 푸앵카레의 4차원 개념과 이미지의 평면 투영법의 구체적인 내용을 접할 수 있었다. 피카소는 「아비뇽의 아가씨들」을 그린 이후에 조르주 브라크(Georges Braque, 1882~1963년)와 함께 공간에 대한 연구를 표방하며 소위 분석적 입체주의를 전개하게 된다.

과학 기술과 예술의 제휴

20세기 초 모더니즘 건축과 과학 철학은 서로 긴밀한 연계를 이루며 함께 성장했다. 갤리슨은 20세기 초 과학 철학계의 중심을 이루었던 논리 실증주의 과학 철학자들과 바우하우스 건축가들 사이에 긴밀한 관계가 존재한다고 봤다.[20] 즉 바우하우스의 건축가들은 빈 학파의 철학에 대해 많은 논의를 했으며, 논리 실증주의도 바우하우스의 모더니즘 건축 이념을 반영하고 있다는 것이다. 실제로 1920년대 루돌프 카르납을 비롯한 빈 학파의 논리 실증주의자들은 모든 의미 있는 과학 활동을 관찰을 바탕으로 재구성하려는 소위 '과학의 통일성'을 추구하고 있었다. 그들은 모든 의미 있는 경험적 진술을 무오류적인 감각 자료 진술로 환원 가능하다고 믿었다. 갤리슨은 이렇게 거대한 환원주의적 통일을 추구했던 빈 학파의 철학적 모더니즘 운동은 발터 그로피우스(Walter Gropius, 1883~1969년)가 주창한 바이마르 시대의 바우하우스 운동 같은 예술과 건축 분야의 모더니즘 운동이나 에스페란토 국제어 운동, 마르크스 국제주의 운동과 같은 정치적 움직임과 그 맥락을 같이 하고 있었으며, 역사적으로도 실제적인 제휴 관계에 있었다고 주장하고 있다.[21]

카르납은 『세계의 논리적 구축(*Der Logische Aufbau der Welt*)』(1928년)이라는 책에서 하나의 엄청난 계획을 세웠다. 우선 한 개인의 경험 요소로부터 물리학을 구성하고, 그 다음에는 개인 심리학을, 그리고 궁극적으로는 모든 사회 과학과 자연 과학의 의미 있는 개념들을 구성한다는 것이다. 이런 그의 계획은 각각의 개념이 직접적인 감각 경험의 공준 집합, 즉 '프로토콜 언어'로 환원, 변형될 수 있다는 가정을 바탕으로 하고 있었다. 카르납은 책의 서문에서 철학자들은 이 책을 이해할 수 없겠지만, 오히려 건축가들은 이해할 수 있을 것이라고 말했다.[22]

카르납이 모든 과학을 경험에 바탕을 둔 프로토콜 문장과 논리적 연결사들('만약 …… 그러면', '혹은', '그리고' 등)로 환원하고 있는 동안 바이마르와 데사우의 바우하우스 건축가들은 전통적인 건축물에서 모든 불필요한 장식물을 없애고 건물을 기본적인 기하학적 형태로 환원하려고 노력하고 있었다. 이 시기에 바우하우스의 예술가들과 빈 학파의 논리 실증주의자들 사이에는 비유적이 아니라 실제로 개인적인 연결이 있었으며, 그들은 세계를 '현대적'으로 구성하려는 정치적·철학적·예술적 비전을 공유했다.[23] 실제로 카르납은 오랫동안 에스페란토어와 같은 국제 언어 운동에 참가했으며, 오토 노이라트(Otto Neurath, 1882~1945년)는 마르크스 국제주의를 바탕으로 빈 학파를 정치적으로 전환시키려고 노력했다.

기술과 예술을 통일하고, 기본적인 기하학적 형태와 색채로부터 현대적인 형태를 구성하려는 바우하우스 예술가들의 작업은 논리와 기초적인 지각 요소로부터 보편 언어를 얻어 내려고 했던 논리 실증주의 철학자들과 서로 연관되어 있었다. 두 예술가들과 철학자들은 모두 간단하고 기능적인 것에 집착했고, 서로 떨어져 있던 다른 영역을 공통의 토대 위에 통일시키려고 했다.[24] 두 운동은 더 나아가 20세기에 유럽과 특히 미국에서 영향력이 상당했던 과학적이고 기계 중심의 이미지를 공유하고 있었으며, 자신들의 영역을 모더니즘적인 포드주의 생산 방식과 일치시키려고 했다.

1928년 그로피우스의 뒤를 이어 스위스 건축가 한네스 마이어(Hannes Meyer, 1889~1954년)가 데사우의 바우하우스를 맡게 되었다. 한네스 마이어의 바우하우스 재조직 방향은 그가 1930년에 제시한 학습 조직 다이어그램에 잘 나타나 있다.[25] 이 다이어그램에서 그는 지성(Intellekt)과 머리(Hirn)로 대표되는 과학(Wissenschaft)을 직관(Intuition)과

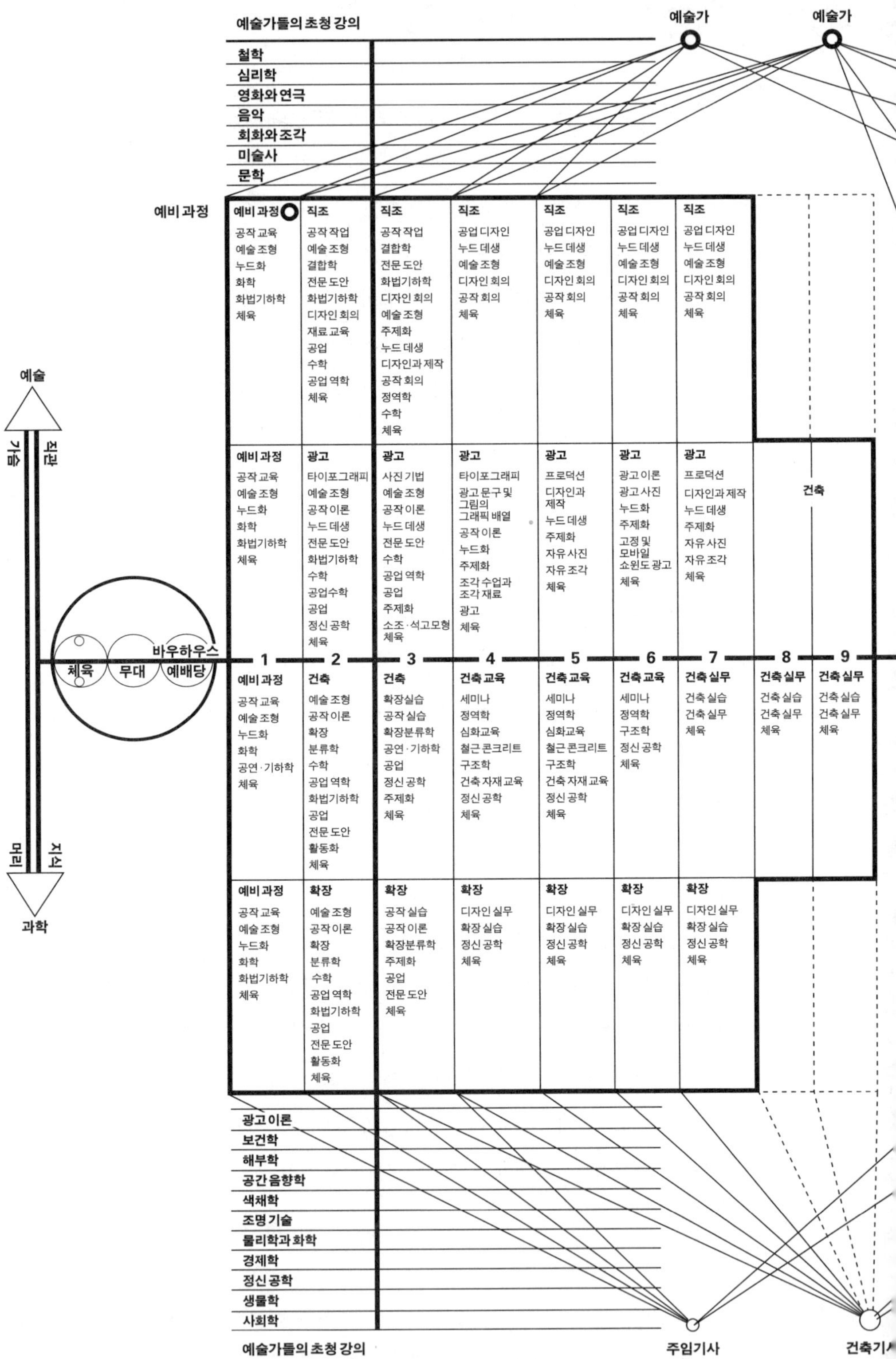

예술가들의 초청 강의
철학
심리학
영화와 연극
음악
회화와 조각
미술사
문학
예술가
예술가
예비 과정
예비 과정
공작 교육
예술 조형
누드화
화학
화법기하학
체육
직조
공작 작업
예술 조형
결합학
전문 도안
화법기하학
디자인 회의
재료 교육
공업
수학
공업 역학
체육
직조
공작 작업
결합학
전문 도안
화법기하학
디자인 회의
예술 조형
주제화
누드 데생
디자인과 제작
공작 회의
정역학
수학
체육
직조
공업 디자인
누드 데생
예술 조형
디자인 회의
공작 회의
체육
직조
공업 디자인
누드 데생
예술 조형
디자인 회의
공작 회의
체육
직조
공업 디자인
누드 데생
예술 조형
디자인 회의
공작 회의
체육
직조
공업 디자인
누드 데생
예술 조형
디자인 회의
공작 회의
체육
예비 과정
공작 교육
예술 조형
누드화
화학
화법기하학
체육
광고
타이포그래피
예술 조형
공작 이론
누드 데생
전문 도안
화법기하학
수학
공업수학
공업
정신 공학
체육
광고
사진 기법
예술 조형
공작 이론
누드 데생
전문 도안
수학
공업 역학
공업
주제화
소조·석고모형
체육
광고
타이포그래피
광고 문구 및
그림의
그래픽 배열
공작 이론
누드화
주제화
조각 수업과
조각 재료
광고
체육
광고
프로덕션
디자인과
제작
누드 데생
주제화
자유 사진
자유 조각
체육
광고
광고 이론
광고 사진
누드화
주제화
고정 및
모바일
쇼윈도 광고
체육
광고
프로덕션
디자인과제작
누드 데생
주제화
자유 사진
자유 조각
체육
건축
예술
가슴
직관
머리
지식
과학
체육
무대
예배당
바우하우스
1
2
3
4
5
6
7
8
9
예비 과정
공작 교육
예술 조형
누드화
화학
공연·기하학
체육
건축
예술 조형
공작 이론
확장
분류학
수학
공업 역학
화법기하학
공업
전문 도안
활동화
체육
건축
확장실습
공작 실습
확장분류학
공연·기하학
공업
정신 공학
주제화
체육
건축교육
세미나
정역학
심화교육
철근 콘크리트
구조학
건축 자재교육
정신 공학
체육
건축교육
세미나
정역학
심화교육
철근 콘크리트
구조학
건축 자재교육
정신 공학
체육
건축교육
세미나
정역학
구조학
정신 공학
체육
건축 실무
건축 실무
체육
건축 실무
건축 실무
체육
건축 실무
건축 실무
체육
예비 과정
공작 교육
예술 조형
누드화
화학
화법기하학
체육
확장
예술 조형
공작 이론
확장
분류학
수학
공업 역학
화법기하학
공업
전문 도안
활동화
체육
확장
공작 실습
공작 이론
확장분류학
주제화
공업
전문 도안
체육
확장
디자인 실무
확장 실습
정신 공학
체육
확장
디자인 실무
확장 실습
정신 공학
체육
확장
디자인 실무
확장 실습
정신 공학
체육
확장
디자인 실무
확장 실습
정신 공학
체육
광고 이론
보건학
해부학
공간음향학
색채학
조명 기술
물리학과 화학
경제학
정신 공학
생물학
사회학
예술가들의 초청 강의
주임기사
건축기사

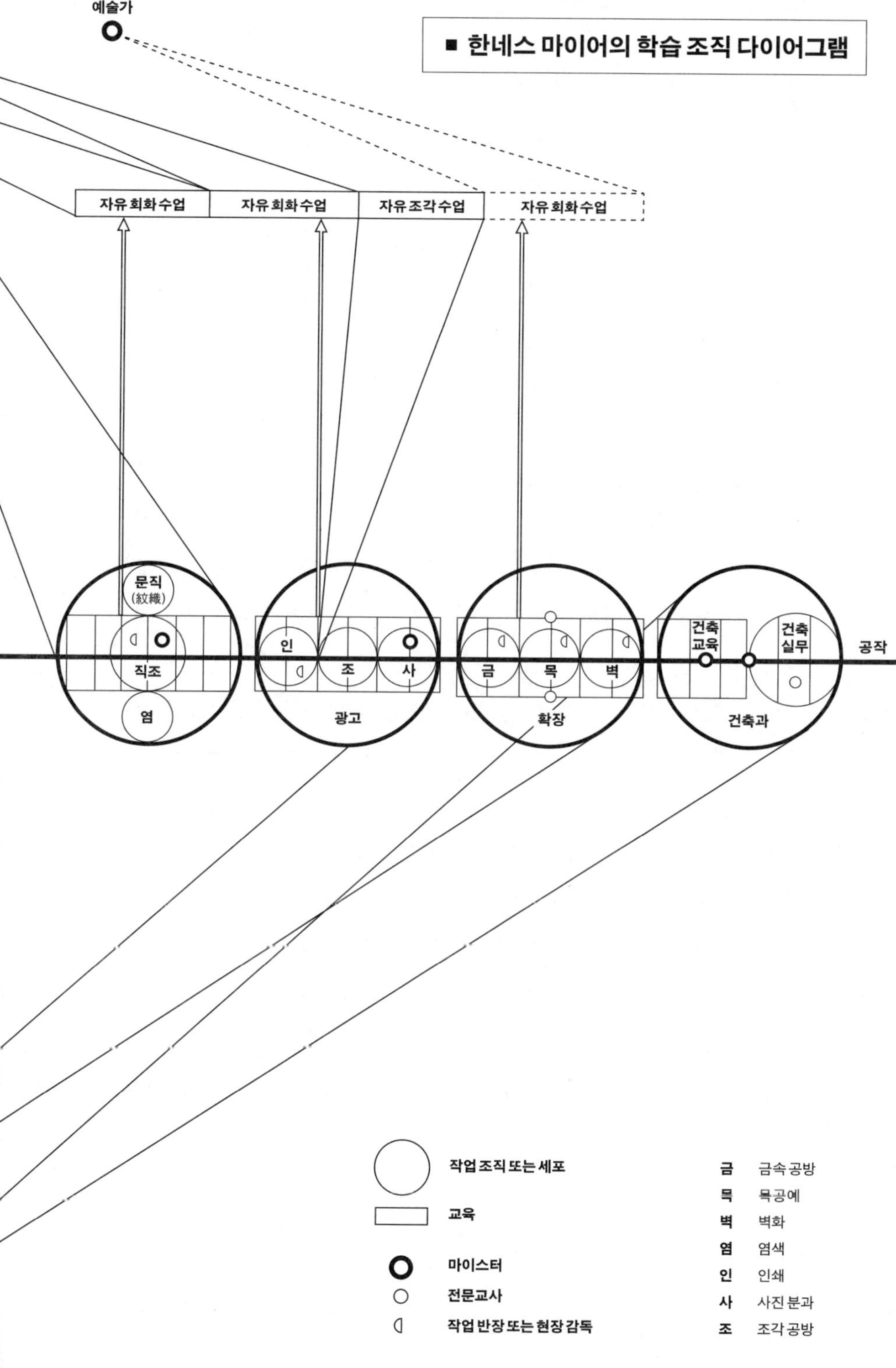

예술가
■ 한네스 마이어의 학습 조직 다이어그램
자유 회화 수업
자유 회화 수업
자유 조각 수업
자유 회화 수업
문직
(紋織)
직조
염
인
조
사
광고
금
목
벽
확장
건축
교육
건축
실무
건축과
공작
작업 조직 또는 세포
교육
마이스터
전문교사
작업 반장 또는 현장 감독
금   금속 공방
목   목공예
벽   벽화
염   염색
인   인쇄
사   사진 분과
조   조각 공방

가슴(Herz)으로 대표되는 예술(Kunst)과 결합하려고 했다. 이것을 위해 그는 물리, 화학, 생물학, 해부학, 보건학, 경제학, 사회학, 공간 음향학, 색채학, 조명 기술 등의 과학 분야와 철학, 심리학, 연극, 영화, 회화 및 조각, 미술사, 문학 등의 예술 분야에서 외부 강사를 고루 초빙했다. 이런 통합 교육 과정을 통해 마이어는 다양한 작업 그룹(Arbeitskreis) 내지 세포(Zelle)를 육성하려고 했다.

과학과 예술을 더 체계적으로 통합하려 했던 한네스 마이어는 1929년 10월 카르납을 데사우로 초청했다.[26] 카르납은 그곳에서 "세계에 대한 논리적 구성을 목표로 하는 통일 과학"과 "과학과 생활"을 주제로 강연을 했다. 또한 카르납은 이곳에서 바실리 바실리예비치 칸딘스키(Wassily Wassilyevich Kandinsky, 1866~1944년)를 처음으로 만났는데, 그들은 이미 가장 기본적인 것으로부터 세계를 구성해 나간다고 하는 점에서 공통점을 지니고 있었다. 칸딘스키는 그의 책에서 자신의 예술적 목표를 "실용적" 과학이라고 불렀는데, 형태를 부분으로 분해한 뒤 삼각형, 사각형, 원, 피라미드, 정육면체, 구와 같은 기하학적 형태와 색으로부터 형태를 다시 재구성하는 종합 과정이 바로 바우하우스에서의 주된 작업이었다고 서술하고 있다. 칸딘스키의 색과 기하학이 차지하는 위치에 카르납과 빈 학파에게는 프로토콜 문장과 그 논리적 결합이 존재하고 있었던 것이다. 카르납 외에도 필리프 프랑크(Philipp Frank, 1884~1966년), 한스 라이헨바흐(Hans Reichenbach, 1891~1953년), 오토 노이라트 등과 같은 과학 철학자들도 데사우의 바우하우스를 방문해서 칸딘스키를 비롯한 바우하우스 건축가들과 개인적으로 친밀한 관계를 유지했다.

모호이너지의 뉴 바우하우스와 새로운 비전

바이마르와 데사우에서 형성된 바우하우스의 이념은 이곳에서 활동하던 예술가, 건축가 들을 통해 전 세계로 전파되었다. 1928년 예비 과정(Vorkurs)을 담당하던 라슬로 모호이너지(László Moholy-nagy, 1895~1946)는 데사우를 떠나 베를린에 정착했다. 그곳에서 모호이너지는 사진, 광학기계, 디자인에 대한 실험을 했으며, 영화, 연극, 오페라 제작에도 참여했다. 모호이너지는 원근법을 적용한 회화가 르네상스의 특징인 것처럼 사진은 근대의 특징이며, 예술은 이런 "새로운 비전"에 따라 재편되어야 한다고 주장했다. 그는 사진술을 활용한 새로운 비전을 다양하게 분류하고 테크놀로지를 이용한 새로운 예술의 세계를 제시했다.

1930년 바우하우스에서 과학과 예술을 더 철저하게 결합시키고 민중에 봉사하는 디자인을 강조했던 마이어는 학내에서 공산주의 세포 조직 활동을 했다는 정치적인 이유로 해임되었다.[27] 그 후 데사우의 시립 바우하우스는 건축가 루트비히 미스 반 데어 로에(Ludwig Mies van der Rohe, 1886~1969년)가 맡게 되면서 건축 학교로 다시 태어났지만, 1932년 나치당이 데사우의 지방 의회를 장악하면서 폐쇄되었다. 미스 반 데어 로에는 베를린으로 옮겨 사설 바우하우스를 다시 열었지만, 히틀러가 권력을 완전히 장악한 1933년 이마저도 문을 닫게 되었다.

나치의 등장 이후 빈 학파가 미국으로 건너가 과학 철학을 계속 발전시켰듯이, 바우하우스의 이념도 미국으로 건너가 새롭게 정착했다. 여기에서도 빈 학파와 새로운 바우하우스 집단들은 모더니스트 운동 집단들로 돈독한 유대 관계를 유지했다. 우선 그로피우스는 미국으로 건너가 1938년부터 1952년까지 하버드 대학교의 건축학과 학과장을 맡았다. 루트비히 미스 반 데어 로에는 시카고로 건너가 일리노이 공과 대학(Illinois Institute of Technology)의 전신인 아머 공과 대학(Armour Institute of Technology)에서 건축학과 학과장을 맡았다. 그는 1958년에 완공된 뉴욕의 시그램 빌딩(The Seagram Building)을 위시해서 유리와 철강재로 만든 현대식 초고층 건물들을 디자인했다.[28] 또한 모호이너지는 1937년 시카고에서 뉴 바우하우스(New Bauhaus)를 주재해 미국의 디자인과 사진 발전에 결정적인 기여를 했다. 마찬가지로 시카고로 건너간 카르납과, 특히 그의 동료인 시카고 대학교의 철학자 찰스 윌리엄 모리스(Charles William Morris, 1901~1979년)는 뉴 바우하우스의 후예들과 긴밀한 연대 관계를 유지하면서 통일 과학 운동을 지속적으로 전개했다.

1937년에 설립된 뉴 바우하우스는 후원자가 주식 투자를 잘못하는 바람에 재정난으로 이듬해 폐쇄되었지만, 모호이너지는 빠듯한 재정을 동원해 1939년 디자인 학교(School of Design)로 이름을 바꾸어 학교를 다시 열었다. 이 학교는 뉴 바우하우스와 교수진이 거의 같았는데, 거기에는 철학자 모리스도 포함되어 있었다. 모호이너지는 과학 기술 분야의 전문 교육을 인간의 근본적인 수요와 연결시킬 수 있는 새로운 유형의 디자이너 육성을 이 새로운 학교 교육의 목표로 제시했다. 모호이너지는 기술 과학의 전문화에 바탕을 둔 새로운 비전에 입각해 전인을 육성하고 나아가 기술, 과학, 예술의 통일이라는 새로운 유토피아를 추구했다.[29]

공학 설계와 산업 디자인: 기술과 시각적, 비언어적 사고의 중요성

제2차 세계 대전 이후 공학 설계와 디자인 분야가 결합되면서 기술과 예술 사이의 새로운 통합이 이뤄지고 있다. 특히 현대의 엔지니어링 분야에서는 18세기 후반 공학 교육이 체계화된 이래로 강조되어 온 분석적인 능력뿐만이 아니라 시각적이고 비언어적인 사고의 중요성이 크게 부상하고 있다.

분석적 사고만으로 공학 설계를 했기 때문에 발생했던 대형 사고의 대표적인 예로는 1940년 11월 7일에 발생한 타코마 해협의 대교 붕괴 사고를 들 수 있다. 당시 이 다리는 시속 42마일(약 67킬로미터)의 강풍에 붕괴되었는데, 토목 공학 분야의 전문가들이 자신들의 지식만을 중시하고 항공 공학 분야의 지식을 고려하지 않아 생긴 사례에 속한다.

시각적인 산업 디자인 분야는 대표적인 비언어적인 통합 지식 영역에 속한다. 현대 산업에서 디자인은 단순히 상품화나 판매 촉진을 위한 수단만이 아니며 기술을 구성하는 핵심적 요소가 되었다. 이렇게 공학 설계에서 수리적이고 분석적인 능력뿐만이 아니라 예술의 영역에서 다루는 감성적인 측면까지 강조되면서 기술과 예술을 비롯한 다양한 분야들 사이의 상호 교류가 더욱 활발해졌다. 공학 분야에서도 수리적이고 분석적인 능력뿐만이 아니라 감성이 강조되고 있고, 비언어적 사고가 동시에 중시되고 있다. 이성과 감성이 결합하고, 분석적 사고와 비언어적 사고가 동시에 중시되면서 과학, 기술, 예술은 이제 새로운 통합의 시대를 맞이하게 되었다.[30]

과학 기술 연구실과 미술 스튜디오, 생산 공장의 유사성

하버드 대학교의 과학사 학자인 피터 루이스 갤리슨과 MIT의 미술사가인 캐롤라인 존스는 서로 다른 연구 분야를 결합시켜 연구하는 융합 작업을 통해 과학과 예술에 대한 흥미로운 연구 결과를 내놓았다. 제2차 세계 대전 이후 과학자들과 예술가들은 과학 기술 연구와 예술 창작이라는 서로 다른 영역에서 아주 유사한 변화 과정을 겪었다는 것이다.[31] 우선 1940년대부터 1980년대까지 미국의 예술가들과 과학자들은 서로 다른 분야에 있었음에도 과학 연구 활동과 예술 창작 활동을 하면서 생산 방식에서 공동의 토대를 경험했다. 이 시기에도 잔존했던 '두 문화'에 관한 진부한 편견이 예술과 과학을 갈라 놓기도 했지만, 실제 활동에서 과학과 예술은 서로 다양한 형태로 연결되면서 공통의 기반을 경험하게 되었다.

1940년대에 과학 활동과 예술 작업에서는 모두 인문적 개성이 존중되었고, 개인의 창조적인 역할이 중시되었다. 막대기에 묻힌 물감을 떨어뜨리거나 물감 통을 들고 물감을 흘리는 드리핑이라는 새로운 기법의 작품을 선보여 미국의 추상 표현주의(Abstract Expressionism)를 주도했던 잭슨 폴록(Jackson Pollock, 1912~1956년)의 창작 방식은 연구실에 홀로 처박혀 연구에 전념하는 과학자들의 이미지와 별반 다르지 않았다. 이 당시에는 예술과 과학 모두 주로 혼자서 창작하는 방식이 주를 이루었다. 하지만 1940년대에 신성한 예술 스튜디오 공간에서 고독한 개인으로 활동하던 미술가들은 제2차 세계 대전 이후 20여 년 동안 다양한 기계와 기술 문명의 성과를 활용하면서 예술가로서의 이미지와 작업 공간 측면에서 커다란 변화를 겪었다.[32]

앤디 워홀의 관리형 예술 창작과 거대 과학

상업 디자이너로 출발해서 팝아트라는 새로운 분야를 개척한 앤디 워홀(Andy Warhol, 1928~1987년)은 대중이 좋아하는 대상을 선택해 작품을 만들어 돈도 많이 벌었던, 비즈니스 감각을 소유한 예술가였다. 워홀은 「코카콜라」, 「찌그러진 캠벨 스프 깡통」에서 시작해서 마릴린 먼로, 마이클 잭슨, 베토벤, 재클린 케네디, 무하마드 알리 등 우리에게 친숙한 인물의 초상화를 작품의 대상으로 삼았다. 또한 그는 집단 창작의 방식을 활용해 자신은 극히 작은 역할만을 하면서도 사진, 빛, 액체 등을 활용한 실크스크린 기법으로 수많은 작품을 만들어 내는 예술 작품 생산 기획자이기도 했다.

1960년대 이후 워홀이 선보인 관리형 예술 창작 방식은 고독한 창작자 혹은 성자로서의 예술가의 이미지를 점차로 바꾸어 놓았다. 그는 자신은 차라리 기계가 되고 싶다고 선언하면서 자신의 작업실을 통상적인 예술 스튜디오가 아니라 상품을 생산하는 "공장(Factory)"이라고 불렀다. 워홀은 예술가들의 작업실을 소비자들의 욕구를 충족시킬 포드주의적인 대량 생산 공장에 비유했으며, 자신 역시 작품을 찍어 내는 공장의 생산 기계로 간주했다.[33]

개인의 독창성을 강조하는 예술 분야에 공장형 생산 방식이 등장한 것은 예술계에서 커다란 논란이 되었지만, 실상 이런 창작 활동은 과학 분야에서도 똑같이 나타나고 있었다. 그 대표적인 예로 거대 규모의 연구를 바탕으로 하는 '거대 과학(Big Science)'의 출현을 들 수 있다. 즉 1930년대에 우주선(cosmic ray) 연구는 개인이나 작은 집단이 비교적 간단한 탐지 장비를 갖추고 알프스 산맥의 정상과 같이 높은 산에 올라가 외롭게 하는 연구가 대부분이었다. 이렇게 작은 규모로 수행되던 연구 형태가 제2차 세계 대전 이후에는 수십, 수백 명의 과학자들이 입자 가속기 연구소에서 팀을 짜고 서로 협동해서 연구하는 집단 연구 방식으로 발전했다. 로런스 버클리 연구소, 국립 페르미 연구소, 유럽 공동 원자핵 연구소 등에서 수백 명의 과학자들이 거대한 장비를 이용해서 함께 연구하는 입자 물리학 연구는 거대 과학 프로젝트의 대표적인 예이다.[34]

앤디 워홀은 자신의 생산 공장에서 점점 다양한 작품을 생산하면서 점차로 전체의 작품 창작을 지휘하는 예술 관리자로 변신했다. 마찬가지로 스탠퍼드 선형 가속기 센터(Stanford Linear Accelator Center)에서 활동하던 고에너지 물리학자 루이스 월터 앨버레즈는 거대한 입자 가속기 연구소에서 연구하는 개별 과학자라기보다는 하나의 거대한 조직을 책임지는 관리자로서 연구 활동에 관여했다.[35] 이처럼 현대 사회에 와서 예술 스튜디오(studio)와 과학 실험실(laboratory), 생산 공장은 서로 유사한 창작, 연구, 생산 방식을 공유하면서 변화했다.

포스트모던 아키텍처: 포스트 스튜디오와 다중 저자 방식의 등장

1940년대 공장 생산이 포드주의적이고 중앙 집중적인 대량 생산 방식을 띠었는 데 반해서, 1970년대 이후에는 분산화된 유연 생산 방식으로 변화했던 것도 이 과학자와 예술가 들의 활동에 똑같이 반영되고 있다. 초기에 예술가와 과학자 들의 작업은 책임자가 하부 인력을 통제하는 중앙 집권화된 '관리형' 생산 형태로 진행되었다. 1970년대에 이르자 예술 스튜디오와 과학 기술 연구소에서도 집중화에서 분산화로 변화가 생겼다.

한 예로 루이스 앨버레즈의 연구 그룹은 더욱더 커다란 다국·다기관 협력 연구 집단의 한 부분이 되면서 리더 한 사람에 의한 통제가 아니라 전 세계 수많은 연구 조직을 연결하는 분산적인 네트워크 연구 조직이 되었다. 반면에 예술 분야에서는 대지를 캔버스로 삼고 미국 유타 주 솔트레이크시티의 솔트레이크 호에 너비 4.6미터, 길이 457미터의 거대한 「나선형의 방파제(*Spiral Jetty*)」를 설치했던 대지 예술가 로버트 스미스슨(Robert Smithson, 1938~1973년)의 작업이 포스트스튜디오(Post-Studio) 내지 포스트모더니즘적 성격을 보인다 할 수 있다.[36]

다수의 창작자 및 과학자들이 참여하는 방식이 빈번해지면서 예술

■ 로버트 스미스슨, 「나선형의 방파제」(1969~1970년). 유타 주 솔트레이크 호에 트럭과 중장비를 동원하여 건설한 이 거대한 작품은 스미스슨의 대표작으로, 그는 자연 속에 설치된 방파제를 통해 스튜디오나 미술관으로는 담을 수 없는 예술을 나타내려 했다.

및 과학의 저작 형태도 관리형 저자 형태에서 공동의 다중 저자 방식으로 변화가 나타났다.[37] 다수가 참가하는 예술 분야와 과학 기술 분야에서 공히 공동 창작 및 공동 연구 방식이 자주 등장하면서 이제는 창조적 작업에 대한 개인주의적 저작 개념도 변화가 오게 되었다. 이제 모더니즘 과학의 아키텍처는 점차로 데이터의 흐름과 인터넷으로 내변되는 포스트모더니즘 아키텍처로 변화되었고, 예술 창작 방식도 단일한 공장을 모형으로 한 스튜디오가 아니라 프린트, 필름, 사진 미디어와 같이 광범위하게 산재된 영역에서 이뤄지는 포스트모더니즘 예술 생산 방식으로 바뀌었다.

새로운 매체의 출현과 예술: 카메라 옵스큐라와 사진

새로운 소재, 기구, 매체는 예술을 탄생시키는 데 언제나 결정적인 역할을 했다. 예를 들어 유리 제조법은 5000년 전 오리엔트 지방에서 토기 재료를 가지고 작업을 하다가 우연히 발견되었다. 유리는 모래, 재, 석회의 혼합물을 가열해 만들어졌는데, 금속 산화물을 넣어 다양한 색깔을 얻을 수 있었다. 아랍에서 발전한 유리 기술은 이탈리아 베네치아를 비롯한 세계 여러 곳으로 전해져 다양한 유리 공예를 꽃피웠다. 이처럼 새로운 소재, 도구, 매체는 새로운 예술 장르를 창출해 내는 경우가 많다. 자연의 모습을 재현해 내는 사진은 과학 기술 도구의 발전이 새로운 예술 장르를 만들어 낸 대표적인 예에 해당한다.

11세기에서 18세기에 이르는 동안 어두운 방의 한쪽 벽에 작게 뚫린 구멍을 통해 바깥의 영상을 벽면에 거꾸로 비추어 재현하는 카메라 옵스큐라(camera obscura)의 원리가 다양한 형태로 언급되고 이것을 회화에 응용하려는 시도들이 나타났다.[38] 우선 12세기 르네상스를 통해서 중세 라틴 유럽에 유클리드의 기하학이 다시 소개되었다. 브루넬레스키, 레오나르도 다 빈치, 코시모 바르톨리(Cosimo Bartoli, 1503~1572년) 등 수많은 장인·예술가들은 건축, 미술 등 다양한 분야에서 유클리드 기하학에 바탕을 둔 투시법을 활용했다. 1525년 알브레히트 뒤러(Albrecht Durer, 1471~1528년)는 바둑판 무늬의 창을 통해 여인을 주시하면서 그 창과 같은 크기의 격자형 종이 위에 인물의 모습을 옮겨 그렸다. 1657년 가스파르 쇼트(Gaspard Schott)는 카메라 옵스큐라를 암상자의 형태로 만들었고, 요하네스 찬(Johannes Zahn)은 1685년 카메라 옵스큐라를 사진 기술의 초창기에 사용하게 되는 것과 비슷한 모습의 상자 형태로 만들어 놓았다.[39]

한편 18세기에 이르러 카메라에 맺힌 상을 빛에 민감하게 반응하는 물질 위에 고착시키는 화학적 방법이 등장했다. 1725년 독일의 자연 철학자 요한 하인리히 슐체(Johann Heinrich Schulze, 1687~1744년)는 질산은과 분필의 혼합물을 유리병에 넣고 빛을 쪼여 분필로 글씨를 쓰는 실험을 했다. 슐체는 빛에 민감하게 작용하는 이 화합물을 스코토포러스(scotophorous), 즉 '어둠의 운반자'라고 명명했고, 1727년 뉘른베르크 자연 철학 아카데미에 보고했다. 슐체 이후 진 헬롯(Jean Hellot, 1737년), 베카리우스(Becacrius, 1757년), 윌리엄 루이스(William Lewis, 1763년), 조지프 프리스틀리(Joseph Priestly, 1772년), 토르베른 올로프 베리먼(Torbern Olof Bergman, 1776년), 칼 빌헬름 셸레(Carl Wilhelm Scheele, 1777년) 등 수많은 사람들이 빛과 은 혼합물에 관련된 다양한 발견과 실험을 수행했다.[40] 마침내 1802년 6월 토머스 웨지우드(Thomas Wedgwood, 1771~1825년)는 「질산은에 대한 빛의 작용을 통해 유리에 회화를 복사하고 프로필을 만드는 방법」이란 논문을 영국 왕립 연구소 회보에 기고하면서 사진술이라는 최초의 발상을 제안하기에 이른다.

사진을 향한 욕망과 사진술의 발전

산업 혁병 이후에 영국과 프랑스에서 성징한 부르주아지들은 카메라 옵스큐라에서 만들어진 영상을 영구히 고정시키기 위해 다양한 과학적, 기술적 지식을 발전시켰고, 이것을 상품화하는 데에도 커다란 역할을 했다. 또한 이 시기에 사진을 향한 욕망이 개인적이 아니라 사회적인 차원의 요구로 지속적으로 나타났고 확산되었다.[41] 카메라 옵스큐라를 이용해서 자연의 모습을 영구적으로 고정시키는 데에는 조제프 니세포르 니엡스(Joseph Nicéphore Niépce, 1765~1833년)와 그의 형 클로드의 실험이 커다란 역할을 했다. 1827년 6월 니엡스는 감광성 역청 용액을 입힌 백랍판을 이용해 8시간의 노출 끝에 자신의 스튜디오 창가에서 바라본 풍경을 담은 영구적인 이미지를 만드는 데 성공했다. 니엡스는 자신의 방법을 빛을 통해 카메라 옵스큐라에서 만들어진 영상을 자동적으로 정착시키는 방법, 즉 태양 소묘를 의미하는 엘리오그라피(héliographie)라 불렀다.[42]

니엡스의 연구는 역시 자연의 이미지를 항구적으로 잡아두는 일에 열정을 보였던 루이 자크 망데 다게르(Louis Jacques Mande Daguerre, 1787~1851년)에게 전해졌다. 다게르는 노출 시간이 몇 분 정도로 매우 짧고 더 선명한 이미지를 얻을 수 있는 사진술을 발전시키고 이것을 다게레오타이프(daguerreotype)라고 명명했다. 다게르는 1839년 1월 7일 프랑스 과학 아카데미와 6월 15일 의회에서 자신의 사진 인화법을 대중에게 공개함으로써 사진 발명자로서의 영예와 아울러 금전적인 보상도 받게 된다. 이 다게레오타이프 사진술은 선명도가 매우 탁월했기 때문에 특히 초상 사진 분야에서 대중에게 선풍적인 인기를 얻고 퍼져 나갔다.

하지만 다게레오타이프 사진은 감광판 자체가 곧 완성된 한 장의 사진이었기 때문에 더 이상의 복사를 허용하지 않았다. 또한 견고하지 못했고 틀에 단단히 끼워진 유리에 싸여 거추장스러운 상자 속에 보관해야 했으며, 무엇보다도 값이 비쌌다.[43] 1841년 2월 8일 윌리엄 헨리 폭스 탤벗(William Henry Fox Talbot, 1800~1877년)은 잠재적인 상을 만들어 현상, 인화시키는 원리로서 이후 대부분의 사진 제판술의 기본이 되는 소위 칼로타이프(Calotype)의 사진술로 영국에서 발명 특허를 획득했다. 탤벗의 사진술은 금속판이 아니라 종이 위에 사진을 만드는, 복제 가능한 사진술 기법이었다. 이어 1851년 영국 조각가 프레더릭 스콧 아처(Frederick Scott Archer, 1813~1857년)는 알코올과 에테르에 니트로셀룰로오스를 녹여 만든 클로디온(collodion)을 은염류와 함께 사용해 감광 처리한 유리판 방식의 사진술을 발명했다. 이 클로디온 습판 방식은 다게레오타이프의 장점인 선명도와 칼로타이프의 장점인 복제성을 모두 지니고 있었고 감광성이 좋아서 노출 시간도 5초 정도였다. 이 새로운 기술은 10년 내에 기존의 다게레오타이프와 칼로다이프의 제판술을 완전히 대체하면서 1880년대까지 사진 업계를 이끌었다. 마침내 조지 이스트먼이 이스트먼 코닥 사를 설립해 젤라틴 롤 필름을 개발하고, 저렴하고 가벼우며 동작이 간편한 새로운 종류의 카메라를 1888년 시판하면서 사진은 대중화되었고 사진의 시대를 열게 되었다.

사진 기술은 현대에 와서 가시광선 영역을 넘어서 계속 새로운 영역으로 확대되고 있다. 즉 엑스선 장비, 단층 촬영 장치(computed tomography, CT), 자기 공명 영상 장치(magnetic resonance imaging, MRI), 원자 현미경, 방사광 가속기를 이용한 촬영 등 새로운 촬영 도구들이 우리에게 새로운 시야를 제공하면서 계속 새로운 예술의 영역을 개척하고 있다. 영상 기술과 예술을 연결하려는 작업은 최근 영상학(images studies)이라는 새로운 학문에서 잘 드러나고 있다. 파인만 도형, 민코프스키 시공간 표현, 전자 현미경의 이미지, 컴퓨터의 디지털 영상, 매체들 사이의 영상 변환, 다양한 비디오 기술 등은 모두 과학과 예술을 연결하는 영상학 연구에 좋은 소재가 되고 있다.

발터 베냐민과 '기술 복제 시대의 예술 작품'

사진의 발전은 곧바로 연속 사진, 즉 활동 사진으로 발전했으며, 19세기 말에 이르러 음성 녹음 및 재현 기술이 등장하면서 바야흐로 영상 시대의 도래를 알린다. 매체 미학의 선구자 가운데 한 사람인 발터 베냐민(Walter Benjamin, 1892~1940년)은 기술 복제 시대의 예술의 변화 과정을 다음과 같이 말하고 있다. "1900년 전후에 기술적 복제는 그것이 전승된 예술 작품 전체를 대상으로 만들고 예술 작품의 영향력에 심대한 변화를 끼치기 시작했을 뿐 아니라 예술의 작업 방식에서 독자적인 자리를 점유하게 될 수준에 도달했다."[44]

이렇게 예술 작품의 기술적 복제가 가능해지면서 예술 작품의 유일성, 즉 원작의 진품성이 지니는 독특한 분위기인 아우라(aura)의 의미가 점점 퇴색되게 되었다. 예술 작품의 수용에는 크게 두 가지 요소가 중요했다. 그 하나는 예술 작품의 유일성이 만들어 내는 '제의적 가치(Kultwert)'이고 다른 하나는 예술의 '전시적 가치(Ausstellungswert)'이다. 예술 생산은 제의에 사용되는 형상물에서 시작했다. 하지만 사진에서는 예술 작품이 지니는 전시적 가치가 '진정한' 예술 작품의 유일무이한 가치였던 제의적 가치를 전면적으로 밀어 내기 시작했던 것이다.[45] 베냐민은 기술 복제 시대에 예술의 사회적 기능 또한 변화를 겪었다고 주장하고 있다. 즉 과거에는 예술이 제의에 바탕을 두었지만, 이제 예술은 다른 실천, 즉 정치에 바탕을 두게 되었다는 것이다.

백남준과 비디오 아트

비디오 아트는 20세기 후반에 영상 기술이 발전하면서 예술과 결합된 뉴미디어 아트의 한 분야이다. 비디오 아트라는 새로운 분야가 만들어지는 데에는 한국 태생의 백남준(1932~2006년)이 커다란 역할을 했다. 백남준은 1932년 7월 20일 한국의 서울에서 비단 무역에 종사하는 유복한 집안의 아들로 태어났다. 한국 전쟁 이전에 그의 가족은 홍콩을 거쳐 일본으로 건너갔다. 1956년 도쿄 대학교 미학, 미술사학과를 졸업한 백남준은 독일로 건너가 일종의 네오다다이즘 운동인 플럭서스 운동에 참여했다. 이때부터 그는 전위 음악가 존 케이지(John Cage, 1912~1992년)의 영향을 받으면서 과격한 해프닝과 퍼포먼스를 연출하는 전위 예술가로 성장했다. 1964년 백남준은 뉴욕으로 건너가 서양 고전 음악 첼로 연주자 샬롯 무어먼(Charlotte Moorman, 1933~1991년)과 함께 비디오와 음악을 혼합한 충격적인 퍼포먼스 작업을 시작하면서 비디오 아트라는 새로운 예술 형식을 개척하기에 이른다.

백남준은 일본 도쿄 방송의 텔레비전 기술부 엔지니어였던 아베 슈야(阿部修也, 1932년~)와 긴밀하게 협력해 자신의 새로운 미디어 세계를 개척했다. 아베는 K-456 로봇, 비디오 합성기 등의 제작에 도움을 주는 등 기술적 측면에서 백남준의 작품 활동에 크게 기여했다.[46]

백남준의 비디오 아트에서 보듯이 오늘날 첨단 기술은 예술에게 새로운 소재를 제공해 컴퓨터 음악, 비디오 아트 등 새로운 테크놀로지 예술 장르의 등장이 가능하도록 해 줬다. 하지만 기술은 예술에게 있어 하나의 창조적 도전의 대상일 뿐으로 단순히 기술을 활용하는 것만으로는 예술이 되지 않는다. 예술은 과학과 같이 우리 삶의 세계에 새로운 창조적인 제안을 하는 것이다.

첨단 기술을 이용해 많은 예술 작업을 했던 백남준은 "나는 기술을 증오하기 위해 기술을 사용한다."라고 말했다. 즉, '인간화된 예술'은 로버트 위너의 인간화된 기술을 예술로 승화시킨 것으로 백남준에게 이 '인간화된 예술'의 이념은 과학 기술을 모태로 하는 예술 형식이 반드시 참고해야 할 지침이었다.[47]

바이스코프의 물리학 대중 저술 : 과학과 감성의 통합

과학과 예술의 만남은 첨단 양자 물리학 이론을 대중에게 친밀하게 설명하려는 시도에서도 나타났다. 예를 들어 빅토르 프리드리히 바이스코프(Victor Frederick Weisskopf, 1908~2002년)는 과학과 감성을 결합시키고 난해한 양자 역학을 우리에게 친숙한 베토벤의 소나타에 비유해 설명한 이론 물리학자였다.[48] 음악과 학문의 고장인 오스트리아 빈에서 태어난 그는 과학 저술가로서 탁월한 명성을 날렸으며, 교황에게 양자 역학을 쉽게 가르친 것으로도 유명하다.

대중을 위한 과학 저술에서 바이스코프는 음악의 고장 출신답게 양자 역학에서 주장하는 상보적인 관계를 모차르트의 소나타와 연결해서 설명했다. 양자 역학에 따르면 상호 대립적인 것은 서로 상보적인 관계에 있다. 우리는 모차르트의 소나타 연주를 공기의 진동의 형태로 뇌의 신경 작용을 통해 감지한다. 하지만 이런 물리적인 작용은 음악적 측면의 상보적인 것으로 모차르트의 소나타는 특정한 정신 상태에 대한 감정의 표현이기도 하다. 저녁노을도 물리적으로는 그저 빛의 산란 현상에 불과하지만, 우리는 황혼 속에서 놀라운 감흥을 느낀다. 이 둘은 서로 상보적인 관계에 있는 것이다.

바이스코프는 과학이 아름다운 것은 모차르트의 음악이 아름다운 것과 같은 것이라고 말한다. 그는 만약 과학과 감성, 이 둘 가운데 우리가 어느 하나에만 매몰된다면 우리는 삶의 중요한 여러 측면을 놓칠 것이라고 경고했다.[49] 과학과 음악 사이의 새로운 통합은 과학에서 잃어버린 반쪽 측면인 감성을 되찾아야만 가능해질 것이다.

창의적 과정: 과학과 예술의 만남

우리가 과학과 예술의 만남에 관심을 가지는 가장 거다란 이유는 이 서로 다른 두 영역의 만남을 통해 그동안 접하지 못했던 수많은 창의적인 생각을 만들어 낼 가능성이 높기 때문이다. 문학, 예술 분야에서 창의성이 중요한 요소가 되듯이 과학적 발견도 자연에 대한 새로운 해석을 내어놓는 창조의 과정이며, 이 두 분야 모두에서 창의적인 생각이 중요하다.

미하이 칙센트미하이(Mihaly Csikszentmihalyi, 1934년~)를 비롯한 많은 학자들은 창의성의 근원에 대해 서로 다른 영역의 교류의 중요성을 역설했다. 창의적 과정에는 몇몇 특징이 있다. 첫째로, 창조 과정은 직선적이 아니라 순환적이다. 즉 수많은 반복, 전환, 통찰을 거치면서 창의적인 아이디어가 생산된다. 둘째로 창조 과정에서 해결하는 문제는 주어진 문제가 아니라 스스로 발견하는 문제이다. 따라서 창의적인 사람들은 새로운 문제와 해결책을 동시에 찾아낸다. 역사적으로 과학에서 나타난 커다란 업적들은 기존의 문제를 해결하는 것보다는 과거의 문제들을 재구성하거나 새로운 문제를 발견하는 과정에서 나타났다. 스스로 발견하는 문제들은 우리가 세상을 바라보는 방식에 더 큰 변화를 가져올 수 있다. 또한 칙센트미하이가 강조하듯이 창의적인 생각이 나오기 위해서는 몰입과 집중이 중요하다.[50] 제한된 집중력을 한곳으로 모을 때 창의성은 살아난다. 몰입과 집중을 위해 자기만의 공간을 가진 것도 창의적 사고에 도움을 준다. 마지막으로 창의성은 다양한 문화가 교차하면서 여러 생활 방식과 지식이 한데 어우러져 사람들이 더 자유롭게 새로운 생각을 할 수 있는 곳에서 자주 나타난다.

현대 사회에서 창의적인 사고방식의 필요성은 그 어느 때보다도 중요해지고 있다. 최근 많은 연구들이 과학과 예술의 만남에 관심을 가지는 것도 이런 추세를 반영한 것이라 할 수 있다. 통합적인 지식이 더욱 필요해지는 현대 사회에서 과학, 기술, 인문학, 예술 사이의 새로운 관계 설정 및 접합, 그리고 다양한 만남은 계속될 것이다.

21장 | 새로운 과학관

20세기를 거치는 동안 과학은 그 내용과 사회적인 영향력 측면에서 엄청난 변화를 겪었다. 우선 20세기 초반에는 물리 과학 분야의 이론과 개념이 혁명적으로 변화했다. 아인슈타인의 상대성 이론과 하이젠베르크, 보어, 슈뢰딩거, 파울리, 보른 등이 창안한 양자 역학은 고전 물리학에서 현대 물리학으로의 혁명을 이끈 핵심 분야였다. 20세기 중반 이후에는 물리 과학보다는 분자 생물학과 유전 공학으로 대변되는 생명 과학이 두각을 나타내기 시작했다. 또한 물리학 내에서도 초기에는 원자 물리학이 중심을 이루다가 후반에 와서는 물성 및 생명 등 복잡한 체계를 다루는 과학 분야가 부상했다.

20세기 후반에는 과학의 통일성에 대한 믿음이 약화되면서 통일 과학의 존재 가능성에 대한 비판적 견해가 부상하게 되었다. 20세기 초 많은 사람들은 다양한 분야의 과학을 통일할 수 있다는 믿음을 강하게 공유했다. 즉 수학, 물리학, 화학, 생물학, 심리학 등 다양한 학문 분야를 동일한 기반 아래 통일적으로 이해할 수 있다고 믿었던 것이다. 이런 환원주의적 과학에서는 수리 물리학, 원자 물리학, 기본 입자 물리학 등이 다른 분야보다 우월한 지위를 얻게 된다. 하지만 과학의 통일 가능성에 대한 믿음은 20세기 후반에 이르러 점차 빛을 잃어 갔다.[1] 즉 20세기 전반기를 통해서 급속히 성장한 원자 물리학과 기본 입자 물리학이 주도했던 환원주의 과학관이 그 주도적인 지위를 상실해 가는 반면에, 복합적인 현상을 다루는 과학이 서서히 두각을 나타냈던 것이다.

괴델의 불완전성 정리

환원주의적 과학관에 대한 비판은 이미 20세기 초반에 수학 분야에서도 나타났는데, 그 대표격으로는 힐베르트의 공리주의(公理主義, axiomatism)에 대한 쿠르트 프리드리히 괴델(Kurt Friedrich Gödel, 1906~1978년)의 비판을 들 수 있다. 공리주의란 모든 이론이 기본이 되는 몇몇 공리들을 출발점으로 해서 논리적으로 조립되어야 한다는 주장으로, 20세기 초에 힐베르트가 중심이 되어 전개했던 수학 기초론의 대표적 입장 가운데 하나였다. 1902년 비유클리드 기하학에 대한 공리적 기초를 확립한 힐베르트는 자신의 프로그램을 계속 확장해서 수학과 물리학을 비롯한 과학의 전체 분야에 확고한 공리적 기초를 마련하려고 노력했다.

힐베르트의 이런 시도로 수학은 일단 완벽한 기초 위에 놓인 듯이 보였고, 괴델 역시 처음에는 힐베르트의 이런 공리주의 프로그램을 뒷받침하기 위해서 수학 기초론에 대한 자신의 연구를 시작했다. 하지만 그의 연구는 엉뚱하게도 힐베르트의 시도에 제동을 거는 결과를 낳고 말았다. 1930년대 초에 괴델은 아무리 정교한 수학 체계라도 그 자체로서 무모순일 수 없다는 소위 괴델의 정리, 즉 불완전성의 정리를 주창함으로써 확고한 공리 체계를 바탕으로 수학의 전체 영역을 엄밀하고 통일적으로 설명하려는 힐베르트 이후의 작업에 근본적인 차원의 제동을 걸었다. 즉 아무리 완벽한 수학 체계라고 할지라도 그 체계 내의 공리만으로는 논증할 수도 없고 반박할 수도 없는 명제가 존재하며, 따라서 모든 수학 체계는 그 자체로서는 완전성의 조건을 충족시키지 못한다는 것이다. 이렇게 공리 체계의 환원 불가능성이 근본적인 차원에서 제기되면서 수학에서도 환원주의를 바라보는 태도에 변화의 조짐이 나타나기 시작했던 것이다.

반환원주의 과학관의 부상

1970년대 이후 국소적 자율성(local autonomy)과 반환원주의적 과학관을 선도하고 있는 과학자 중에서 현재 미국에서 상당한 영향력을 발휘하는 사람으로는 고체 물리학자 필립 워런 앤더슨을 들 수 있다. 앤더슨은 1972년《사이언스》에 실린 「많은 것은 다르다」라는 글에서 고체 물리학은 입자 물리학이 발견한 근본적인 법칙에 입각해서 현상을 설명하는 것에 불과하다고 말한 입자 물리학자 바이스코프의 주장을 신랄하게 비판하면서 그 근거가 되는 철학적 입장을 반박했다.[2] 앤더슨은 입자 물리학의 통일 이론이 완성되면 자연 과학의 모든 부분을 통일적으로 이해할 수 있다는 환원주의적 입장을 정면으로 공격하고 나섰다. 앤더슨의 주장에 따르면 모든 것을 단순한 근본 법칙으로 환원할 수 있다는 것이 그들 법칙들로부터 우주를 재구성할 수 있다는 것을 의미하지는 않는다. 더구나 그는 과거와는 완전히 다른 과학적 입장에서 입자 물리학 이외에 고체 물리학과 같은 과학들도 각 수준별로 자기 자신들의 '근본적인' 법칙과 나름대로의 존재론을 가진다고 주장하고 있다.

앤더슨은 자연계의 규모가 커지고 구조가 복잡해질수록 각 수준별로 완전히 새로운 성질이 나타나고, 이 성질들을 이해하려면 마찬가지로 근본적인 구성 요소에 대한 새로운 지식이 필요하다고 주장했다. 크고 복잡한 기본 입자들의 십난적 행동은 몇몇 입자들이 지니는 성질을 단순히 결합시켜 이해할 수는 없다. 복잡한 수준별 단계마다 이전과 마찬가지로 심오한 영감과 창의성이 요구되는 완전히 새로운 법칙, 개념, 일반화가 필요하다. 따라서 심리학은 응용 생물학이 아니며, 생물학은 응용 화학일 수 없다.

기본 입자 물리학과 관련된 환원주의자들의 요구는 안 그래도 자금을 놓고 경쟁 관계에 있던 응집 물질 물리학을 위시한 다른 분야 물리학자들과 기본 입자 물리학자들 사이의 갈등을 심화시켰다. 이러한 논쟁은 1990년대 초전도 초대형 가속기라는 수십억 달러가 소요되는 입자 가속기가 제안되었을 때 둘 사이 감정의 골을 더욱 깊게 했다.[3]

스티븐 와인버그(Steven Weinberg, 1933년~)는 통일 이론을 추구하는 환원주의 진영의 대표적인 인물이다. 그는 과학 원리가 나름대로의 방식대로 존재하는 것은 더 심오한 과학 원리, 경우에 따라서는 역사적 우연성 때문이라고 주장한다. 따라서 독립된 진리로서 자율적인 화학 원리들은 존재하지 않으며, 화학자들이 사용하는 용어는 제아무리 유용하더라도 완벽하고 일관성 있는 설명 도구는 되지 못한다고 생각한다. 결국 환원주의적인 자세는 탐구할 가치가 없는 아이디어에 시간을 낭비하는 것으로부터 모든 과학자를 구원해 줄 유용한 여과기를 제공한다. 이런 의미에서 와인버그는 우리 모두는 환원주의자라고 주

장하고 있다.[4]

생물학자 에른스트 발터 마이어(Ernst Walter Mayr, 1904~2005년)는 초전
도 초대형 가속기 건설을 옹호하며 물리학에서 최종 이론을 찾으려는
와인버그의 견해에 정면으로 맞섰다.[5] 우선 마이어는 자연계에는 원
자를 구성하는 입자들로 이뤄지진 미시 세계, 원자에서 태양계에 이
르는 중간 세계, 무한한 우주인 거시 세계 등 다양한 규모의 세계가 존
재한다고 봤다. 그의 주장대로라면 우리의 인지 체계는 보고 만질 수
있는 중간 세계를 다루는 데 적합하며, 원자를 구성하는 입자로 이뤄
진 미시 세계를 더 잘 이해해도 그 이해가 중간 세계를 이해하고 설명
하는 데 그렇게 큰 도움을 주지는 않는다. 이런 근거로 그는 초전도 초
대형 가속기로 힉스 보손(Higgs boson)이나 이에 상응하는 발견을 하더
라도 이 발견이 중간 세계를 더 깊이 이해하는 데 크게 기여할지는 의
심스럽다는 견해를 피력했다.

벨기에 화학자인 일리야 프리고진은 비평형과 비가역성은 모든 수
준들에서 질서의 근원이며, 혼돈으로부터 질서를 가져다주는 기구라
고 주장했다. 평형으로부터 멀리 떨어진 불안정한 비평형 상태에서 미
시적인 요동의 효과로 거시적인 안정적 구조가 나타날 수 있는데, 프리
고진은 이때 나타나는 안정적 구조를 '소산 구조(dissipative structure)'라
고 하고, 이런 과정을 '자기 조직화(self organization)'라고 불렀다. 소산
구조와 자기 조직화가 바로 혼돈으로부터 질서를 가져다주는 메커니
즘이라는 것이다.[6]

프리고진의 과학 사상은 전체적으로 볼 때 비결정론적, 유기체적,
생태론적인 성격을 띠고 있으며, 동양의 시간 개념과 유사한 측면이
엿보이기도 한다. 프리고진은 존재 그 자체를 시간과 독립된 정해진

현상으로 보는 것이 아니라, 혼돈적인 시간의 흐름 속에서 존재의 본질이 발현된다고 봤다. 프리고진은 동양 사상뿐만이 아니라 이마누엘 칸트(Immanuel Kant, 1724~1804년), 게오르크 빌헬름 프리드리히 헤겔(Georg Wilhelm Friedrich Hegel, 1770~1831년), 앙리 루이 베르그송(Henri Louis Bergson, 1859~1941년), 앨프리드 노스 화이트헤드(Alfred North Whitehead, 1861~1947년), 마르틴 하이데거(Martin Heidegger, 1889~1976년) 등의 서구 철학에서 자신의 사상의 원류를 찾고 있다.

프리고진의 과학 사상은 과학 내용뿐만이 아니라 포스트모더니즘, 페미니즘, 생태주의 사상에도 커다란 영향을 미쳤다. 장 프랑수아 리오타르(Jean-François Lyotard, 1924~1998년)는 브누아 망델브로(Benoit Mandelbrot, 1924~2010년)와 프리고진의 과학적 업적이 포스트모던한 과학 지식의 특징을 지니고 있다고 주장했다. 또한 생태 페미니즘 과학사가인 캐롤린 머챈트는 비결정론적인 세계관을 제시하는 카오스 이론의 부상은 기계적인 세계관을 거부하는 새로운 생태주의적 사고방식의 도래를 의미하는 것이라고 주장하기도 했다.[7]

결국 국소적 자율성과 자기 조직화의 중요성을 강조하는 과학관은 20세기 초에 상대성 이론과 양자 역학과 같은 통일 이론을 만들어 내는 데 성공함으로써 기반을 다졌던 환원주의 과학관과는 상당히 다른 것으로, 이런 변화는 20세기 전반기와 후반기를 나누는 커다란 특징이라고 할 수 있다.

피터 갤리슨의 과학사 연구

과학사 분야에서 반환원주의를 강력하게 주장하는 사람으로는 피터 루이스 갤리슨을 들 수 있다. 갤리슨은 하버드 대학교의 과학사 및 물리학 석좌 교수로서 과학사와 물리학 이외에 과학 철학에도 많은 관심을 가지고 있는 학자이다. 학창 시절 그는 쿤, 제럴드 홀턴과 같은 과학사가, 힐러리 화이트홀 퍼트넘(Hilary Whitehall Putnam, 1926년~)을 비롯한 과학 철학자, 에드워드 파머 톰슨(Edward Palmer Thompson, 1924~1993년)과 같은 역사학자와 프랑스 아날 학파의 영향을 받으며 성장했다. 그는 고등학교를 너무 일찍 졸업했기 때문에 바로 하버드 대학교에 입학하지 않고, 프랑스로 건너가 1972년 그곳에서 에콜 폴리테크니크에 입학해 플라스마 물리학을 1년간 공부했다.[8]

당시 프랑스는 68혁명을 기점으로 엄청난 정치적 격변을 겪고 있었고, 68세대라는 새로운 지식인 집단도 등장하고 있었다. 이런 분위기에서 갤리슨은 물리학뿐만이 아니라 과학을 둘러싼 사회적, 문화적 요인에도 많은 관심을 가지게 되었다. 특히 그는 쿤과 같은 탈경험주의자들이 지나치게 이론적인 측면에만 초점을 맞추고 있다는 점에 착안해 구체적인 실험 과정을 분석하는 것을 자신의 박사 논문 주제로 선택했다. 1981년 그는 26세의 나이로 입자 물리학 실험을 비롯한 20세기 실험 물리학에서 어떻게 실험이 종결되는가를 분석한 논문으로 하버드 대학교에서 박사 학위를 받았다. 학위를 마친 뒤 그는 스탠퍼드 대학교에서 교수 생활을 하면서 이언 해킹(Ian Hacking, 1936년~)과 같은 실험을 중시하는 철학자들을 만나 서로 많은 영향을 주고받았다.[9]

피터 갤리슨은 자신의 논의를 "비판적 포스트모더니즘(critical postmodernism)"이라고 불렀는데, 특히 역사에서는 시작부터 끝까지 계속 이어갈 수 있는 하나의 줄기만이 존재하지는 않는다고 주장했다. 즉 이론의 역사, 실험의 역사 등 과학의 여러 분야의 역사는 각각 일정

시점에서 단절되기도, 큰 변화를 겪기도 하며, 이러한 줄기들을 서로 엮어 놓았을 때 과학의 흐름을 총체적으로 알 수 있다는 것이다.[10]

논리 실증주의

갤리슨의 비판적 포스트모더니즘 논의는 20세기 초 모더니즘 운동의 핵심이었던 논리 실증주의에 대한 분석으로부터 시작된다. 1920년대 카르납을 비롯한 빈 학파의 논리 실증주의자들은 모든 의미 있는 과학 활동을 관찰을 바탕으로 재구성하려는 소위 '과학의 통일성'을 추구하고 있었다. 그들은 모든 의미 있는 경험적 진술을 무오류적인 감각 자료 진술로 환원 가능하다고 믿었다.

카르납은 『세계의 논리적 구축』이라는 책에서 하나의 엄청난 계획을 세웠다. 우선 한 개인의 경험 요소로부터 물리학을 구성하고, 그 다음에는 개인 심리학을, 궁극적으로는 모든 사회 과학과 자연 과학의 의미 있는 개념들을 구성한다는 것이다. 이런 그의 계획은 각각의 개념을 직접적인 감각 경험의 공준 집합, 즉 '프로토콜 언어'로 환원, 변형할 수 있다는 가정을 바탕으로 했다.

카르납과 함께 논리 실증주의 운동을 전개하던 오토 노이라트는 일상 언어와 물리 언어를 구별해서 개인적인 지각에 근거하지 않는 보편적인 '물리학자'의 프로토콜 언어의 필요성을 강조했다. 프로토콜 문장으로 의미 있는 개념을 구성하려던 카르납의 계획은 '보편 언어'로 모든 분야의 학문을 통일하려는 '통일 과학'을 추구하는 움직임으로 발전했다.

논리 경험주의

1940년대 말까지 빈 학파의 영향을 받은 과학 철학계에서는 과학은 관찰과 실험을 바탕으로 누적적이고 위계적으로 상위 이론으로 발전한다는 공통된 믿음을 가지고 있었다. 즉 관찰적 용어로부터 이론적 개념으로 의미가 상향 침투되고, 이에 따라 과학의 전체적인 구조가 의미를 가진다는 것이다. 이에 대해서 포퍼는 제한된 수의 관찰 진술로부터 보편적 진술을 도출해 내려고 하는 귀납의 원리를 비판하면서, 입증 개념을 반증 개념으로 대체했다. 즉 그는 과학 법칙의 진위는 제아무리 많은 입증 자료를 제시해도 확인되지 않은 또 다른 영역이 여전히 남아 있기 때문에 유한한 관찰로 판단할 수는 없지만, 그 법칙을 부정하는 관찰이 나타날 때는 반증될 수 있다고 하는 새로운 구획 기준을 제시했다. 한 지식이 과학적 지식인지 아니면 비과학적 지식인지는 반증 가능성이 있느냐 없느냐로 구분된다는 것이다.

1950년대에 들어와서 카르납은 초기에 자신이 주장했던 엄격한 입증주의를 완화한 확률적인 확증주의를 도입하게 되면서 지나치게 관찰에 집착하는 초기의 강한 실증주의적 경향에서 어느 정도 후퇴하게 된다. 이런 일련의 움직임을 논리 실증주의와 대비시켜 논리 경험주의라고 부른다. 그러나 확실한 경험적인 기초를 도대로 과학의 전체 분야를 통일한다는 카르납을 비롯한 소위 논리 실증주의자들의 본래의 태도에는 변화가 없었다.

탈경험주의 과학관

20세기 중반에 이르러 논리 실증주의는 점차 새로운 과학관으로 무장한 인물들로부터 비판을 받기 시작했다. 우선 윌러드 반 오먼 콰인은 관찰 명제가 하나씩 이론적 개념에 상향 침투된다는 실증주의자의 환원주의적인 주장에 이것은 경험론이 지니는 일종의 도그마에 불과하다는 비판을 가했다.[11] 콰인에 의하면 어떤 명제도 우리가 만약 전체 체계 내에 심한 조정을 가하면 참이 될 수 있으며, 관찰과 이론을 엄격하게 구별하기란 불가능하다. 즉, 관찰이나 하위 이론은 가장 일반적이고 추상적인 형태인 수리 물리학과 논리학의 체계 안에서 수정이 가능하다는 것이다. 콰인의 이런 생각은 과학 개념이 경험적인 사실을 나타내는 관찰 용어와 연결됨으로써 의미를 가진다기보다는 과학의 전체적인 이론적 틀 안에서 그 의미가 밝혀진다는 피에르 뒤엠(Pierre Duhem, 1861~1916년)의 전일주의(holism)적 입장을 되살린 것이었다.[12]

더 나아가 노우드 러셀 핸슨은 관찰에 우위를 두는 환원주의적 입장에 관찰 그 자체도 이론 의존적이라는 비판을 가했다.[13] 즉, 사실에 대한 서술이란 항상 '이론의 등에 업혀서' 이뤄지기 때문에, 개념적 틀이나 이론의 제약을 받지 않고 사실 그대로를 기록하는 관찰 문장이란 존재하지 않는다는 것이다. 핸슨의 이런 태도는 '언어 게임(language game)', 혹은 '삶의 양식(mode of life)'라는 말로 대변되는 비트겐슈타인의 후기 언어 철학과 맥을 같이 하는 것으로, 뒤이어 등장한 과학사 학자인 토머스 새뮤얼 쿤의 과학관에 커다란 영향을 미쳤다.[14]

쿤의 패러다임 이론

쿤은 과학사 분야뿐만 아니라 타 분야에서도 널리 알려진 『과학 혁명의 구조』에서 '공약 불가능성(incommesurability)'이라는 개념을 바탕으로 과학자 사회(scientific community) 속에서 누적적으로 발전하지 않고 패러다임(paradigm)의 변화라는 혁명적인 형태로 발전해 나가는 새로운 과학 이론의 발전 유형을 제시했다.[15] 여기서 패러다임이란 어느 과학자 사회 전체가 공유하는 이론, 법칙, 지식, 방법, 가치, 믿음, 심지어는 습관 같은 것을 통틀어서 지칭하는 개념을 말하며, 공약 불가능성이란 한 이론 체계의 용어를 다른 이론 체계의 용어로 완전하게 번역할 수 없다는 것을 뜻한다.

쿤에 따르면 과학 이론이 혁명적으로 변화하는 소위 패러다임의 변화 시기에는 정상 과학이 발전하는 시기와는 달리 과학자들의 가치관, 사회 제도, 종교관, 시대 사조 등과 같은 과학 외적인 요소도 이론의 변화 과정에 영향을 미칠 수 있다. 따라서 쿤 자신은 비합리주의를 따르거나 상대주의적인 과학관을 가지고 있었던 것은 아니지만, 사람에 따라서는 『과학 혁명의 구조』에 나타난 그의 견해를 이론의 발전에 비합리적인 요소가 개입할 수 있는 것으로 받아들이기도 했으며, 또한 이론의 공약 불가능성을 강조해서 과학에 다원주의적·상대주의적인 해석이 가능하다고 생각한 사람도 있었다.

공약 불가능성은 쿤의 논의에서 상당히 중요한 의미를 차지하는 핵심 개념이다. 쿤 자신은 이 공약 불가능성을 이미 그가 1940년대 말 하버드 대학교에서 물리학을 그만두고 과학사를 시작할 때부터 중요하게 느끼기 시작했다고 말한다. 당시 쿤은 아리스토텔레스의 『자연학

(*Physics*)』을 읽으면서 처음에는 아리스토텔레스의 견해가 아주 유치하다고 생각했다. 그러나 곧 이런 유치한 설명이 어떻게 2000년 동안 엄청난 권위를 가지고 유지되었는가 하는 의심이 들었다고 한다. 그래서 다음에는 근대 역학적인 선입관을 될 수 있으면 배제하고, 당시 사람들의 관점이었던 아리스토텔레스 체계 속에서 언뜻 보기에 유치한 그 설명을 꼼꼼하게 다시 읽어 나갔다고 한다. 쿤은 거기에서 아주 일관되며, 근대 역학적인 관점으로는 도저히 완전하게 대체할 수 없는 정교한 설명 체계를 발견했다. 즉 아리스토텔레스의 물리학 체계와 근대 역학 체계 사이에는 서로가 서로를 완전히 공유할 수 없는 공약 불가능성이 존재했던 것이다.

쿤이 말하는 공약 불가능성에서는 서로 다른 두 개의 이론 체계가 서로 완전하게 번역은 안 되지만, 그래도 부분적인 번역의 가능성, 즉, 해석의 여지는 남아 있었다. 그러나 파울 카를 파이어아벤트(Paul Karl Feyerabend, 1924~1994년)에 이르면 이 공약 불가능성은 더욱더 극단적인 형태를 띠어서, 부분적인 번역조차도 허용이 안 된다. 그에 따르면 과학은 본래 무정부주의적이며, 이론적 무정부주의가 법칙과 질서에 관한 과학보다 훨씬 더 인간답고, 또한 진보에 도움을 준다.[16] 즉 상호 양립 불가능하며 공약 불가능한 이론의 바다 속에서 태어나는 다원주의 방법론이야말로 과학 진보에 꼭 필요하다고 그는 보았다. 과학 지식은 어떤 이상적인 견해를 향해 접근해 가는 일련의 일관된 이론도 아니며, 진리를 향해 점차로 다가가는 것도 아니다. 그것은 상호 양립이 불가능한 수많은 단일 이론들, 서로 다른 동화 같은 이야기들, 개개의 신화들로 이뤄져 있다. 파이어아벤트의 이러한 다원적이고 무정부적인 과학관은 장 프랑수아 리오타르를 비롯한 포스트모더니즘 이론가

에게 영향을 미쳤다.[17]

사회 구성주의와 행위자 네트워크 이론

쿤의 새로운 과학관에는 다양한 형태의 진리를 인정하는 상대주의적 측면이 잠재해 있었는데, 이런 요소는 사회 구성주의자들을 거쳐 더욱 급진적인 모습으로 탈바꿈했다. 사회 구성주의자들은 과학적 사실은 유연성을 지니고 자연이 제시하는 증거들은 동시에 여러 이론을 지지할 수 있기 때문에, 과학 이론을 둘러싼 논쟁을 관찰 혹은 실험 데이터만으로 결정할 수는 없으며, 논쟁을 종식하는 결정적 요소는 사회적 이해 관계라고 주장했다. 결국 이들은 객관성의 중추이자 마지막 보루인 과학 지식조차도 "사회적으로 구성"된다고 주장했다.

이 사회 구성주의(social constructivism)는 영국 에든버러 대학교의 데이비드 블루어, 배리 반스, 스티븐 셰이핀, 그리고 바스 대학교의 해리 콜린스, 트레버 핀치 등 일군의 학자들이 추진한 연구 프로그램을 통해 발전했다. 특히 블루어는 『지식과 사회의 상』에서 이른바 '지식 사회학의 강한 프로그램'을 제창하고, 여러 방법론적 원칙들을 제시해 사회 구성주의의 흐름에 커다란 영향을 줬다.[18] 한편, 프랑스 파리 광산 학교의 브뤼노 라투르, 미셸 칼롱과 영국 킬 대학교의 존 로 등은 '사회에 의한 과학의 구성'보다 '과학에 의한 사회의 구성' 혹은 '과학(기술)과 사회의 공동 구성'에 초점을 맞추는 '행위자 네트워크 이론'을 주창해 기존의 사회 구성주의 입장과 차별화가 된 주요한 학파를 이루고 있다.[19] 사회 구성주의는 과학 기술의 발전을 지나치게 사회적인 각도에서만 파악한다는 비판을 받기도 했지만, 과학이 지니는 사회적 성격에 대한 논의를 크게 확대시킴으로써 전통적 과학관에 엄청난 충격을 준 것만은 부인할 수 없다.

논리 실증주의, 탈경험주의, 사회 구성주의에 대한 갤리슨의 견해

피터 루이스 갤리슨 역시 사회 구성주의자들은 역사를 어떻게 활용하는가에 있어서는 많은 공헌을 했다고 평가하고 있다. 즉 그는 사회 구성주의가 과학 연구에 목적을 가정하지 않고 발전 자체에 관심을 가지는 점에 대해서는 아주 건설적이라고 말한다. 하지만 그는 사회 구성주의는 결국 새로운 사회적 환원주의로서, 세계를 너무 단순화해 복잡한 세계를 이해하기에는 부족하다고 비판하고 있다.[20]

갤리슨은 포스트모더니즘 과학관의 흐름에 속하면서 이를 비판적으로 수용해 논리 실증주의나 탈경험주의를 넘어선 새로운 과학관을 전개했다. 갤리슨은 자신에게 영향을 준 쿤과 같은 탈경험주의자들과 전통적인 논리 실증주의자들의 견해를 넘어서 과학을 바라보는 새로운 지평을 열었다. 갤리슨은 쿤의 반실증주의와 카르납으로 대표되는 논리 실증주의는 과학 진보 과정에서 보편 구조를 탐구한다는 것과, 실험과 이론과의 관계를 분석함에 있어서 언어가 주된 어려움을 형성한다고 하는 견해를 공유하고 있었다고 봤다. 또한 과학적 작업에 통일성을 주는 잘 정립된 위계 구조를 두 관점 모두가 포함하고 있으며, 카르납은 관찰을, 반면에 쿤은 이론을 더욱 강조했다고 하는 대칭적인 유사성이 있다고 갤리슨은 비유적으로 말하고 있다. 이런 근거로 그는 공약 불가능성에 바탕한 쿤의 과학관과 파이어아벤트의 인식론적 무정부주의조차도 기본적으로는 빈 학파의 반향인 모더니즘의 맥락에

놓여 있다고 보는 것이다.[21]

물질적 토대를 중시한 갤리슨은 사회 구성주의자들과는 달리 과학자들이 쿼크 등과 같은 과학 개념을 어떻게 실재한다고 믿게 되는지에 대한 과정을 실험에 대한 분석을 통해 보여 주고 있다. 포스트모더니스트나 사회 구성주의자와는 달리 그는 상대주의적 지식관에 매우 비판적이며, 실험에 바탕을 둔 실재론자이다. 갤리슨은 전통적인 논리 실증주의자들이 경험을 바탕한 환원주의에, 탈경험주의자들은 이론을 우위에 둔 환원주의에 빠지는 위험성을 지니고 있었는 데 반해서, 최근에 나타난 사회 구성주의자들은 모든 것을 사회적 집단의 이해관계로 설명하려고 하는 사회적 환원주의의 문제점을 지니고 있다고 비판한다.[22]

갤리슨은 자신의 논의를 전개하면서 프랑스 아날 학파의 거두 페르낭 브로델(Fernand Braudel, 1902~1985년)의 저작에서 많은 영향을 받았다. 그는 현대 과학이 지니는 물질 문화(material culture)를 다각도로 분석하는 과정에서 브로델의 장기 지속 개념을 차용했다.[23]

브로델은 『물질문명과 자본주의』에서 종교, 문화, 기술, 심지어는 술, 담배, 커피 등 다양한 일상생활의 구조를 해부함으로써 자본주의 경제 질서의 출현 과정을 새롭게 해명했다. 그는 정치적 사건이나 경제적 변동보다도 훨씬 긴 시간에 걸쳐 영향을 미치는 장기 지속(longue durée) 혹은 장기적 경향에 관심을 두고 연구했다.[24]

갤리슨의 논의는 기본적으로 이론과 실험, 실험 장치가 지니는 장기 지속의 특성을 살피고 있다. 우선 그는 장기적 제한 요소, 중기적 제한 요소, 단기적 제한 요소의 개념을 사용해 이론, 실험, 실험 장치가 상대적 자율성을 가지고 발전하는 모습을 그렸다. 그러고 나서 갤리슨

은 제한 요소에 대한 자신의 생각을 페르낭 브로델이『지중해와 필립
2세 시기의 지중해 세계』에서 언급한 지리학적 시간(geographical time),
사회적 시간(social time), 개별적 시간(individual time)의 개념과 연결지었
다.[25] 지리학적 시간은 문명의 커다란 경향을 포괄한다. 사회적 시간은
봉건제와 같은 중기적인 제한 요소와 관련된다. 마지막으로 개별적 시
간은 특정한 왕이 칙령이나 조약을 공포하는 개별적인 사건 역사를
포함한다. 브로델은 이 지리학적 시간, 사회적 시간, 개별적 시간을 서
로 중첩적으로 활용해 전쟁의 선포와 같은 특정한 결정이 왜 이뤄지는
지를 명확하게 설명했다.[26]

　물리학의 역사를 기술하면서 갤리슨은 이 브로델의 장기적, 중기
적, 단기적 제한 요소의 개념을 활용하고 있다. 즉 그는 이론적·실험
적 믿음, 거대 장치의 존재 등이 실험자에게 자신들의 믿음과 실험 결
과를 수용하는 일에 어떻게 작용하는가 하는 것을 다양한 수준에서
설명했다. 예를 들어 중성류 발견 실험에서 이론적인 측면의 장기적
제한 요소는 통일 이론이며, 중기적 제한 요소는 게이지 이론이고, 단
기적 제한 요소는 모델이나 현상론적 법칙 등이다. 실험적인 측면에서
보면 장기적 제한 요소는 장치의 유형이고, 중기적 제한 요소는 특정
한 장비이며, 단기적 제한 요소는 개별 실행이다.[27]

교역 지대론과 비판적 포스트모더니즘 모형

　갤리슨은 20세기 실험 물리학에 대한 역사적인 연구와 인류학에서
원용한 '교역 지대(trading zone)'라는 개념을 바탕으로 '비판적 포스트
모더니즘 모형'이라는 새로운 과학관을 제시했다.[28] 20세기에 들어서

면서 물리학자들은 동질적인 집단이 아니라 실험 물리학자와 이론 물리학자라는 상대적으로 자율적인 두 집단으로 나뉘어졌다. 두 집단은 상이한 교육 과정을 겪었으며, 연구 활동에서 사용하는 방법이나 기술도 상당히 달랐다. 이 시기의 과학 활동은 쿤이 주로 연구했던 20세기 이전의 과학의 모습과 상당히 다르다는 것이 갤리슨이 전개한 논의의 시작이 된다.

이론 물리학자들은 주로 수학적 방법론으로 독자적인 활동을 하고 있으며, 실험 물리학자들도 실험 장치, 기구의 물질적 조건, 이론의 선별적 수용을 바탕으로 하는 자신들의 부분적으로 자율적인 연구 전통을 가지고 연구를 행한다.[29] 예를 들어 거대한 입자 가속기를 사용하는 현대의 고에너지 물리학 실험에서 실험 장치 자체는 과학 연구의 장기적인 방향을 결정한다.[30] 탈경험주의자들이 이론의 우위성을 강조했다면, 갤리슨은 실험과 실험 기구의 부분적 자율성을 강조한다. 과학 철학자 이언 해킹은 모든 실험은 자기 자체의 일생이 있다고 주장했다. 갤리슨은 이것을 더욱 확대해서 모든 실험 기구도 그 자체의 일생이 있다고 주장하고 있다.[31]

이론과 실험이 서로 연결되지 않고 부분적인 자율성을 가진 모습을 갤리슨은 단일한 사회 속에서 다양한 복수의 하위 문화(subculture)에 대한 언급을 했던 카를로 진즈부르그(Carlo Ginzburg, 1939년~)의 문화사 논의와 연결시키고 있다.[32] 진즈부르그는 16세기 한 방앗간 주인이 코페르니쿠스와는 전혀 다른 우주관을 형성하게 되는 과정을 미시사적 관점에서 묘사했는데, 갤리슨은 이 논의를 20세기 물리학의 형성에서도 다양한 형태의 하위 문화가 가능하다는 근거로 활용했다.[33] 즉 과학에서도 부분적으로 독립적인 분야들이 하위 문화처럼 존재하며, 이

들은 서로 전적으로 의존하지는 않는다고 주장한 것이다.[34]

갤리슨의 모형에서는 이론(theory), 실험(experiment), 실험 기구(instrument)가 위계적인 환원주의적 구조를 가지지 않고 다양한 수준에서 서로 부분적으로 자율적인 구조를 가진다. 또한 이 부분적으로 자율적인 요소들은 다른 문화권들이 서로 접하면서 문화 인류학적 교역 지대에서 문화를 교환하듯이 서로 충돌하며 상호 영향을 준다. 이처럼 갤리슨의 모형은 위계적이거나 환원적인 탐구를 포기하고 부분적으로 자율적인 요소를 지닌 이론, 실험, 실험 기구 간의 복잡한 동역학적인 상호 작용을 각 수준별로 파악하고자 한다.[35]

갤리슨의 모형에서 가장 중요한 요소는 반환원주의와 실험, 이론, 실험 기구 사이의 부분적 자율성에 있다. 그는 이 모형으로 모든 것을 경험으로 환원해 과학을 통일하려고 했던 논리 실증주의자들을 비판함과 동시에 이론의 관찰 의존성과 같은 관점을 공유하면서 과학 혁명의 구조, 패러다임의 변화, 공약 불가능성 등을 내세웠던 탈경험주의자들의 입장도 동시에 비판하고 있다. 물론 그가 논리 실증주의자들과 탈경험주의자들의 입장을 전면으로 부정하는 것은 아니다. 갤리슨은 이들의 입장이 지나친 환원주의로 빠지지 않는 범위 안에서는 각 사상이 제기하는 주장을 적극적으로 받아들이고 있다.[36]

갤리슨은 윌리엄 폴리(William Foley) 등이 인류 언어학에서 이뤄 낸 연구를 바탕으로 서로 다른 언어권이 교역할 때 나타나는 혼합어의 발전 과정을 과학 발전과 비교했다.[37] 갤리슨은 교역 지대에서 언어가 혼합되고 정착되는 과정을 초보적이고 비성숙된 피진 어(pidgin)에서 상대적으로 안정화된 크리올 어(creole)로 변화하는 것으로 비유적으로 묘사하고 있다. 파푸아 뉴기니에 도착한 유럽 인, 중국인, 태평양

섬 원주민, 말레이 인도네시아 인 등은 처음에는 물자의 교환을 위해 자신들이 사용하는 언어가 아닌 제3의 언어를 만들어 사용했다. 이런 언어가 만들어지는 과정은 완숙된 문화에서 나타나는 총체적인 것은 아니며, 쿤이 자신의 패러다임 논의에서 한 것과 같은 게슈탈트식의 변화 과정도 아니다. 단지 국소적인 차원에서 여러 다른 하위 문화권이 만나면서 서로 통할 수 있는 최소한의 근거를 찾은 결과가 이 언어들이다.[38]

초기의 피진 어는 불과 수백 단어에 불과하며 특정한 몇몇 상품의 교환에 쓰인다. 이것이 더 발전해서 확장 피진 어(extended pidgin)에 이르면, 어휘가 풍부해지고 초기 교역 언어보다 더욱 유연한 구문 구조를 갖게 된다. 피진 어는 아직 독립적인 언어로는 인정받지 못한다. 하지만 확장되고 발전된 피진 어는 단순히 교역 기능을 넘어서 두 가지 혹은 그 이상의 '자연어'들 사이에 의사 소통을 하게 만드는 역할도 할 수 있다. 이 확장 피진 어가 더욱 발전해 마침내 성숙된 문명에서 나타나는 언어와 같이 시적, 비유적, 메타 언어적 기능을 지니게 되면 국소적인 차원에서나마 독자적인 위치를 굳힌 크리올 어로 정착하게 되는 것이다. 이렇게 언어가 혼합되어 새로운 언어가 탄생하는 양상은 전체적인 변화가 아닌 국소성(locality), 언어의 생성, 팽창, 위축, 소멸로 이어지는 통시성(diachrony), 다양한 역사적·사회학적 상황에 영향을 받는 맥락성(contextuality)을 띠고 있다.

갤리슨은 피진 어가 크리올 어로 발전하는 과정을 밝혀낸 인류 언어학의 연구 성과를 원용해서 '몬테카를로 시늉내기(Monte-Carlo Simulation)'라는 컴퓨터 시늉내기가 20세기 과학 활동으로 자리 잡게 된 과정을 설명했다. 즉 그는 몬테키 를로 방법이 자연에 대한 일종의 인공적인 모사임에도 그것이 어떤 과정을 거쳐 과학계에서 실재를 확인하는 영향력 있는 도구로 통용되게 되었는가를 보여 주고 있다. 몬테카를로 시늉내기는 제2차 세계 대전 말 열핵무기 개발 수단으로 시작되었다. 하지만 1960년대에 이르게 되면 전기 공학자, 물리학자, 항공기 제작자, 응용 수학자, 핵무기 설계자 사이에서 통용되는 피진 어로 발전한다. 급기야 이 방법은 명확하게 규정된 컴퓨터 과학의 한 영역, 즉 과학자들이 이 언어로 확인했다면 과학적 실재를 발견한 것으로 인정하는 크리올 어로 진화하게 되었던 것이다.

20세기 중반까지 우리는 과학 지식을 얻는 방법을 유물론과 관념론에 따라 감각과 사고, 즉 실험과 이론 두 가지 방법이 있다고 생각해왔다. 하지만 핵무기 개발 과정에서 우리는 시늉내기라는 새로운 지식 습득 방법을 얻었다. 항공 우주학, 유전학 등 실험이 불가능한 영역에서 다양하고 복잡한 문제를 푸는 데 시늉내기가 활용되고 있다. 피진 어나 크리올 어 같은 잡종 언어처럼 몬테카를로 시늉내기는 수학자, 통계학자, 핵물리학자, 공학자 등이 함께 참여해 만든 새로운 영역, 즉 과학의 잡종 교역 지대였던 것이다.[39]

과학 성찰의 새로운 진화

현대 과학에 대한 관점은 지난 반세기 동안 커다란 변화를 겪었다. 즉 1960년대 이후 전통적인 논리 실증주의 과학 철학은 관찰의 이론 의존성, 과학 이론의 패러다임 변화, 인식론적 다원성을 주장하는 새로운 세대의 철학자들로부터 계속 공격을 받았다. 프리고진, 필립 앤더슨, 에른스트 마이어 같은 과학자들 역시 반환원주의 과학관을 내

세우며 입자 물리학 주도의 환원주의 과학관에 공격을 가했다. 이 외에도 기계적인 세계관을 거부하는 생태주의적 세계관 역시 반환원주의적 분위기 확산에 기여했다.

결국 논리 경험주의에 대한 탈경험주의 과학관의 공격, 사회 구성주의와 이것을 보완한 '행위자 네트워크 이론'의 도전, 국소적 자율성을 강조하는 반환원주의 과학관의 부상, 객관성의 마지막 보루인 과학 분야까지 파고든 포스트모더니즘의 공격, 나노 기술, 생물 정보학 등 융·복합 과학의 부상, 새로운 제3의 영역이 만들어지는 교역 지대론의 부상 등은 모두 전통적인 과학관을 거부했던 새로운 과학관의 거대한 흐름이었다.

최근에 등장하는 새로운 과학 기술을 살펴보면 기존의 분야들이 서로 합쳐져서 과거에는 존재하지 않았던 새로운 분야가 형성되며 발전하는 것을 볼 수 있다. 기존 분야 사이의 통합은 이미 20세기에도 나타났지만, 최근에 와서는 대부분의 새로운 학문에서 융·복합 방식으로 형성되고 있다.

융합 지식이 기초 과학 연구에 미치는 연구 방식도 매우 혁명적인 모습을 띠고 있다. 19세기에 기술 혁신을 이룬 대표적인 산업인 화학 공업과 전기 공업 분야는 기존 전통적인 기초 과학 분야들의 역할 발전을 통해 이뤄진 것이 아니라, 기존 학문들이 봉합하거나 완전히 새로운 기초 학문이 만들어지면서 탄생했다.

융합 시대에 접어들면서 학문 분야별 경계가 서로 모호해지는 새로운 학제 간 연구가 크게 부상하고 있으며, 환원주의적인 과학관이 쇠퇴하며 부문별 자율성을 강조하는 과학이 두각을 나타내고 있다. 과학관의 이런 변화는 20세기 후반을 풍미했던 포스트모더니즘과 맞물리면서 과학 기술 분야에서도 문화적 융합에 바탕을 두고 개성과 창의성을 중시하는 분위기가 퍼지게 되었다. 과학 기술에 대한 사회적 의존도가 높아질수록 과학 기술에 대한 사회의 요구는 더욱 강하게 영향력을 미쳤으며, 결국 다양한 사회적 욕구에 부합하는 과학 기술만이 살아남는 시대가 되었다.

미래의 융·복합은 과학에 대한 성찰에서 시작된다

그동안 미래의 과학 기술을 진단하는 많은 예측은 대부분 현재 과학 기술 가운데 가장 앞선 분야를 중심으로 행해졌다. 즉 과학 기술이 극복할 수 있는 한계, 집적도, 속도, 압력, 규모 등을 바탕으로 미래 사회에서 과학 기술이 차지할 영향력을 진단한 것이다. 나노 수준의 메모리 칩, 펨토초 레이저, 원자 레이저, 초음속 민간 여객 수송, 차세대 인터넷, 차세대 유전자 분석 장치, 초고층 빌딩, 줄기 세포 치료, 차세대 지능형 로봇 등 다가올 미래에 우리에게 선보일 수많은 첨단 과학 기술의 후보가 있다. 하지만 융합 시대에는 미래의 과학 기술을 진단하는 데에도 사회적 필요성을 강조하는 추세가 나타나고 있다. 과학 기술의 사회적 변형력이 커지면서 미래의 과학은 인간의 욕구를 충족시키는 방향으로 전개될 전망이다.

이런 관점에서 바라본다면, 미래 사회는 풍요롭고 건강한 삶, 즐겁고 여유 있는 안전한 생활을 추구할 것이며, 이에 부응해서 나타날 미래의 과학 기술 역시 삶의 질 향상을 추구하는 방향으로 발전하리라 예측된다. 현재 발전 중인 과학 기술 지식은 그대로 미래 사회에 활용되기보다는 다양한 분야가 서로 결합해 융합된 형태로 나타날 것이

며, 시대의 다양한 요구에 부응하면서 새로운 모습으로 우리에게 다가
올 것이다.

예를 들어 우리나라는 현재 세계에서 유례가 없을 정도로 급격히
노령화 사회로 접어들고 있다. 이런 추세를 생각한다면 미래에 우리나
라에서는 장수 사회에서 나타나는 문제에 대처하기 위한 다양한 과학
기술이 발전할 것이다. 또한, 다양한 레저 관련 과학 기술도 인간의 상
상력과 결합하면서 다채로운 모습으로 다가올 것이다. 빠른 속도와 거
대 규모를 자랑하는 현대 과학은 항상 치명적인 위험에 노출되어 있
다. 미래 사회에서는 이런 위험을 극소화할 수 있는 다양한 안전 관련
과학 기술도 각광을 받게 될 것이다. 미래 과학의 모습을 진단하는 일
은 이제 단순히 과학 기술의 발전을 조망하는 것만으로는 불가능하
며, 과학 기술을 바라보는 인간의 가치관과 밀접하게 연결을 맺으면서
발전하게 될 것이다. 이제 과학 기술의 변화와 사회적 추세를 동시에
고려한 새로운 미래 진단이 필요한 때가 되었다.

미래에 등장할 과학 기술은 과학 기술자들의 천재적인 능력만으로
만들어지는 것이 아니다. 과학의 발전 자체도 수요자인 대중의 사회적
필요에 따라서 커다란 변화가 일어난다. 자연에 대한 인간의 조작 가
능성이 초보적인 수준으로 전개되던 시기에는 과학자가 발명한 내용
이 방아쇠가 되어 커다란 사회적 변화로 나타난 적이 있었디. 하지만
요즈음 과학 기술은 인간이 원하는 방향으로 얼마든지 새로운 물질
과 놀라운 기계들을 만들어 내고 있다. 자연 세계에는 존재하지도 않
았던 신물질을 인간이 원하는 방향으로 만드는 나노 기술, 혹은 물질
을 다양한 방식으로 만들어 내는 물질 디자인 개념은 현재 과학 기술
이 어떤 방향으로 전개되고 있는가를 단적으로 보여 준다. 바이오 기

술, 나노 기술, 정보 통신 기술이 서로 합쳐지는 융합 기술 시대에 접어든 지금 인간의 개인적, 사회적 요구가 과학 기술의 커다란 방향을 바꾸는 것은 흔한 일이 되었다.

융합이 보편화된 오늘날에는 오랜 지적 전통, 탁월한 학문적 수준, 완전하고 정합적인 이론적 체계들이 더는 한 학문의 승리를 보장해 주지 않으며, 매일같이 새롭게 분출되는 다양한 사회적 욕구에 능동적으로 부합하려고 노력하는 과학 기술만이 살아남는 시대가 되었다. 과학 기술 분야에서 나타나는 새로운 추세를 염두에 둔다면 미래의 과학 교육에서는 현재와는 완전히 다른 새로운 모습의 문제 해결 능력을 배양하는 데 초점을 두어야 한다. 앞으로는 분석적 사고뿐만 아니라 통합적으로 사물을 바라보는 사고가 필요하며, 수치적인 계산 능력뿐만이 아니라 사물을 전체적 시각에서 바라보는 종합적인 능력이 필수 불가결한 요소가 된다.

융합이 보편화된 시대에는 다른 영역과의 협력을 효과적으로 수행할 수 있는 대화와 의사소통 능력이 매우 중요해진다. 이런 개방적인 태도와 의사소통 능력을 지닌 사람들이 독불장군형의 전문가보다도 새로운 형태의 창의적인 융합 지식을 더 쉽게 만들어 낼 수 있기 때문이다. 또한 미래 사회에서는 단순히 효율만을 강조하는 전통적인 형태의 전문가적 능력보다는 사회 문화적 다원성과 결합된 효과적인 미래형 문제 해결 능력이 더욱 유용할 것이다. 즉 앞으로 지구촌이 당면한 문제를 해결할 때에는 인간 사회의 문제를 도외시한 순수 과학 기술 형태의 문제 해결 방식보다는 과학 기술과 사회와의 새로운 대화의 장을 마련해 문제를 해결하는 새로운 형태의 학습 방식이 더 일반화되리라 예상된다.

후주

서론

1. 20세기 후반에 과학사 분야에서 나타난 변화에 대해서는 Paul Forman, "Independence, Not Transcendence, for the Historian of Science", *Isis 82* (1991), 71~86쪽을 참고하라.
2. 20세기 중반 이후의 군·산·학 복합체의 형성 과정에 대해서는 Stuart W. Leslie, *The Cold War and American Science: The Military-Industrial-Academic Complex at MIT and Stanford* (New York: Columbia University Press, 1993); Rebecca S. Lowen, *Creating the Cold War University: The Transformation of Stanford* (Berkeley: University of California Press, 1997)를 참조하라.
3. 20세기 후반에 나타난 과학 철학 분야에서의 포스트모더니즘적인 흐름에 대해서는 Joseph Rouse, "The Politics of Postmodern Philosophy of Science", *Philosophy of Science 58* (1991), 607~627쪽을 보라.
4. 거대 과학과 20세기 과학의 특징에 대한 논의로는 Peter Galison and Bruce Hevly (eds.), *Big Science: the Growth of Large-Scale Research* (Stanford: Stanford University Press, 1992); J.L. Heilbron and Robert W. Seidel, *Lawrence and his Laboratory: A History of the Lawrence Berkeley Laboratory* (Berkeley: University of California Press, 1989)를 참고하라.
5. 집단 연구로 인한 저작권 개념의 변화에 대해서는 Peter Galison, "The Collective Authorship," in Mario Biagioli and Peter Galison, (eds.), *Scientific Authorship: Credit and Intellectual Property in Science* (New York: Routledge, 2003), pp.13~355.
6. F.M. Conford, *Principium Sapientiae: The Origins of Greek Philosophical Thought* (Cloucester, (Mass.): Peter Smith, 1971).

7. G.E.R. 로이드, 『그리스 과학 사상사』(지성의 샘, 1996년). 김영식, 임경순 『과학사 신론』 (다산 출판사, 2007) 제2판, 제1장.

8. 마이클 화이트, 안인희 옮김, 『레오나르도 다 빈치: 최초의 과학자』 (사이언스북스, 2003 년).

9. G. S. Rousseau and Roy Porter, (eds.), *The Ferment of knowledge: Studies in the Historiography of Eighteenth-Century Science* (Cambridge: Cambridge University Press, 1980).

10. 울리히 벡, 홍성태 옮김, 『위험 사회, 새로운 근대(성)을 향해』(새물결, 1997년). Ulrich Beck, *Risikogesellschaft: Auf dem Weg in eine Andere Moderne* (Frankfurt am Main: Suhrkamp Velag, 1986).

11. Hans Peter Peters, "Risk Communication and Future Society," 2009 과학 창의 미래 연구 컨퍼런스 (2009년 12월 4일, 서울).

12. 과학 기술학에 대한 개괄적인 소개로는 Sergion Sismondo, *An Introduction to Science and Technology Studies* (UK: Wiley-Blackwell, 2010)을 보라.

13. Sheila Jasanoff, *Designs on Nature: Science and Democracy in Europe and the United States* (Princeton: Princeton University Press, 2005).

1장 현대 과학의 고향, 괴팅겐

1. Thomas Hankins, *Science and the Enlightenment* (Cambridge: Cambridge University Press, 1985), pp.159~163.

2. Thomas Hankins, *op. cit.,* chap. 6.

3. David E. Rowe, "Klein, Hilbert, and the Göttingen Mathematical Tradition", *Osiris 5* (1989), pp. 186~213.

4. Hans Reichardt, *Gauß und die nicht-euklidische Geometrie* (Leipzig: Teubner, 1976).

5. Jürgen Teichmann, "Zwischen Physik und Technik: Elektrizität, Elektromagnetismus und Gauß-Weberscher Telegraph", *Technikgeschichte 48* (1981), pp. 298~307.

6. Renate Tobies, *Felix Klein* (Leipzig: Teubner, 1981).

7. 군론의 형성에 대해서는 Hans Wussing, *Die Genesis des Abstrakten Gruppenbegriffes* (Berlin: VEB, 1969)를 참고하라.

8. 과학 조직가로서의 클라인의 활동은 Karl Heinz Manegold, "Felix Klein als Wissenschaftsorganisator: Ein Beitrag zum Verhältnis von Naturwissenschaft und Technik im 19. Jahrhundert", *Technikgeschichte 35* (1968), 177~204쪽을 참고하라.

9. 콘스탄스 리드, 이일해 옮김,『현대 수학의 아버지 힐베르트』(사이언스북스, 2005년).

10. 사이먼 싱, 박병철 옮김,『페르마의 마지막 정리』(영림카디널, 1998년).

11. Constance Reid, *Courant in Göttingen and New York* (New York: Springer, 1976).

12. A.D. Beyerchen, *Scientists under Hitler* (New Haven: Yale University Press, 1977).

2장 핵 과학의 출현

1. Emilo Segrè. *From X-rays to Quark* (San Francisco: Freeman, 1980).

2. Thaddeus J. Trenn, "Rutherford and the Alpha-Beta-Gamma Classification of Radioactive Rays", *Isis 67* (1976), pp. 61~75.

3. Thaddeus Trenn, *The Self-Splitting Atom: The History of the Rutherford-Soddy Collaboration* (London: Taylor & Francis, 1977).

4. Marjorie Malley, "The Discovery of Atomic Transmutation: Scientific Styles and Philosophies in France and Britain", *Isis 70* (1979), pp. 213~223.

5. J.L. Heilbron, "The Scattering of α and ß Particles and Rutheford's Atom", *Archives for History of Exact Sciences 4* (1968), pp. 247~307.

6. Roger H. Stuewer, "Rutherford's Satellite Model of the Nucleus", *Historical Studies in the Physical and Biological Sciences 16* (1986), pp. 321~352.

7. John Hendry, *Cambridge Physics in the Thirties* (Bristol: Amam Hilger, 1984).

8. William R. Shea (ed.), *Otto Hahn and the Rise of Nuclear Physics* (Dordrecht: Reidel, 1983).

9. Fritz Krafft, *Im Schatten der Sensation: Leben und Wirken von Fritz Straßmann* (Weinheim: Verlag Chemie, 1981).

3장 상대성 이론의 기원과 형싱

1. Albert A. Michelson, "The Relative Motion of the Earth and the Luminiferous Ether," *American Journal of Science 22* (Third Series) (1881), pp. 120~129; Albert A. Michelson and Edward W. Morley, "On the Relative Motion of the Earth and the Luminiferous Ether," *American Journal of Science 34* (Third Series) (1887), pp. 333~345.

2. P.A. Schilpp, (ed.), *Albert Einstein, Philosopher-Scientist* (New York: Open Court, 1949), p.3.

3. A. Einstein and Mileva Marić, *The Love Letters* (Princeton: Princeton University

Press, 1992).

4. Seiya Abiko, "Einstein's Kyoto address: "How I created the theory of relativity", *Historical Studies in the Physical and Biological Sciences 31:1* (2000), pp. 1~35.

5. Peter Galison, *Einstein's Clocks, Poincaré's maps: Empires of Time* (New York: Norton, 2003).

6. A. Einstein, "Über einen die Erzeugung und Verwandlung des Lichtes Betreffenden Heuristischen Gesichtspunkt," *Annalen der Physik 17* (1905), pp. 132~148; A. Einstein, "Über die von der Molekularkinetischen Theorie der Wärme Geforderte Bewegung von in Ruhenden Flüssigkeiten Suspendierten Teilchen," *Annalen der Physik 17* (1905), pp. 549~560; A. Einstein, "Zur Elektrodynamik Bewegter Körper," *Annalen der Physik 17* (1905), pp. 891~921.

7. A. Einstein, "Kinetische Theorie des Wärmegleichgewichtes und Zweiten Hauptsatzes der Thermodynamik," *Annalen der Physik 9* (1902), pp. 417~433; A. Einstein, "Eine Theorie der Grundlagen der Thermodynamik," *Annalen der Physik 11* (1903), pp. 170~187; A. Einstein, "Zur Allgemeinen Molekularen Theorie der Wärme," *Annalen der Physik 14* (1904), pp. 354~362.

8. W. Kaufmann, "Über die Konstitution des Elektrons," *Annalen der Physik 19* (1906), pp. 487~553; Max Planck, "Die Kaufmannschen Messungen der Ablenkbarkeit der ß-Strahlen in ihrer Bedeutung fur die Dynamik der Elektronen," *Physikalische Zeitschrift 7* (1906), pp. 753~761, esp. p. 761.

9. M. Planck, "Das Prinzip der Relativität und die Grundgleichungen der Mechanik," *Verhandlungen der Deutschen Physikalischen Gesellschaft 8* (1906), pp. 136~141. Max Planck, "Zur Dynamik bewegter Systeme," *Sitzungsberichte der preußischen Akademie der Wissenschaft* (1907), pp. 542~570.

10. H. Minkowski, "Raum und Zeit," *Physikalische Zeitschrift 10* (1909), pp. 104~111.

11. M. Abraham, "Prinzipien der Dynamik des Elektrons," *Annalen der Physik 10* (1903), pp. 105~179.

12. A. H. Bucherer, "Messungen an Becquelstrahlen. die Experimentelle Bestätigung der Lorentz-Einsteinschen Theorie", *Physikalische Zeitschrift 9* (1908), pp. 755~762, esp. p. 760; A. H. Bucherer, "Experimentelle Bestätigung der Relativitatsprinzip", *Annalen der Physik 28* (1909), pp. 531~536.

13. M. Born, "Die Theorie des Starren Elektrons in der Kinematitik des Relativitätsprinzips," *Annalen der Physik 30* (1909), pp. 1~56.

14. P. Ehrenfest, "Gleichförmige Rotation Starrer Körper und Relativitätstheorie,"

Physikalische Zeitschrift 10 (1909), 918.

15. Max von Laue, "Zur Diskussion uber den Starren Körper in der Relativitätstheorie," *Physikalische Zeitschrift 12* (1911), pp. 85~87.

16. Max von Laue, *Das Relativitätsprinzip* (Braunschweig: Vieweg, 1911).

17. Stanley Goldberg, "The Abraham Theory of the Electron: The Symbiosis of Experiment and Theory," *Archives for History of Exact Sciences 7* (1970), pp. 7~25.

18. A. Einstein, "Über das Relativitätsprinzip und die aus Demselben Gezogenen Folgerungen," *Jahrbuch der Radioaktivität und Elektronik 4* (1907), pp. 411~462.

19. A. Einstein, "Lichtgeschwindigkeit und Statik des Gravitationsfeldes," *Annalen der Physik 38* (1912), pp. 355~369; A. Einstein, "Zur Theorie des Statischen Gravitationsfeldes," *Annalen der Physik 38* (1912), pp. 443~458.

20. A. Einstein, and M. Grossmann, "Entwurf einer Verallgemeinerten Relativitätstheorie," *Zeitschrift für Mathematik und Physik 62* (1913), pp. 225~261; A. Einstein, and M. Grossmann, *Entwurf einer Verallgemeinerten Relativitätstheorie und einer Theorie der Gravitation* (Leipzig: Teubner, 1913); A. Einstein, and M. Grossmann, "Kovarianzeigenschaften der Feldgleichungen der auf die Verallgemeinerte Relativitätstheorie Gegründeten Gravitationstheorie," *Zeitschrift fur Mathematik und Physik 63* (1914), pp. 215~225.

21. Abraham Pais, *"Subtle is the Lord ... ": The Science and the Life of Albert Einstein* (Oxford: Clarendon Press, 1982), esp. pp. 221~223.

22. John Norton, "How Einstein Found His Field Equations: 1912~1915", *Historical Studies in the Physical and Biological Sciences 14* (1983), pp. 253~316.

23. David Hilbert, "Die Grundlagen der Physik," *Nachrichten von der Königlichen. Gesellschaft der Wissenschaften zu Göttingen, Mathematische Physikalische Klasse* (1915), pp. 395~407.

24. 이때 한 강연의 내용에 대해서는 A. Einstein, *The Collected Papers of Albert Einstein* (Princeton: Princeton University Press, 1996). Vol. 6, 586~590쪽을 보라.

25. Hermann Minkowski, "Die Grundgleichungen für die Elektromagnetischen Vorgänge in Bewegten Körpern," *Nachrichten von der Königlichen. Gesellschaft der Wissenschaften zu Göttingen, Mathematische Physikalische Klasse* (1908), pp. 51~111.

26. G. Mie, "Grundlagen einer Theorie der Materie," *Annalen der Physik 37* (1912), pp. 511~534; *Annalen der Physik 39* (1912), 1~40; *Annalen der Physik 40*

(1913), pp. 1~66.

27. Eva Isaksson, "Der Finnische Physiker Gunnar Nordström und sein Beitrag zur Entstehung der Allgemeinen Relativitätstheorie Albert Einsteins," *NTM 22* (1985) [1] pp. 29~52.

28. G. Nordström, "Relativitatsprinzip und Gravitation," *Physikalische Zeitschrift 13* (1912), pp. 1126~1129; "Träge und Schwere Masse in der Relativitätsmechanik," *Annalen der Physik 40* (1913), 856~878; "Zur Theorie der Gravitation vom Stanpunkt des Relativitätsprinzips," *Annalen der Physik 42* (1913), pp. 533~554.

29. A. Einstein, "Zum Gegenwärtigen Stande des Gravitationsproblems," *Physikalische Zeitschrift 14* (1913), pp. 1249~1262, esp. p. 1262.

30. A. Einstein, "Die Grundlage der Allgemeinen Relativitätstheorie," *Annalen der Physik 49* (1916), pp. 769~822.

31. John Earman and Clark Glymour, "Relativity and Eclipses: The British Eclipse Expeditions of 1919 and Their Predecessors," *Historical Studies in the Physical and Biological Sciences 11* (1980), pp. 49~85.

4장 양자 역학적 세계관의 형성

1. Hans Kangro, *Vorgeschichte des Planckschen Strahlungsgesetzes* (Wiesbaden: Franz Steiner, 1970); Armin Herman, *Frühgeschichte der Quantentheorie* (1899~1913) (Mosbach in Baden: Physik-Verlag, 1969).

2. 플랑크의 성장 과정 및 그의 학문과의 연관에 대해서는 John L. Heilbron, *The Dilemmas of an Upright Man, Max Planck as Spokesman for German Science* (Berkeley: University of California Press, 1986)를 참고하라.

3. David C. Cahan, *An Institute for an Empire, The Physikalisch-Technische Reichsanstalt* (Cambridge: Cambridge Univ. Pr., 1989).

4. M. Planck, "Ueber eine Verbesserung der Wien'schen Spectralgleichung," *Verhandlungen der Deutschen Physikalischen Gesellschaft 2* (1900), pp. 163~180.

5. M. Planck, "Zur Theorie des Gesetzes der Energieverteilung im Normalspectrum," *Annalen der Physik 4* (1901), pp. 553~563.

6. Thomas S. Kuhn, *Blackbody Theory and the Quantum Discontinuity, 1894~1912* (Oxford: Oxford University Press, 1978).

7. A. Einstein, "Über einen die Erzeugung und Verwandlung der Lichtes Betreffenden Heuristischen Gesichtspunkt," *Annalen der Physik 17* (1905), pp.

132~148; A. Einstein, "Zur Theorie der Lichterzeugung und Lichtabsorption," *Annalen der Physik 20* (1906), pp. 199~206.

8. N. Bohr, "On the Constitution of Atoms and Molecules," *Philosophical Magazine 26* (1913), pp. 1~25; pp. 476~502; pp. 857~875.

9. J.L. Heilbron and T.S. Kuhn, "The Genesis of the Bohr Atom", *Historcal Studies in the Physical and Biological Sciences 1* (1969), pp. 211~290; Thomas S. Kuhn, "Revisiting Planck", *Historcal Studies in the Physical and Biological Sciences 14* (1984), pp. 231~252.

10. A. Sommerfeld, "Zur Quantentheorie der Spektrallinien," *Annalen der Physik 51* (1915), pp. 1~94; pp. 125~167.

11. H. Kragh, "Niels Bohr's Second Atomic Theory", *Historical Studies in the Physical Sciences 10* (1979), pp. 123~186.

12. 하이젠베르크의 학문과 생애에 대해서는 하이젠베르크, 『부분과 전체』(지식 산업사, 1995년), A. 헤르만, 『하이젠베르크』(한길사, 1996년), David Charles Cassidy, *Uncertainty: the life and science of Werner Heisenberg* (New York: Freeman, 1992)를 참고하라.

13. Daniel Serwer, "Unmechanischer Zwang: Pauli, Heisenberg, and the Rejection of the Mechanical Atom, 1923~1925", *Historcal Studies in the Physical and Biological Sciences 8* (1977), pp. 189~256.

14. W. Pauli, "Über den Einfluss der Geschwindigkeits-Abhängigkeit der Elektronenmasse auf den Zeemaneffekt," *Zeitschrift für Physik 31* (1925), pp. 373~385; W. Pauli, "Über den Zusammenhang des Abschlusses der Elektronengruppen im Atom mit der Komplexstruktur der Spektren," *Zeitschrift für Physik 31* (1925), pp. 765~783; J.L. Heilbron, "The Origins of the Exclusion Principle", *Historical Studies in the Physical and Biological Sciences 13* (1983), pp. 261~310.

15. W. Heisenberg, "Über Quantentheoretische Umdeutung Kinematischer und Mechanischer Beziehungen," *Zeitschrift für Physik 33* (1925), pp. 879~893.

16. Max Born and P. Jordan, "Zur Quantenmechanik," *Zeitschrift für Physik 34* (1925), pp. 858~888.

17. Max Born, W. Heisenberg and P. Jordan, "Zur Quantenmechanik II," *Zeitschrift für Physik 35* (1926), pp. 557~615.

18. N. Bohr, H.A. Kramers, and J.C. Slater, "Über die Quantentheorie der Strahlung", *Zeitschrift für Physik 24* (1924), pp. 69~87.

19. W. Bothe and H. Geiger, "Über das Wesen des Comptoneffekts: ein Experimenteller Beitrag zur Theorie der Strahlung," *Zeitschrift für Physik 32*

(1925), pp. 639~663.

20. W. Heisenberg, "Über den Anschaulichen Inhalt Quantentheoretische Kinematik und Mechanik," *Zeitschrift für Physik 43* (1927), pp. 172~198.

21. A. Einstein, B. Podolsky and N. Rosen, "Can Quantum Mechanical Description of Physical Reality Be Considered Complete?," *Physical Review 47* (1935), pp. 777~780.

22. John S. Bell, "On the Einstein Podolsky Rosen Paradox", *Physics 1* (1964), pp. 195~200.

5장 현대 우주론의 발전

1. Helge Kragh, *Cosmology and Controversy: The Historical Development of Two Theories of the Universe* (Princeton: Princeton University Press, 1996).

2. Pierre Kerszberg, *The invented universe: the Einstein-De Sitter controversy (1916~1917) and the rise of relativistic cosmology* (Oxford: Clarendon Press, 1989).

3. A.A. Friedmann, "Über die Krümmung des Raumes," *Zeitschrift für Physik 10* (1922), pp. 377~386.

4. Edwin Hubble, "A Relation Between Distance and Radial Velocity among Extra-Galactic Nebulae," *Proceedings of the National Academy of Science 15* (1929), pp. 168~173; Alexander S. Sharov and Igor D. Novikov, Edwin Hubble, *The Discoverer of the Big Bang Universe* (Cambridge: Cambridge University Press, 1993).

5. 조지 가모브, 김동광 옮김, 『조지 가모브』(사이언스북스, 2000년).

6. G. Gamow, "Expanding Universe and the Origin of Elements," *Physical Review 70* (1946), pp. 572-573; R.A. Alpher, H. Bethe, and G. Gamow, "The Origin of Chemical Elements," *Physical Review 73* (1948), pp. 803~804.

7. H. Bondi and T. Gold, "The Steady-State Theory of the Expanding Universe," *Monthly Notice of Royal Astronomical Society 108* (1948), pp. 252~270; F. Hoyle, "A New Model for the Expanding Universe," *Monthly Notice of Royal Astronomical Society 108* (1948), pp. 372~382.

8. Yuri V. Balashov, "Uniformitarianism in Cosmology: Background and Philosophical Implications of the Steady-State Theory," *Studies in History and Philosophy of Science 25* (1994), pp. 933~958.

9. C. Brans and R.H. Dicke, "Mach's Principle and a Relativistic Theory of Gravitation," *Physical Review 124* (1961), pp. 925~935.

10. 1938년 디랙이 제안한 차원이 없는 거대한 두 수 사이의 관계에 관한 근본 원리. "자연
에 나타나는 차원이 없는 아주 거대한 수 가운데 두 개를 선택하면 이들은 계수들이 크
기 단위의 차수로 된 간단한 수학적 관계로 서로 연결된다." 예를 들어 우주의 나이와 연
관된 수는 10^{39}인데, 이것은 전자와 양성자 사이에 작용하는 정전기력과 중력의 비율과
거의 같다. 이 두 거대 수의 곱은 우주의 총 입자 수인 10^{78}에 해당한다. 즉, 우주의 나이
와 정전기력과 중력의 비, 그리고 우주의 총 입자 수들은 서로 연관되어 있다.

11. R.H. Dicke, P.J.E. Peebles, P.G. Roll, and D.T. Wilkinson, "Cosmic Black-Body
Radiation," *Astrophysical Journal 142* (1965), pp. 414~419.

12. A.A. Penzias and R.W. Wilson, "A Measurement of Excess Antenna Temperature
at 4080 Mc/s," *Astrophysical Journal 142* (1965), pp. 419~421.

13. Alan H. Guth, "Inflationary Universe: A Possible Solution to the Horizon and
Flatness Problems," *Physical Review D 23* (1981), pp. 347~356.

14. Th. Kaluza, "Zum Unitätsproblem der Physik," *Sitzungsberichte der
Preußischen Akademie der Wissenschaft* (1921), pp. 966~972.

15. Oskar Klein, "Quantentheorie und fünfdimensionale Relativitätstheorie,"
Zeitschrift für Physik 37 (1926), pp. 895~906.

16. Edward Witten, "String Theory Dynamics in Various Dimension," *Nuclear
Physics B 443* (1995), pp. 85~126.

17. Steven J. Dick, *Life on Other World: The Biological Universe* (Cambridge:
Cambridge University Press, 1996).

18. Steven J. Dick, *Life on Other World: The 20th Century Extraterrestrial Life
Debate* (Cambridge: Cambridge University Press, 1998).

19. B.J. Carr and M.J. Rees, "The Anthropic Principle and the Structure of the
Physical World," *Nature 278* (1979), pp. 605~612.

20. J.D. Barrow and Frank J. Tipler, *The Anthropic Cosmological Principle* (Oxford:
Oxford University Press, 1986).

6장 현대 생명 과학의 발전

1. Robert E. Kohler, "Warren Weaver and the Rockefeller Foundation Program in
Molecular Biology", *Minerva 14* (1976), pp. 279~306.

2. Garland E. Allen, *Life Science in The Twentieth Century* (New York: John Wiley
& Sons, 1975).

3. Finn Aaserud, *Redirecting Science· Niels Bohr, Philanthrophy, and the Rise of
Nuclear Physics* (Cambridge: Cambridge University Press, 1990); Robert Kohler,
Partners in Science Foundations and Natural Scientists, 1900~1945 (Chicago:

University of Chicago Press, 1991).

4. Olga Amstermamska, "From Pneumonia to DNA: The Research Career of Oswald T. Avery", *Historical Studies in the Physical and Biological Sciences* *24*(1993), pp. 1~40.

5. Robert C. Olby, *The path to the double helix* (Seattle: Univ. of Washington Press, 1974); James D. Watson, *The Double Helix* (New York: Norton, 1980), edited by G.S. Stent.

6. Pnina G. Abir-Am, "The Politics of Macromolecules", *Osiris 7* (1992), pp. 164~191.

7. Daniel Kevles, *In the name of eugenics: Genetics and the Uses of Human Heredity* (Berkeley: University of California Press, 1985)

8. Paul Rabinow, *Making PCR: A Story of Biotechnology* (Chicago: The University of Chicago Press, 1996).

7장 정보 통신이라는 새로운 기술

1. Paul Israel, *From Machine Shop to Industrial Laboratory: Telegraphy and the Changing Context of American Invention, 1830~1920* (Baltimore: Johns Hopkins University Press, 1992).

2. Robert V. Bruce, *Bell: Alexander Graham Bell and the Conquest of Solitude* (Ithaca: Cornell University Press, 1990).

3. 전화를 발명한 이후인 1877년 벨은 10년 연하인 이 메이벌 허버드와 결혼했다. 뉴욕의 유명한 변호사였던 가드너 허버드는 훗날 사위인 벨을 도와 벨 전화 회사를 설립하는 데 재정적인 도움을 줬으며, 내셔널 지오그래픽 협회를 설립하고 초대 회장을 역임했다.

4. David A. Hounshell, "Elisha Gray and the Telephone: On the Disadvantages of being an Expert," *Technology and Culture 16* (1975), pp. 133~161.

5. Thomas P. Hughes, *American Genesis* (New York: Viking, 1989), pp. 61~64.

6. Thomas P. Hughes, (1989) *op. cit.*, pp. 139~146.

7. Thomas P. Hughes, (1989) *op. cit.*, pp. 146~150.

8. Joseph H. Udelson, *The Great Television Race: A History of the American Television Industry 1925~1941* (Alabama: The University of Alabama Press, 1982).

8장 산업과 연구의 결합

1. Thomas P. Hughes, *Networks of Power; Electrification in Western Society,*

1880~1930 (Baltimore: Johns Hopkins University Press, 1983).

2. Thomas P. Hughes, (1983) *op. cit.*, pp. 79~105.

3. 회전하는 자기장에 의한 다상 전동 장치의 아이디어는 그 이전에 이탈리아 인 갈릴레오 페라리(Galileo Ferraris)도 생각하고 있었다.

4. 교류와 직류를 둘러싸고 에디슨과 테슬라 사이에 벌어졌던 비열하고 야만적인 기술 전쟁에 대한 대중적인 책으로는 톰 맥니콜,『표준 전쟁 AC/DC』(알마, 2006년)을 보라.

5. 테슬라는 수학과 추상적인 사고를 좋아한 반면에, 에디슨은 수학을 무척 싫어하고 쉽게 가시화할 수 있는 문제만을 다루었다. 톰 맥니콜,『표준 전쟁 AC/DC』(알마, 2006년), 119~135쪽.

6. Thomas P. Hughes, (1983) *op. cit.*, pp. 140~174.

7. Thomas P. Hughes, (1989) *op. cit.*, chap. 4.

8. Matthew Josephson, *Edison* (New York: McGraw Hill, 1959); *ibid.* pp. 24~40.

9. George Wise, "A New Role for Professional Scientist in Industry: Industrial Research at General Electric, 1900~1916", *Technology and Culture 21* (1980), pp. 408~429.

10. George Wise, Willis R. Whitney, *General Electric, and the Origins of U.S. Industrial Research* (New York: Columbia University Press, 1985); George Wise, "Ionists in Industry: Physical Chemistry at General Electric, 1900~1915", *Isis 74* (1983), pp. 7~21; Thomas P. Hughes, (1989) *op. cit.*, pp. 159~175.

11. Leonard S. Reich, *The Making of American Industrial Research: Science and Business at GE and Bell, 1879~1926* (New York: Cambridge University Press, 1985).

12. Lillian Hoddeson, "The Emergence of Basic Research in the Bell Telephone System, 1875~1915", *Technology and Culture 22* (1981), pp. 512~544.

13. Arturo Russo, "Fundamental Research at Bell Laboratories: the Discovery of Electron Diffraction", *Historical Studies in the Physical and Biological Sciences 12* (1981), pp. 117~160.

14. Lillian Hoddeson, "The Entry of the Quantum Theory of Solids into the Bell Telephone Laboratories, 1925~1940: A Case Study of the Industrial Application of Fundamental Science", *Minerva 18* (1980), pp. 422~447.

15. Lillian Hoddeson, "The Discovery of the Point-Contact Transistor", *Historical Studies in the Physical and Biological Sciences 12* (1981), pp. 41~76.

9장 화학 공업과 연구 개발: 듀폰 사의 경우

1. David A. Hounshell and John Kenly Smith, jr., *Science and Corporate Strategy:*

Du Pont R&D, 1902~1980 (Cambridge: Cambridge University Press, 1988).

2. Thomas P. Hughes, (1989) *op. cit.*, pp. 175~180.

3. David A. Hounshell, "Du Pont and the Management of Large Scale Research and Development,", Peter Galison and Bruce Hevly (eds.), *Big Science: the Growth of Large-Scale Reserch* (Stanford: Stanford University Press, 1992), pp. 236~261.

4. *ibid.*, p. 254.

5. *ibid.*, pp. 254~258.

6. David A. Hounshell and John Kenly Smith, jr., (1988) *op. cit.*, pp. 509~540.

7. David A. Hounshell and John Kenly Smith, jr., (1988) *op. cit.*, pp. 573~591.

10장 첨단 과학 산업 단지의 성장

1. Stuard W. Leslie and Bruce Hevly, "Steeple Building at Stanford: Electrical Engineering, Physics, and Microwave Research", *Proceedings of the IEEE 73* (1985), pp. 1169~1180.

2. Bruce Hevly, "Stanford's Supervoltage X-Ray Tube", *Osiris 9* (1994), pp. 85~100.

3. Rebecca S. Lowen, "Transforming the University: Administrators, Physicists, and Industrial and Federal Patronage at Stanford, 1935~1949", *History of Education Quarterly 31* (1991), pp. 365~388.

4. Stuart W. Leslie, "Playing the Education Game to Win: the Military and Interdisciplinary Research at Stanford", *Historical Studies in the Physical and Biological Sciences 21* (1990), pp. 59~85.

5. Rebecca S. Lowen, *Creating the Cold War University: The Transformation of Stanford* (Berkeley: University of California Press, 1997).

6. Peter Galison, Bruce Hevly, and Rebecca Lowen, "Controlling the Moster: Stanford and the Growth of Physics Research, 1935~1962," in Peter Galison and Bruce Hevly (eds.), *Big Science: the Growth of Large-Scale Research* (Stanford: Stanford University Press, 1992), pp. 46~77.

7. Michael Riordan and Lillian Hoddeson, *Crystal Fire: The Invention of the Transistor and the Birth of the Information Age* (New York: Norton & Company, 1997).

8. Michael Eckert and Helmut Schubert, *Kristalle, Elektronen, Transistoren* (Reinbek: Rowohlt, 1986).

9. Robert Kargonm Stuart W. Leslie, and Erica Schoenberger, "Far Beyond Big Science: Science Regions and the Organization of Research and Development," in Peter Galison and Bruce Hevly (eds.), (1992) *op cit.*, pp. 334~354.

10. AnnaLee Saxenian, *Regional Advantage: Culture and Competition in Silicon Valley and Route 128* (Cambridge, (Mass.): Harvard University Press, 1994); AnnaLee Saxenian, "In Search of Power: the Organization of Business Interests in Silicon Valley and Route 128," *Economy and Society 18:1* (1989), pp. 25~69.

11. AnnaLee Saxenian, "The Cheshire Cat's Grin: Innovation, Regional Development and the Cambridge Case," *Economy and Society 18:4* (1989), pp. 448~477.

12. Manuel Castells and Peter Hall, *Technopoles of the World: The Making of Twenty First Century Industrial Complexes* (London and New York: Routledge, 1994), pp. 12~28; Rob Koepp, *Clusters of Creativity: Enduring Lessons on Innovation and Entrepreneurship from Silicon Valley and Europe's Silicon Fen* (England: John Wiley & Sons, 2002), pp. 1~65.

11장 정보 통신 혁명에서 인터넷까지

1. David Kahn, *The Codebreakers: The Story of Secret Writing* (New York: MacMillan, 1967). 증보판 David Kahn, *The Codebreakers: The Comprehensive History of Secret Communication from Ancient Times to the Internet* (New York: Scribner, 1996).

2. Andrew Hodges, *Alan Turing: The Enigma* (New York: Walker &Company, 2000).

3. Marin Campbell-Kelly and William Aspray, *Computer: a history of the information machine* (New York: BasicBooks, 1996).

4. Arthur L. Lorberg and Judy E. O'Neill, *Transforming Computer Technology: Information Processing for the Pentagon, 1962~1986* (Baltimore: The Johns Hopkins University, 1996).

5. Katie Hafner and Matthew Lyon, *Where Wizards Stay Up Late: The Origins of the Internet* (New York: Touchstone, 1996).

6. Janet Abbate, *Inventing the Internet* (MIT, 1999); Thomas P. Hughes, *Rescuing Prometheus: Four Monumental Project that Changed the Modern World* (New York: Vintage Books, 1998), pp. 255~300.

7. Janet Abbate, *Inventing the Internet* (MIT, 1999), pp. 113-145.

8. *ibid.* pp. 147~179.

9. Marin Campbell-Kelly and William Aspray, *Computer: a History of the Information Machine* (New York: BasicBooks, 1996), pp. 283~300.

12장 독일 제국의 과학 기술 연구 체계

1. Fritz K. Ringer, *The Decline of the German Mandarins, The German Academic Community, 1890~1933* (Cambridge, (Mass.): Harvard University Press, 1969).
2. Russell McCormmach and Christa Jungnickel, *Intellectual Mastery of Nature, Theoretical Physics from Ohm to Einstein* (Chicago: University of Chicago Press, 1986).
3. Lewis Pyenson, *Neohumanism and the Persistence of Pure Mathematics in Wilhelmian Germany* (Philadelphia: American Philosophical Society, 1983).
4. David C. Cahan, "The institutional revolution in German Physics, 1865~1914", *Historical Studies in the Physical and Biological Sciences 15:2* (1985), pp. 1~65.
5. David C. Cahan, *An Institute for an Empire, The Physikalisch-Technische Reichsanstalt* (Cambridge: Cambridge University Press, 1989).
6. Lewis Pyenson, *Cultural Imperialism and Exact Sciences: German Expansion Oversees, 1900~1930* (New York: Peter Lang, 1985).

13장 과학의 미국식 발전

1. John W. Servos, *Physical Chemistry from Ostwald to Pauling: The Making of a Science in America* (Princeton: Princeton University Press, 1990).
2. Robert E. Kohler, "The Origin of G.N. Lewis's Theory of the Shared Pair Bond", *Historical Studies in the Physical Sciences 3* (1971), pp. 343~376.
3. Robert E. Kohler, "Irving Langmuir and the Octet Theory of Valence", *Historical Studies in the Physical Sciences* 4(1972), pp. 39~87; Robert E. Kohler, "The Lewis-Langmuir Theory of Valence and the Chemical Commuinty, 1920~1928", *Historical Studies in the Physical Sciences 6* (1975), pp. 343~376.
4. A. Assmus, "Americanization of Molecular Physics", *Historical Studies in the Physical and Biological Sciences 23* (1992), 1~34.
5. Stanley Coben, "The Scientific Establishment and Transmission of Quantum Mechanics to the United States", *American Historical Review 76* (1971), pp. 442~466.
6. Silvan S. Schweber, "The Empiricist Temper Regnant: Theoretical Physics in the United States 1920~1950", *Historical Studies in the Physical and Biological Sciences 17:1* (1986), pp. 55~98.
7. Silvan S. Schweber, "The Young John Slater and the Development of Quantum Chemistry", *Historical Studies in the Physical and Biological Sciences 20:2*

(1989), pp. 339~406.

8. Katherine Russell Sopka, *Quantum Physics in America: The Years through 1935* (New York: AIP and Tomash Publisher, 1988); Daniel J. Kevles, *The Physicists: the History of a Scientific Community in Modern America* (New York: Knopf, 1977).

9. Silvan S. Schweber, *QED and the Men Who Made it: Dyson, Feynman, Schwinger and Tomonaga* (Princeton: Princeton University Press, 1994).

14장 대학과 국가: MIT와 칼텍

1. Clark Kerr, *The Uses of the University* (Cambridge, (Mass.): Harvard University Press, 2001), p. 65.

2. Derek Bok, *Universities in the Marketplace: The Commercialization of Higher Education* (Princeton: Princeton University Press, 2003).

3. Roger L. Geiger, *To Advance Knowledge: The Growth of American Research Universities, 1900~1940* (Oxford: Oxford University Press, 1986), chap. 1.

4. 20세기 초 매사추세츠 공과 대학의 산학 협동에서 나타났던 역사적 경험에 대해서는 John W. Servos, "The industrial Relations of Science: Chemical Engineering at MIT, 1900~1939", *Isis 71* (1980), 531~549쪽을 보라.

5 .Roger L. Geiger, *To Advance Knowledge: The Growth of American Research Universities, 1900~1940* (Oxford: Oxford University Press, 1986), chap. 3.

6. Robert H. Kargon, "Temple to Science: Cooperative Research and the Birth of the California Institute of Technology", *Historcal Studies in the Physical and Biological Sciences 8*(1977), pp. 3~31.

7. Robert H. Kargon, *The rise of Robert Millikan: Portrait of a life in American science* (Ithaca, (N. Y.): Cornell University Press, 1982); Judith R. Goodstein, *Millikan's School: A History of the California Institute of Technology* (New York: Norton, 1991).

8. Robert Kargon and Elizabeth Hodes, "Karl Compton, Issiah Bowman, and the Politics of Science in the Great Depression", *Isis 76* (1985), pp. 301~318.

9. Christophe Lecuyer, "The Making of a Science-Based Technological University: Karl Compton, James Killian, and the Reform of MIT, 1930~1957", *Historcal Studies in the Physical and Biological Sciences 23* (1993), pp. 153~180.

10. G. Pascal Zarchary, *Endless Frontier: Vannevar Bush, Engineer of the American Century* (Cambridge, (Mass.): MIT Press, 1999).

11. Thomas P. Hughes, (1998) *op cit.*, pp. 15~67.

12. Stuart W. Leslie, "Profit and loss: The military and MIT in the postwar era", *Historcal Studies in the Physical and Biological Sciences 21* (1990), pp. 59~85; A. Hunter Dupree, *Science in the Federal Government* (Cambridge, (Mass.): Harvard University Press, 1957).

13. Stuart W. Leslie, *The Cold War and American Science: The Military-Industrial-Academic Complex at MIT and Stanford* (New York: Columbia University Press, 1993).

14. Roger L. Geiger, *Knowledge & Money: Research Universities and the Paradox of the Marketplace* (Stanford University Press, 2004), p. 122.

15. David C. Mowery, et al., *Ivory Tower and Industrial Innovation: University-Industry Technology Transfer Before and After the Bayh-Dole Act in the United States* (Stanford: Stanford University Press, 2004).

16. Derek Bok, *Universities in the Marketplace: The Commercialization of Higher Education* (Princeton: Princeton University Press, 2003); Donald G. Stein, (ed.), *Buying in or Selling out?: The Commercialization of the American Research University* (New Brunswick, Rutgers University Press, 2004).

17. Hugh Davis Graham and Nancy Diamond, *The Rise of American Research Universities* (Baltimore: The Johns Hopkins University Press, 1997), p. 8.

18. Roger L. Geiger, *Knowledge & Money: Research University and the Paradox of the Marketplace* (Stanford: Stanford University Press, 2004), p. 265.

19. 대학의 상업화에 따른 부작용을 최소화할 수 있는 몇몇 유용한 방안으로는 다음의 논문을 참고하라. Derek Bok, "The Benefits and Costs of Commercialization of the Academy," in Donald G. Stein, (ed.), (2004) *op. cit.*, pp. 32~47.

15장 과학 기술과 국방 연구

1. 원자 폭탄 개발에 관한 개괄적인 설명은 리처드 로즈, 문신행 옮김, 『원자 폭탄 만들기』 (사이언스북스, 2003년)를 참고하라.

2. Thomas P. Hughes (1989), *op. cit.*, pp. 353~442.

3. Lillian Hoddeson, "The discovery of spontaneous fission in plutonium during World War II", *Historical Studies in the Physical and Biological Sciences 23:2* (1993), pp. 279~300.

4. Mark Walker, *German National Socialism and the Quest for Nuclear Power* (New York: Cambridge University Press, 1989); Jeremy Bernstein, *Hitler's Uranium Club: The Secret Recordings at Farm Hall* (New York: Copernicus Book, 2001).

5. Arthur Steiner, "Scientists, Statesmen, and Politicians: The Competing Influence on American Atomic Energy Policy 1945~1946", *Minerva 12* (1974), pp. 469~509.

6. David Holloway, "Entering the Nuclear Arms Race: The Soviet Decision to Build the Atomic Bomb, 1939~1945", *Social Studies of Science 11* (1981), pp. 159~197.

7. Peter Galison and Barton Bernstein, "In any light: Scientists and the Decision to Build the Superbomb, 1952~1954", *Historical Studies in the Physical and Biological Sciences 19* (1989), pp. 267~347; Richard Rhodes, *Dark Sun: The Making of the Hydrogen Bomb* (New York: Simon & Schuster, 1996).

16장 노벨상으로 가는 길

1. 초기 노벨상 및 노벨 연구소의 제도화에 대해서는 Elisabeth Crawford, *The Beginnings of the Nobel Institution: the Science Prize, 1901~1915* (Cambridge: Cambridge University Press, 1984)를 보라.

2. 노벨상 100년을 정리한 글에 대해서는 I. Hargittai, *The Road to Stockholm: Nobel Prizes, Science, and Scientists* (Oxford: Oxford University Press, 2002); Isabelle Lévy, *Nobel: 100 Ans de Prix, 100 Ans d'Histoires* (Ville de Sevran: Editions Josette Lyon, 2001)를 보라.

3. 프리츠 푀크틀레, 윤도중 옮김, 『노벨』(한길사, 2000년).

4. Carl Gustaf Bernhard, Elisabeth Crawford, and Per Sorbom, (eds.), *Science, technology, and Society in the Time of Alfred Nobel* (Oxford: Pergamon, 1982); Robert Marc Friedman, *The Politics of Excellence: Behind the Nobel Prize in Science* (New York: Henry Holt, 2001).

5. Elisabeth Crawford, *Nationalism and Internationalism in Science, 1880~1939* (Cambridge: Cambridge University Press, 1992).

6. 이하의 논의는 Harriet Zuckerman, *Scientific Elite: Nobel Laureates in the United States* (New York: Free Press, 1977), 99~106쪽을 참조하라.

7. http://en.wikipedia.org/wiki/Wolf_Prize

8. Istvan Hargittai, (2002) *op. cit.*, pp. 26~28.

9. http://en.wikipedia.org/wiki/Albert_Lasker_Award_for_Basic_Medical_Research

17장 과학 기술은 언제나 변화한다

1. J. Merton England, "Dr. Bush Writes a Report: "Science, The Endless Frontier"", *Science 191* (January 1976), pp. 41~47.

2. A. Hunter Dupree, *Science in the Federal Government* (Cambridge, (Mass.): Harvard University Press, 1957).

3. Donald E. Stokes, *Pasteur's Quadrant; Basic Research and Technological Innovation* (Washington, D. C.: Brookings Institution Press, 1997). p. 73.

4. Gerald Holton and Gerhard Sonnert, "A Vision of Jeffersonian Science," *Issues in Science and Technology* (Fall 1999), pp. 61~65.

5. Bernadette Bensaude-Vincent, "The constrution of a discipline: Material science in the United States," *Historical Studies in the Physical and Biological Sciences 31:2* (2001), pp. 223~248.

6. *ibid.*

7. Stephen J. Klein and Nathan Rosenberg, "An Overview of Innovation", in R. Landau and N. Rosenberg, (eds.), *The Positive Sum Strategy* (Washington, (D.C.): National Academy Press, 1986), pp. 275~305.

8. 마이클 포터, 김경묵·김연성 옮김, 『경쟁론』(세종 연구원, 2001년)

18장 거대 과학의 시대

1. 거대 과학에 대한 개괄적인 이해를 위해서는 Peter Galison and Bruce Hevly (eds.), (1992) *op cit.,*를 참고하라.

2. Peter Galison, *Image and Logic: A Material Culture of Microphysics* (Chicago: University of Chicago Press, 1997).

3. C.T.R. Wilson, "On the Condensation Nuclei produced in Gases by the Action of Röntgen Rays, Uranium Rays, Ultra-violet Light, and other Agents," *Philosophical Transactions 192* (1899), pp. 403~453.

4. C.T.R. Wilson, "On a Method of making Visible the Paths of Ionising Particles," *Proceedings of the Royal Society of London A 85* (1911), pp. 285~288.

5. C.T.R. Wilson, "On an Expansion Apparatus for making Visible the Tracks of Ionising Particles in Gases and Some Results Obtained by its Use," *Proceedings of the Royal Society of London A 87* (1912), pp. 277~292.

6. P.M.S. Blackett and G.P.S. Occhialini, "Some Photographs of the Tracks of Penetrating Radiation," *Proceedings of the Royal Society of London A 139* (1933), pp. 699~727.

7. J.L. Heilbron and Robert W. Seidel, *Lawrence and his Laboratory: A History of the Lawrence Berkeley Laboratory* (Berkeley: University of California Press, 1989); Robert W. Seidel, "Accelerating Science: The Postwar Transformation of the Lawrence Radiation Laboratory", *Historcal Studies in the Physical and*

Biological Sciences 13 (1982), pp. 375~400; Robert W. Seidel, "A Home for Big Science: The Atomic Energy Commission's laboratory", *Historcal Studies in the Physical and Biological Sciences 16:1* (1986), pp. 135~175.

8. Robert Seidel, "The Origins of the Lawrence Berkeley Laboratory," in Peter Galison and Bruce Hevly (eds.) (1992), *op cit.,* pp. 21~45.

9. J.L. Heilbron and Robert W. Seidel (1989), *op cit.,* pp. 405~414.

10. Armin Herman et al. (eds.) *History of CERN* (Amsterdam: North-Holland, 1987).

11. John Krige and Dominique Pestre, "Some Thoughts on the Early History of CERN," in Peter Galison and Bruce Hevly (eds.) (1992), *op cit.,* pp. 78~99.

12. John Krige and Dominique Pestre, "The Choice of CERN's First Large Bubble Chambers for the Proton Synchrotron (1957~1958)", *Historical Studies in the Physical and Biological Sciences 16:2* (1986), pp. 255~279.

13. Daniel Kevles, "Big Science and Big Politics in the United States: Reflections on the Death of the SSC and the Life of the Human Genome Project," *Historical Studies in the Physical and Biological Sciences 27:2* (1997), pp. 269~297.

14. Peter Galison, "Bubble Chamber and the Experimental Workplace", in Peter Achinstein and O. Hannaway (eds.), *Observation, Experiment and Hypotheses in Modern Physical Science* (Cambridge, (Mass.), 1985), pp. 309~373.

15. Daniel Kevles (1997), *op cit.,*를 참고하라.

19장 환경 사상의 부상

1. Robert Gottlieb, *Forcing the Spring: The Transformation of the American Environmental Movement* (Washington, D. C.: Island Press, 1993); Robert Gottlieb, "Reconstructing Environmentalism: Complex Movements, Diverse Roots", *Environmental History Review 17*(1993), pp. 1~19.

2. Raymond H. Dominick III, *The Environmental Movement in Germany: Prophets and Pioneer, 1871~1971* (Bloomington: Indiana University Press, 1992).

3. 혁신주의에 대한 간략한 논의로는 Arthur S. Link and Richard L. McCormick, *Progressivism* (Wheeling, (Illinois): Harlan Davidson, 1983)을 보라.

4. Roderick Fazier Nash, *American Environmentalism* (New York: McGraw Hill, 1990); Roderick Fazier Nash, *Wilderness and the American Mind* (New Haven: Yale University Press, 1967).

5. Curt Meine, *Aldo Leopold* (Madison: The University of Wisconsin Press, 1988);

James M. Glover, *A Wilderness Original: The Life of Bob Marshall* (Seatle: The Moutaineers, 1986).

6. Linda Lear, *Rachel Carson* (New York: Henry Holt and Company, 1997).

7. 제2차 세계 대전 이후의 환경주의 논쟁에 대한 개략적인 소개에 대해서는 J. E. de Steiguer, *The Age of Environmentalism* (New York: The McGraw Hill Company, 1997)을 보라.

8. Lynn White, Jr., "The Historical Roots of Our Ecologic Crisis," *Science 155* (March 1967), pp. 1203~1207.

9. Wendell Berry, "The Gift of Good Land," *Sierra 64* (November/December 1979), pp. 20~26. 생태주의적 입장에서 미국 농업 정책을 비판한 그의 입장에 대해서는 Wendell Berry, *The Unsettling of America: Culture and Agriculture*(San Francisco: Sierra Club Books, 1977)를 보라.

10. J. E. de Steiguer, *The Age of Environmentalism* (New York: The McGraw Hill Company, 1997), chap. 11.

11. 전 지구적 온난화에 대한 초기 연구에 대해서는 Spencer R. Weart, "Global Warming, Cold War, and the Evolution of Research Plans," *Historical Studies in the Physical and Biological Sciences 27:2* (1997), pp. 319~356쪽을 보라.

12. Mario J. Molina and F. S. Rowland, "Stratospheric Sink for Chlorofluoromethanes: Chlorine Atomic Catalysed Destruction of Ozone," *Nature 249* (1974), pp. 810~812.

13. Alfred W. Crosby, *Ecological Imperialism: The Biological Expansion of Europe, 900~1900* (Cambridge: Cambridge University Press).

14. 도날드 휴즈, 표정훈 옮김, 『고대 문명의 환경사』(사이언스북스, 1998년).

15. Richard H. Grove, *Green Imperialism: Colonial Expansion, Tropical Island Edens and the Origins of Environmentalism, 1600~1860* (Cambridge: Cambridge University Press, 1995).

16. Peter J. Taylor, "Technocratic Optimism, H.T. Odum, and the Partial Transformation of Ecological Metaphor after World War II," *Journal of the History of Biology 21* (1988), pp. 213~244.

17. Steven Bocking, "Ecosystem, Ecologists, and the Atom: Environmental Research at Oak Ridge National Laboratory," *Journal of the History of Biology 28* (1995), pp. 1~47; Steven Bocking, *Ecologists and Environmental Politics: A History of Contemporary Ecology* (New Haven: Yale University Press, 1997); Joel B. Hagen, *An Entangled Bank: The Origins of Ecosystem Ecology* (New Brunswick: Rutgers University Press, 1992).

20장 과학 기술과 예술의 만남

1. 그래픽 디자인과 문자와의 연관성에 대해서는 엘리안 스트로스베르, 김승윤 옮김, 『예술과 과학』(을유 문화사, 2001년), 201~241쪽을 참고하라. 이 책은 예술과 과학에 대한 다양한 주제를 역사적 엄밀성보다는 일반인들이 이해하기 쉬운 형태로 서술하고 있다.

2. 그레고리 블래스토스, 이경직 옮김, 『플라톤의 우주』(서광사, 1998년), 플라톤, 박종현, 김영균 옮김, 『티마이오스』(서광사, 2000년).

3. Lorraine Daston and Peter Galison, "The Image of Objectivity," *Representations 40* (1992), pp. 81~128; Lorraine Daston and Peter Galison, *Objectivity* (New York: Zone Book, 2007), chap. 2.

4. Peter Galison, "Judgement against Objectivity," in Caroline A. Jones and Peter Galison, (eds), *Picturing Science, Producing Art* (New York: Routledge, 1998), pp. 327~359; Lorraine Daston and Peter Galison (2007), *op cit.*, chap. 6.

5. 보먼트 뉴홀, 정진국 옮김, 『사진의 역사』(열화당, 2003년), 95쪽.

6. Charles Baudelaire, "The Salon of 1859: The Modern Public and Photography,", in Francis Frascina and Charles Harrison, (eds.) *Modern Art and Modernism; A Critical Anthology* (New York: Westview Press, 1982), pp. 19~21, esp. p. 20. 이 글의 전문은 《Revue Française》 1859년 6월 10일자와 7월 20일자에 수록되어 있다.

7. 클로드 르마니, 앙드레 루이예 편저, 정진국 옮김, 『세계 사진사』(까치, 2003년), 82~83쪽.

8. 1889년에 완공된 이 에펠탑은 본래 높이가 300미터였고, 시공자들은 지하를 12미터 파내려간 곳에 돌로 기초를 메우고 탑을 세웠다고 한다. 또한 탑을 만드는 데에는 6300톤의 연철이 소요되었으며, 1만 2000개의 들보와 250만 개의 리벳이 사용되었다. 1959년 에펠탑은 텔레비전 송전탑과 안테나가 더해져서 320미터로 더욱 높게 증축되었다.

9. Peter Galison, *Image and Logic: A material Culture of Microphysics* (Chicago: University of Chicago Press, 1997)

10. Erwin Panofsky, "Galileo as a Critic of the Arts: Aesthetic Attitude and Scientific Thought," *ISIS 47:1* (March 1953), pp. 3~15; 갈릴레오 갈릴레이, 장헌영 옮김, 『시데레우스 눈치우스: 갈릴레이의 천문 노트』(승산, 2004년), 63~88쪽.

11. Linda Dalrymple Henderson, *The Fourth Dimension and Non-Euclidean Geometry in Modern Art* (Princeton: Princeton University Press, 1983).

12. Martin Kemp, *The Science of Art: Optical themes in western art from Brunelleschi to Seurat* (New Haven: Yale University Press, 1990).

13. Babara Maria Stafford, *Body Criticism: Imaging the Unseen in Enlightenment Art and Medicine* (Cambridge, (Mass.): The MIT Press, 1991).

14. 도구화된 감각과 예술과의 관계에 대해 다양한 분야의 학자들이 간략하게 자신의 견

해를 표방한 최근의 논의에 대해서는 Caroline A. Jones (ed.), *Sensorium: embodied experience, technology, and contemporary art*(Cambridge, (Mass.): MIT Press, 2006)을 보라.

15. 보리스 카스텔, 세르지오 시스몬도, 이철우 옮김, 『과학은 예술이디』(아카넷, 2006년), 제2장.

16. Linda Dalrymple Henderson, *Duchamp in Context: Science and Technology in the 'Large Glass' and Related Works* (Princeton: Princeton University Press, 1998).

17. 아서 밀러, 김희봉 옮김, 『천재성의 비밀』(사이언스북스, 2001년), 445~510쪽.

18. 할 포스터, 로잘린드 크라우스, 이브 알랭 브아, 벤자민 H.D. 부클로, 배수희, 신정훈 옮김, 『1900년 이후의 미술사』(세미콜론, 2007년), 78~84쪽.

19. Arthur Miller, *Einstein, Picasso: Space, Time, and the Beauty that causes Havoc* (New York: Basic Books, 2001), pp. 85~125.

20. 갤리슨의 건축에 관한 관심은 그가 동료와 편집한 Peter Galison and Emily Thompson, (eds.), *The Architecture of Science* (Cambridge, (Mass.): The MIT Press, 1999)을 보라.

21. Peter Galison, "Aufbau/Bauhaus: Logical Positivism and Architectural Modernism," *Critical Inquiry 16* (1990), pp. 709~752.

22. 조선일보 편집국 편, 『지성과 예술의 프런티어』(조선일보, 2001년), 167~168쪽.

23. Peter Galison, "History, Philosophy, and the Central Metaphor," *Science in Context 2* (1988), pp. 197~212; pp. 198~203; Peter Galison (1990) *op cit.*, pp. 711~712.

24. Peter Galison (1990), *op cit.*, 738.

25. Magdalena Droste (Bauhaus Archiv), *Bauhaus* (Köln: Benedik Taschen Verlag, 1990), pp. 168~169.

26. Peter Galison (1990), *op cit.*, pp. 734~740.

27. Magdalena Droste (1990), *op cit.*, pp. 199~202. 바우하우스의 공산주의 세포조직은 1927년에 조직되었는데, 한네스 마이어가 물러난 1930년까지 조직원 수가 7명에서 36명으로 늘어났다.

28. 시그램 빌딩의 인테리어 디자인은 그로피우스와 루트비히 미스 반 데어 로에 등 바우하우스 관련 구성원들과 교류했던 건축가 필립 존슨(Philip Johnson, 1906~1996년)이 맡았다.

29. 할 포스터, 로잘린드 크라우스, 이브 알랭 브아, 벤자민 H.D. 부클로 (2007), 앞의 책, 343~347쪽. 디자인 학교는 1944년 디자인 연구소(Institute of Design)로 개명되었고, 1946년 일리노이 공과 대학에 합병되어 오늘에 이르고 있다.

30. 유진 S. 퍼거슨, 박광덕 옮김, 『인간을 생각하는 엔지니어링』(한울, 1998년), 8~9쪽.

31. Peter Galison and Caroline A. Jones, "Factory, Laboratory, Studio: Dispersing Site of Production," in Peter Galison and Emily Thompson, (eds.) (1999), *op cit.*, pp. 497~540.

32. Caroline A. Jones, *Machine in the Studio: Constructing the Postwar American Artist* (Chicago: The University of Chicago Press, 1996).

33. 앤디 워홀의 작업 방식의 변화에 대해서는 Caroline A. Jones (1996), *op cit.*, chap. 4 를 참고하라.

34. 거대 과학 내의 연구 방식에 대해서는 Peter Galison and Bruce Hevly (eds.) (1992) *op cit.*를 보라.

35. Peter Galison, "Bubble Chamber and the Experimental Workplace", in Peter Achinstein and O. Hannaway (eds.), (1985), *op cit.*, pp. 309~373; Peter Galison, *How Experiments End* (Chicago: The University of Chicago Press, 1987).

36. 로버트 스미스슨 작업의 포스트모더니즘적 성격에 대한 자세한 논의는 Caroline A. Jones (1996), *op. cit.*, chap. 5를 참고하라.

37. 집단 저자와 과학 저작권에 관한 논의로는 Mario Biagioli and Peter Galison(eds.), *Scientific Authorship: Credit and Intellectual Property in Science* (New York: Routledge, 2003)을 보라.

38. Martin Kemp (1990), *op cit.*, pp. 167~203.

39. 장클로드 르마니, 앙드레 루이예 편저 (2003), 앞의 책, 14~16쪽; Martin Kemp (1990), *op cit.*, pp. 188~190.

40. 제프리 베첸, 김인 옮김, 『사진의 고고학』(이매진, 2006년), 51쪽

41. 앞의 책, 48~84쪽.

42. 보먼트 뉴홀 (2003), 앞의 책, 15~30쪽.

43. 앞의 책, 47쪽.

44. 발터 베냐민, 최성만 옮김, 「기술 복제 시대의 예술 작품」(1930년, 제3판), 『발터 벤야민 선집 2』(도서출판 길, 2007년), 102쪽.

45. 앞의 책, 113~120쪽.

46. 백남준, 『백남준: 말(馬)에서 크리스토까지』(백남준 아트 센터, 2010년), 54~60쪽.

47. 이용우, 『백남준 그 치열한 삶과 예술』(열음사, 2000년), 136~141쪽.

48. K. Gottfried and J. D. Jackson, "Mozart and Quantum Mechanics. An Appreciation of Victor Weisskopf," *Physics Today 56* (February 2003), pp. 43~47.

49. 바이스코프가 한 말 가운데 많은 사람들이 인용하는 구절인 "인간의 존재는 학식과 연민이라는 두 기둥에 기조를 두고 있다. 학식이 없는 연민은 무능하다. 반면에 연민이 없는 학식은 비인간적이다." 의 의미도 감성과 지식의 통합과 연관되어 있다.

50. 미하이 칙센트미하이, 노혜숙 옮김, 『창의성의 즐거움』(북로드, 2003년).

21장 새로운 과학관

1. 통일 이론에 대한 물리학자들의 논쟁에 대해서는 Jordi Cat, "The physicists' Debates on Unification in Physics at the End of the 20th Century," *Historical Studies in the Physical and Biological Sciences 28:2* (1998), 253~299쪽을 보라.

2. P. W. Anderson, "More is Different," *Science 177* (1972), pp. 393~396; Silvan S. Schweber, "Physics, Community and the Crisis in Physical Theory", *Physics Today 46* (November 1993), 34~40쪽도 참고하라.

3. 보리스 카스텔, 세르지오 시스몬도 (2006), 앞의 책.

4. 스티븐 와인버그, 이종필 옮김, 『최종 이론의 꿈』(사이언스북스, 2007년), 77~92쪽.

5. Ernst Mayr, "The Limits of Reductionism," *Nature 331* (1988), p. 475.

6. 일리야 프리고진, 신국조 옮김, 『혼돈으로부터의 질서』(자유아카데미, 2011년).

7. Carolyn Merchant, *The Death of Nature: Women, Ecology, and the Scientific Revolution* (San Francisco: Harper, 1980).

8. 2000년 11월 하버드 대학 교정에서 행한 필자와 갤리슨 교수와의 인터뷰; 조선일보 편집국 편 (2001년), 앞의 책, 165~176쪽.

9. 해킹의 실험 철학에 대해서는 이언 해킹, 이상원 옮김, 『표상하기와 개입하기: 자연 과학 철학의 입문적 주제들』(한울아카데미, 2005년)을 참고하라.

10. Peter Galison (1988), *op cit.*, pp. 197~212; pp. 207~211, 조선일보 편집국 편 (2001년), 앞의 책, 169쪽.

11. Peter Galison (1988) *op cit.*, pp. 203~205.

12. Pierre Duhem, *The Aim and Structure of Physical Theory* (Princeton: Princeton University Press, 1954).

13. 노우드 러셀 핸슨, 송진웅, 조숙경 옮김, 『과학적 발견의 패턴』(사이언스북스, 2007년).

14. 비트겐슈타인의 후기 언어 철학에 대해서는 루트비히 비트겐슈타인, 이영철 옮김, 『철학적 탐구』(책세상, 2006년)를 보라.

15. 토머스 새뮤얼 쿤, 김명자 옮김, 『과학 혁명의 구조』(까치글방, 2002년); Thomas S. Kuhn, *The Road since Structure* (Chicago: The Chicago University Press, 2000).

16. Paul Feyerabend, *Against Method: Outline of an Anarchistic Theory of Knowledge* (London: NLB, 1975).

17. 장 프랑수아 리오타르, 이삼출 옮김, 『포스트모던의 조건』(민음사, 1992년).

18. 데이비드 블루어, 김경만 옮김, 『지식과 사회의 상』(한길사, 2000년); Wiebe E. Bijker, Thomas P. Hughes, and Trevor J. Pinch, (eds.), *The Social Construction of Technological Systems: New Direction in the Sociology and History of Technology* (Cambridge, (Mass.): MIT Press, 1987); Wieb E. Bijker and John

Law, (eds.), *Shaping Technology/Building Society: Studies in Sociotechnical Change* (Cambridge, (Mass.): MIT Press, 1992); Steven Shapin & Simon Schaffer, *Leviathan and the Air Pump* (Princeton: Princeton University Press, 1985); H.M. Collins, *Changing Order: Replication and Induction in Scientific Practice* (Chicago: The University of Chicago Press, 1985).

19. Bruno Latour, *Science in Action* (Cambridge, (Mass.): Harvard University Press, 1987); Bruno Latour, *Reassembling the Social: An Introduction to Actor Network Theory* (Oxford: Oxford University Press, 2005); Bruno Latour, "One More Turn After the Social Turn…" in Mario Biagioli, (ed.), *The Science Studies Reader* (New York: Routledge, 1999), pp. 276~289; Michel Callon, "Some Elements of a Sociology of Translation: Domestication of the Scallops and the Fishermen of St. Brieuc Bay," in Mario Biagioli, (ed.) (1999), *op cit.*, pp. 67~83.

20. 조선일보 편집국 편(2001년), 앞의 책, 173쪽.

21. Peter Galison(1988), *op cit.*, pp. 197~212; pp. 203~207.

22. 조선일보 편집국 편(2001년), 앞의 책, 168~169쪽; 173쪽.

23. 피터 갤리슨의 주 저서인 『Image and Logic』의 부제는 미시 물리학의 물질 문화로 되어 있는데, 이 물질 문화는 브로델이 언급한 물질 문명(civilisation matérielle) 개념과 연결된다.

24. 페르낭 브로델, 주경철 옮김, 『물질문명과 자본주의』(까치글방, 1995~1997년).

25. Peter Galison (1987), *op cit.*, p. 246; Fernand Braudel, *The Mediterranean and the Mediterranean World in the Age of Philip II* (New York: Haper & Row, 1972); Fernand Braudel, *On History* (Chicago: The University of Chicago Press, 1980).

26. 조선일보 편집국 편, (2001년), 앞의 책, 167쪽.

27. Peter Galison, (1987), *op cit.*, p. 254.

28. Peter Galison, (1988), *op cit.*, pp. 197~212; Peter Galison, (1997), *op cit.*, pp. 803~844.

29. Peter Galison (1987), *op cit.*, p. 243.

30. Peter Galison (1987), *op cit.*, 거대 과학의 전반적인 특징에 대해서는 Peter Galison and Bruce Hevly (eds.) (1992), *op cit.*를 참고하라.

31. Peter Galison, "Bubble Chamber and the Experimental Workplace", in Peter Achinstein and O. Hannaway (eds.) (1985), *op cit.*, pp. 309~373.

32. Peter Galison (1987), *op cit.*, p. 255.

33. 카를로 진즈부르그, 김정하, 유제분 옮김, 『치즈와 구더기』(문학과 지성사, 2001년). 진즈부르그와 미시사와의 연관성에 대해서는 곽차섭, 『미시사란 무엇인가』(푸른역사, 2000년), 7장을 보라.

34. 조선일보 편집국 편, 『지성과 예술의 프런티어』(2001년), 170~171쪽.

35. Peter Galison (1997), *op cit.*, pp. 781~803.

36. Peter Galison (1988), *op cit.*, pp. 197~212.

37. Peter Galison (1997), *op cit.*, pp. 830~833.

38. Peter Galison, "Computer Simulation and the Trading Zone," in Peter Galison and David J. Stump, (eds.), *The Disunity of Science: Boundaries, Contexts, and Power* (Stanford: Stanford University Press, 1996), pp. 118~157; Peter Galison, (1997), *op cit.*, chap. 8.

39. 조선일보 편집국 편 (2001년), 앞의 책, 172~173쪽.

참고 문헌

갈릴레오 갈릴레이, 『시데레우스 눈치우스: 갈릴레이의 천문 노트』(승산, 2004년).

곽차섭, 『미시사란 무엇인가』(푸른역사, 2000년).

그레고리 블래스토스, 이경직 옮김, 『플라톤의 우주』(서광사, 1998년).

김영식, 임경순 (공저), 『과학사 신론』(다산출판사, 2007년).

노우드 러셀 핸슨, 송진웅, 조숙경 옮김, 『과학적 발견의 패턴』(민음사, 1995년).

데이비드 블루어, 김경만 옮김, 『지식과 사회의 상』(한길사, 2000년).

도날드 휴즈, 표정훈 옮김, 『고대문명의 환경사』(사이언스북스, 1998) J. Donald Hughes,
    Ecology in Ancient Civilization (1975).

루트비히 비트겐슈타인, 이영철 옮김, 『철학적 탐구』(서광사, 1994).

리처드 로즈, 문신행 옮김, 『원자폭탄 만들기』(사이언스북스, 2003년).

마이클 포터, 김경묵, 김연성 옮김, 『경쟁론』(세종연구원, 2001년).

마이클 화이트, 『레오나르도 다 빈치: 최초의 과학자』(사이언스북스, 2003년).

미하이 치센트미하이, 노혜숙 옮김, 『창의성의 즐거움』(북로드, 2003년).

발터 베냐민, 최성만 옮김, "기술복제시대의 예술 작품"(1930년, 제3판), 『발터 벤야민 선
    집 2』(도서출판 길, 2007년).

백남준, 『백남준: 말(馬)에서 크리스토까지』(백남준 아트센터, 2010년).

보리스 카스텔, 세르지오 시스몬도, 이철우 옮김, 『과학은 예술이다』(아카넷, 2006년).
    Boris Costel and Sergio Sismondo, *The Art of Science* (Broadview Press, 2003).

보먼트 뉴홀, 정진국 옮김, 『사진의 역사』(열화당, 2003년).

사이먼 싱, 박병철 옮김, 『페르마의 마지막 정리』(영림카디널, 1998년).

스티븐 와인버그, 이종필 옮김, 『최종이론의 꿈, 자연의 최종 법칙을 찾아서』(사이언스북
    스, 2007년). Steven Weinberg, *Dreams of a Final Theory: The Scientist's Search
    for the Ultimate Laws of Nature* (New York: Vintage Books, 1992).

아르민 헤르만, 『하이젠베르크』(한길사, 1996년).

아서 밀러, 김희봉 옮김, 『천재성의 비밀, 과학과 예술에서의 이미지와 천재성』(사이언스 북스, 2001년). Arthur I. Miller, *Insights of Genius: Imagery and Creativity in Science and Art* (New York: Springer-Verlag, 1996).

엘리안 스트로스베르, 김승윤 옮김, 『예술과 과학』(을유문화사, 2001년).

울리히 벡, 홍성태 옮김, 『위험사회, 새로운 근대(성)을 향하여』(새물결, 1997년). Ulrich, Beck, *Risikogesellschaft: Auf dem Weg in eine andere Moderne* (Frankfurt am Main: Suhrkamp Velag, 1986).

유진 S. 퍼거슨, 박광덕 옮김, 『인간을 생각하는 엔지니어링』(한울, 1998년).

이언 해킹, 이상원 옮김, 『표상하기와 개입하기: 자연과학철학의 입문적 주제들』(한울아카데미, 2005)

이용우, 『백남준 그 치열한 삶과 예술』(열음사, 2000년).

일리야 프리고진, 신국조 옮김, 『혼동으로부터의 질서』(정음사, 1989년).

장 프랑수아 리오타르, 이삼출 옮김, 『포스트모던의 조건』(민음사, 1992년).

제프리 베첸, 김인 옮김, 『사진의 고고학』(이매진, 2006년). Geoffrey Batchen, *Burning with Desire: The Conception of Photography* (Cambridge, (Mass.): The MIT Press, 1997).

제프리 어니스트 리처드 로이드, 『그리스 과학사상사』(지성의 샘, 1996년).

조선일보 편집국 편, 『지성과 예술의 프런티어』(조선일보, 2001년)

조지 가모브, 김동광 옮김, 『조지 가모브 자서전』(사이언스북스, 2000년).

카를로 진즈부르그, 김정하, 유제분 옮김, 『치즈와 구더기』(문학과 지성사, 2001년).

콘스탄스 리드, 이일해 옮김, 『현대수학의 아버지 힐베르트』(사이언스북스, 2005년). Constance Reid, *Courant in Göttingen and New York* (New York: Springer, 1976).

클로드 르마니, 앙드레 루이예 (편저), 정진국 옮김, 『세계사진사』(까치글방, 2003년).

토머스 새뮤얼 쿤, 김명자 옮김, 『과학 혁명의 구조』(까치글방, 2002년). Thomas S. Kuhn, *The Structure of Scientific Revolution*(Chicago: The Chicago University Press, 1962).

페르낭 브로델, 주경철 옮김, 『물질문명과 자본주의』(까치, 1995~1997년).

프리츠 푀크틀레, 윤도중 옮김, 『노벨』(한길사, 2000년).

플라톤, 박종현, 김영균 옮김, 『티마이오스』(서광사, 2000년).

하이젠베르크, 『부분과 전체』(지식산업사, 1995년).

할 포스터, 로잘린드 크라우스, 이브 알랭 브아, 벤자민 H.D. 부클로, 배수희, 신정훈 옮김, 『1900년 이후의 미술사』(세미콜론, 2007년).

Aaserud, Finn, *Redirecting science: Niels Bohr, philanthropy, and the rise of nuclear physics* (Cambridge: Cambridge University Press, 1990).

Abbate, Janet, *Inventing the Internet* (MIT, 1999).

Abiko, Seiya, "Einstein's Kyoto address: "How I created the theory of relativity"",
    Historical Studies in the Physical and Biological Sciences 31:1 (2000), pp. 1~35.

Abir~Am, Pnina G., "The Politics of Macromolecules", *Osiris 7* (1992), pp. 164~191.

Abraham, M., "Prinzipien der Dynamik des Elektrons," *Annalen der Physik 10*
    (1903), pp. 105~179.

Allen, Garland E., *Life Science in The Twentieth Century* (New York: John Wiley &
    Sons, 1975).

Alpher, R.A., H. Bethe, and G. Gamow, "The Origin of Chemical Elements",
    Physical Review 73 (1948), pp. 803~804.

Amstermamska, Olga, "From pneumonia to DNA: The research career of Oswald
    T. Avery", *Historical Studies in the Physical and Biological Sciences 24* (1993),
    pp. 1~40.

Anderson, P. W., "More is Different," *Science 177* (1972), pp. 393~396.

Assmus, A., "Americanization of molecular physics", *Historical Studies in the
    Physical and Biological Sciences 23* (1992), pp. 1~34.

Balashov, Yuri V., "Uniformitarianism in Cosmology: Background and
    Philosophical Implications of the Steady~State Theory," *Studies in History and
    Philosophy of Science 25* (1994), pp. 933~958.

Barrow, J.D. and Frannk J. Tipler, *The Anthropic Cosmological Principle* (Oxford:
    Oxford University Press, 1986).

Bell, John S., "On the Einstein Podolsky Rosen Paradox", *Physics 1* (1964), pp.
    195~200.

Bensaude-Vincent, Bernadette, "The construction of a discipline: Material science
    in the United States," *Historical Studies in the Physical and Biological Sciences
    31:2* (2001), pp. 223~248.

Bernhard, Carl Gustaf, Elisabeth Crawford, and Per Sorbom, (eds.), *Science,
    technology, and society in the time of Alfred Nobel* (Oxford: Pergamon, 1982).

Bernstein, Jeremy, *Hitler's Uranium Club: The Secret Recordings at Farm Hall*
    (New York: Copernicus Book, 2001).

Berry, Wendell, "The Gift of Good Land," *Sierra 64* (November/December 1979),
    pp. 20~26.

Berry, Wendell, *The Unsettling of America: Culture and Agriculture* (San
    Francisco: Sierra Club Books, 1977).

Beyerchen, A.D., *Scientists under Hitler* (New Haven: Yale University Press, 1977).

Biagioli, Mario and Peter Galison, (eds.), *Scientific Authorship: Credit and*

Intellectual Property in Science (New York: Routledge, 2003).

Biagioli, Mario, (ed.), *The Science Studies Reader* (New York: Routledge, 1999).

Bijker, Wieb E. and John Law, (eds.), *Shaping Technology/Building Society: Studies in Sociotechnical Change* (Cambridge, (Mass.): MIT Press, 1992).

Bijker, Wiebe E., Thomas P. Hughes, and Trevor J. Pinch, (eds.), *The Social Construction of Technological Systems: New Direction in the Sociology and History of Technology* (Cambridge, (Mass.): MIT Press, 1987).

Blackett, P.M.S. and G.P.S. Occhialini, "Some Photographs of the Tracks of Penetrating Radiation," *Proceedings of the Royal Society of London A 139* (1933), pp. 699~727.

Bocking, Steven, *Ecologists and Environmental Politics: A History of Contemporary Ecology* (New Haven: Yale University Press, 1997).

Bocking, Steven, "Ecosystem, Ecologists, and the Atom: Environmental Research at Oak Ridge National Laboratory," *Journal of the History of Biology 28* (1995), pp. 1~47.

Bohr, N., "On the Constitution of Atoms and Molecules," *Philosophical Magazine 26* (1913), pp. 1~25; pp. 476~502; pp. 857~875.

Bohr, N., H.A. Kramers, and J.C. Slater, "Über die Quantentheorie der Strahlung", *Zeitschrift für Physik 24* (1924), pp. 69~87.

Bok, Derek, *Universities in the Marketplace: The Commercialization of Higher Education* (Princeton: Princeton University Press, 2003).

Bondi, H., and T. Gold, "The Steady-State Theory of the Expanding Universe," *Monthly Notice of Royal Astronomical Society 108* (1948), pp. 252~270.

Born, Max, "Die Theorie des starren Elektrons in der Kinematitik des Relativitätsprinzips," *Annalen der Physik 30* (1909), pp. 1~56.

Born, Max and P. Jordan, "Zur Quantenmechanik," *Zeitschrift für Physik 34* (1925), pp. 858~888.

Born, Max, W. Heisenberg and P. Jordan, "Zur Quantenmechanik II," *Zeitschrift für Physik 35* (1926), pp. 557~615.

Bothe, W. and H. Geiger, "Über das Wesen des Comptoneffekts: ein experimenteller Beitrag zur Theorie der Strahlung," *Zeitschrift für Physik 32* (1925), pp. 639~663.

Brans, C., and R.H. Dicke, "Mach's Principle and a Relativistic Theory of Gravitation," *Physical Review 124* (1961), pp. 925~935

Bruce, Robert V., *Bell: Alexander Graham Bell and the Conquest of Solitude* (Ithaca: Cornell University Press, 1990).

Bucherer, A. H., "Experimentelle Bestätigung der Relativitätsprinzip", *Annalen der Physik 28* (1909), pp. 531~536.

Bucherer, A. H., "Messungen an Becquelstrahlen. die experimentelle Bestätigung der Lorentz-Einsteinschen Theorie", *Physikalische Zeitschrift 9* (1908), pp. 755~762.

Cahan, David C., "The institutional revolution in German Physics, 1865~1914", *Historical Studies in the Physical and Biological Sciences 15:2* (1985), pp. 1~65.

Cahan, David C., *An Institute for an Empire, The Physikalisch-Technische Reichsanstalt* (Cambridge: Cambridge University Press, 1989).

Campbell-Kelly, Marin and William Aspray, *Computer: a history of the information machine* (New York: BasicBooks, 1996).

Carr, B.J. and M.J. Rees, "The anthropic principle and the structure of the physical world," *Nature 278* (1979), pp. 605~612.

Cassidy, David Charles, *Uncertainty: the life and science of Werner Heisenberg* (New York: Freeman, 1992).

Castells, Manuel and Peter Hall, *Technopoles of the World: The making of twenty-first-century industrial complexes* (London and New York: Routledge, 1994).

Cat, Jordi, "The physicists' debates on unification in physics at the end of the 20th century," *Historical Studies in the Physical and Biological Sciences 28:2* (1998), pp. 253~299.

Coben, Stanley, "The Scientific Establishment and Transmission of Quantum Mechanics to the United States", *American Historical Review 76* (1971), pp. 442~466.

Collins, H.M., *Changing Order: Replication and Induction in Scientific Practice* (Chicago: The University of Chicago Press, 1985).

Conford, F.M., *Principium Sapientiae: The Origins of Greek Philosophical Thought* (Cloucester, (Mass.), Peter Smith, 1971).

Crawford, Elisabeth, *Nationalism and internationalism in science, 1880~1939* (Cambridge: Cambridge University Press, 1992).

Crawford, Elisabeth, *The beginnings of the Nobel institution: the science prize, 1901~1915* (Cambridge: Cambridge University Press, 1984).

Crosby, Alfred W., *Ecological Imperialism: The Biological Expansion of Europe, 900~1900* (Cambridge: Cambridge University Press, 1988).

Daston, Lorraine and Peter Galison, "The Image of Objectivity," *Representations 40* (1992), pp. 81~128.

Daston, Lorraine and Peter Galison, *Objectivity* (New York: Zone Book, 2007).

Dick, Steven J., *Life on other World: The 20th-Century Extraterrestrial Life Debate* (Cambridge: Cambridge University Press, 1998).

Dick, Steven J., *Life on other World: The Biological Universe* (Cambridge: Cambridge University Press, 1996).

Dicke, R.H., P.J.E. Peebles, P.G. Roll, and D.T. Wilkinson, "Cosmic Black-Body Radiation," *Astrophysical Journal 142* (1965), pp. 414~419.

Dominick III, Raymond H., *The Environmental Movement in Germany: Prophets and Pioneer, 1871~1971* (Bloomington: Indiana University Press, 1992).

Droste, Magdalena(Bauhaus Archiv), *Bauhaus* (Köln: Benedik Taschen Verlag, 1990).

Duhem, Pierre, *The Aim and Structure of Physical Theory* (Princeton: Princeton University Press, 1954).

Dupree, A. Hunter, *Science in the Federal Government* (Cambridge, (Mass.): Harvard University Press, 1957).

Earman, John and Clark Glymour, "Relativity and Eclipses: The British Eclipse Expeditions of 1919 and Their Predecessors," *Historical Studies in the Physical and Biological Sciences 11* (1980), pp. 49~85.

Eckert, Michael and Helmut Schubert, *Kristalle, Elektronen, Transistoren* (Reinbek: Rowohlt, 1986).

Ehrenfest, P., "Gleichförmige Rotation starrer Körper und Relativitätstheorie," *Physikalische Zeitschrift 10* (1909), p. 918.

Einstein, A. and M. Grossmann, "Entwurf einer verallgemeinerten Relativitätstheorie," *Zeitschrift für Mathematik und Physik 62* (1913), pp. 225~261.

Einstein, A. and M. Grossmann, "Kovarianzeigenschaften der Feldgleichungen der auf die verallgemeinerte Relativitätstheorie gegründeten Gravitationstheorie," *Zeitschrift für Mathematik und Physik 63* (1914), pp. 215~225.

Einstein, A. and M. Grossmann, *Entwurf einer verallgemeinerten Relativitätstheorie und einer Theorie der Gravitation* (Leipzig: Teubner, 1913).

Einstein, A. and Mileva Marić, *The Love Letters* (Princeton: Princeton University Press, 1992).

Einstein, A., "Zur Theorie des statischen Gravitationsfeldes," *Annalen der Physik 38* (1912), pp. 443~458.

Einstein, A., "Zum gegenwartigen Stande des Gravitationsproblems," *Physikalische Zeitschrift 14* (1913), pp. 1249~1262.

Einstein, A., "Die Grundlage der allgemeinen Relativitätstheorie," *Annalen der*

Physik 49 (1916), pp. 769~822.

Einstein, A., "Eine Theorie der Grundlagen der Thermodynamik," *Annalen der Physik 11* (1903), pp. 170~187.

Einstein, A., "Kinetische Theorie des Wärmegleichgewichtes und zweiten Hauptsatzes der Thermodynamik," *Annalen der Physik 9* (1902), pp. 417~433.

Einstein, A., "Lichtgeschwindigkeit und Statik des Gravitationsfeldes," *Annalen der Physik 38* (1912), pp. 355~369.

Einstein, A., "Über das Relativitätsprinzip und die aus demselben gezogenen Folgerungen," *Jahrbuch der Radioaktivitat und Elektronik 4* (1907), pp. 411~462.

Einstein, A., "Über die von der molekularkinetischen Theorie der Wärme geforderte Bewegung von in ruhenden Flüssigkeiten suspendierten Teilchen," *Annalen der Physik 17* (1905), pp. 549~560.

Einstein, A., "Über einen die Erzeugung und Verwandlung der Lichtes betreffenden heuristischen Gesichtspunkt," *Annalen der Physik 17* (1905), pp. 132~148.

Einstein, A., "Über einen die Erzeugung und Verwandlung des Lichtes betreffenden heuristischen Gesichtspunkt," *Annalen der Physik 17* (1905), pp. 132~148.

Einstein, A., "Zur allgemeinen molekularen Theorie der Wärme," *Annalen der Physik 14* (1904), pp. 354~362.

Einstein, A., "Zur Elektrodynamik bewegter Körper," *Annalen der Physik 17* (1905), pp. 891~921.

Einstein, A., "Zur Theorie der Lichterzeugung und Lichtabsorption," *Annalen der Physik 20* (1906), pp. 199~206.

Einstein, A., B. Podolsky and N. Rosen, "Can Quantum Mechanical Description of Physical Reality Be Considered Complete?," *Physical Review 47* (1935), pp. 777~780.

Einstein, A., *The Collected Papers of Albert Einstein* (Princeton: Princeton University Press, 1996). Vol. 6.

England, J. Merton, "Dr. Bush Writes a Report: "Science-The Endless Frontier"", *Science 191* (January 1976), pp. 41~47.

Feyerabend, Paul, *Against Method: Outline of an anarchistic theory of knowledge* (London: NLB, 1975).

Forman, Paul, "Independence, Not Transcendence, for the Historian of Science", *Isis 82* (1991), pp. 71~86.

Friedman, Robert Marc, *The Politics of Excellence: Behind the Nobel Prize in Science* (New York: Henry Holt, 2001).

Friedmann, A.A., "Über die Krummung des Raumes," *Zeitschrift für Physik 10* (1922), pp. 377~386.

Galison, Peter and Barton Bernstein, "In any light: Scientists and the decision to build the superbomb, 1952~1954", *Historical Studies in the Physical and Biological Sciences 19* (1989), pp. 267~347.

Galison, Peter and Bruce Hevly (eds.), *Big Science: the Growth of Large-Scale Research* (Stanford: Stanford University Press, 1992).

Galison, Peter and Emily Thompson, (eds.), *The Architecture of Science* (Cambridge, (Mass.): The MIT Press, 1999).

Galison, Peter, "Aufbau/Bauhaus: Logical Positivism and Architectural Modernism," *Critical Inquiry 16* (1990), pp. 709~752.

Galison, Peter, "History, Philosophy, and the Central Metaphor," *Science in Context 2* (1988), pp. 197~212.

Galison, Peter, "Bubble Chamber and the Experimental Workplace", in Peter Achinstein and O. Hannaway (eds.), *Observation, Experiment and Hypotheses in Modern Physical Science* (Cambridge, (Mass.), 1985), pp. 309~373.

Galison, Peter, *Einstein's Clocks, Poincaré's maps: Empires of Time* (New York: Norton, 2003).

Galison, Peter, *How experiments end* (Chicago: The University of Chicago Press, 1987).

Galison, Peter, *Image and Logic: A Material Culture of Microphysics* (Chicago: University of Chicago Press, 1997).

Gamow, G., "Expanding Universe and the Origin of Elements," *Physical Review 70* (1946), pp. 572~573.

Geiger, Roger L., *To Advance Knowledge: The Growth of American Research Universities, 1900~1940* (Oxford: Oxford University Press, 1986).

Glover, James M., *A Wilderness Original: The Life of Bob Marshall* (Seatle: The Moutaineers, 1986).

Goldberg, Stanley, "The Abraham Theory of the Electron: The Symbiosis of Experiment and Theory," *Archives for History of Exact Sciences 7* (1970), pp. 7~25.

Goodstein, Judith R., *Millikan's School: A History of the California Institute of Technology* (New York: Norton, 1991).

Gottfried, K. and J. D. Jackson, "Mozart and quantum mechanics. An appreciation of Victor Weisshopf", Physics Today 56 (February 2003), pp. 43~47.

Gottlieb, Robert, "Reconstructing Environmentalism: Complex Movements, Diverse Roots", *Environmental History Review 17* (1993), pp. 1~19.

Gottlieb, Robert, *Forcing the Spring: The Transformation of the American Environmental Movement* (Washington, D.C. : Island Press, 1993).

Grove, Richard H., *Green Imperialism: Colonial Expansion, Tropical Island Edens and the Origins of Environmentalism, 1600~1860* (Cambridge: Cambridge University Press, 1995).

Guth, Alan H., "Inflationary universe: A possible solution to the horizon and flatness problems," *Physical Review D 23* (1981), pp. 347~356.

Hafner, Katie and Matthew Lyon, *Where Wizards Stay Up Late: The Origins of the Internet* (New York: Touchstone, 1996).

Hagen, Joel B., *An Entangled Bank: The Origins of Ecosystem Ecology* (New Brunswick: Rutgers University Press, 1992).

Hankins, Thomas, *Science and the Enlightenment* (Cambridge: Cambridge University Press, 1985).

Hargittai, Istvan, *The Road to Stockholm: Nobel Prizes, Science, and Scientists* (Oxford: Oxford University Press, 2002).

Harrison, Charles, (eds.) *Modern Art and Modernism; A Critical Anthology* (New York: Westview Press, 1982).

Heilbron, J.L. and Robert W. Seidel, *Lawrence and his Laboratory: A History of the Lawrence Berkeley Laboratory* (Berkeley: University of California Press, 1989).

Heilbron, J.L. and T.S. Kuhn, "The Genesis of the Bohr Atom", *Historical Studies in the Physical and Biologicalv Sciences 1* (1969), pp. 211~290.

Heilbron, J.L., "The origins of the exclusion principle", *Historical Studies in the Physical and Biological Sciences 13* (1983), pp. 261~310.

Heilbron, J.L., "The Scattering of α and β Particles and Rutheford's Atom", *Archives for History of Exact Sciences 4* (1968), pp. 247~307.

Heilbron, J.L., *The Dilemmas of an Upright Man, Max Planck as Spokesman for German Science* (Berkeley: University of California Press, 1986).

Heisenberg, W., "Über den anschaulichen Inhalt quantentheoretische Kinematik und Mechanik," *Zeitschrift für Physik 43* (1927), pp. 172~198.

Heisenberg, W., "Über quantentheoretische Umdeutung kinematischer und mechanischer Beziehungen," *Zeitschrift für Physik 33* (1925), pp. 879~893.

Henderson, Linda Dalrymple, *Duchamp in Context: Science and Technology in the 'Large Glass' and related Works* (Princeton: Princeton University Press,

1998).

Henderson, Linda Dalrymple, *The Fourth Dimension and Non-Euclidean Geometry in Modern Art* (Princeton: Princeton University Press, 1983).

Hendry, John, *Cambridge physics in the thirties* (Bristol: Amam Hilger, 1984).

Herman, Armin et al. (eds.) *History of CERN* (Amsterdam: North-Holland, 1987).

Herman, Armin, *Frühgeschichte der Quantentheorie (1899~1913)* (Mosbach in Baden: Physik-Verlag, 1969).

Hevly, Bruce, "Stanford's Supervoltage X-Ray Tube", *Osiris 9* (1994), pp. 85~100.

Hilbert, David, "Die Grundlagen der Physik," *Nachrichten von der Königlichen. Gesellschaft der Wissenschaften zu Göttingen, mathematische physikalische Klasse* (1915), pp. 395~407.

Hoddeson, Lillian, "The discovery of spontaneous fission in plutonium during World War II", *Historical Studies in the Physical and Biological Sciences 23:2* (1993), pp. 279~300.

Hoddeson, Lillian, "The discovery of the point-contact transistor", *Historical Studies in the Physical and Biological Sciences 12* (1981), pp. 41~76.

Hoddeson, Lillian, "The Emergence of Basic Research in the Bell Telephone System, 1875~1915", *Technology and Culture 22* (1981), pp. 512~544.

Hoddeson, Lillian, "The entry of the quantum theory of solids into the Bell Telephone Laboratories, 1925~40: A case-study of the industrial application of fundamental science", *Minerva 18* (1980), pp. 422~447.

Hodges, Andrew, *Alan Turing: The Enigma* (New York: Walker &Company, 2000).

Holloway, David, "Entering the Nuclear Arms Race: The Soviet Decision to Build the Atomic Bomb, 1939~1945", *Social Studies of Science 11* (1981), pp. 159~197.

Holton, Gerald and Gerhard Sonnert, "A Vision of Jeffersonian Science," *Issues in Science and Technology* (Fall 1999), pp. 61~65.

Hounshell, David A. and John Kenly Smith, jr., *Science and Corporate Strategy: Du Pont R&D, 1902~1980* (Cambridge: Cambridge University Press, 1988).

Hounshell, David A., "Elisha Gray and the Telephone: On the Disadvantages of being an Expert," *Technology and Culture 16* (1975), pp. 133~161.

Hoyle, F., "A New Model for the Expanding Universe," *Monthly Notice of Royal Astronomical Society 108* (1948), pp. 372~382.

Hubble, Edwin, "A Relation Between Distance and Radial Velocity among Extra-Galactic Nebulae," *Proceedings of the National Academy of Science 15* (1929), pp. 168~173.

Hughes, Thomas P., *American Genesis* (New York: Viking, 1989).

Hughes, Thomas P., *Networks of Power; Electrification in Western Society, 1880~1930* (Baltimore: Johns Hopkins University Press, 1983).

Hughes, Thomas P. *Rescuing Prometheus: Four monumental project that changed the modern world* (New York: Vintage Books, 1998).

Isaksson, Eva, "Der finnische Physiker Gunnar Nordström und sein Beitrag zur Entstehung der allgemeinen Relativitätstheorie Albert Einsteins," *NTM 22* (1985) [1] pp. 29~52.

Israel, Paul, *From Machine Shop to Industrial Laboratory: Telegraphy and the Changing Context of American Invention, 1830~1920* (Baltimore: Johns Hopkins University Press, 1992).

Jones, Caroline A. (ed.), *Sensorium: embodied experience, technology, and contemporary art* (Cambridge, (Mass.): MIT Press, 2006).

Jones, Caroline A. and Peter Galison, (eds), *Picturing Science, Producing Art* (New York: Routledge, 1998).

Jones, Caroline A., *Machine in the Studio: Constructing the Postwar American Artist* (Chicago: The University of Chicago Press, 1996).

Josephson, Matthew, *Edison* (New York: McGraw-Hill, 1959).

Kahn, David, *The Codebreakers: The Comprehensive History of Secret Communication from Ancient Times to the Internet* (New York: Scribner, 1996).

Kahn, David, *The Codebreakers: The Story of Secret Writing* (New York: MacMillan, 1967).

Kaluza, Th., "Zum Unitätsproblem der Physik," *Sitzungsberichte der preußischen Akademie der Wissenschaft* (1921), pp. 966~972.

Kangro, Hans, *Vorgeschichte des Planckschen Strahlungsgesetzes* (Wiesbaden: Franz Steiner, 1970).

Kargon, Robert H. and Elizabeth Hodes, "Karl Compton, Issiah Bowman, and the Politics of Science in the Great Depression", *Isis 76* (1985), pp. 301~318.

Kargon, Robert H., "Temple to Science: Cooperative Research and the Birth of the California Institute of Technology", *Historical Studies in the Physical and Biological Sciences 8* (1977), pp. 3~31.

Kargon, Robert H., *The rise of Robert Millikan: Portrait of a life in American science* (Ithaca, (N. Y.): Cornell University Press, 1982).

Kaufmann, W., "Über die Konstitution des Elektrons," *Annalen der Physik 19* (1906), pp. 487~553.

Kemp, Martin, *The Science of Art: Optical themes in western art from Brunelleschi to Seurat* (New Haven: Yale University Press, 1990).

Kerr, Clark, *The Uses of the University* (Cambridge, (Mass.), Harvard University Press, 2001).

Kerszberg, Pierre, *The invented universe: the Einstein-De Sitter controversy (1916~1917) and the rise of relativistic cosmology* (Oxford: Clarendon Press, 1989).

Kevles, Daniel J., *The physicists: the history of a scientific community in modern America* (New York: Knopf, 1977).

Kevles, Daniel, "Big Science and big politics in the United States: Reflections on the death of the SSC and the life of the Human Genome Project," *Historical Studies in the Physical and Biological Sciences 27:2* (1997), pp. 269~297.

Kevles, Daniel, *In the name of eugenics: Genetics and the Uses of Human Heredity* (Berkeley: University of California Press, 1985).

Klein, Oskar, "Quantentheorie und fünfdimensionale Relativitätstheorie," *Zeitschrift für Physik 37* (1926), pp. 895~906.

Klein, Stephen J. and Nathan Rosenberg, "An Overview of Innovation", in R. Landau and N. Rosenberg, (eds.), *The Positive Sum Strategy* (Washington, D.C.: National Academy Press, 1986), pp. 275~305.

Koepp, Rob, *Clusters of Creativity: Enduring Lessons on Innovation and Entrepreneurship from Silicon Valley and Europe's Silicon Fen* (England: John Wiley & Sons, 2002).

Kohler, Robert E., "Irving Langmuir and the Octet Theory of Valence", *Historical Studies in the Physical Sciences 4* (1972), pp. 39~87.

Kohler, Robert E., "The Lewis–Langmuir theory of valence and the chemical commuinty, 1920~1928", *Historical Studies in the Physical Sciences 6* (1975), pp. 343~376.

Kohler, Robert E., "The Origin of G.N. Lewis's Theory of the Shared Pair Bond", *Historical Studies in the Physical Sciences 3* (1971), pp. 343~376.

Kohler, Robert E., "Warren Weaver and the Rockefeller Foundation Program in Molecular Biology", *Minerva 14* (1976), pp. 279~306.

Kohler, Robert, *Partners in science foundations and natural scientists 1900~1945* (Chicago: University of Chicago Press, 1991).

Krafft, Fritz, *Im Schatten der Sensation: Leben und Wirken von Fritz Straßmann* (Weinheim: Verlag Chemie, 1981).

Kragh, Helge, "Niels Bohr's Second Atomic Theory", *Historical Studies in the Physical Sciences 10* (1979), pp. 123~186.

Kragh, Helge, *Cosmology and Controversy: The Historical Development of Two

Theories of the Universe (Princeton: Princeton University Press, 1996).

Krige, John and Dominique Pestre, "The choice of CERN's first large bubble chambers for the proton synchrotron (1957~1958)", *Historical Studies in the Physical and Biological Sciences 16:2* (1986), pp. 255~279.

Kuhn, Thomas S., "Revisiting Planck", *Historical Studies in the Physical and Biological Sciences 14* (1984), pp. 231~252.

Kuhn, Thomas S., *Blackbody Theory and the Quantum Discontinuity, 1894~1912* (Oxford: Oxford University Press, 1978).

Kuhn, Thomas S., *The Road since Structure* (Chicago: The Chicago University Press, 2000).

Latour, Bruno, *Reassembling the Social: An Introduction to Actor-Network-Theory* (Oxford: Oxford University Press, 2005).

Latour, Bruno, *Science in Action* (Cambridge, (Mass.): Harvard University Press, 1987).

Laue, Max von, "Zur Diskussion uber den starren Körper in der Relativitätstheorie," *Physikalische Zeitschrift 12* (1911), pp. 85~87.

Laue, Max von, *Das Relativiätsprinzip* (Braunschweig: Vieweg, 1911).

Lear, Linda, *Rachel Carson* (New York: Henry Holt and Company, 1997).

Lecuyer, Christophe, "The Making of a Science-Based Technological University: Karl Compton, James Killian, and the Reform of MIT, 1930~1957", *Historical Studies in the Physical and Biological Sciences 23* (1993), pp. 153~180.

Leslie, Stuard W. and Bruce Hevly, "Steeple Building at Stanford: Electrical Engineering, Physics, and Microwave Research", *Proceedings of the IEEE 73* (1985), pp. 1169~1180.

Leslie, Stuart W., "Playing the education game to win: the military and Interdisciplinary research at Stanford", *Historical Studies in the Physical and Biological Sciences 21* (1990), pp. 59~85.

Leslie, Stuart W., *The Cold War and American Science: The Military-Industrial-Academic Complex at MIT and Stanford* (New York: Columbia University Press, 1993).

Lèvy, Isabelle, *Nobel: 100 ans de prix, 100 ans d'histoires* (Ville de Sevran: Editions Josette Lyon, 2001).

Link, Arthur S. and Richard L. McCormick, *Progressivism* (Wheeling, (Illinois): Harlan Davidson, 1983).

Lorberg, Arthur L. and Judy E. O'Neill, *Transforming Computer Technology: Information Processing for the Pentagon, 1962~1986* (Baltimore: The Johns

Hopkins University, 1996).

Lowen, Rebecca S., "Transforming the University: Administrators, Physicists, and
Industrial and Federal Patronage at Stanford, 1935~1949", *History of Education
Quarterly 31* (1991), pp. 365~388.

Lowen, Rebecca S., *Creating the Cold War University: The Transformation of
Stanford* (Berkeley: University of California Press, 1997).

Malley, Marjorie "The discovery of atomic transmutation: scientific styles and
philosophies in France and Britain", *Isis 70 (1979)*, pp. 213~223.

Manegold, Karl Heinz, "Felix Klein als Wissenschaftsorganisator: Ein Beitrag
zum Verhältnis von Naturwissenschaft und Technik im 19. Jahrhundert",
Technikgeschichte 35 (1968), pp. 177~204.

Marin Campbell-Kelly and William Aspray, *Computer: a history of the information
machine* (New York: BasicBooks, 1996).

Mayr, Ernst, "The limits of reductionism," *Nature 331* (1988), p. 475.

McCormmach, Russell and Christa Jungnickel, *Intellectual Mastery of Nature,
Theoretical Physics from Ohm to Einstein* (Chicago: University of Chicago
Press, 1986).

Meine, Curt, *Aldo Leopold* (Madison: The University of Wisconsin Press, 1988).

Merchant, Carolyn, *The Death of Nature: Women, Ecology, and the Scientific
Revolution* (San Francisco: Harper, 1980).

Michael Riordan and Lillian Hoddeson, *Crystal Fire: The invention of the
transistor and the birth of the information age* (New York: Norton & Company,
1997).

Michelson, Albert A., "The relative motion of the Earth and the Luminiferous
ether," *American Journal of Science 22* (Third Series) (1881), pp. 120~129.

Michelson, Albert A., and Edward W. Morley, "On the Relative Motion of the Earth
and the Luminiferous Ether," *American Journal of Science 34* (Third Series)
(1887), pp. 333~345.

Mie, G., "Grundlagen einer Theorie der Materie," *Annalen der Physik 37* (1912),
pp. 511~534; *Annalen der Physik 39* (1912), pp. 1~40; *Annalen der Physik 40*
(1913), pp. 1~66.

Miller, Arthur, *Einstein, Picasso: Space, Time, and the Beauty that causes Havoc*
(New York: Basic Books, 2001).

Minkowski, Hermann, "Raum und Zeit," *Physikalische Zeitschrift 10* (1909), pp.
104~111.

Minkowski, Hermann, "Die Grundgleichungen für die elektromagnetischen

Vorgänge in bewegten Körpern," *Nachrichten von der Königlichen.*
Gesellschaft der Wissenschaften zu Göttingen, mathematische physikalische
Klasse (1908), pp. 51~111.

Minkowski, Hermann, "Die Grundgleichungen für die elektromagnetischen
Vorgänge in bewegten Körpern," *Nachrichten von der Königlichen.*
Gesellschaft der Wissenschaften zu Göttingen, mathematische physikalische
Klasse (1908), pp. 51~111.

Molina, Mario J. and F. S. Rowland, "Stratospheric sink for chlorofluoromethanes:
chlorine atomic-atalysed destruction of ozone," *Nature 249* (1974), pp.
810~812.

Nash, Roderick Fazier, *American Environmentalism* (New York: McGraw-Hill,
1990).

Nash, Roderick Fazier, *Wilderness and the American Mind* (New Haven: Yale
University Press, 1967).

Nordström, G., "Relativitätsprinzip und Gravitation," *Physikalische Zeitschrift 13*
(1912), pp. 1126~1129; "Träge und schwere Masse in der Relativitätsmechanik,"
Annalen der Physik 40 (1913), pp. 856~878; "Zur Theorie der Gravitation vom
Stanpunkt des Relativitätsprinzips," *Annalen der Physik 42* (1913), pp. 533~554.

Norton, John, "How Einstein found his field equations: 1912~1915", *Historical
Studies in the Physical and Biological Sciences 14* (1983), pp. 253~316.

Olby, Robert C., *The path to the double helix* (Seattle: University of Washington
Press, 1974).

Pais, Abraham, *"Subtle is the Lord … ": The Science and the Life of Albert Einstein*
(Oxford: Clarendon Press, 1982).

Panofsky, Erwin, "Galileo as a Critic of the Arts: Aesthetic Attitude and Scientific
Thought," *ISIS 47.1* (March 1953), pp. 3~15.

Pauli, W., "Über den Einfluss der Geschwindigkeits-Abhängigkeit der
Elektronenmasse auf den Zeemaneffekt," *Zeitschrift für Physik 31* (1925), pp.
373~385.

Pauli, W., "Über den Zusammenhang des Abschlusses der Elektronengruppen im
Atom mit der Komplexstruktur der Spektren," *Zeitschrift für Physik 31* (1925),
pp. 765~783.

Penzias, A.A. and R.W. Wilson, "A Measurement of Excess Antenna Temperature at
4080 Mc/s," *Astrophysical Journal 142* (1965), pp. 419~421.

Planck, Max, "Das Prinzip der Relativität und die Grundgleichungen der
Mechanik," *Verhandlungen der Deutschen Physikalischen Gesellschaft 8*

(1906), pp. 136~141.

Planck, Max, "Zur Dynamik bewegter Systeme," *Sitzungsberichte der preußischen Akademie der Wissenschaft* (1907), pp. 542~570.

Planck, Max, "Die Kaufmannschen Messungen der Ablenkbarkeit der β-Strahlen in ihrer Bedeutung für die Dynamik der Elektronen," *Physikalische Zeitschrift 7* (1906), pp. 753~761.

Planck, Max, "Ueber eine Verbesscrung der Wien'schen Spectralgleichung," *Verhandlungen der Deutschen Physikalischen Gesellschaft 2* (1900), pp. 163~180.

Planck, Max, "Zur Theorie des Gesetzes der Energieverteilung im Normalspectrum," *Annalen der Physik 4* (1901), pp. 553~563.

Pyenson, Lewis, *Cultural Imperialism and Exact Sciences: German Expansion Oversees, 1900~1930* (New York: Peter Lang, 1985).

Pyenson, Lewis, *Neohumanism and the Persistence of Pure Mathematics in Wilhelmian Germany* (Philadelphia: American Philosophical Society, 1983).

Rabinow, Paul, *Making PCR: A Story of Biotechnology* (Chicago: The University of Chicago Press, 1996).

Reich, Leonard S., *The Making of American Industrial Research: Science and Business at GE and Bell, 1879~1926* (New York: Cambridge University Press, 1985).

Reichardt, Hans, *Gauß und die nicht-euklidische Geometrie* (Leipzig: Teubner, 1976).

Reid, Constance, *Courant in Göttingen and New York* (New York: Springer, 1976).

Rhodes, Richard, *Dark Sun: The Making of the Hydrogen Bomb* (New York: Simon & Schuster, 1996).

Rhodes, Richard, *The making of the atomic bomb* (New York: Simon & Schuster, 1986)

Ringer, Fritz K., *The Decline of the German Mandarins, The German Academic Community, 1890~1933* (Cambridge, (Mass.): Harvard University Press, 1969).

Rouse, Joseph, "The Politics of Postmodern Philosophy of Science," *Philosophy of Science 58* (1991), pp. 607~627.

Rousseau, G.S. and Roy Porter, (eds.), *The ferment of knowledge: Studies in the Historiography of Eighteenth-Century Science* (Cambridge: Cambridge University Press, 1980).

Rowe, David E., "Klein, Hilbert, and the Göttingen Mathematical Tradition", *Osiris 5* (1989), pp. 186~213.

Russo, Arturo, "Fundamental research at Bell Laboratories: the discovery of
electron diffraction", *Historical Studies in the Physical and Biological Sciences
12* (1981), pp. 117~160.

Saxenian, AnnaLee, "In search of power: the organization of business interests in
Silicon Valley and Route 128", *Economy and Society 18:1* (1989), pp. 25~69.

Saxenian, AnnaLee, "The Cheshire cat's grin: innovation, regional development
and the Cambridge case," *Economy and Society 18:4* (1989), pp. 448~477.

Saxenian, AnnaLee, *Regional Advantage: Culture and Competition in Silicon
Valley and Route 128* (Cambridge, (Mass.): Harvard University Press, 1994).

Schilpp, P.A., (ed.), *Albert Einstein, Philosopher-Scientist* (New York: Open Court,
1949).

Schweber, Silvan S., "Physics, Community and the Crisis in Physical Theory",
Physics Today 46 (November 1993), pp. 34~40.

Schweber, Silvan S., "The empiricist temper regnant: theoretical physics in the
United States 1920~1950", *Historical Studies in the Physical and Biological
Sciences 17:1* (1986), pp. 55~98.

Schweber, Silvan S., "The young John Slater and the development of quantum
Chemistry", *Historical Studies in the Physical and Biological Sciences 20:2*
(1989), pp. 339~406.

Schweber, Silvan S., *QED and the Men Who Made it: Dyson, Feynman, Schwinger
and Tomonaga* (Princeton: Princeton University Press, 1994).

Segrè, Emilo, *From x-rays to quark* (San Francisco: Freeman, 1980).

Seidel, Robert W., "A home for big science: The Atomic Energy Commission'
s laboratory", *Historical Studies in the Physical and Biological Sciences 16:1*
(1986), pp. 135~175.

Seidel, Robert W., "Accelerating science: The postwar transformation of the
Lawrence Radiation Laboratory", *Historical Studies in the Physical and
Biological Sciences 13* (1982), pp. 375~400.

Servos, John W., "The industrial Relations of Science: Chemical Engineering at
MIT, 1900~1939", *Isis 71* (1980), pp. 531~549.

Servos, John W., *Physical Chemistry from Ostwald to Pauling: The Making of a
Science in America* (Princeton: Princeton University Press, 1990).

Serwer, Daniel, "Unmechanischer Zwang: Pauli, Heisenberg, and the Rejection
of the Mechanical Atom, 1923~1925", *Historical Studies in the Physical and
Biological Sciences 8* (1977), pp. 189~256.

Shapin, Steven and Simon Schaffer, *Leviathan and the Air-Pump* (Princeton:

Princeton University Press, 1985).

Sharov, Alexander S. and Igor D. Novikov, *Edwin Hubble, the discoverer of the big bang universe* (Cambridge: Cambridge University Press, 1993).

Shea, William R., (ed.), *Otto Hahn and the rise of nuclear physics* (Dordrecht: Reidel, 1983).

Sommerfeld, A., "Zur Quantentheorie der Spektrallinien," *Annalen der Physik 51* (1915), pp. 1~94; pp. 125~167.

Sopka, Katherine Russell, *Quantum Physics in America: The years through 1935* (New York: AIP and Tomash Publisher, 1988).

Stafford, Babara Maria, *Body Criticism: Imaging the Unseen in Enlightenment Art and Medicine* (Cambridge, (Mass.): The MIT Press, 1991).

Steiguer, J. E. de, *The Age of Environmentalism* (New York: The McGraw-Hill Company, 1997).

Steiner, Arthur, "Scientists, Statesmen, and Politicians: The Competing Influence on American Atomic Energy Policy 1945~1946", *Minerva 12* (1974), pp. 469~509.

Stokes, Donald E., *Pasteur's Quadrant; Basic Research and Technological Innovation* (Washington, D.C.: Brookings Institution Press, 1997).

Stuewer, Roger H., "Rutherford's satellite model of the nucleus", *Historical Studies in the Physical and Biological Sciences 16* (1986), pp. 321~352.

Taylor, Peter J., "Technocratic Optimism, H.T. Odum, and the Partial Transformation of Ecological Metaphor after World War II," *Journal of the History of Biology 21* (1988), pp. 213~244.

Teichmann, Jürgen, "Zwischen Physik und Technik: Elektrizitat, Elektromagnetismus und Gauß-Weberscher Telegraph", *Technikgeschichte 48* (1981), pp. 298~307.

Tobies, Renate, *Felix Klein* (Leipzig: Teubner, 1981).

Trenn, Thaddeus J., "Rutherford and the alpha-beta-gamma classification of radioactive rays", *Isis 67* (1976), pp. 61~75.

Trenn, Thaddeus J., *The Self-Splitting Atom: The history of the Rutherford-Soddy collaboration* (London: Taylor & Francis, 1977).

Udelson, Joseph H., *The Great Television Race: A History of the American Television Industry 1925~1941* (Alabama: The University of Alabama Press, 1982).

Walker, Mark, *German National Socialism and the Quest for Nuclear Power* (New York: Cambridge University Press, 1989).

Watson, James D., *The Double Helix* (New York: Norton, 1980), edited by G.S. Stent.

Weart, Spencer R., "Global warming, Cold War, and the evolution of research plans," *Historical Studies in the Physical and Biological Sciences 27:2* (1997), pp. 319~356.

White, Jr., Lynn, "The Historical Roots of Our Ecologic Crisis', *Science 155* (March 1967), pp. 1203~1207.

Wilson, C.T.R., "On a Method of making Visible the Paths of Ionising Particles," *Proceedings of the Royal Society of London A 85* (1911), pp. 285~288.

Wilson, C.T.R., "On an Expansion Apparatus for making Visible the Tracks of Ionising Particles in Gases and some Results obtained by its Use," *Proceedings of the Royal Society of London A 87* (1912), pp. 277~292.

Wilson, C.T.R., "On the Condensation Nuclei produced in Gases by the Action of Röntgen Rays, Uranium Rays, Ultra-violet Light, and other Agents," *Philosophical Transactions 192* (1899), pp. 403~453.

Wise, George, "A New Role for Professional Scientist in Industry: Industrial Research at General Electric, 1900~1916", *Technology and Culture 21* (1980), pp. 408~429.

Wise, George, "Ionists in Industry: Physical Chemistry at General Electric, 1900~1915", *Isis 74* (1983), pp. 7~21.

Wise, George, *Willis R. Whitney, General Electric, and the origins of U.S. industrial research* (New York: Columbia University Press, 1985).

Witten, Edward, "String theory dynamics in various dimension," *Nuclear Physics B 443* (1995), pp. 85~126.

Wussing, Hans, *Die Genesis des Abstrakten Gruppenbegriffes* (Berlin: VEB, 1969).

Zuckerman, Harriet, *Scientific Elite: Nobel Laureates in the United States* (New York: Free Press, 1977).

앨퍼, 랠프 애셔 158, 159, 161
앵그르, 장 오귀스트 도미니크 457, 467
야코비, 카를 구스타프 야코브 299
양성자 싱크로트론 420~423
양자 가설 120, 122, 127
양자 역학 17~18, 52, 56~57, 75, 117~153,
    168, 179, 183, 317, 323, 326~328, 332, 401,
    486~487, 489, 494
양자 투과 개념 157
양자 투과 효과 75, 157
에너지 등분배 법칙 123~124
에니그마 283~284
    비밀 문서 작성기 284
에드워즈, 로버트 제프리 201
에디슨, 토머스 앨바 216~217, 228~229, 230,
    232
    멘로 파크 연구실 232
에딩턴, 아서 스탠리 115~117, 156, 387
에렌페스트, 파울 102, 118, 143, 340
에렌페스트 역설 102~104
에를랑겐 계획 49, 58
에를랑겐 대학교 49, 57
에머슨, 롤린스 애덤스 185
에스페란토 468~469
SECAM 226
에이버리, 오즈월드 시어도어 187, 388
에이벌슨, 필립 호지 353, 355
에이브램슨, 노먼 291
에이엠 218, 221, 222
에이트컨, 존 409~410
에콜 폴리테크니크 50, 69, 495
에테르 84, 95, 98~99, 106, 113, 115, 292, 305
에펠, 알렉상드르 구스타브 459
에펠탑 459~460
에프뤼시, 보리스 185
에프엠 218, 221~222, 232
에피쿠로스 170
엑스선 63, 66~69, 322, 365, 401, 411~413, 418,
    465, 484
    엑스선 결정학 182, 188, 190, 341
    엑스선 회절 182, 189, 308, 371
X.25 권고안 293
엔더스, 존 프랭클린 381
NBC 221~222
NTSC 226

엘리오그라피 482
엘리히, 폴 랠프 442
엘자서, 발터 330
엘튼, 찰스 447
M 이론 169
역동적 모형 396
연구 개발 32, 199, 232~233, 238, 243, 245,
    250~251, 253, 255, 290, 322, 349, 393, 395,
    398~399, 400, 403~406
연구 및 사업화 406
연구 윤리 27~29, 39
연구 중심 대학 334~335, 344, 346, 348~349,
    395, 400
연방 통신 위원회 226
연산자 역학 145
연속 방정식 110
영국 국립 물리 연구소 289
영국 우정국 290, 292
영상학 484
오너스, 헤이커 카메를링 375~376
오덤, 유진 플레전츠 385, 447~448
오덤, 하워드 토머스 385, 447~448
오듀본 협회 431, 440
오디온 219
오렘, 니콜 171
오베르트, 헤르만 율리우스 277
5-10 폴리아미드 248~249
오스트발트, 프리드리히 빌헬름 234, 317~321,
    370, 373, 380
오제, 피에르빅토르 419
오젠, 카를 빌헬름 373~374
오초아, 세베로 190
오키알리니, 주세페 414
오페론 가설 191
오펜하이머, 로버트 328~329, 355~356,
    363~364
온난화 29, 444~445
온실 효과 445
올림피아 아카데미 94
옹스트룀, 안데스 요나스 370
와이즈너, 제롬 버트 440
와인버그, 스티븐 492
와일스, 앤드루 존 60~61
완전한 우주론적 원리 160, 163, 178
왓슨, 제임스 듀이 181, 188~191, 199, 379, 381,

임경순

서울 대학교 자연 과학 대학 물리학과를 졸업했다. 같은 대학교 대학원에서 이학 석사 학위를 받았고 독일 함부르크 대학교에서 과학사로 자연과학 박사 학위를 취득했다. 한국 브리태니커 과학 담당 책임 연구원, 미국 캘리포니아 주립 대학교 버클리 캠퍼스에서 박사 후 연구원으로 일했고, 한국과학창의재단 미래융합문화사업단장을 역임하였다. 한국과학사학회 논문상과 한국과학기술 도서상을 수상했으며, 현재 포항 공과 대학교 인문사회학부 과학사 교수(물리학과 및 환경공학부 겸임 교수)로 있다.

저서로는 『20세기 과학의 쟁점』, 『21세기 과학의 쟁점』, 『현대물리학의 선구자』, 『100년 만에 다시 찾는 아인슈타인』, 『과학사 신론』(공저), 번역서로 『과학과 인간의 미래』 등이 있다. 『현대 사회와 과학』(http://www.postech.ac.kr/press/mss), 『과학사 개론』(http://www.postech.ac.kr/press/hs)을 전자책으로 출간하기도 했다.

과학을 성찰하다 현대 과학 기술의 새로운 지평

1판 1쇄 찍음 2012년 2월 20일
1판 1쇄 펴냄 2012년 2월 27일

지은이 임경순
펴낸이 박상준
펴낸곳 (주)사이언스북스

출판등록 1997. 3. 24.(제16-1444호)
(135-887) 서울시 강남구 신사동 506 강남출판문화센터
대표전화 515-2000, 팩시밀리 515-2007
편집부 517-4263, 팩시밀리 514-2329
www.sciencebooks.co.kr

ⓒ임경순, 2012. Printed in Seoul, Korea.
ISBN 978-89-8371-540-1 93400